"十三五"江苏省高等学校重点教材（本书编号：2018-2-201）
应用型本科计算机类专业系列教材
应用型高校计算机学科建设专家委员会组织编写

计算机网络实验教程

主　编　朱立才　陈　林
副主编　顾明霞　成红胜
　　　　曹莹莹　李树军
　　　　余　群　刘红英
主　审　范洪辉

南京大学出版社

内容简介

本教程是《计算机网络》课程教学的实验指导用书。编写本教程的目的是加深读者对计算机网络工作原理的理解，提升读者发现问题、理解问题和解决问题的能力，激发读者探究网络技术的热情，培养计算机网络工程素养。教材编写体现了"三新两重一聚焦"的理念。"三新"即实施新架构，使用新工具，实现新技术；"两重"即重视学生创新思维培养，注重学生自主探究能力培养；"一聚焦"即聚焦于学生工程实践能力的培养，培养学生的系统观、工程观。全书共8章，内容包括计算机网络基础实验、交换机的配置和管理、路由器的配置和管理、Windows常用服务的配置、网络协议分析、计算机网络编程、计算机网络模拟、综合实例等内容。

本书可作为应用型本科院校、高职高专计算机网络课程的配套教材，也可作为计算机网络爱好者探究计算机网络深层问题的参考用书，并可为网络建设、管理和维护人员提供有益参考。

图书在版编目(CIP)数据

计算机网络实验教程/朱立才，陈林主编. —南京：南京大学出版社，2020.8(2022.8 重印)
应用型本科计算机类专业系列教材
ISBN 978-7-305-23458-3

Ⅰ.①计… Ⅱ.①朱… ②陈… Ⅲ.①计算机网络—实验—高等学校—教材 Ⅳ.①TP393—33

中国版本图书馆 CIP 数据核字(2020)第 114454 号

出版发行 南京大学出版社
社　　址 南京市汉口路 22 号　　邮　编 210093
出 版 人 金鑫荣

书　　名 计算机网络实验教程
主　　编 朱立才 陈 林
责任编辑 苗庆松　　编辑热线 025-83592655

照　　排 南京开卷文化传媒有限公司
印　　刷 南京京新印刷有限公司
开　　本 787×1092 1/16 印张 17 字数 420 千
版　　次 2020 年 8 月第 1 版　2022 年 8 月第 2 次印刷
ISBN 978-7-305-23458-3
定　　价 44.80 元

网　　址：http://www.njupco.com
官方微博：http://weibo.com/njupco
官方微信号：njupress
销售咨询热线：(025)83594756

前　言

网络理论和技术的发展日新月异，深刻影响并改变着人们的生活方式，网络成为人们获取信息的重要方式。计算机网络成为计算机相关专业的基础课程，也是通信工程等工科专业的必修课。但不少读者认为计算机网络理论比较抽象，涉及知识点庞杂，内容理解较为困难，需要设计良好的实验课以加深对知识的理解、运用和提升。计算机网络拥有经验丰富的教学团队，团队成员系统参加了华为、思科、锐捷等知名厂商的培训和认证，长期坚持课程教学内容的改革和研究；计算机网络是学校的优秀课程、精品课程和一流课程，出版了相关的实验教程，对提升学生的工程实践能力起到了良好的作用。借鉴之前编写教材的成功经验，结合近几年的教学研究成果，策应网络新技术的发展，经过精心的规划和设计，我们编写了本教材。

本教材具有“三新两重一聚集”的特点：

(1) 教材编写围绕新架构、新工具和新技术。使用新的架构：教材从不同角度剖析计算机网络技术、协议和应用，每个实验包括实验目的、背景知识、实验环境及实验拓扑、实验内容、实验注意事项和拓展训练等内容，体现了理论与实践的统一、基础与提升的统一。使用新工具：路由与交换技术使用更加主流的 eNSP 模拟软件，使读者更加快捷地掌握华为的产品和技术；网络程序设计使用目前广为流行的 Python 语言进行开发，能使读者使用最新的工具进行网络设计；网络模拟使用 NS－3，让读者利用开源平台模拟、设计和开发新的网络协议。实现新技术：将最新的计算机网络技术内容纳入实验序列。

(2) 教材编写注重创新思维和自主探究能力培养。实验内容既有对原理内容的验证，以加深对原理内容的理解，也有发散性问题的思索，培养学生的创新思维。教材注重学生自我学习、自主探究能力的培养，使学生对新的网络技术具有自我学习的能力。

(3) 教材编写聚焦工程能力培养。每章实验内容安排，围绕一定的工程目标开展，辅以最终的综合案例，培养学生的工程意识和工程能力。

(4) 教材编写符合人才培养的层次化目标。在本书的实验体系中，有验证性实验、设计性实验、综合性实验和创新性实验，以供不同层次、不同需求的读者选择学习。

本教程由朱立才、陈林担任主编，并负责全书的整体策划及统稿，顾明霞、成红胜、曹莹莹、李树军、余群、刘红英等担任副主编，其中第一章由成红胜老师编写，第二章、第三章由顾明霞老师编写，第四章由李树军老师编写，第五章由余群老师编写，第六章由曹莹莹老师编写，第七章、第八章由朱立才老师编写，刘红英老师对部分章节的审读及图表做了大量工作。江苏理工学院范洪辉教授担任本书主审，并提供了很多宝贵意见。

因水平有限，书中错漏之处在所难免，恳请广大读者批评指正。

编者联系方式：yctc_cai@126.com。

编　者

2020 年 5 月

目　录

第 1 章

计算机网络基础实验

背景介绍

在计算机网络实验中，经常会用到各种命令和工具，正确使用命令能够提升计算机网络的管理效率，及时排查出计算机网络的各种故障，加深对计算机网络相关原理的理解。正确安装和使用网络工具，能够帮助读者迅速构建合适的网络实验环境。本章主要包括五个实验：Windows 基本命令的使用；双绞线的制作；抓包工具 Wireshark 的安装和基本应用；华为交换机、路由器等设备模拟软件 eNSP 的安装和使用；虚拟机软件 VMware Workstation 的安装和基本应用。

实验 1.1 Windows 基本命令使用

一、实验目的

（1）了解常用网络命令的基本功能；

（2）掌握常用网络命令的使用。

二、背景知识

1. 概述

在 Windows 环境下有许多网络管理命令，合理地使用这些命令能帮助我们获取计算机的相关信息，对计算机进行相关配置，迅速排查出计算机网络中的故障，提升计算机网络管理效率。

2. 常用命令

（1）ping 命令

① 作用：通过发送“网际消息控制协议（ICMP）”回响请求消息来验证与另一台 TCP/IP 计算机的 IP 级连接，是用于检测网络连接性、可达性及名称解析等问题的主要 TCP/IP 命令。

② 命令格式：

ping[-t] [-a] [-n Count] [-l Size] [-f] [-i TTL] [-v TOS] [-r Count] [-s

Count] [{-j HostList | -k HostList}] [-w Timeout] [TargetName]

③ 常用参数：

-t：对指定的计算机一直进行 ping 操作，要中断并显示统计信息，按 CTRL+C 组合键。

-a：指定对目的 IP 地址进行反向名称解析。如果解析成功，将显示相应的主机名。

-n Count：指定发送回响请求消息的次数，默认值为 4。

-l Size：指定发送的回响请求消息中"数据"字段的长度(以字节为单位)，默认值为 32。Size 的最大值是 65527。

-r Count：指定一个最大跃点数 Count。Count 的最小值为 1，最大值为 9。

TargetName：指定目的端，它既可以是 IP 地址，也可以是主机名。

(2) ipconfig 命令

① 作用：显示所有当前的 TCP/IP 网络配置值、动态主机配置协议 (DHCP) 和域名系统(DNS) 设置。

② 命令格式：

ipconfig [/? |/all |/renew [adapter] |/release [adapter] |/flushdns |/displaydns |/registerdns |/showclassid adapter|/setclassid adapter [classid]]

③ 常用参数：

不带参数：显示相应端口的 IP 地址、子网掩码和缺省网关值。

/all：显示完整的配置信息，包括 MAC 地址等。

/release 和/renew：这是两个附加选项，在动态地址配置中，ipconfig/release 释放所有端口的租用 IP 地址，ipconfig/renew 重新租用一个 IP 地址。

(3) nslookup

① 作用：显示域名系统(DNS)基础结构信息。监测网络中 DNS 服务器是否能正确实现域名解析的命令行工具。

② 命令格式：

nslookup [-SubCommand ...] [{ComputerToFind| [-Server]}]

③ 常用参数：

-SubCommand：将一个或多个 nslookup 子命令指定为命令行选项。如用-qt=记录类型，可查找相应记录的信息。

ComputerToFind ：如果未指定其他服务器，就使用当前默认 DNS 名称服务器查阅 ComputerToFind 的信息。要查找不在当前 DNS 域的计算机，则在名称上附加句点。

-Server：指定将该服务器作为 DNS 名称服务器使用。如果省略了-Server，将使用默认的 DNS 名称服务器。

(4) netstat

① 作用：显示活动的 TCP 连接、计算机侦听的端口、以太网统计信息、IP 路由表、IPv4 统计信息(对于 IP、ICMP、TCP 和 UDP 协议)及 IPv6 统计信息(对于 IPv6、ICMPv6、通过 IPv6 的 TCP 及通过 IPv6 的 UDP 协议)。

② 命令格式：

netstat [-a] [-e] [-n] [-o] [-p Protocol] [-r] [-s] [Interval]

③ 常用参数：

-a：显示所有活动的 TCP 连接，以及计算机侦听的 TCP 和 UDP 端口。

-e：显示以太网统计信息，如发送和接收的字节数、数据包数。该参数可以与-s结合使用。

-n：显示活动的 TCP 连接，只以数字形式表示地址和端口号。

-o：显示活动的 TCP 连接并包括每个连接的进程 ID(PID)。可以在 Windows 任务管理器中的“进程”选项卡上找到基于 PID 的应用程序。该参数可以与-a、-n 和-p 结合使用。

-p Protocol：显示 Protocol 所指定的协议的连接。Protocol 可以是 TCP、UDP、ICMP、IP、TCPv6、UDPv6、ICMPv6 或 IPv6 等。

-s：按协议显示统计信息。默认情况下，显示 TCP、UDP、ICMP 和 IP 协议的统计信息。如果安装了 IPv6 协议，则会显示有关 IPv6 上的 TCP、IPv6 上的 UDP、ICMPv6 和 IPv6 协议的统计信息。可以使用-p 参数指定协议集。

-r：显示 IP 路由表的内容。该参数与 route print 命令等价。

Interval：每隔 Interval 秒重新显示一次选定的信息。按 CTRL+C 组合键停止重新显示统计信息。如果省略该参数，netstat 将只显示一次选定的信息。

(5) at

① 作用：定时开启或关闭某项服务。

② 命令格式：

at [\\computername] [[id] [/delete] | /delete [/yes]]

删除计划任务。

at [\\computername] time [/interactive]

[/every:date[, …] | /next:date[, …]] "command"

增加计划任务。

③ 常用参数：

\\computername：指示执行该命令的计算机名，若省略，则在本机执行。

time：命令执行时间。

/interactive：当程序执行时，是否与正在登录的用户进行交互。

/every:date[,…]：指定程序执行的日期(如每周二、三：/every:T,W；如每月 1、2 号：/every:1,2 等)。

next:date[,…]：指定程序下一次执行的日期。

"command"：定时执行的命令、程序或批处理。

id：分配给计划命令的识别代码，可由不带参数的 at 命令查到。

/delete：取消指定的计划命令，如果 id 省略的话，取消所有的计划命令。

/yes：强制对所有的取消询问回答 yes。

(6) arp

① 作用：arp(Address Resolution Protocol) 把基于 TCP/IP 的软件使用的 IP 地址解析成局域网硬件使用的媒体访问控制地址。

② 格式：

arp [-a [InetAddr] [-N IfaceAddr]] [-g [InetAddr] [-N IfaceAddr]] [-d InetAddr [IfaceAddr]] [-s InetAddr EtherAddr [IfaceAddr]]

③ 常用参数：

-a：通过询问 TCP/IP 显示当前 ARP 项。如果指定 InetAddr，则只显示指定计算机的

IP 地址和物理地址。

-N:显示由 IfaceAddr 指定的网络界面 ARP 项。

-d:删除由 Inet_Addr 指定的项。

-s:在 ARP 缓存中添加项,将 IP 地址 InetAddr 和物理地址 EtherAddr 关联。

(7) route

① 功能:在本地 IP 路由表中显示和修改条目。

② 格式:

route [-f] [-p] [Command [Destination] [mask Netmask] [Gateway] [metric Metric]] [if Interface]]

③ 常用参数:

-f:清除所有不是主路由(子网掩码为 255.255.255.255 的路由)、环回网络路由(目标为 127.0.0.0、子网掩码为 255.255.255.0 的路由)或多播路由(目标为 224.0.0.0、子网掩码为 240.0.0.0 的路由)条目的路由表。如果与命令之一(如 add、change 或 delete)结合使用,表会在运行命令之前清除。

-p:与 add 命令共同使用时,增加永久路由。

Command:指定要运行的命令。列出了有效的命令如下:

◆ uadd 添加路由

◆ uchange 更改现存路由

◆ udelete 删除路由

◆ uprint 打印路由

Destination:指定路由的网络目标地址。

mask subnetmask:指定与网络目标地址相关联的子网掩码。

Gateway:指定可达到的地址集的前一个或下一个跃点 IP 地址。

metric Metric:为路由指定所需跃点数的整数值(范围是 1~9 999),它用来在路由表里的多个路由中选择与转发包中的目标地址最为匹配路由。

if Interface:指定目标可以到达的端口的端口编号。

(8) tracert

① 功能:检查到达的目标 IP 地址的路径并记录结果。

② 格式:

tracert [-d] [-h maximum_hops] [-j host-list] [-w timeout] target_name

③ 常用参数:

-d:不将中间路由器的 IP 地址解析为它们的名称。这样可加速显示 tracert 的结果。

-h maximum_hops:在搜索目标(目的)的路径中指定跃点的最大数,默认值为 30 个跃点。

-w timeout:指定等待"ICMP 已超时"或"回响答复"消息(对应于要接收的给定"回响请求"消息)的时间(以毫秒为单位)。如果超时时间内未收到消息,则显示一个星号(*)。默认的超时时间为 4 000 微秒。

target_name:指定目标,可以是 IP 地址或主机名。

三、实验环境及实验拓扑

能够连接 Internet 网、安装 Windows 操作系统的计算机一台。

四、实验内容

掌握 Windows 下常用命令的基本使用。

1. ping 命令的使用

例 1:C:\> ping 211.65.6.48

```
Pinging 211.65.6.48 with 32 bytes of data:
Reply from 211.65.6.48: bytes = 32 time <1ms TTL = 128
Reply from 211.65.6.48: bytes = 32 time <1ms TTL = 128
Reply from 211.65.6.48: bytes = 32 time <1ms TTL = 128
Reply from 211.65.6.48: bytes = 32 time <1ms TTL = 128
Ping statistics for 211.65.6.48:
    Packets: Sent = 4, Received = 4, Lost = 0 (0% loss),
Approximate round trip times in milli-seconds:
    Minimum = 0ms, Maximum = 0ms, Average = 0ms
```

该命令用于测试与目标主机 211.65.6.48 的连通性。

例 2:C:\> ping －n 3 －l 65000 －r 4 210.28.176.1

该命令发送 3 个大小为 65 000 的数据包，允许在 4 跳之内到达 210.28.176.1 主机。

```
Pinging 210.28.176.1 with 65000 bytes of data:
Request timed out.
Reply from 210.28.176.1: bytes = 65000 time = 29ms TTL = 127
    Route: 210.28.176.62 ->
           210.28.176.1
Reply from 210.28.176.1: bytes = 65000 time = 29ms TTL = 127
    Route: 210.28.176.62 ->
           210.28.176.1
Ping statistics for 210.28.176.1:
    Packets: Sent = 6, Received = 5, Lost = 1 (16% loss),
Approximate round trip times in milli - seconds:
    Minimum = 29ms, Maximum = 29ms, Average = 29ms
```

2. ipconfig 命令的使用

例 1:C:\> ipconfig

```
Windows IP Configuration
Ethernet adapter ???? 2:
        Connection - specific DNS Suffix  . :
        IP Address. . . . . . . . . . . . : 211.65.6.10
        Subnet Mask . . . . . . . . . . . : 255.255.255.128
        Default Gateway . . . . . . . . . : 211.65.6.192
```

显示网络配置基本信息。

例 2:C:\> ipconfig/all

```
Windows IP Configuration
        Host Name . . . . . . . . . . . . : haohao
        Primary Dns Suffix  . . . . . . . :
        Node Type . . . . . . . . . . . . : Unknown
        IP Routing Enabled. . . . . . . . : No
        WINS Proxy Enabled. . . . . . . . : No
Ethernet adapter ???? 2:
Description . . . . . . . . . : D-Link DFE-680TXD-Based CardBus Fast
 Ethernet Adapter #2
        Physical Address. . . . . . . . . : 00-E0-98-23-8A-23
        Dhcp Enabled. . . . . . . . . . . : No
        IP Address. . . . . . . . . . . . : 211.65.6.10
        Subnet Mask . . . . . . . . . . . : 255.255.255.128
        Default Gateway . . . . . . . . . : 211.65.6.192
        DNS Servers . . . . . . . . . . . : 210.28.176.1
                                            210.28.183.1
```

显示网络配置详细信息，包括所有接口的物理地址、IP 地址、子网掩码、网关、DNS 等。

3. nslookup 命令的使用

例 1：nslookup 域名

查找相应域名所对应的 IP 地址，如果对应的域名有别名，还会返回相应的别名。

C:\> nslookup sohu.com

```
Server:   dns.yc.js.cn
Address:   202.102.11.141
Non-authoritative answer:
Name:      sohu.com
Address:   61.135.150.215
```

由域名查找对应的 IP 地址。

例 2：nslookup -qt=类型 目标域名

查找 DNS 中的指定记录类型。

C:\> nslookup -qt=SOA sohu.com

```
Server:   dns.yc.js.cn
Address:   202.102.11.141
Non-authoritative answer:
sohu.com
        primary name server = dns.sohu.com
        responsible mail addr = jjzhang.sohu-inc.
        serial   = 2004102804
        refresh  = 1800 (30 mins)
        retry    = 600 (10 mins)
        expire   = 1209600 (14 days)
```

```
            default TTL = 600 (10 mins)
sohu.com          nameserver = ns1.sohu.com
sohu.com          nameserver = ns2.sohu.com
sohu.com          nameserver = dns.sohu.com
ns1.sohu.com      internet address = 61.135.131.1
ns2.sohu.com      internet address = 61.135.132.1
dns.sohu.com      internet address = 61.135.131.86
```

查找起始授权记录为 sohu.com 的相关信息。

4. netstat 命令的使用

例 1:netstat -na

```
Active Connections
  Proto  Local Address          Foreign Address        State
TCP    127.0.0.1:1433         0.0.0.0:0              LISTENING
 TCP    127.0.0.1:3535         127.0.0.1:445          TIME_WAIT
 TCP    192.168.206.1:139      0.0.0.0:0              LISTENING
 TCP    192.168.206.1:1433     0.0.0.0:0              LISTENING
 TCP    192.168.230.1:139      0.0.0.0:0              LISTENING
 TCP    192.168.230.1:1433     0.0.0.0:0              LISTENING
 TCP    210.28.177.120:135     210.28.177.68:1448     ESTABLISHED
 TCP    210.28.177.120:135     210.28.177.68:1993     ESTABLISHED
 TCP    210.28.177.120:135     210.28.177.68:2389     ESTABLISHED
 TCP    210.28.177.120:135     210.28.177.68:3420     ESTABLISHED
 TCP    210.28.177.120:135     210.28.177.68:3897     ESTABLISHED
 TCP    210.28.177.120:135     210.28.177.68:4472     ESTABLISHED
 TCP    210.28.177.120:139     0.0.0.0:0              LISTENING
 TCP    210.28.177.120:1433    0.0.0.0:0              LISTENING
 TCP    210.28.177.120:3337    207.46.134.92:80       CLOSE_WAIT
 TCP    210.28.177.120:3389    211.65.6.47:3042       ESTABLISHED
 UDP    0.0.0.0:135             *:*
 UDP    0.0.0.0:161             *:*
```

显示所有活动的 TCP 连接以及计算机侦听的 TCP 和 UDP 端口。

5. at 命令的使用

例 1:C:\> at \\211.65.6.47 23:17 /interactive /every:M,T　"notepad.exe"

在每周星期一和星期二的 23:17 分启动 211.65.6.47 主机上的记事本工具。

例 2:C:\> at \\211.65.6.47 1 /delete

删除 211.65.6.47 主机上的第一个行程计划。

6. arp 命令的使用

例 1:C:\> arp -a

```
Interface: 210.28.177.47 --- 0x2
  Internet Address        Physical Address          Type
```

```
210.28.177.32        00-11-11-00-0e-f3        dynamic
210.28.177.38        00-0c-f1-fb-bd-29        dynamic
210.28.177.62        00-e0-fc-36-43-f7        dynamic
```

显示 arp 缓冲区中 IP 地址和 MAC 地址的对应关系。

例 2:C:\> arp-s 210.28.176.47 00-0c-f1-fb-ff-e6

增加一条静态记录。

7. route 命令的使用

例 1:C:\> route print

```
===========================================================================
Interface List
0x1 ........................... MS TCP Loopback interface
0x2 ...00 40 05 c0 5b a1 ...... THTF wireless PCMCIA - 数据包计划程序微型端口
===========================================================================
===========================================================================
Active Routes:
Network Destination        Netmask          Gateway       Interface  Metric
          0.0.0.0          0.0.0.0      211.65.6.126   211.65.6.47     30
        127.0.0.0        255.0.0.0         127.0.0.1     127.0.0.1      1
       211.65.6.0  255.255.255.128      211.65.6.47    211.65.6.47     30
      211.65.6.47  255.255.255.255         127.0.0.1     127.0.0.1     30
     211.65.6.255  255.255.255.255      211.65.6.47    211.65.6.47     30
        224.0.0.0        240.0.0.0      211.65.6.47    211.65.6.47     30
  255.255.255.255  255.255.255.255      211.65.6.47    211.65.6.47      1
  Default Gateway:      211.65.6.126
===========================================================================
Persistent Routes:
  None
```

显示主机中的路由记录。

例 2:C:\> route-f-p add 192.168.0.0 mask 255.255.0.0 211.65.6.47 if 0x2

清除路由,并增加一条静态永久路由。

8. tracert 命令的使用

例 1:C:\> tracert 202.102.11.141

```
Tracing route to dns.yc.js.cn [202.102.11.141]
over a maximum of 30 hops:
  1    17 ms    10 ms     9 ms  210.28.177.62
  2    <1 ms    <1 ms    <1 ms  172.16.1.254
  3    <1 ms    <1 ms    <1 ms  221.231.109.1
  4     1 ms     1 ms     1 ms  61.177.249.45
  5     1 ms     1 ms     1 ms  61.177.249.117
  6    <1 ms    <1 ms    <1 ms  61.177.249.49
```

```
    7      1 ms      1 ms      1 ms     202.102.11.166
    8     <1 ms     <1 ms     <1 ms     dns.yc.js.cn [202.102.11.141]
  Trace complete.
```

跟踪到达 202.102.11.141 主机的路径(即经过的路由器)。

五、实验注意事项

(1) 不同版本支持的 Windows 命令可能会有所不同,相应服务器版会有更多的命令支持。

(2) 有些命令会有相应的图形界面,如计划任务。

六、拓展训练

掌握 Windows 中其他的管理命令,如目录操作命令、批处理命令、系统管理命令、FTP 命令等。

实验 1.2　双绞线制作

一、实验目的

(1) 了解双绞线布线标准;

(2) 掌握直通式双绞线的制作方法;

(3) 掌握交叉式双绞线的制作方法;

(4) 掌握测线仪的使用方法。

二、背景知识

1. 制作标准与跳线类型

每条双绞线中都有 8 根导线,导线的排列顺序必须遵循一定的规则,否则就会导致链路的连通性故障,影响网络传输速率。

目前,最常用的布线标准有两种,分别是 EIA/TIA T568 - A 和 EIA/TIA T568 - B,如图 1 - 2 - 1 所示。在一个综合布线工程中,可采用任何一种标准,但所有的布线设备及布线施工必须采用同一标准。通常情况下,在布线工程中采用 EIA/TIA T568 - B 标准。

按照 T568 - A 标准布线水晶头的 8 针(也称插针)与线对的分配如图 1 - 2 - 1(左图)所示。线序从左到右依次为:1 -白绿、2 -绿、3 -白橙、4 -蓝、5 -白蓝、6 -橙、7 -白棕、8 -棕。4 对双绞线对称电缆的线对 2 接信息插座的 3、6 针,线对 3 接信息插座的 1、2 针。

按照 T568 - B 标准布线水晶头的 8 针与线对的分配如图 1 - 2 - 1(右图)所示。线序从左到右依次为:1 -白橙、2 -橙、3 -白绿、4 -蓝、5 -白蓝、6 -绿、7 -白棕、8 -棕。4 对双绞线电缆的线对 2 插入

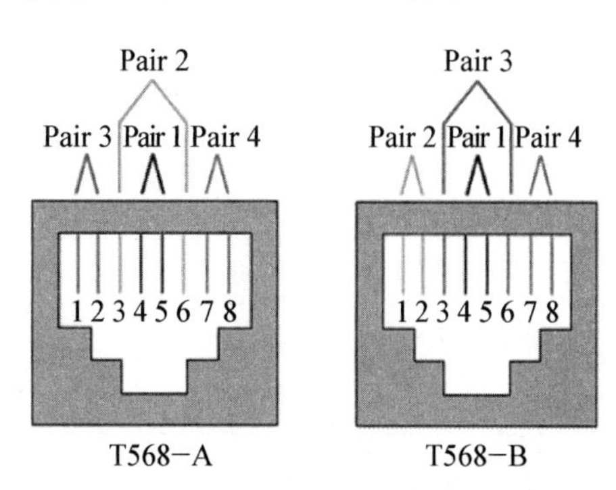

图 1 - 2 - 1　T568 - A 和 T568 - B 接线标准

信息插座的1、2针，线对3插入信息插座的3、6针。

2. 判断跳线线序

只有搞清楚如何确定水晶头针脚的顺序，才能正确判断跳线的线序。将水晶头有塑料弹簧片的一面朝下，有针脚的一方向上，使有针脚的一端指向远离自己的方向，有方型孔的一端对着自己。此时，最左边的是第1脚，最右边的是第8脚，其余依次顺序排列。

3. 跳线的类型

按照双绞线两端线序的不同，通常划分两类双绞线。

(1) 直通线

根据EIA/TIA 568－B标准，两端线序排列一致，一一对应，即不改变线的排列，称为直通线。直通线线序如表1－2－1所示，当然也可以按照EIA/TIA 568－A标准制作直通线，此时跳线的两端的线序依次为：1－白绿、2－绿、3－白橙、4－蓝、5－白蓝、6－橙、7－白棕、8－棕。

表1－2－1　直通线线序

端1	白橙	橙	白绿	蓝	白蓝	绿	白棕	棕
端2	白橙	橙	白绿	蓝	白蓝	绿	白棕	棕

(2) 交叉线

根据EIA/TIA 568－B标准，改变线的排列顺序，采用“1－3，2－6”的交叉原则排列，称为交叉网线。交叉线线序如表1－2－2所示。

表1－2－2　交叉线线序

端1	白橙	橙	白绿	蓝	白蓝	绿	白棕	棕
端2	白绿	绿	白橙	蓝	白蓝	橙	白棕	棕

在进行设备连接时，需要正确地选择线缆。通常将设备的RJ－45接口分为MDI和MDIX两类。当同种类型的接口通过双绞线互连时(两个接口都是MDI或都是MDIX)，使用交叉线；当不同类型的接口(一个接口是MDI，一个接口是MDIX)通过双绞线互连时，使用直通线。通常主机和路由器的接口属于MDI，交换机和集线器的接口属于MDIX。如交换机与主机相连采用直通线，路由器和主机相连则采用交叉线。如表1－2－3所示，列出了设备间连线，表中N/A表示不可连接。

表1－2－3　设备间连线

	主机	路由器	交换机 MDIX	交换机 MDI	集线器
主机	交叉	交叉	直通	N/A	直通
路由器	交叉	交叉	直通	N/A	直通
交换机 MDIX	直通	直通	交叉	直通	交叉
交换机 MDI	N/A	N/A	直通	交叉	直通
集线器	直通	直通	交叉	直通	交叉

注意：随着网络技术的发展，目前，一些新的网络设备可以自动识别连接的网线类型，用户不管采用直通网线或交叉网线均可以正确连接设备。

三、实验环境及实验拓扑

RJ－45 压线钳，RJ－45 水晶头，UPT 双绞线若干米，测线仪。

四、实验内容

制作直通线和交叉线各一根。

1. 双绞线直通线的制作

制作过程可分为四步，简单归纳为“剥”“理”“查”“压”四个字。具体步骤如下：

步骤 1：准备好 5 类双绞线、RJ－45 插头和一把专用的压线钳。

步骤 2：用压线钳的剥线刀口将 5 类双绞线的外保护套管划开（注意不要将里面的双绞线的绝缘层划破），刀口距 5 类双绞线的端头至少保持 2 厘米。

步骤 3：将划开的外保护套管剥去（旋转、向外抽），露出 5 类线电缆中的 4 对双绞线。

步骤 4：按照 EIA/TIA－568B 标准（白橙、橙、白绿、蓝、白蓝、绿、白棕、棕）和导线颜色将导线按规定的序号排好。

步骤 5：将 8 根导线平坦整齐地平行排列，导线间不留空隙。

步骤 6：用压线钳的剪线刀口将 8 根导线剪断，如图 1－2－2 所示。请注意：一定要剪得整齐，剥开的导线长度不可太短，可以先留长一些，不要剥开每根导线的绝缘外层。

步骤 7：将剪断的电缆线插入水晶头内，注意要插到底，电缆线的外保护层最后应能够在 RJ—45 插头内的凹陷处被压实，如图 1－2－2 所示。

步骤 8：双手紧握压线钳的手柄，用力压紧，如图1－2－3所示。在这一步骤完成后，插头的 8 个针脚接触点就穿过导线的绝缘外层，分别和 8 根导线紧紧地压接在一起。

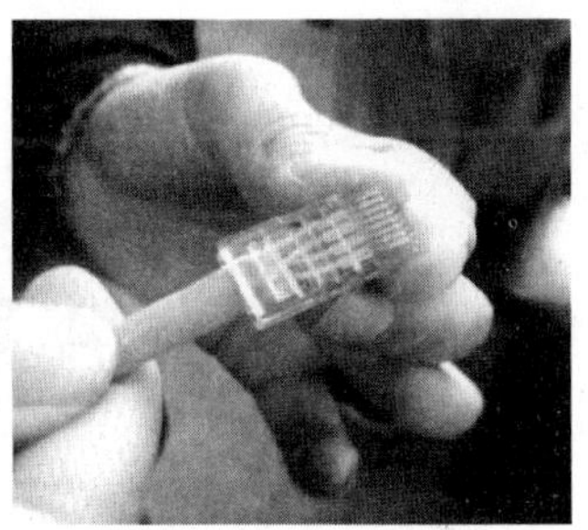

图 1－2－2　剪线与插线

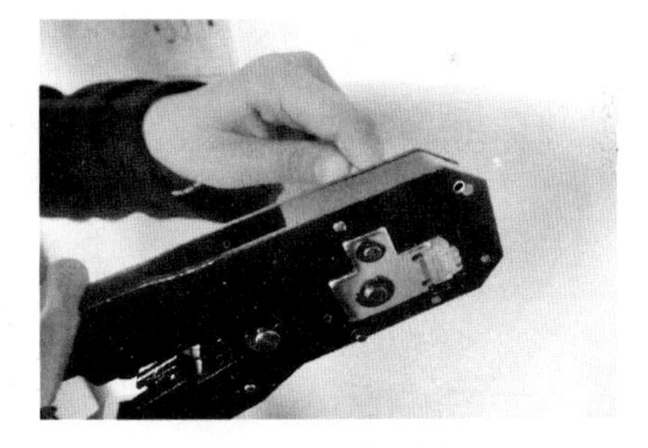

图 1－2－3　压线

步骤 9：现在已经完成了线缆一端的水晶头的制作，需要制作双绞线的另一端的水晶头，按照 EIA/TIA－568B 和前面介绍的步骤来制作另一端的水晶头。

2. 双绞线交叉线的制作

制作双绞线交叉线的步骤和操作要领与制作直通线一样，区别是交叉线两端，一端按 EIA/TIA－568B 标准，另一端按 EIA/TIA－568A 标准制作。

3. 跳线的测试

双绞线制作完成后，下一步需要检测它的连通性，以确定是否有连接故障。通常使用电缆测试仪进行检测。如图 1－2－4 所示，测试时将双绞线两端的水晶头分别插入主测试仪和测试端的 RJ－45 端口，将开关拨至“ON”，则主机指示灯从 1 至 8 逐个顺序闪亮。

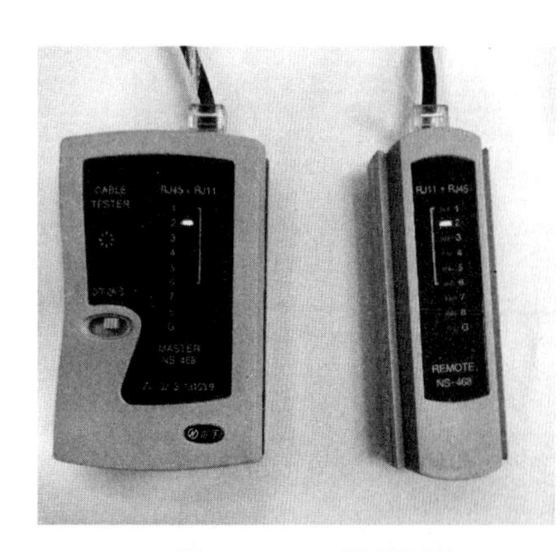

图 1-2-4　线缆测试

若连接不正常，会按下述情况显示：

(1) 当有一根导线断路，则主测试仪和远程测试端对应线号的灯都不亮。

(2) 当有几条导线断路，则相对应的几条线都不亮；当导线少于 2 根线联通时，灯都不亮。

(3) 当两头网线乱序，则与主测试仪端连通的远程测试端的线号亮。

(4) 当导线有 2 根短路时，则主测试器显示不变，而远程测试端显示短路的两根线灯都亮；若有 3 根以上(含 3 根)线短路时，则所有短路的几条线对应的灯都不亮。

(5) 如果出现红灯或黄灯，则说明存在接触不良等现象，此时最好先用压线钳压制两端水晶头一次，然后再测。如果故障依旧存在，就需要检查芯线的排列顺序是否正确，如果芯线顺序错误，那么就应重新进行制作。

提示：如果测试的线缆为直通线缆，测试仪上的 8 个指示灯应该依次闪烁。如果线缆为交叉线缆的话，其中一侧同样是依次闪烁，而另一侧则会按 3、6、1、4、5、2、7、8 这样的顺序闪烁。如果芯线顺序一样，但测试仪仍显示红色灯或黄色灯，则表明其中肯定存在对应芯线接触不好的情况，此时就需要重做水晶头。

五、实验注意事项

在制作线缆过程中，需注意标准和规范，比如外面的封层应被卡子卡住。

六、拓展训练

制作用于设备配置的反转线。

实验 1.3　Wireshark 基本应用

一、实验目的

(1) 掌握 Wireshark 软件的安装；

(2) 掌握 Wireshark 软件的界面和基本使用方法。

二、背景知识

1. Wireshark 概述

Wireshark 是一款网络封包分析软件。网络封包分析软件的功能是获取网络封包，并尽可能显示出最为详细的网络封包资料。Wireshark 使用 WinPCAP 作为接口，直接与网卡进行数据报文交换。网络管理员可以使用 Wireshark 来检测网络问题，网络安全工程师可以用来检查信息安全相关问题，开发者可以用来为新的通讯协议排错，普通用户可以用来学习网络协议的相关知识。

2. Wireshark 工作流程

（1）确定 Wireshark 的位置。如果没有一个正确的位置，启动 Wireshark 后会花费很长时间捕获一些无关的数据。

（2）选择捕获接口。一般都是选择连接到 Internet 网络的接口，这样才可以捕获到与网络相关的数据。

（3）使用捕获过滤器。通过设置捕获过滤器，捕获相关的数据，避免产生过大的捕获文件，这样在分析数据时，也不会受其他数据干扰。而且，还可以节约大量的时间。

（4）使用显示过滤器。通常使用捕获过滤器过滤后的数据，往往还是很复杂的。为了使过滤的数据包更细致，此时使用显示过滤器进行过滤。

（5）使用着色规则。通常使用显示过滤器过滤后的数据，都是有用的数据包。如果想更加突出地显示某个会话，可以使用着色规则使这些数据高亮显示。

（6）构建图表。如果想要更明显地看出一个网络中数据的变化情况，使用图表的形式可以很方便地展现数据分布情况。

（7）重组数据。Wireshark 的重组功能，可以重组一个会话中不同数据包的信息，或者是重组一个完整的图片或文件。由于传输的文件往往较大，所以信息分布在多个数据包中。为了能够查看到整个图片或文件，这时候就需要使用重组数据的方法来实现。

3. Wireshark 应用举例

（1）网络管理员用来解决网络问题；

（2）网络安全工程师用来检测安全隐患；

（3）开发人员用来测试协议执行情况；

（4）普通用户用来学习网络协议。

三、实验环境及实验拓扑

接入因特网的 PC，安装 Windows 7 操作系统、IE 等软件。

四、实验内容

1. 软件安装与启动

Wireshark 是一款可以运行在 Windows、Unix、Linux 等操作系统上的网络封包分析软件，是一个开源免费软件，可以从 http://www.wireshark.org 上下载，下载后按照步骤一步一步安装完成，启动后的 Wireshark 软件主界面中，窗口中并无数据显示。Wireshark 是捕获机器上通过某一块网卡的网络数据包，当机器上有多块网卡的时候，需要选择一块网卡。Wireshark 的界面主要有五个组成部分，如图 1-3-1 所示。

（1）命令菜单（command menus）：命令菜单位于窗口的最顶部，是标准的下拉式菜单。

（2）协议筛选框（display filter specification）：在该处填写某种协议的名称，Wireshark 据此对分组列表窗口中的分组进行过滤，只显示需要的分组。

（3）捕获分组列表（listing of captured packets）：按行显示已被捕获的分组内容，其中包括分组序号、捕获时间、源地址和目的地址、协议类型、协议信息说明等。单击某一列的列名，可以使分组列表按指定列排序。其中，协议类型是发送或接收分组的最高层协议的类型。

（4）分组首部明细（details of selected packet header）：显示捕获分组列表窗口中被选中分组的首部详细信息。包括该分组的各个层次的首部信息，需要查看哪一层信息，双击对应层次或单击该层最前面的“+”即可。

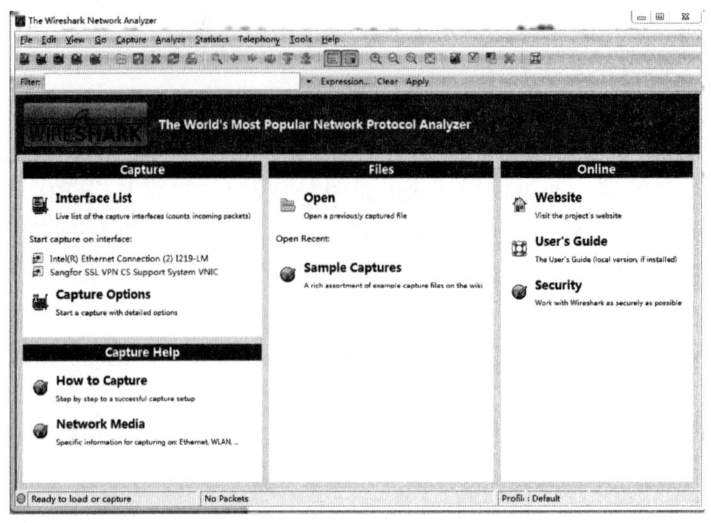

图 1-3-1　Wireshark 主界面

(5) 分组内容窗口(packet content):分别以十六进制(左)和 ASCII 码(右)两种格式显示被捕获帧的完整内容。

2. Wireshark 基本操作

(1) 选择 Capture -> Options… 或者使用快捷键 Ctrl+K,设置“Capture Filter”栏,设置界面如图 1-3-2 所示。点击“Capture Filter”按钮为过滤器命名并保存,以便在以后的捕捉中继续使用这个过滤器。

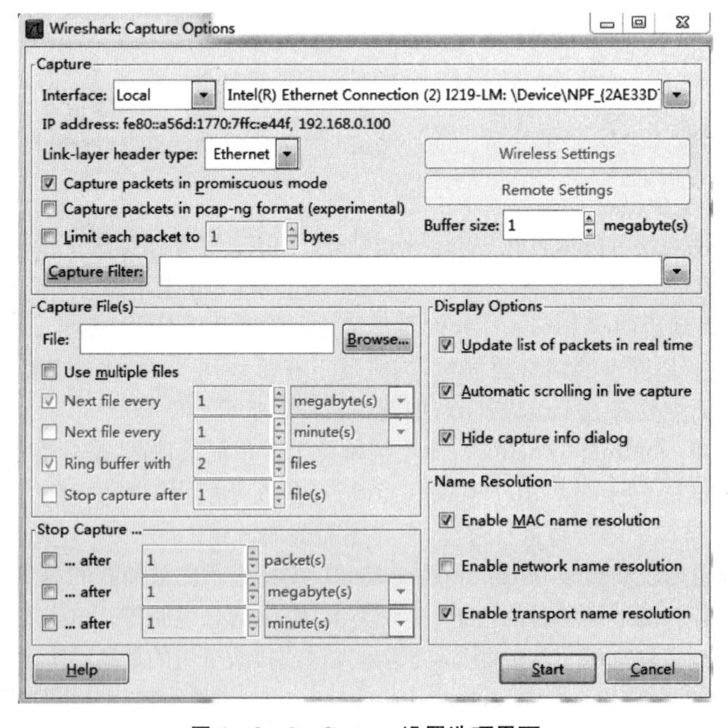

图 1-3-2　Capture 设置选项界面

设置捕捉条件：

语法：[protocol] [src/dst] [host/port] ** and/or/not **

Protocol(协议)：可能的值：ether, fddi,ip, arp, rarp,decnet, lat,sca, moprc, mopdl, tcp,udp。如果没有特别指明是什么协议，则默认使用所有支持的协议。

Direction(方向)：可能的值：src, dst,src and dst, src or dst。如果没有特别指明来源或目的地，则默认使用 "src or dst"作为关键字。

例如，"host 192.168.2.111"与"src or dst host 192.168.2.111"是一样的。

Host(s)：可能的值：net,port,host,portrange。如果没有指定此值，则默认使用"host"关键字。

例如，"src 192.168.2.111"与"src host 192.168.2.111"相同。

Logical Operations(逻辑运算)：可能的值：not, and, or。"否"(not)具有最高优先级，"或"(or)和"与"(and)具有相同的优先级，运算时从左至右进行。

例如：

udp dst port 4569	显示目的 UDP 端口为 4569 的封包。
ip src host 192.168.4.7	显示来源 IP 地址为 192.168.4.7 的封包。
host 192.168.4.7	显示目的或来源 IP 地址为 192.168.4.7 的封包。
not icmp	显示除 icmp 以外的封包。

src host 172.17.12.1 and not dst net 192.168.2.0/24　显示源 IP 地址为 172.17.12.1，但目的地址不是 192.168.2.0/24 的数据包。

(2) 点击"Start"按钮，开始抓包捕捉，如图 1-3-3 所示。

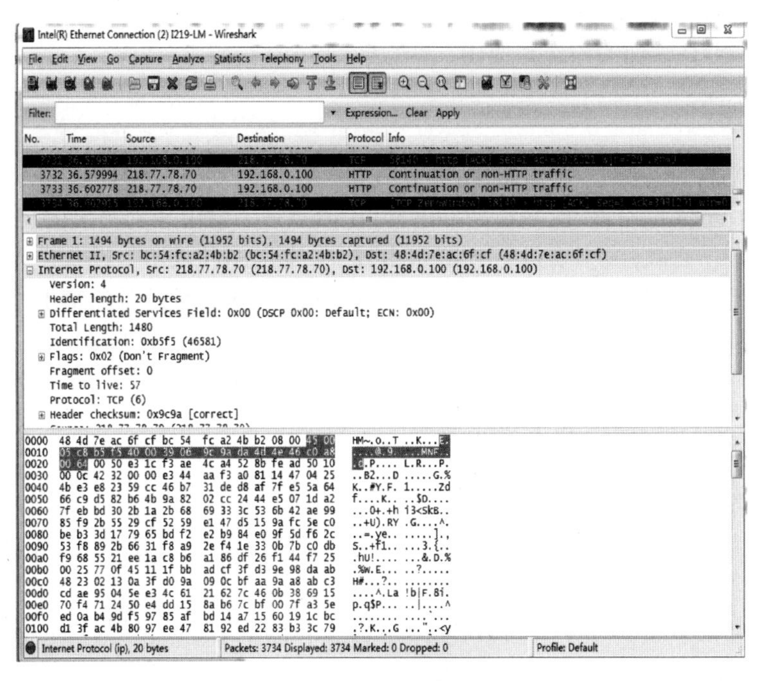

图 1-3-3　捕获界面

(3) 在运行分组捕获的同时，在浏览器地址栏中输入某个网页的 URL，如 http://www.sina.com.cn。

（4）当完整的页面下载完成后，单击捕获对话框中的“stop”按钮，停止分组捕获。此时，Wireshark 主窗口显示已捕获的本次通信的所有协议报文。

（5）在协议筛选框中输入“http”，单击“apply”按钮，分组列表窗口将只显示 HTTP 协议报文。

（6）选择分组列表窗口中的第一条 http 报文，它是本地计算机发向 Web 服务器（www.sina.com.cn）的 HTTP GET 报文。当选择该报文后，以太网帧、IP 数据报、TCP 报文段以及 HTTP 报文首部信息都将显示在分组首部子窗口中。

五、实验注意事项

（1）在进行数据包抓取时，一定要将相应端口设置为“混杂”模式，否则不是发给该口的数据包将被丢弃，而不能抓取其他节点的数据包。

（2）正确设置数据包的抓取选项和设置恰当的过滤条件，能够快速定位到相关数据包。

六、拓展训练

比较 Wireshark 工具与其他抓包工具的异同。

实验 1.4 eNSP 基本应用

一、实验目的

（1）掌握 eNSP 软件的安装与配置；

（2）掌握 eNSP 软件的操作和使用。

二、背景知识

1. eNSP 概述

eNSP（Enterprise Network Simulation Platform）是一款由华为提供的免费、可扩展、图形化的网络设备仿真软件，主要对企业网路由器、交换机、WLAN 等设备进行软件仿真，完美呈现真实设备部署实景，支持大型网络模拟，用户在没有真实设备的情况下，也能够开展实验测试、学习网络技术，快速熟悉华为网络设备系列产品，了解并掌握相关产品的操作和配置，提升对企业 ICT 网络的规划、建设、运维能力，从而帮助企业构建更高效、更优质的企业 ICT 网络。

2. 软件特点

（1）高度仿真

可模拟华为 AR 路由器、x7 系列交换机的大部分特性。可模拟 PC 终端、Hub、云、帧中继交换机等。

仿真设备配置功能，可模拟大规模设备组网，通过真实网卡实现与真实网络设备的对接，模拟接口抓包，直观展示协议交互过程。

（2）图形化操作

支持拓扑创建、修改、删除、保存等操作。支持设备拖拽、接口连线操作。通过不同颜色，直观反映设备与接口的运行状态。可直接打开预置工程案例进行学习。

（3）分布式部署

支持单机版本和多机版本，支撑组网，多机组网场景最大可模拟200台设备组网规模。

（4）免费对外开放

华为完全免费对外开放eNSP，直接下载安装即可使用，无需申请license。

3. 相关组件介绍

（1）WinPcap

WinPcap是一个基于Win32平台的、用于捕获网络数据包并进行分析的开源库。大多数网络应用程序通过被广泛使用的操作系统组件来访问网络，如sockets，这是一种简单的实现方式，因为操作系统已经处理了底层具体实现细节（如协议处理，封装数据包等），并且提供一个与读写文件类似的、熟悉的接口。然而，有时候这种“简单的方式”并不能满足任务的需求，因为有些应用程序需要直接访问网络中的数据包。也就是说，那些应用程序需要访问原始数据包，即没有被操作系统利用网络协议处理过的数据包。WinPcap产生的目的，就是为Win32应用程序提供这种访问方式。

WinPcap提供了以下功能：

◆ 捕获原始数据包，无论它是发往某台机器的，还是在其他设备（共享媒介）上进行交换的；

◆ 在数据包发送给某应用程序前，根据用户指定的规则过滤数据包；

◆ 将原始数据包通过网络发送出去；

◆ 收集并统计网络流量信息。

（2）VirtualBox

VirtualBox是一款开源虚拟机软件。VirtualBox是由德国Innotek公司开发，由Sun Microsystems公司出品的软件，使用Qt编写，在Sun被Oracle收购后正式更名成Oracle VM VirtualBox。使用者可以在VirtualBox上安装并且执行Solaris、Windows、DOS、Linux、OS/2 Warp、BSD等系统作为客户端操作系统。现在则由甲骨文公司进行开发，是甲骨文公司xVM虚拟化平台技术的一部分。

三、实验环境及实验拓扑

（1）接入因特网的PC，安装Windows 7操作系统、IE等软件。

（2）eNSP软件。

四、实验内容

1. eNSP软件安装与启动

（1）eNSP下载

华为eNSP官方下载地址：https://support.huawei.com/enterprise/zh/tool/，下载eNSP需要有华为的账号，可以在华为官网上注册，注册地址：https://uniportal.huawei.com/accounts/register.do?method=toRegister。点击需要的版本号进入下载页面，若没有登录，页面上会出现小锁，表示无下载权限。

（2）eNSP安装

将下载到的eNSP V100R002C00B510 Setup.zip文件用压缩软件解压出来，双击开始安装。

第一步：选择在安装期间需要使用的语言，默认为“中文(简体)”，如果用户习惯于使用英语，可以选择“English”选项。

第二步：进入安装向导，选择目标位置。建议将 eNSP 安装到非系统盘的其他磁盘，如 D 盘，以免由于后期系统故障、系统恢复导致 eNSP 存储数据丢失。

第三步：选择开始菜单文件夹。安装程序将在该步骤选择的文件夹中创建启动 eNSP 的快捷方式。

第四步：选择附加任务，即是否在桌面创建 eNSP 的快捷方式。

第五步：选择安装其他程序，该步骤非常重要，包含了 WinPcap、Wireshark 和 VirtualBox 三项应用程序。其中，WinPcap 和 VirtualBox 为 eNSP 正常使用的必备软件，而 Wireshark 为 eNSP 模拟实验过程中，用来抓取网络设备端口数据报文的工具。安装成功后，这三项应用程序可以单独进行软件更新升级，不影响 eNSP 的正常使用。

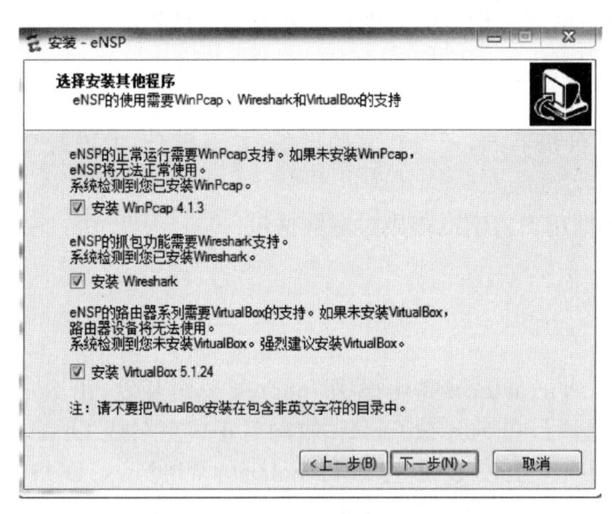

图 1-4-1　选择安装其他组件界面

根据安装向导，选择安装语言，默认中文，直接点“确定”，进入 eNSP 安装引导；点击“下一步”，许可协议选择“我愿意接受此协议”后，点击“下一步”，选择安装位置，建议保持默认；点击“下一步”，选择 eNSP 在开始菜单中的位置，保持默认即可；点击“下一步”，选择是否创建桌面图标，默认即可；点击“下一步”，选择附加组件，eNSP 会自动检查系统是否有安装以下组件，没安装的会自动勾选，已安装的不会勾选；直接点击“下一步”，在安装 eNSP 的过程中需要安装以下组件，如图1-4-1 所示。

第六步：准备安装，此步骤开始向用户电脑中安装 eNSP 及在第五步选择的应用程序，安装成功后，即完成了 eNSP 的安装工作。

第七步：安装 VirtualBox_5.2 版本，并覆盖原来版本的 VirtualBox，如图 1-4-2 所示。

图 1-4-2　VitualBox 安装向导

2. eNSP 界面及各功能介绍

打开 eNSP，界面如图 1-4-3 所示，大致可分为五块区域：主菜单、工具栏、网络设备区、工作区、设备接口区。现在使用 eNSP 进行简单操作，了解如何新建网络拓扑、如何操作网络设备等。

图 1-4-3　eNSP 主界面

(1) 注册网络设备

在安装 eNSP 过程中，可看到安装 eNSP 的同时，还安装了 WinPcap、Wireshark、VirtualBox 工具。eNSP 为了实现模拟环境与真实设备的相似性，eNSP 通过在 VirtualBox 中注册安装网络设备的虚拟主机，在 VirtualBox 的虚拟机中加载网络设备的 VRP 文件，从而实现网络设备的模拟。

通过选择菜单栏【菜单】/【工具】/【注册设备】，弹出注册设备对话框，在注册设备对话框右侧，选中“AR_Base”“AC_Base”“AP_Base”，单击“注册”按钮，完成网络设备的注册。注册网络设备界面如图 1-4-4 所示。

图 1-4-4　注册网络设备界面

(2) 搭建简单拓扑

搭建一个简单的网络拓扑步骤如下：

首先设定实验目的为搭建一个包括一台 S5700 交换机和两台 PC(分别为 Client1 和 Client2)的拓扑环境。并在此拓扑基础上进行设备操作等操作。

启动 eNSP 后，缺省情况下，工作区域为空白。接下来选中网络设备区中“交换机”中的 S5700 交换机，拖入工作区域，创建一台 S5700 交换机，并自动命名为“LSW1”，通过单击设备命名即可对设备进行命名操作，此处命名为“S5700”。然后选择终端设备中的 PC，拖入到工作区域，创建一台名为“Client1”的 PC，再操作一次，创建另一台 PC，名为“Client2”。

接下来在 PC 与路由器之间连接双绞线。单击网络设备区中的“设备连线”，选择第二种线缆类型“Copper”(铜线)，此时移动到工作区域内的鼠标指针将变成线缆插头形状。单击刚创建的 S5700 图标，屏幕上弹出一个包含此交换机上全部可选端口的菜单，用户选择将线缆连接到其中哪个端口上，选择将线缆连接到“GE 0/0/1”端口上，然后将线缆的另一端连接到 Client1 的“Ethernet0/0/1”网络接口上。

重复这一操作，完成从 S5700 上“GE 0/0/2”端口到 Client2 的连接。

至此，简单的拓扑搭建完成，如图 1－4－5 所示。通过选择菜单中的【菜单】/【文件】/【保存拓扑】(或者点击"工具栏"上保存图标)命令，并输入相应的名称，可以把这个拓扑作为一个 eNSP 专用的".topo"文件保存起来，以备以后使用。

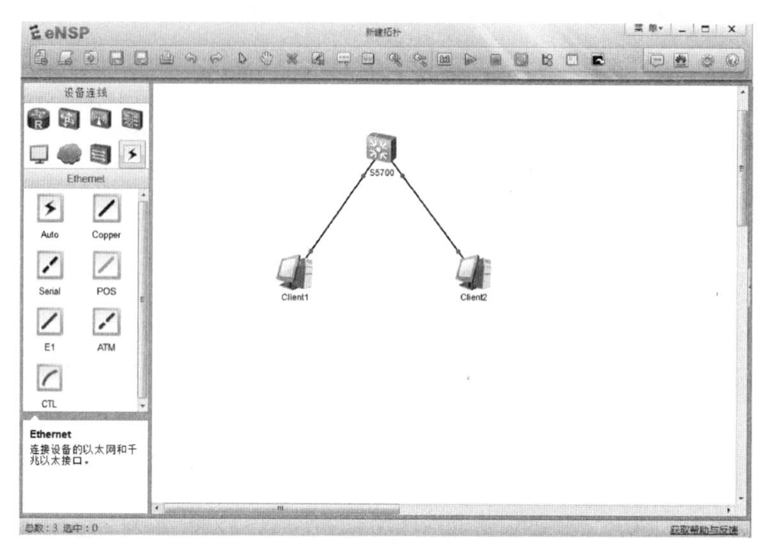

图 1－4－5　eNSP 搭建简单拓扑

(3) 操作网络设备

搭建完简单的网络拓扑后，需要对工作区中的网络设备进行操作。

在拓扑搭建完成后，设备之间的线缆两端的指示灯始终为红色，即代表线缆处于未连通状态。与真实设备类似，需要单击"工具栏"中的绿色小三角"开启设备"按钮，为工作区中的网络设备加电从而实现线缆的连通；也可以选中工作区中的部分设备，然后单击"开启设备"按钮，分批启动工作区中的网络设备。

第一步：配置两台主机的 IP 地址与子网掩码。在工作区双击 Client1 的 PC 图标，在"基础配置"界面，IP 地址配置为"192.168.1.1"，子网掩码配置为"255.255.255.0"；类似步骤，配置另一台 Client2 的 IP 地址和子网掩码分别为"192.168.1.2"和"255.255.255.0"。

```
Client1
基础配置 命令行 组播 UDP发包工具 串口
Welcome to use PC Simulator!

PC>ipconfig

Link local IPv6 address...........: fe80::5689:98ff:fe4e:51d5
IPv6 address......................: :: / 128
IPv6 gateway......................: ::
IPv4 address......................: 192.168.1.1
Subnet mask.......................: 255.255.255.0
Gateway...........................: 0.0.0.0
Physical address..................: 54-89-98-4E-51-D5
DNS server........................:

PC>ping 192.168.1.2

Ping 192.168.1.2: 32 data bytes, Press Ctrl_C to break
From 192.168.1.2: bytes=32 seq=1 ttl=128 time=47 ms
From 192.168.1.2: bytes=32 seq=2 ttl=128 time=47 ms
From 192.168.1.2: bytes=32 seq=3 ttl=128 time=31 ms
From 192.168.1.2: bytes=32 seq=4 ttl=128 time=47 ms
From 192.168.1.2: bytes=32 seq=5 ttl=128 time=32 ms

--- 192.168.1.2 ping statistics ---
  5 packet(s) transmitted
  5 packet(s) received
  0.00% packet loss
  round-trip min/avg/max = 31/40/47 ms

PC>
```

图 1－4－6　Client1 主机 Ping 操作界面

第二步：由 Client1 向 Client2 主机发送 Ping 报文。在工作区双击 Client1 的 PC 图标，进入 Client1 的操作界面；单击命令行，进入命令行界面；在命令行界面中输入"ipconfig"命令，查看当前 Client1 的 IP 地址配置信息，然后输入"ping 192.168.1.2"，可以看到已经成功 Ping 通 Client2 主机，操作界面如图 1－4－6 所示。

在 eNSP 模拟 PC 主机的命令行中，可以简单模拟主机的 ipconfig、arp、ping、tracert 等操作。

在完成 Client1 主机向 Client2 主

机发送 Ping 报文操作后，进入交换机的操作界面。

右击工作区中 S5700 交换机图标，选择【设置】选项，进入 S5700 交换机设置界面，如 1-4-7所示。

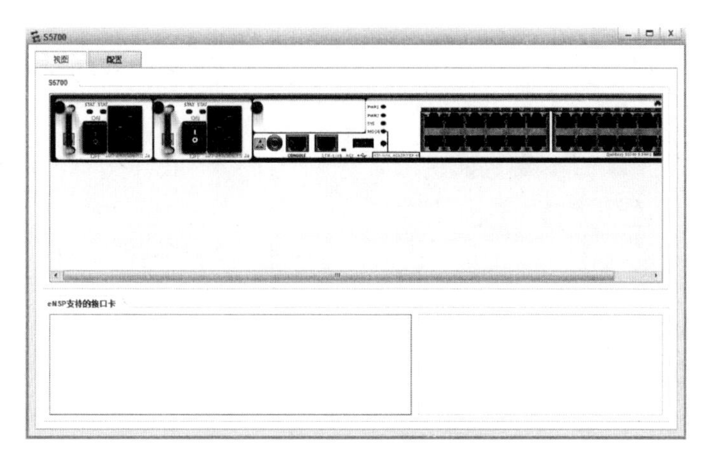

图 1-4-7　S5700 交换机设置界面

（4）桥接本机网卡

eNSP 模拟器支持与本机网卡桥接的功能，可根据实验需求，合理利用桥接本机网卡的功能来进行实验模拟，需要完成如下步骤实现桥接本机网卡功能。

第一步，添加 cloud 设备。在网络设备区，选择【其他设备】，选取【Cloud】设备，添加至工作区。

第二步，增加桥接本机的端口。双击工作区添加的【Cloud】设备，点击【端口类型】下拉框，选择要创建的端口类型，在桥接本机网卡时，端口类型只能选择“Ethernet”或“GE”。然后，点击【绑定信息】下拉框，选择需要桥接的网卡，以【VirtualBox Host－Only Network】为例，选择完成后，点击【增加】按钮完成与本机桥接端口的添加工作。

第三步，增加与模拟设备互联端口。【端口类型】选项保持与第二步相同的端口类型选项，【绑定信息】选项选择“UDP”，点击【增加】按钮完成 UDP 端口添加，如图 1-4-8 所示。

图 1-4-8　eNSP 桥接网卡绑定信息

第四步，建立端口映射关系。在端口映射设置中，选择相应的端口类型，根据“端口创建”区域表格中“No.”项端口编号，选择“入端口编号”和“出端口编号”，为了实现数据的双向互通，勾选“双向通道”选项，点击【增加】按钮，完成端口映射关系配置。配置完成后，如下图1-4-9所示。

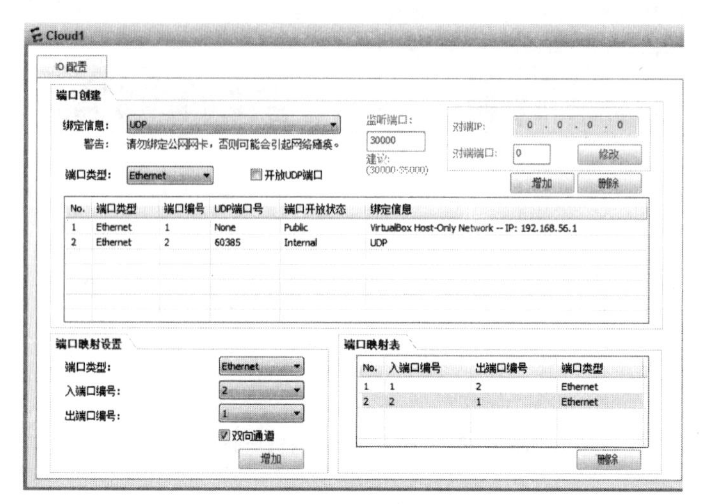

图 1-4-9 eNSP 桥接本机网卡配置信息图

通过上述步骤，可实现 eNSP 桥接本机网卡的功能，根据桥接网卡后模拟环境的用途，将该功能归结为如下三种场景：

◆ 真实主机环境。该场景适用于希望通过桥接本机网卡功能在模拟环境中加入真实主机，测试相应功能，例如，通过桥接本机网卡测试 L2TP VPN。

◆ 与其他模拟器互通。该场景适用于希望通过桥接本机网卡功能实现 eNSP 中模拟的华为设备与其他厂商模拟器进行互通，测试不同厂商产品功能的互联互通，例如，eNSP、GNS3 同时桥接网卡实现模拟器之间的互通。

◆ 搭建分布式拓扑。该场景适用于希望搭建较大规模的网络拓扑，但是主机硬件性能受限，可根据实际拓扑互联关系，将整个拓扑图化整为零，划分为不同的板块，分布到不同的主机上，通过主机之间网卡互联、eNSP 中桥接本机网卡实现各板块拓扑之间的互联，从而搭建大规模拓扑。

五、实验注意事项

在增加和移除模块时，一定要先关闭电源。

六、拓展训练

比较 eNSP 与 Cisco Packet Tracer 的异同。

实验 1.5 VMware Workstation 基本应用

一、实验目的

(1) 掌握 VMware Workstation 软件的安装与设置；

（2）掌握 VMware Workstation 虚拟机的建立过程。

二、背景知识

1. 虚拟机概述

虚拟机（Virtual Machine）指通过软件模拟的、具有完整硬件系统功能的、运行在一个完全隔离环境中的完整计算机系统。

虚拟系统通过生成现有操作系统的全新虚拟镜像，它具有真实 Windows 系统完全一样的功能，进入虚拟系统后，所有操作都是在这个全新的独立的虚拟系统里面进行，可以独立安装运行软件、保存数据，拥有自己的独立桌面，不会对真正的系统产生任何影响，而且具有能够在现有系统与虚拟镜像之间灵活切换的一类操作系统。虚拟系统和传统的虚拟机（Parallels Desktop，VMware，VirtualBox，Virtual PC）的不同在于：虚拟系统不会降低电脑的性能，启动虚拟系统不需要像启动 Windows 系统那样耗费时间，运行程序更加方便快捷；虚拟系统只能模拟和现有操作系统相同的环境，而虚拟机则可以模拟出其他种类的操作系统；而且虚拟机需要模拟底层的硬件指令，所以在应用程序运行速度上比虚拟系统慢得多。

流行的虚拟机软件有 VMware（VMWare ACE）、Virtual Box 和 Virtual PC，它们都能在 Windows 系统上虚拟出多个计算机。

VMware 是 EMC 公司旗下独立的软件公司，1998 年 1 月，Stanford 大学的 Mendel Rosenblum 教授带领他的学生 Edouard Bugnion 和 Scott Devine 及对虚拟机技术多年的研究成果创立了 VMware 公司，主要研究在工业领域应用的大型主机级的虚拟技术计算机，并于 1999 年发布了它的第一款产品——基于主机模型的虚拟机 VMware Workstation，后于 2001 年推出了面向服务器市场的 VMware GSX Server 和 VMware ESX Server。现在 VMware 是虚拟机市场上的领航者，其首先提出并采用的气球驱动程序（Balloon driver）、影子页表（Shadow page table）、虚拟设备驱动程序（Virtual Driver）等均已被后来的其他虚拟机（如 Xen）采用。

2. VMware 产品主要的功能

（1）不需要分区或重开机，就能在同一台 PC 上使用两种以上的操作系统。

（2）完全隔离并保护不同 OS 的操作环境，以及所有安装在 OS 上的应用软件和资料。

（3）不同的 OS 之间还能互动操作，包括网络、周边、文件分享以及复制粘贴功能。

（4）有复原（Undo）功能。

（5）能够设定并且随时修改操作系统的操作环境，如内存、磁碟空间、周边设备等。

（6）热迁移，高可用性。

三、实验环境及实验拓扑

（1）接入因特网的 PC，安装 Windows 7 操作系统、IE 等软件。

（2）VMware Workstation 软件。

四、实验内容

1. VMware Workstation 的安装和启动

VMware Workstation 的运行界面如图 1-5-1 所示。

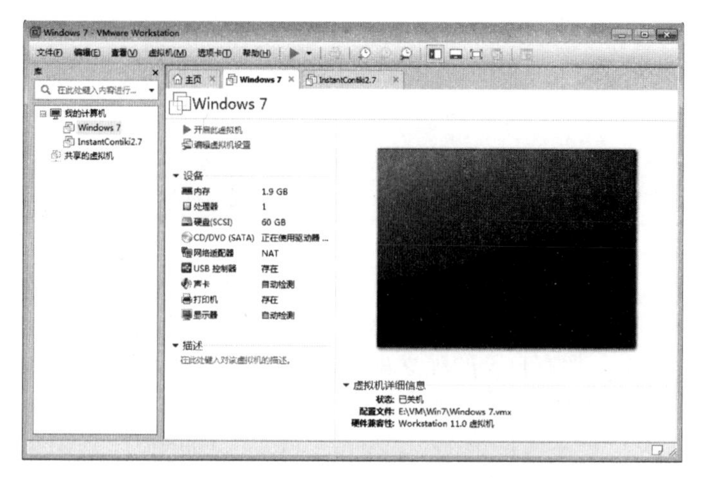

图 1-5-1 WMware Workstation 运行界面

2. WMware Workstation 虚拟机建立过程

打开 VMware Workstation，在 VMware Workstation 对话框中，点击“创建新的虚拟机”(如图 1-5-2 所示)，弹出“新建虚拟机向导”对话框，在页面中选择自定义选项，点击“下一步”(如图 1-5-3 所示)。

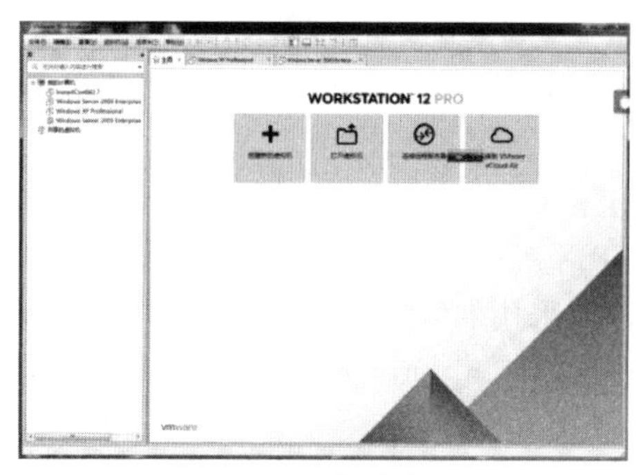

图 1-5-2 创建虚拟机

图 1-5-3 虚拟机创建向导

出现“选择虚拟机硬件兼容性”页面，选“Workstation 8”，定义所需硬件功能，点击“下一步”(如图 1-5-4 所示)。

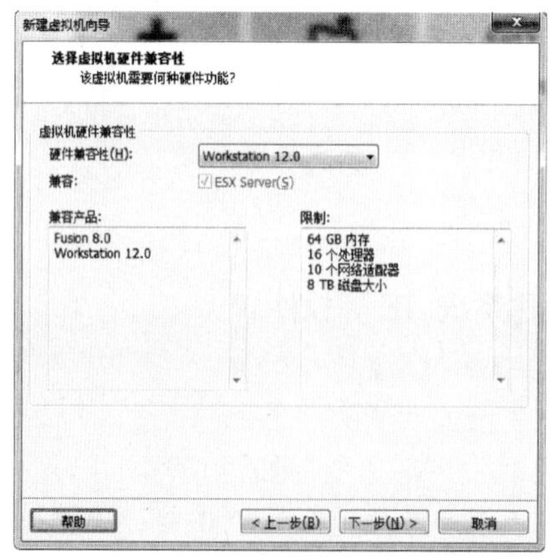

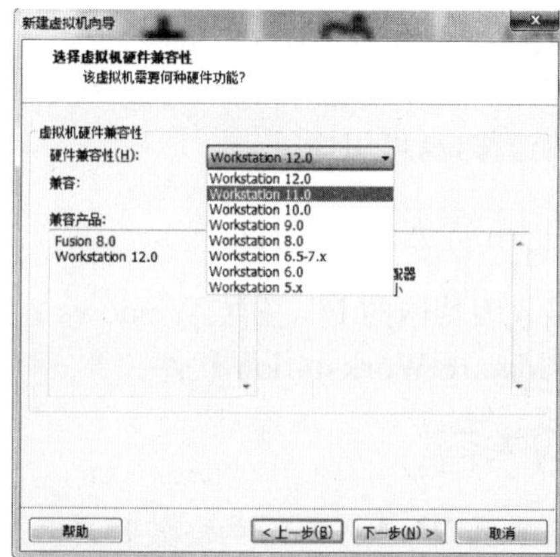

图 1-5-4 硬件兼容性设置

出现“安装用户操作系统”页面，选稍后安装，点击“下一步”（如图1-5-5所示）。

在“客户机操作系统”选项卡下，选择用户将安装的操作系统及版本，点击“下一步”（如图1-5-6所示）。

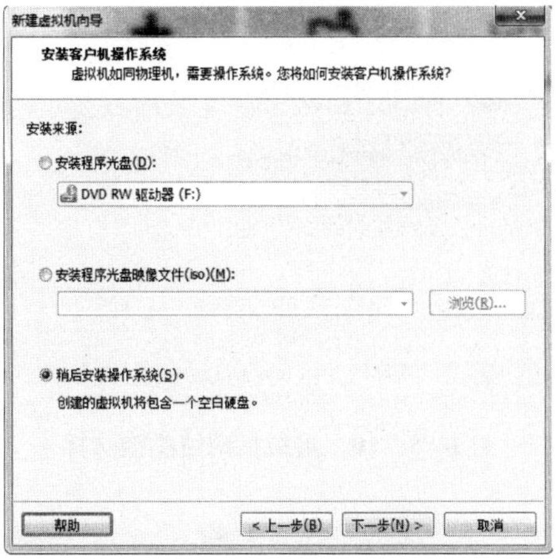

图1-5-5　安装方式选择

图1-5-6　操作系统选择

出现“命名虚拟机”页面，给虚拟机命名，选择安装位置，点击“下一步”（如图1-5-7所示）。

出现“处理器配置”页面，指定处理器数量，点击“下一步”（如图1-5-8所示）。

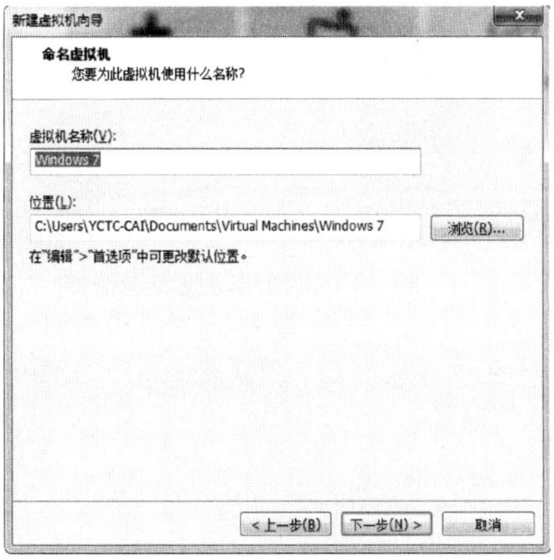

图1-5-7　虚拟机命名

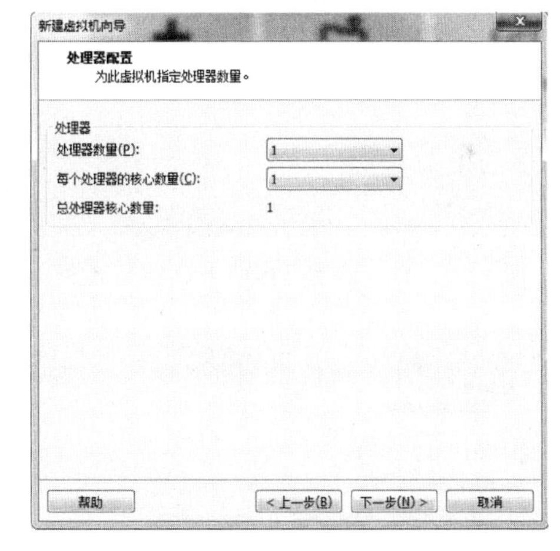

图1-5-8　处理器选择

出现“此虚拟机的内存”页面，设置内存大小，点击“下一步”（如图1-5-9所示）。

出现“网络类型”页面，选“网络地址转换(NAT)”，点击“下一步”（如图1-5-10所示）。

出现“I/O控制器类型”页面，选“LSI Logic SAS(S)”，点击“下一步”（如图1-5-11所示）。

出现“选择磁盘类型”页面，选“SCSI”，点击“下一步”（如图1-5-12所示）。

在“选择磁盘”页面，点击“创建新虚拟磁盘”，点击“下一步”（如图1-5-13所示）。

出现“指定磁盘容量”页面，在最大容量右侧设置容量大小，然后选择“将虚拟磁盘拆分多个文件”，点击“下一步”（如图1-5-14所示）。

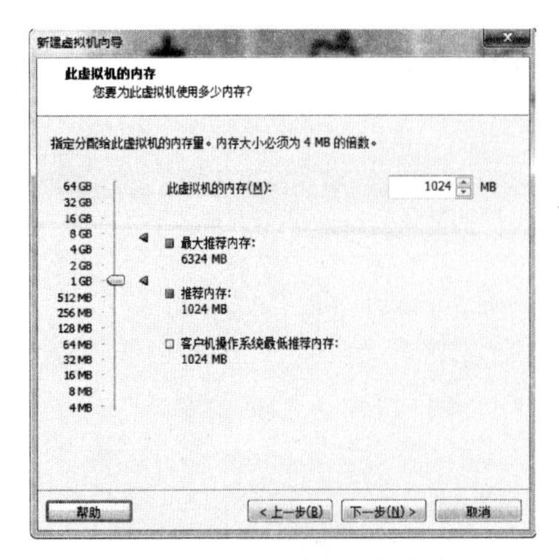

图 1-5-9　确定虚拟机内存

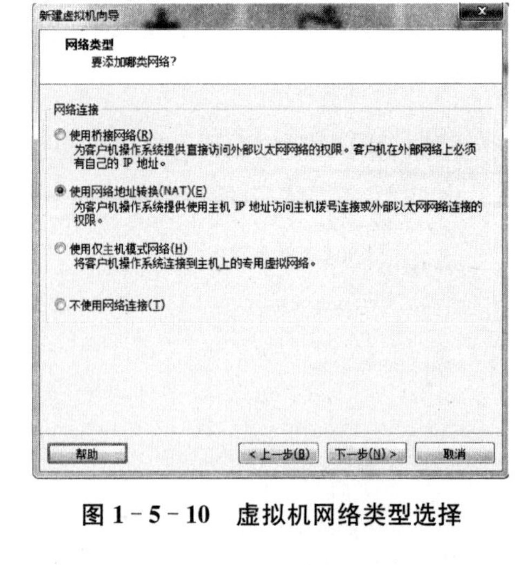

图 1-5-10　虚拟机网络类型选择

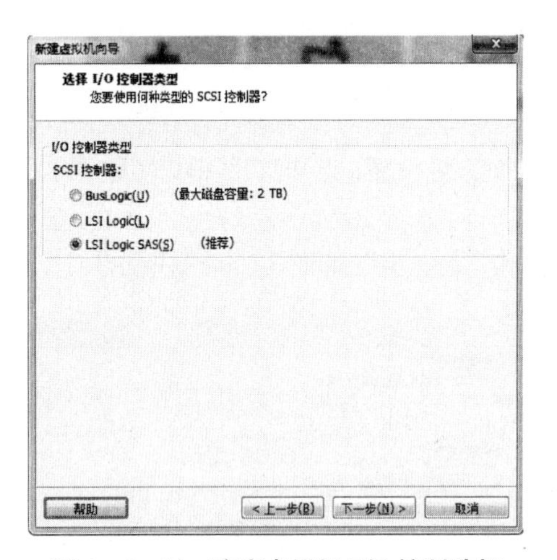

图 1-5-11　确定虚拟机 I/O 控制选择

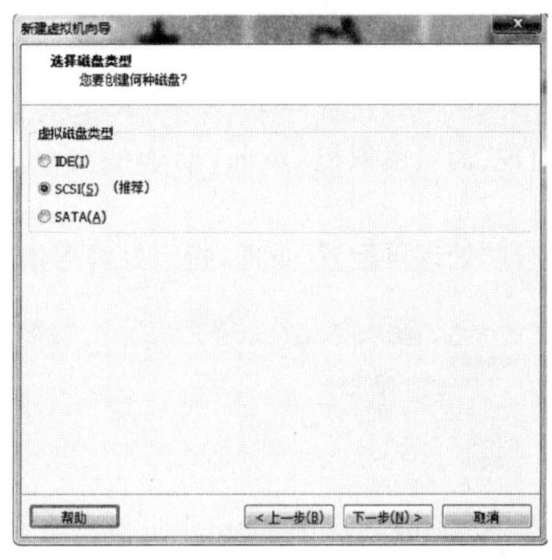

图 1-5-12　虚拟机磁盘类型选择

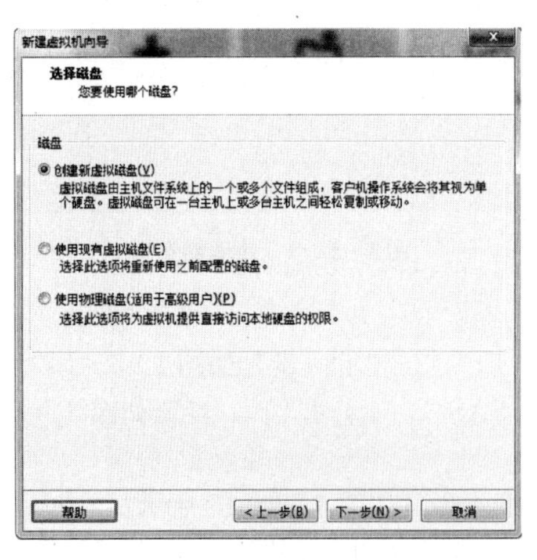

图 1-5-13　选择虚拟机磁盘

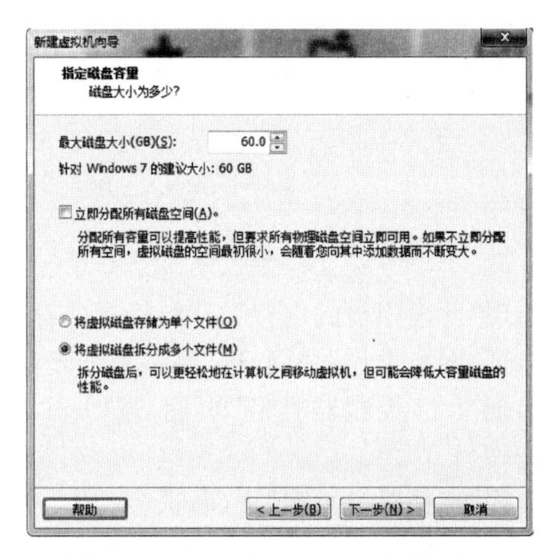

图 1-5-14　虚拟机磁盘容量设置

出现“指定磁盘文件”页面，选择所需文件，点击“下一步”(如图 1-5-15 所示)。出现“已准备好创建虚拟机”页面，点击“完成”按键，即创建完成(如图 1-5-16 所示)。

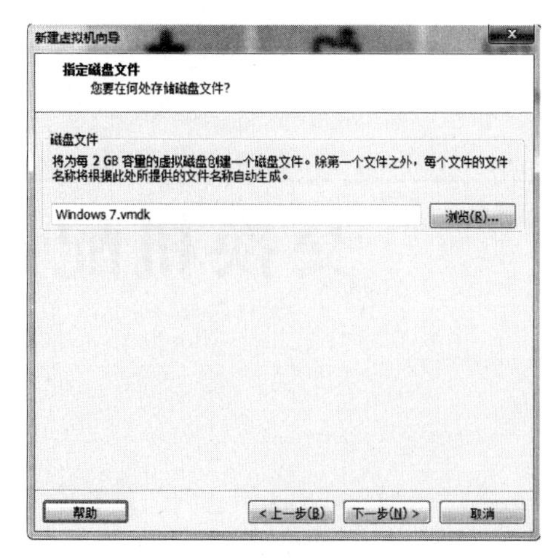

图 1-5-15　虚拟机磁盘文件

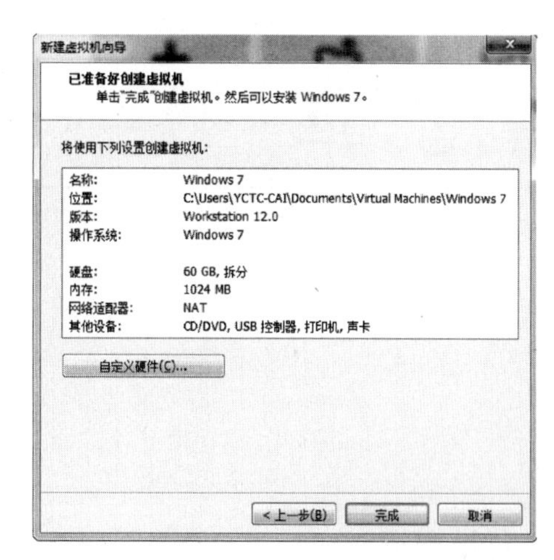

图 1-5-16　确定虚拟机

五、实验注意事项

(1) 注意软件版本的兼容性。如果不兼容之前的版本，那之前创建的虚拟机将不能在该版本中运行。

(2) 虚拟硬盘空间要进行合理规划。一旦虚拟机创建成功，将不能进行修改。

六、拓展训练

了解物理虚拟机的创建工具和方法。

【微信扫码】
相关资源

第 2 章

交换机配置

背景介绍

为了方便网络管理，园区网络通常按照功能或业务进行分层分区设计，如图 2-0-1 所示，园区内部网络包括终端层、接入层、汇聚层、核心层、出口区，园区外部的其他园区、分支、出差员工等则通过 Internet 或专线与园区内部实现互通。

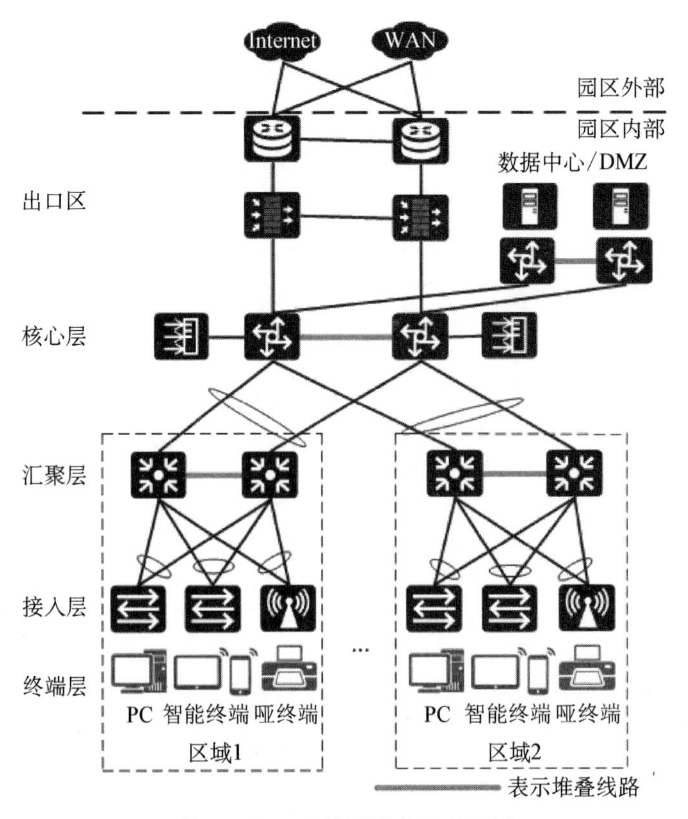

图 2-0-1　园区网络架构组网图

各个分层模块在网络中的作用如下：

终端层：包含园区内的各种终端设备，如PC、笔记本电脑、打印机、传真、POS话机、SIP话机、手机、摄像头等。

接入层：为终端用户提供园区网接入功能，是园区网的边界。接入层通常由以太网交换机组成，接入层交换机具有低成本和高端口密度特性。对于某些终端，可能还要增加特定的接入设备，如无线接入的AP设备等。

汇聚层：将众多的接入设备和大量用户经过一次汇聚后再接入到核心层，扩展核心层接入用户的数量，完成数据汇聚或交换的功能。汇聚层通常还作为用户三层网关，承担二三层边缘设备的角色，提供用户管理、安全管理、QoS调度等各项跟用户和业务相关的处理。设备一般采用可管理的三层交换机或堆叠式交换机，以达到带宽和传输性能的要求。

核心层：园区网的骨干区域，是园区数据交换的核心，联接园区网的各个组成部分，如数据中心、汇聚层、出口区等。核心层网络需要实现带宽的高利用率和网络故障的快速收敛。

出口区：园区内部网络到外部网络的边界，一般由路由器完成此部分功能。内部用户通过边缘网络接入到公网，外部用户（包括客户、合作伙伴、分支机构、远程用户等）通过边缘网络接入到内部网络。

数据中心区：部署服务器和应用系统的区域，为企业内部和外部用户提供数据和应用服务。

DMZ区：通常公用服务器部署于该区域，为外部访客（非企业员工）提供相应的访问业务，其安全性受到严格控制。

实验2.1 交换机基本配置

一、实验目的

（1）认识交换机并掌握交换机连接；

（2）掌握交换机操作系统的基本使用；

（3）掌握交换机的配置视图；

（4）掌握交换机的密码配置；

（5）掌握交换机配置文件的查看。

二、背景知识

1. 认识交换机

交换机有二层交换机、三层交换机和多层交换机等。下面分别举例说明。

如图2-1-1所示，是华为S2700-9TP-EI-DC系列二层企业交换机。

图2-1-1 华为S2700-9TP-EI-DC系列企业交换机

二层交换机一般采用非模块化的结构。华为 S2700 - 9TP - EI - DC 是华为公司推出的新一代绿色节能的以太网智能百兆接入交换机。它基于新一代交换技术和华为 VRP (Versatile Routing Platform,通用路由平台)软件平台,提供简单便利的安装维护手段,同时融合了灵活的网络部署、完备的安全和 QoS 控制策略、绿色环保等先进技术,可满足以太网多业务承载和接入需要,助力企业用户搭建面向未来的 IT 网络。主要包括下行 8/16/24/48 个百兆端口,上行 2 个或 4 个千兆端口,一个 Console 口,一个电源接口,若干个端口指示灯。指示灯能反映交换机的工作状态。交换机刚启动时灯是橙黄色的,正常工作时是绿色,进行数据传输时是闪烁的绿色。如果交换机的指示灯变成红色,则说明当前端口有故障。

如图 2 - 1 - 2 所示,是华为 S3700 系列三层交换机的外观图。

S3700 系列企业交换机是华为公司推出的新一代绿色节能的三层以太交换机。它基于新一代高性能硬件和华为 VRP 软件平台,针对企业用户园区汇聚、接入等多种应用场景,提供简单便利的安装维护手段、灵活的 VLAN(Virtual Local Area Network,虚拟局域网)部署和 PoE(Power over Ethernet,有源以太网)供电能力、丰富的路由功能和 IPv6 平滑升级能力,并通过融合堆叠、虚拟路由器冗余、快速环网保护等先进技术有效增强网络健壮性,助力企业搭建面向未来的 IT 网络。

如图 2 - 1 - 3 所示,是华为 S5700 - EI 系列增强型千兆以太交换机。

图 2 - 1 - 2　S3700 系列企业交换机　　**图 2 - 1 - 3　S5700 - EI 系列增强型千兆以太交换机**

该款交换机具有智能 iStack 堆叠,杰出的网流分析,灵活的以太组网,完善的 VPN 隧道,多样的安全控制,成熟的 IPv6 特性,轻松的运行维护,更多的端口组合等特点,广泛应用于企业园区接入、汇聚,数据中心千兆接入等多种应用场景。

如图 2 - 1 - 4 所示,是华为 CloudEngine S6730 - H 系列全功能万兆交换机。

CloudEngine S6730 - H 系列全功能万兆交换机,是华为公司推出的新一代万兆盒式交换机,具备随板 AC 能力,可管理大规格数量的 AP;具备业务随行能力,提供一致的用户体验;具备 VXLAN 能力,支持网络虚拟化功能;内置安全探针,支持异常流量检测、加密流量的威胁分析,以及全网威胁诱捕等功能,可广泛应用于企业园区、运营商、高校、政府等应用场景。

如图 2 - 1 - 5 所示,是华为 CloudEngine S12700E 旗舰级核心交换机。

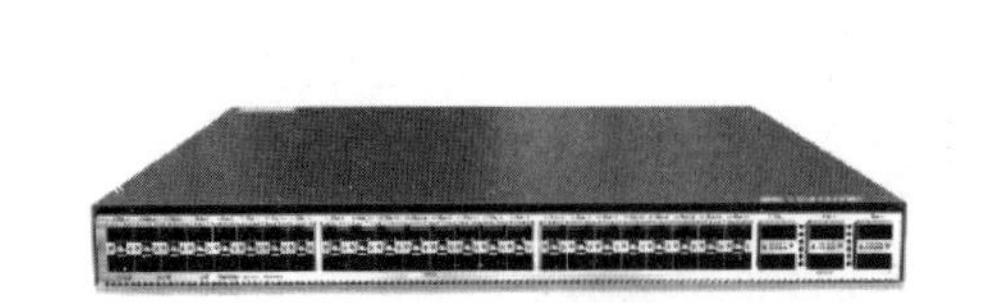

图 2 - 1 - 4　CloudEngine S6730 - H 系列万兆交换机　　**图 2 - 1 - 5　CloudEngine S12700E 系列交换机**

CloudEngine S12700E 系列交换机是华为智简园区网络的旗舰级核心交换机,提供高品质海量交换能力、有线无线深度融合网络体验和全栈开放，平滑升级能力，帮助客户网络从传统园区向以业务体验为中心的智简园区转型。

2. 交换机的性能指标

(1) 转发速率

也称吞吐率，单位是 pps。转发速率体现了交换引擎的转发性能。转发速率(Forwarding Rate) 指基于 64 字节分组(在衡量交换机包转发能力时，应当采用最小尺寸的包进行评价)在单位时间内交换机转发的数据总数。在计算包的个数时，除了考虑包本身的大小外，还要考虑每个帧头加上的 8 个字节的前导符及用于检测和处理冲突的帧间隔，在以太网标准中帧间隔规定最小是 12 个字节。"线速转发"是指无延迟地处理线速收到的帧，无阻塞交换。因此交换机达到线速时包转发率的计算公式是：

(1000 Mbit×千兆端口数量＋100 Mbit×百兆端口数量＋10 Mbit×十兆端口数量＋其他速率的端口类推累加)/((64＋12＋8)bytes×8 bit/bytes)＝1.488 Mpps×千兆端口数量＋0.1488 Mpps×百兆端口数量＋其他速率的端口类推累加。

如果交换机的该指标参数值小于此公式计算结果，则说明不能够实现线速转发，反之还必须进一步衡量其他参数。

(2) 端口吞吐量

该参数反映端口的分组转发能力。常采用两个相同速率端口进行测试，与被测口的位置有关。吞吐量是指在没有帧丢失的情况下，设备能够接受的最大速率。其测试方法是：在测试中以一定速率发送一定数量的帧，并计算待测设备传输的帧，如果发送的帧与接收的帧数量相等，那么就将发送速率提高并重新测试；如果接收帧少于发送帧，则降低发送速率重新测试，直至得出最终结果。

吞吐量和转发速率是反映网络设备性能的重要指标，一般采用 FDT(Full Duplex Throughput，全双工吞吐量)来衡量，指 64 字节数据包的全双工吞吐量。

满配置吞吐量是指所有端口的线速转发率之和。

满配置吞吐量(Mpps)＝1.488 Mpps×千兆端口数量＋0.1488 Mpps×百兆端口数量＋其他速率的端口类推累加。

(3) 背板带宽与交换容量

交换引擎的作用是实现系统数据包交换、协议分析、系统管理，它是交换机的核心部分，类似于 PC 的 CPU＋OS，分组的交换主要通过专用的 ASIC 芯片实现。

背板带宽是指交换机接口处理器或接口卡和数据总线间所能吞吐的最大数据量。由于所有端口间的通讯都要通过背板完成，带宽越大，能够给各通讯端口提供的可用带宽越大，数据交换速度越快；带宽越小，能够给各通讯端口提供的可用带宽越小，数据交换速度也就越慢。因此，背板带宽越大，交换机的传输速率则越快，单位为 bps。背板带宽也叫交换带宽。如果交换机背板带宽大于交换容量，则可以实现线速交换。

交换容量(最大转发带宽、吞吐量)是指系统中用户接口之间交换数据的最大能力，用户数据的交换是由交换矩阵实现的。交换机达到线速时，交换容量等于端口数×相应端口速率×2(全双工模式)。如果这一数值小于背板带宽，则可实现线速转发。

(4) 端口

按端口的组合目前主要有多种，纯百兆端口产品、百兆和千兆端口、纯千兆端口、40 G 和 100 GE 混合等产品，每一种产品所应用的网络环境都不一样。核心骨干网路上，选择千兆以上产品，如果是处于上连骨干网路上，选择千兆的，如果是边缘接入，可以选择百兆及以上产品。

(5) 缓存和MAC地址数量

每台交换机都维护着一张MAC地址表，记录MAC地址与端口的对应关系，从而根据MAC地址将访问请求直接转发到对应的端口。存储的MAC地址数量越多，数据转发的速度和效率也就越高，抗MAC地址溢出能力也就越强。

缓存用于暂时存储等待转发的数据。如果缓存容量较小，当并发访问量较大时，数据将被丢弃，从而导致网络通讯失败。只有缓存容量较大，才可以在组播和广播流量很大的情况下，提供更佳的整体性能，同时保证最大可能的吞吐量。

(6) 管理功能

现在交换机厂商一般都提供管理软件或满足第三方管理软件远程管理交换机。一般的交换机满足SNMP MIB I/MIB II统计管理功能，而复杂一些的千兆及以上交换机会增加通过内置RMON组来支持RMON主动监视功能。有的交换机还允许外接RMON来监视可选端口的网络状况。

(7) 虚拟局域网

通过将局域网划分为虚拟网络VLAN网段，可以强化网络管理和网络安全，控制不必要的数据广播。在虚拟网络中，广播域可以是由一组任意选定的MAC地址组成的虚拟网段。这样，网络中工作组的划分可以突破共享网络中的地理位置限制，而完全根据管理功能来划分。好的产品目前可提供功能较为细致丰富的虚网划分功能。

(8) 冗余支持

交换机在运行过程中可能会出现不同的故障，所以是否支持冗余也是其重要的指标，当有一个部件出现问题时，其他部件能够接着工作，而不影响设备的继续运转，冗余组件一般包括管理卡、交换结构、接口模块、电源、冷却系统、机箱风扇等。另外对于提供关键服务的管理引擎及交换阵列模块，不仅要求冗余，还要求这些部分具有“自动切换”的特性，以保证设备冗余的完整性，当有一块这样的部件失效时，冗余部件能够接替工作，以保障设备的可靠性。

(9) 支持的网络类型

交换机支持的网络类型是由交换机的类型来决定的，一般情况下固定配置不带扩展槽的交换机仅支持一种类型的网络，是按需定制的。机架式交换机和固定式配置带扩展槽交换机可支持一种以上的网络类型，如支持以太网、快速以太网、千兆以太网、ATM、令牌环及FDDI网络等。一台交换机支持的网络类型越多，其可用性、可扩展性就越强，同时价格也会越昂贵。

3. 交换机的分类

(1) 根据在网络中的地位和作用分类

① 接入层交换机：主要用于用户计算机的连接。如华为S2700系列企业交换机、Cisco Catalyst 2960和锐捷RG－S2126S等，常被用作以太网桌面接入设备。

② 汇聚层交换机：主要用于将接入层交换机进行汇聚，并提供安全控制。如S3700系列企业交换机、Cisco Catalyst 4500和锐捷RG－S3760等，提供了2～4层交换功能。可用于中型配线间、中小型网络核心层等。

③ 核心层交换机：主要提供汇聚层交换机间的高速数据交换。如S5700－EI系列、

CloudEngine S6730－H 系列、Cisco Catalyst 6500 和锐捷的 RG－S8606，是一个智能化核心交换机，可用于高性能配线间或网络中心。

（2）根据对数据包处理方式的不同分类

① 存储转发式交换机（Store and Forward）：交换机接收到整个帧并作检查，确认无误后再转发出去。它的优点是转发出去的帧是正确的，缺点是时延大。

② 直通式交换机（Cut-through）：交换机检查帧的目标地址后就立即转发该帧。因为目标地址位于数据帧的前 14 个字节，所以交换机只检查前 14 个字节后就立即转发。很明显这种交换机的特点是转发速度快、时延小，但由于缺少 CRC 校验，可能会将碎片帧和无效帧转发出去。

③ 无碎片式交换机（Fragment Free）：这是对直通式交换机的改进。由于以太网最小的数据帧长度不得小于 64 个字节，因此如果能对数据帧的前 64 个字节进行检查，则减少了发送无效帧的可能性，提高可靠性。

（3）根据工作的层次分类

① 二层交换机：根据 MAC 地址进行数据的转发，工作在数据链路层。

② 三层交换机：三层交换技术就是二层交换技术＋三层转发技术，即三层交换机就是具有部分路由器功能的交换机。三层交换机的最重要目的是加快大型局域网内部的数据交换，能够做到一次路由、多次转发。在企业网和校园网中，一般会将三层交换机用在网络的核心层，用三层交换机上的千兆端口或百兆端口连接不同的子网或 VLAN。但三层交换机的路由功能没有同一档次的专业路由器强。在实际应用过程中，典型的做法是：处于同一个局域网中的各个子网的互联以及局域网中 VLAN 间的路由，用三层交换机来代替路由器，而只有局域网与公网互联实现跨地域的网络访问时，才通过专业路由器。

③ 多层交换机：会利用第三层以及第三层以上的信息来识别应用数据流会话，这些信息包括 TCP/UDP 的端口号、标记应用会话开始与结束的“SYN/FIN”位以及 IP 源/目的地址。利用这些信息，多层交换机可以作出向何处转发会话传输流的智能决定。

4. 交换机的地址

（1）MAC 地址表

MAC 地址是以太网设备上固化的地址，用于唯一标识每一台设备。MAC 地址是 48 位地址，分为前 24 位和后 24 位，前 24 位用于分配给相应的厂商，后 24 位则由厂家自行指派。交换机就是根据 MAC 地址表进行数据的转发和过滤的。在交换机地址表中，地址类型有以下几类：

① 动态地址：动态地址是交换机通过接收到的报文自动学习到的地址。交换机通过学习新的地址和老化掉不再使用的地址来不断更新其动态地址表。可通过设置老化时间来更新地址表中的地址。

② 静态地址：静态地址是手工添加的地址。静态地址只能手工进行配置和删除，不能学习和老化。

③ 过滤地址：过滤地址是手工添加的地址。当交换机接收到以过滤地址为源地址的包时将会直接丢弃。过滤 MAC 地址永远不会被老化，只能手工进行配置和删除。如果希望交换机能屏蔽掉一些非法的用户，可以将这些用户的地址设置为过滤地址。

④ MAC 地址和 VLAN 的关联：所有的 MAC 地址都和 VLAN 相关联，相同的 MAC 地址可以在多个 VLAN 中存在，不同 VLAN 可以关联不同的端口，每个都维护它自己的逻辑

上的一份地址表。一个 VLAN 已学习的 MAC 地址，对于其他 VLAN 而言可能就是未知的，仍然需要学习。

(2) IP 和 MAC 地址绑定

地址绑定功能是指将 IP 地址和 MAC 地址绑定起来，如果将一个 IP 地址和一个指定的 MAC 地址绑定，则当交换机收到源 IP 地址为这个 IP 地址的帧时，当帧的源 MAC 地址不为这个 IP 地址绑定的 MAC 时，这个帧将会被交换机丢弃。

利用地址绑定这个特性，可以严格控制交换机的输入源的合法性校验。

(3) MAC 地址变化通知

MAC 地址通知是网管员了解交换机中用户变化的有效手段。如果打开这一个功能，当交换机学习到一个新的 MAC 地址或删除掉一个已学习到的 MAC 地址，一个反映 MAC 地址变化的通知信息就会产生，将以 SNMP Trap 的形式将通知信息发送给指定的 NMS(网络管理工作站)，并将通知信息记录到 MAC 地址通知历史记录表中。所以可通过 Trap 的 NMS 或查看 MAC 地址通知历史记录表来了解最近 MAC 地址变化的消息。虽然 MAC 地址通知功能是基于接口的，但 MAC 地址通知开关是全局的。只有全局开关打开，接口的 MAC 地址通知功能才会发生。

5. 交换机的工作原理

为了解决传统以太网由于碰撞引发的网络性能下降问题，提出了网段分割的解决方法。其基本出发点就是将一个共享介质网络划分为多个网段，以减少每个网段中的设备数量。网络分段最初是用网桥或路由器来实现的，它们确实可以解决一些网络瓶颈与可靠性方面的问题，但解决得并不彻底。网桥端口数目一般较少，而且每个网桥只有一个生成树协议，而路由器转发速度又比较慢，所以逐渐采用一种称为交换机(Switch)的设备来取代网桥和路由器对网络实施网段分割。

交换机(Switch)有多个端口，每个端口都具有桥接功能，可以连接一个局域网、一台服务器或工作站。所有端口由专用处理器进行控制，并经过控制管理总线转发信息。交换机运行多个生成树协议。交换机主要有以下三个功能：

(1) 地址学习功能：交换机通过检查被交换机接收的每个帧的源 MAC 地址来学习 MAC 地址，通过学习交换机就会在 MAC 地址表中加上相应的条目，从而为以后做出更好的选择。

如图 2-1-6 所示，开始 MAC 地址是空的。

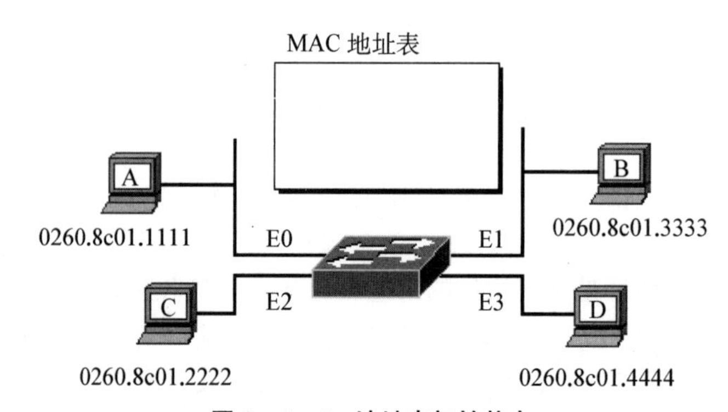

图 2-1-6　地址表初始状态

这时，如果A站要发数据帧给C站，由于在MAC地址表中没有C站的地址，所以数据被转发到除E0端口以外的所有端口，同时A站的地址被登记到MAC地址表中。如图2-1-7所示。

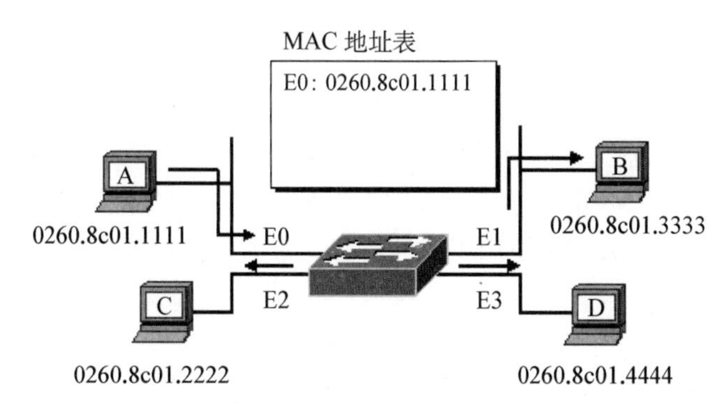

图2-1-7　A站发数据包给C站

同样，如果D站要发数据帧给C站，由于在MAC地址表中没有C站地址，所以数据帧被转发到除E3端口以外的所有端口，同时D站的地址被登记到MAC地址表中。如图2-1-8所示。

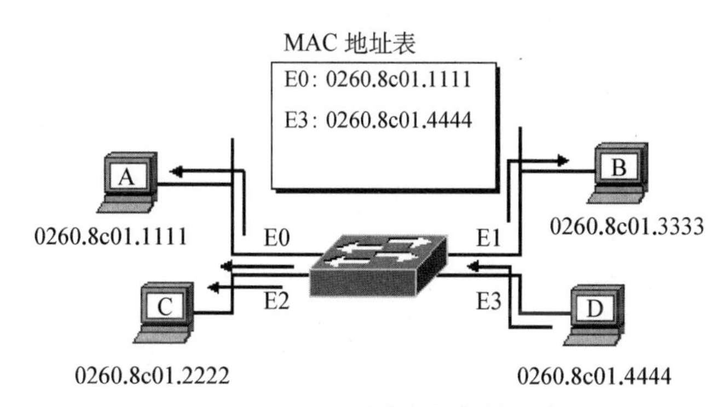

图2-1-8　D站发数据包给C站

同样的道理，经过不断的学习，B、C站的地址都被登记到MAC地址表。如图2-1-9所示，A再向C发送数据帧，只转发到E2端口。

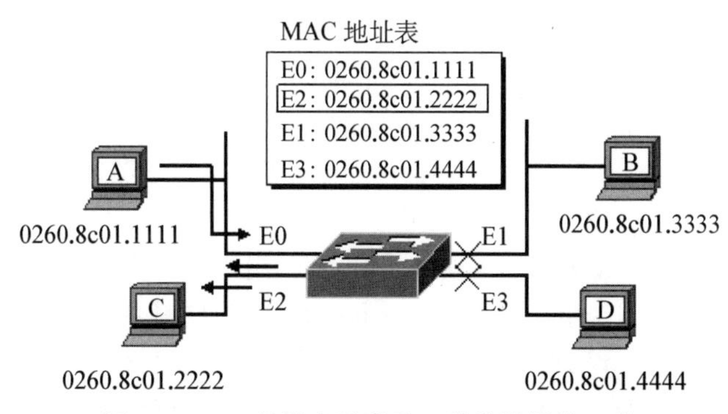

图2-1-9　地址表形成后A站发数据给C站

(2) 转发或过滤选择：交换机根据目的MAC地址，通过查看MAC地址表，决定转发还是过滤。如果目标 MAC 地址和源 MAC 地址在交换机的同一物理端口，则过滤该帧，例如，如果与 A 站位于同一网段的站点发数据帧给 A 站，则该帧不会被转发到其他端口，此功能称为过滤。如果 A 站要发数据帧给 C 站，由于在 MAC 地址表中已有 C 站的信息，则数据帧通过 E2 端口转发给 C 站，而不会转发给其他端口。但如果目标地址是一个广播地址，则数据帧会转发给所有目标端口。

(3) 防止交换机环：物理冗余链路有助提高局域网的可用性，当一条链路发生故障时，另一条链路可继续使用，而不会使数据通信中止。但如果因为冗余链路而让交换机构成环，则数据会在交换机环中无休止地循环，形成广播风暴。多帧的重复拷贝导致 MAC 表的不稳定。解决这一问题的方法就是使用生成树协议。生成树协议有传统的生成树协议和快速生成树协议。

6. 交换机的密码体制

如果没有权限限制，未授权的用户就可以使用设备获取信息并更改配置，从设备安全的角度考虑，限制用户的访问和操作权限是很有必要的。用户权限和用户认证是提升终端安全的两种方式。用户权限要求规定用户的级别，系统将命令进行分级管理，以增加设备的安全性，每个级别的用户只能执行特定级别的命令。华为交换机用户等级和命令等级对应关系如表 2-1-1 所示。

表 2-1-1 用户等级和命令等级对应表

用户等级	命令等级	名称
0	0	访问级
1	0 and 1	监控级
2	0,1 and 2	配置级
3～15	0,1,2 and 3	管理级

缺省情况下命令级别分为 0～3 级，用户级别分为 0～15 级。用户 0 级为访问级别，对应网络诊断工具命令(ping、tracert)、从本设备出发访问外部设备的命令(Telnet 客户端)、部分 display 命令等。用户 1 级为监控级别，对应命令级 0、1 级，包括用于系统维护的命令以及 display 等命令。用户 2 级是配置级别，包括向用户提供直接网络服务，路由、各个网络层次的命令。用户 3～15 级是管理级别，对应命令 3 级，该级别主要是用于系统运行的命令，对业务提供支撑作用，包括文件系统、FTP、TFTP 下载、文件交换配置、电源供应控制、备份板控制、用户管理、命令级别设置、系统内部参数设置以及用于业务故障诊断的 debugging 命令。

系统支持的用户界面包括 Console 用户界面和 VTY(Virtual Type Terminal，虚拟类型终端)用户界面。控制口(Console Port) 是一种通信串行端口，由设备的主控板提供。虚拟类型终端是一种虚拟线路端口，用户通过终端与设备建立 Telnet 或 SSH(Secure Shell，安全外壳协议)连接后，也就建立了一条 VTY，即用户可以通过 VTY 方式登录设备。设备一般最多支持 15 个用户同时通过 VTY 方式访问。在连接到设备前，用户要设置用户界面参数。每类用户界面都有对应的用户界面视图。用户界面(User-interface)视图是系统提供的一种命令行视图，用来配置和管理所有工作在异步交互方式下的物理接口和逻辑接口，从而达到统一管理各种用户界面的目的。执行 user-interface maximum-vty number 命令可以配置同时登录到设备的 VTY 类型用户界面的最大个数。如果将最大登录用户数设为 0，则任何用户都不能通过 Telnet 或者 SSH 登录到设备。display user-interface 命令用来查看用户界面信息。不同的设备或使用不同版本的 VRP 软件系统，具体可以被使用的 VTY 接口的最大数量可能不同。

设备提供三种认证模式，AAA 模式、密码认证模式和不认证模式。AAA 认证模式具有很高的安全性，登录时必须输入用户名和密码。密码认证只需要输入登录密码即可，所有的用户使用的都是同一个密码。使用不认证模式就是不需要对用户认证，直接登录到设备。需要注意的是，Console 界面默认使用不认证模式。对于 Telnet 登录用户，授权是非常必要的，最好设置用户名、密码以及与帐号相关联的权限。配置用户界面的用户认证方式后，用户登录设备时，需要输入密码进行认证，这样就限制了用户访问设备的权限。在通过 VTY 进行 Telnet 连接时，所有接入设备的用户都必须经过认证。

7. 交换机的配置

(1) 交换机的配置方式

对交换机进行配置可使用以下方式。

① 使用超级终端

对交换机进行初始化配置或清除交换密码，一般使用超级终端。方法如下：

将交换机的控制口 Console 通过专用电缆(反转线)与计算机的串口相连；运行超级终端软件，并对超级终端作如下设置：速度 9 600 bpss，数据位 8 位，无奇偶校验，停止位 1 位，无流控制功能。在操作时，只要点击“还原为默认值”按钮，即可获得上述数据。最后即可出现交换机配置界面。

② 使用 Telnet 工具

使用这一工具的前提必须是已经为交换机配置了相应的 IP 地址，并设置了远程登录口令。

③ 使用 Web 浏览器

使用这种方法的前提是必须已经给交换机配置了相应的 IP 地址，并且允许通过 Web 进行配置。

④ 使用网络管理工具

(2) 超级终端

超级终端是在进行交换机和路由器配置时常用的工具，特别是在进行设备初始化配置和恢复密码时较为常用。操作系统有自带的超级终端程序，没有可以使用 PuTTY 或 Secure CRT 程序发起 Console 连接。

启动超级终端：依次选择“开始”→“程序”→“附件”→“通信”→“超级终端”。

设置超级终端，主要设置两个内容，一是选择端口，如图 2－1－10 所示；二是设置端口速率等，此时只要点击“还原为默认值”按钮即可，如图 2－1－11 所示。

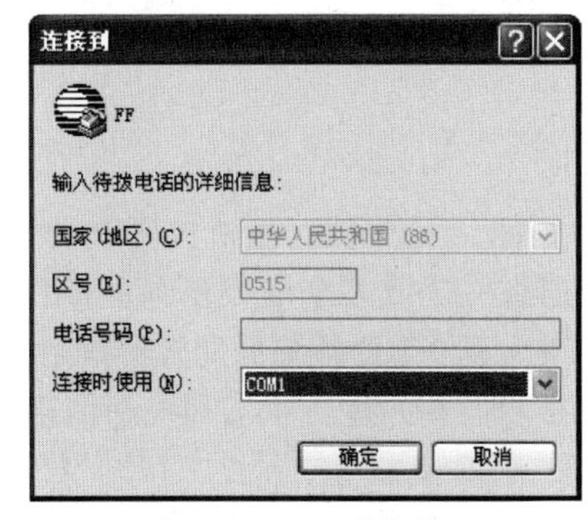

图 2－1－10　选择端口

图 2－1－11　端口设置

(3) TFTP

TFTP(Trivial File Transfer Protocol,简单文件传输协议)与 FTP 相比,TFTP 省去 FTP 中大部分较为复杂的功能,而突出了两个文件传输的操作,即文件的读和写操作。TFTP 去掉了权限控制和客户与服务器之间的复杂的交互过程,仅提供了单纯的文件传输。TFTP 使用数据报协议(UDP),并且使用确认系统来保证 TFTP 服务器和客户之间的数据发送。

TFTP 在设备配置中,主要作用是备份和恢复设备操作系统以及配置文件。有许多 TFTP 服务器软件,一般的设备厂商都提供了这一软件。以下是 Cisco 提供的 TFTP 服务器软件,如图 2-1-12 所示。软件的配置也比较简单。主要是设定备份文件夹的位置和日志的存放位置。点击工具栏上的第二个图标,即可设置文件夹位置,如图 2-1-13 所示。

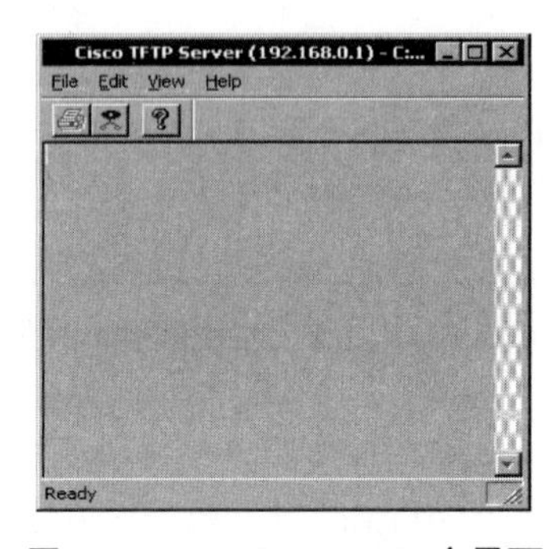

图 2-1-12 Cisco TFTP 主界面

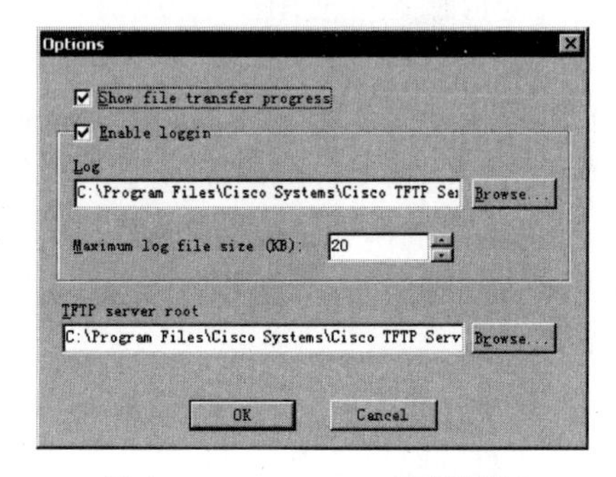

图 2-1-13 TFTP 配置界面

三、实验环境及实验拓扑

(1) 华为 S3700 交换机两台;

(2) 控制线一根,网线一根;

(3) 带有超级终端的计算机一台。实验拓扑如图 2-1-14所示。

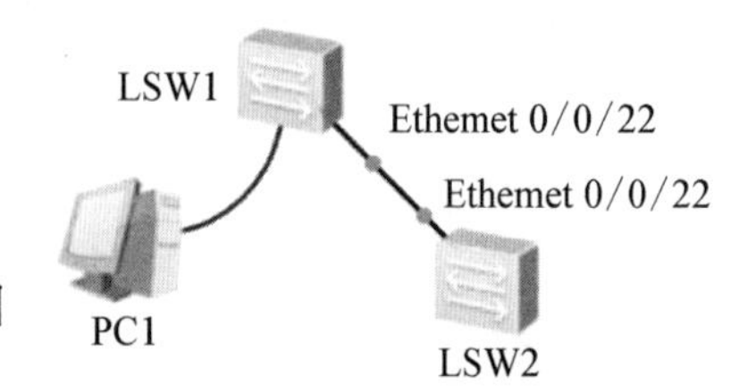

图 2-1-14 实验拓扑

四、实验内容

1. 设备连接

按图 2-1-14 所示连接好设备,并配置好超级终端。注意 PC1 和 LSW1 用控制线连接,LSW1 和 LSW2 用网线连接。

2. 不同配置视图的转换

(1) 实验要求

在不同的命令视图之间进行切换,包括用户视图、系统视图、接口视图和协议视图。每条命令只能在特定的视图中执行,每个命令都注册在一个或多个命令视图下,用户只有先进入这个命令所在的视图,才能运行相应的命令。进入到 VRP 系统的配置界面后,VRP 上最先出现的视图是用户视图,在该视图下用户可以查看设备的运行状态和统计信息。

(2) 命令参考

① 用户视图:在用户视图下,查看运行状态或其他参数。用户只能运行少数基本的网络管理的命令,如 ping、telnet、display 等,不能对交换机进行配置。在没有进行任何配置的

情况下，缺省的交换机提示符为：

< Huawei >

② 系统视图：在用户视图下输入 system-view 后进入系统视图，提示符为方括号[ ]，可配置设备的系统参数。

< Huawei > system-view

Enter system view, return user view with Ctrl+Z.

[Huawei]

可执行的命令，例如：

sysname　//给交换机取名字。

display current－configuration　　// 显示当前配置。

user-interface maximum-vty 15 //配置 vty 最大连接数。

user-interface vty 0 14　//进入 vty 用户界面视图。

user privilege level 2　//设置 vty 登录的用户等级为 2(配置用户级别)。

authentication-mode aaa //设置 vty 登录时的验证模式为用户名和密码验证。

③ 接口视图：

[Huawei]interface Ethernet 0/0/22　//interface 可简写成 int。

[Huawei-Ethernet0/0/22]

④ AAA 视图：

[Huawei]aaa　　　　　　　　//进入 AAA 视图

local-user admin password cipher admin@123

//设置 AAA 登录的用户名和密码，其中 cipher 表示密码为暗文保存，simple 表示为明文保存。

local-user admin service-type telnet //设置 admin 用户为远程登录服务类型。

user-interface console 0　//进入第 0 个 console 口的用户界面。

authentication－mode password　//配置从 console 口登录交换机的认证模式为密码认证。

set authentication password cipher admin@123 //配置从 console 口登录交换机的密码。

⑤ VLAN 视图：

[Huawei]interface vlan 1

[Huawei-Vlanif1]ip address 192.168.1.2 24

华为交换机 VRP 系统常见命令视图及进入退出方法如表 2－1－2 所示，这里假定网络设备的名字为缺省的“< Huawei >”。

表 2－1－2　常见命令视图及进入退出方法

视图	功能	提示符示例	进入命令示例	退出命令
用户视图	查看交换机的简单运行状态和统计信息	< Huawei >	与交换机建立连接即进入	quit 断开与交换机的连接
系统视图	配置系统参数	[Huawei]	在用户视图下键入 system-view	quit 或 return，或 Ctrl+Z 组合键返回用户视图

续表

视图	功能	提示符示例	进入命令示例	退出命令
以太网端口视图	配置以太网端口参数	[Huawei-GigabitEthernet0/0/1]	千兆以太网端口视图在系统视图下键入 interface gigabitethernet 0/0/1	quit 返回系统视图，return，或 Ctrl＋Z 组合键返回用户视图
VLAN 视图	配置 VLAN 参数	[Huawei-Eth-vlan1]	在系统视图下键入 vlan 1	
VLAN 接口视图配置	配置 VLAN 接口参数	[Huawei-Eth-vlanif1]	在系统视图下键入 interface vlanif 1	
LoopBack 接口视图	配置 LoopBack 接口参数	[Huawei-LoopBack0]	在系统视图下键入 interface loopback 0	
本地用户视图	配置本地用户参数	[Huawei-luser-user1]	在 AAA 视图下键入 local－user user1	
VTY 用户界面视图	配置单个或多个 VTY 用户界面参数	[Huawei-ui-vty1] 或 [Huawei-ui-vty1-3]	在系统视图下键入 user-interface vty1 或 user-interface vty1 3	
Console 用户界面	配置 Console 用户界面参数	[Huawei-ui-console0]	在系统视图下键入 user－interface console 0	

(3) 配置参考

```
<Huawei>system-view
Enter system view, return user view with Ctrl+Z.
[Huawei]int Ethernet0/0/22
[Huawei-Ethernet0/0/22]quit
[Huawei]int Ethernet0/0/22
[Huawei-Ethernet0/0/22]return
<Huawei>system-view
Enter system view, return user view with Ctrl+Z.
[Huawei]sysname SW1
[SW1]
```

3. 交换机基本编辑命令和帮助命令

(1) 实验要求

掌握交换机的基本编辑命令以及使用内容帮助命令获得帮助。

(2) 命令参考

Ctrl＋A　　//把光标移动到当前命令行的最前端。

Ctrl＋C　　//停止当前命令的运行。

Ctrl＋Z　　//回到用户视图。

Ctrl＋]　　//终止当前连接或切换连接。

Backspace //删除光标左边的第一个字符。

←或者 Ctrl+B //光标左移一位。

→或者 Ctrl+F //光标右移一位。

Tab //输入一个不完整的命令并按 TAB 键,就可以补全该命令。如果命令字的前几个字母是独一无二的,系统可以在输完该命令的前几个字母后自动将命令补充完整。如用户只需输入 inter 并按 Tab 键,系统自动将命令补充为 interface。若命令字并非独一无二的,按 Tab 键后将显示所有可能的命令。

VRP 提供两种帮助功能,分别是部分帮助和完全帮助。部分帮助指的是当用户输入命令时,如果只记得此命令关键字的开头(一个或几个字符),可以使用命令行的部分帮助获取以该字符串开头的所有关键字的提示,如输入"in"并输入"?",系统会按顺序显示以下命令 info-center、interface。完全帮助指的是在任一命令视图下,用户可以键入"?" 获取该命令视图下所有的命令及其简单描述;如果键入一条命令关键字后接以空格分隔的"?",如果该位置为关键字,则列出全部关键字及其描述。

(3) 配置参考

```
[Huawei]display  v?
  version                                   virtual-cable-test
  vlan                                      vll
  voice-vlan                               vrrp
  vrrp6
[Huawei] quit
<Huawei>
```

4. 配置文件的保存

(1) 实验要求

配置文件是指导交换机进行工作的指导性文件,由于配置文件是存放于 RAM 中的,为了使配置文件在关机状态下不丢失,必须对配置进行保存。

(2) 命令参考

pwd:查看当前目录。

dir:显示当前目录下的文件信息。

more:查看文本文件的具体内容。

cd:修改用户界面的工作目录。

mkdir:创建新的目录。

rmdir:删除目录。

copy:复制文件。

copy source-filename destination-filename 命令可以复制文件。如果目标文件已存在,系统会提示此文件将被替换。目标文件名不能与系统启动文件同名,否则系统将会出现错误提示。

move:移动文件,只适用于在同一储存设备中移动文件。

rename:重命名文件,rename old-name new-name 命令可以用来对目录或文件进行重命名。如 rename test.txt huawei.txt。

设备中的配置文件分为两种类型：当前配置文件和保存的配置文件。当前配置文件储存在设备的 RAM 中。用户可以通过命令行对设备进行配置，配置完成后使用 save 命令保存当前配置到存储设备中，形成保存的配置文件。保存的配置文件都是以".cfg"或".zip"作为扩展名，存放在存储设备的根目录下，存储介质是 Flash 或者 SD 卡。

在设备启动时，会从默认的存储路径下加载保存的配置文件到 RAM 中。如果默认存储路径中没有保存的配置文件，则设备会使用缺省参数进行初始化配置。

save：保存当前配置信息。

(3) 配置参考

```
<Huawei>pwd
flash:
<Huawei>dir
Directory of flash: /
  Idx  Attr     Size(Byte)     Date          Time         FileName
    0  drw-              -   Aug 06 2015 21:26:42   src
    1  drw-              -   Jan 03 2020 20:57:13   compatible
    2  -rw-            442   Jan 04 2020 10:37:49   vrpcfg.zip
32,004 KB total (31,968 KB free)
<Huawei>
<Huawei>save
The current configuration will be written to the device.
Are you sure to continue?[Y/N]y
Info: Please input the file name ( *.cfg, *.zip ) [vrpcfg.zip]:
Jan  3 2020 23:40:07-08:00 Huawei %%01CFM/4/SAVE(l)[0]:The user chose Y when dec
iding whether to save the configuration to the device.
Now saving the current configuration to the slot 0.
Save the configuration successfully.
```

5. 查看交换机的工作状态

(1) 实验要求

学会查看交换机运行时的配置文件、版本信息、端口状态等信息。

(2) 命令参考

display current-configuration //显示当前配置文件。

display saved-configuration //显示保存的配置文件。

display startup //查看系统启动配置参数。

display interface 端口号 //查看端口信息。

display interface brief //查看端口状态和配置的摘要信息。

(3) 配置参考

```
<Huawei>display current-configuration
#
sysname Huawei
#
```

```
cluster enable
ntdp enable
ndp enable
#
drop illegal-mac alarm
#
diffserv domain default
#
drop-profile default
#
aaa
 authentication-scheme default
 authorization-scheme default
 accounting-scheme default
 domain default
 domain default_admin
 local-user admin password simple admin
 local-user admin service-type http
#
interface Vlanif1
#
  ---- More ----
<Huawei>display saved-configuration
#
sysname Huawei
#
cluster enable
ntdp enable
ndp enable
#
drop illegal-mac alarm
#
diffserv domain default
#
drop-profile default
#
aaa
 authentication-scheme default
 authorization-scheme default
 accounting-scheme default
 domain default
 domain default_admin
 local-user admin password simple admin
```

```
 local-user admin service-type http
#
interface Vlanif1
#
  ---- More ----
<Huawei>display interface e0/0/22
Ethernet0/0/22 current state : UP
Line protocol current state : UP
Description:
Switch Port, PVID :     1, TPID : 8100(Hex), The Maximum Frame Length is 9216
IP Sending Frames' Format is PKTFMT_ETHNT_2, Hardware address is 4c1f-cce5-1009
Last physical up time   : 2020-01-04 09:40:17 UTC-08:00
Last physical down time : 2020-01-04 09:40:15 UTC-08:00
Current system time: 2020-01-04 11:24:07-08:00
Hardware address is 4c1f-cce5-1009
    Last 300 seconds input rate 0 bytes/sec, 0 packets/sec
    Last 300 seconds output rate 0 bytes/sec, 0 packets/sec
    Input: 238 bytes, 2 packets
    Output: 333438 bytes, 2802 packets
    Input:
      Unicast: 0 packets, Multicast: 2 packets
      Broadcast: 0 packets
    Output:
      Unicast: 0 packets, Multicast: 2802 packets
      Broadcast: 0 packets
    Input bandwidth utilization  :    0%
    Output bandwidth utilization :    0%
<Huawei>
```

6. password 认证模式配置

密码认证只需要输入登录密码即可,所有的用户使用的都是同一个密码。

(1) 实验要求

password 认证模式配置。

(2) 命令参考

authentication—mode password

//设置认证模式为密码认证模式。

set authentication password [cipher/simple] ****

//设置密码,以密文或明文方式存储。

(3) 配置参考

```
<Huawei>system-view
Enter system view, return user view with Ctrl+Z.
```

```
[Huawei]user-interface console 0
[Huawei-ui-console0]authentication-mode password
[Huawei-ui-console0]set authentication password cipher abc
[Huawei-ui-console0]
Jan 28 2020 16:58:07-08:00 Huawei DS /4 /DATASYNC_CFGCHANGE:OID
1.3.6.1.4.1.2011.5
.25.191.3.1 configurations have been changed. The current change number is 5, th
e change loop count is 0, and the maximum number of records is 4095.
[Huawei-ui-console0]quit
[Huawei]quit
<Huawei> quit User interface con0 is available
Please Press ENTER.
Login authentication
Password:
<Huawei>
```

注意退出交换机配置界面重新登录时，需要输入密码“abc”，才能进入交换机配置界面，密码输好后，按回车键即可，密码在屏幕上不显示。

7. AAA 认证模式配置

(1) 实验要求

AAA 认证模式配置，通过设置不同用户的不同级别权限，利用 AAA 认证登录体验不同用户的不同权限。

(2) 命令参考

authentication—mode aaa

//设置认证模式为 AAA 认证模式。

local-user xxx password [cipher/simple] xxx

//设置用户和密码。

local-user xxx privilege level x

//设置用户的级别。

(3) 配置参考

```
<Huawei> system-view
Enter system view, return user view with Ctrl + Z.
[Huawei]user-interface console 0
[Huawei-ui-console0]authentication-mode aaa
[Huawei-ui-console0]quit
[Huawei]aaa
[Huawei-aaa]local-user user0 password cipher huawei000
Info: Add a new user.
[Huawei-aaa]local-user user1 password cipher huawei111
Info: Add a new user.
[Huawei-aaa]local-user user2 password cipher huawei222
```

```
Info: Add a new user.
[Huawei-aaa]local-user user3 password cipher huawei333
Info: Add a new user.
[Huawei-aaa]local-user user0 privilege level 0
[Huawei-aaa]local-user user1 privilege level 1
[Huawei-aaa]local-user user2 privilege level 2
[Huawei-aaa]local-user user3 privilege level 3
```

测试：

① 用 user0 用户登录，查看可执行命令。

```
<Huawei>quit User interface con0 is available
Please Press ENTER.
Login authentication
Username:user0
Password:
<Huawei>?
User view commands:
  cluster          Run cluster command
  debugging        Enable system debugging functions
  hwtacacs-user
  language-mode    Specify the language environment
  local-user       Add/Delete/Set user(s)
  ping             Ping function
  quit             Exit from current command view
  super            Privilege current user a specified priority level
  telnet           Establish a Telnet connection
  tracert          Trace route to host
<Huawei>
```

② 用 user1 用户登录，可执行命令变多，但依然不能进入系统视图。

```
<Huawei>quit User interface con0 is available
Please Press ENTER.
Login authentication
Username:user1
Password:
<Huawei>?
User view commands:
  check            Check information
  cluster          Run cluster command
  debugging        Enable system debugging functions
  display          Display current system information
  hwtacacs-user
```

```
  language-mode   Specify the language environment
  lldp            Link Layer Discovery Protocol
  local-user      Add /Delete /Set user(s)
  mtrace          Trace route to multicast source
  patch           Patch subcommands
  ping            Send echo messages
  quit            Exit from current command view
  reset           Reset operation
  save
  screen-width    Set screen width
  send            Send information to other user terminal interfaces
  super           Privilege current user a specified priority level
  telnet          Establish a Telnet connection
  terminal        Set the terminal line characteristics
  trace           Trace route (switch) to host on Data Link Layer
  tracert         Trace route to host
  undo            Cancel current setting
<Huawei>system-view
         ^
Error: Unrecognized command found at '^' position.
```

③ 用 user2 用户，可进入系统视图，但不能进行认证模式设置。

```
<Huawei>quit User interface con0 is available
Please Press ENTER.
Login authentication
Username:user2
Password:
<Huawei>system-view
Enter system view, return user view with Ctrl+Z.
[Huawei] User interface con0 is available
```

④ 用 user3 用户登录，取消 AAA 认证模式。

```
<Huawei>quit User interface con0 is available
Please Press ENTER.
Login authentication
Username:user3
Password:
<Huawei>system-view
Enter system view, return user view with Ctrl+Z.
[Huawei]user-interface console 0
[Huawei-ui-console0]undo authentication-mode
[Huawei-ui-console0]
```

```
Mar 15 2020 14:34:38-08:00 Huawei DS /4 /DATASYNC_CFGCHANGE:OID
1.3.6.1.4.1.2011.5
.25.191.3.1 configurations have been changed. The current change number is 13, t
he change loop count is 0, and the maximum number of records is 4095.
[Huawei-ui-console0]quit
[Huawei]quit
<Huawei> quit User interface con0 is available
Please Press ENTER.
<Huawei>
```

发现取消认证后，再登录设备，不再需要进行身份认证。

8. 配置 IP 等相关信息

对于三层交换机，只能将接口转换成三层模式(路由模式)才能对接口进行 IP 等信息的配置，但也可通过 SVI 方式对 VLAN(Virtual Local Area Network，虚拟局域网)配置 IP 地址等信息。对于二层交换机，只能配置管理用虚网 IP 地址等信息，对每一个二层交换机管理用虚网只有一个，即 VLAN 1，交换机出厂时默认的管理 VLAN 1。

(1) 实验要求

给交换机 VLAN 1 配置 IP 地址。

(2) 命令参考

ip address <ip-address> {mask|mask-length}

mask 代表的是 32 比特的子网掩码，如 255.255.255.0。

mask-length 代表的是可替换的掩码长度值，如 24，两者可以交换使用。

在给物理接口配置 IP 地址时，需要关注该接口的物理状态。默认情况下华为路由器和交换机的接口状态为 UP，如果该接口曾被手动关闭，则在配置完成 IP 地址后，应使用 undo shutdown 打开该接口。

(3) 配置参考

```
[Huawei]interface vlan 1
[Huawei-Vlanif1]ip address 192.168.1.1 255.255.255.0
[Huawei-Vlanif1]
Jan 29 2020 11:03:41-08:00 Huawei %%01IFNET/4/LINK_STATE(l)[0]:The line protocol
IP on the interface Vlanif1 has entered the UP state.
Jan 29 2020 11:03:41-08:00 Huawei DS/4/DATASYNC_CFGCHANGE:OID
1.3.6.1.4.1.2011.5
.25.191.3.1 configurations have been changed. The current change number is 4, th
e change loop count is 0, and the maximum number of records is 4095.
[Huawei-Vlanif1]undo shutdown
```

9. Telnet 访问设置

(1) 实验要求

通过超级终端方式，设置 LSW1 的 IP 地址为 192.168.1.1，开启 Telnet 服务，LSW1 名称为“sw1”；建立 Telnet 账户“yctc”，密码为“@123”，账户级别为 3，设置 Telnet 登录验证模式为 AAA。

设置LSW2的IP地址为192.168.1.2。最后通过LSW2 Telnet登录LSW1，修改交换机名称为“newsw1”。

（2）配置参考

LSW1的配置：

```
<Huawei>system-view
Enter system view, return user view with Ctrl+Z.
[Huawei]user-interface vty 0 4
[Huawei-ui-vty0-4]authentication-mode aaa
[Huawei-ui-vty0-4]
Jan 29 2020 15:48:35-08:00 Huawei DS/4/DATASYNC_CFGCHANGE:OID
1.3.6.1.4.1.2011.5
.25.191.3.1 configurations have been changed. The current change number is 4, th
e change loop count is 0, and the maximum number of records is 4095.quit
[Huawei]aaa
[Huawei-aaa]local-user yctc password cipher @123
Info: Add a new user.
[Huawei-aaa]local-user yctc service-type telnet
Jan 29 2020 15:49:45-08:00 Huawei DS/4/DATASYNC_CFGCHANGE:OID
1.3.6.1.4.1.2011.5
.25.191.3.1 configurations have been changed. The current change number is 5, th
e change loop count is 0, and the maximum number of records is 4095.
[Huawei-aaa]
Jan 29 2020 15:50:05-08:00 Huawei DS/4/DATASYNC_CFGCHANGE:OID
1.3.6.1.4.1.2011.5
.25.191.3.1 configurations have been changed. The current change number is 6, th
e change loop count is 0, and the maximum number of records is 4095.
[Huawei-aaa]local-user yctc privilege level 3
[Huawei-aaa]
Jan 29 2020 15:50:35-08:00 Huawei DS/4/DATASYNC_CFGCHANGE:OID
1.3.6.1.4.1.2011.5
.25.191.3.1 configurations have been changed. The current change number is 7, th
e change loop count is 0, and the maximum number of records is 4095.
[Huawei-aaa]quit
[Huawei]telnet server enable
Info: The Telnet server has been enabled.
[Huawei]int vlan 1
[Huawei-Vlanif1]ip address 192.168.1.1 24
[Huawei-Vlanif1]
Jan 29 2020 15:52:19-08:00 Huawei %%01IFNET/4/LINK_STATE(l)[0]:The line protocol
IP on the interface Vlanif1 has entered the UP state.
[Huawei-Vlanif1]quit
```

```
[Huawei]sysname sw1
[sw1]
Jan 29 2020 15:52:35-08:00 sw1 DS/4/DATASYNC_CFGCHANGE:OID 1.3.6.1.4.1.2011.5.25
.191.3.1 configurations have been changed. The current change number is 9, the c
hange loop count is 0, and the maximum number of records is 4095.
Jan 29 2020 15:53:55-08:00 newsw1 DS/4/DATASYNC_CFGCHANGE:OID 1.3.6.1.4.1.2011.5
.25.191.3.1 configurations have been changed. The current change number is 10, t
he change loop count is 0, and the maximum number of records is 4095.
```

LSW2 设置：

```
<Huawei>system-view
Enter system view, return user view with Ctrl+Z.
[Huawei]int vlan 1
[Huawei-Vlanif1]ip address 192.168.1.2 24
[Huawei-Vlanif1]
Jan 29 2020 15:53:01-08:00 Huawei %%01IFNET/4/LINK_STATE(l)[0]:The line protocol
 IP on the interface Vlanif1 has entered the UP state.
[Huawei-Vlanif1]quit
[Huawei]
Jan 29 2020 15:53:05-08:00 Huawei DS/4/DATASYNC_CFGCHANGE:OID 1.3.6.1.4.1.2011.5
.25.191.3.1 configurations have been changed. The current change number is 4, th
e change loop count is 0, and the maximum number of records is 4095.
[Huawei]quit
<Huawei>telnet 192.168.1.1
Trying 192.168.1.1 ...
Press CTRL+K to abort
Connected to 192.168.1.1 ...
Login authentication
Username:yctc
Password:
Info: The max number of VTY users is 5, and the number
      of current VTY users on line is 1.
      The current login time is 2020-01-29 15:53:28.
<sw1>system-view
Enter system view, return user view with Ctrl+Z.
[sw1]sysname newsw1
[newsw1]
```

实验结果如图 2-1-15 所示。

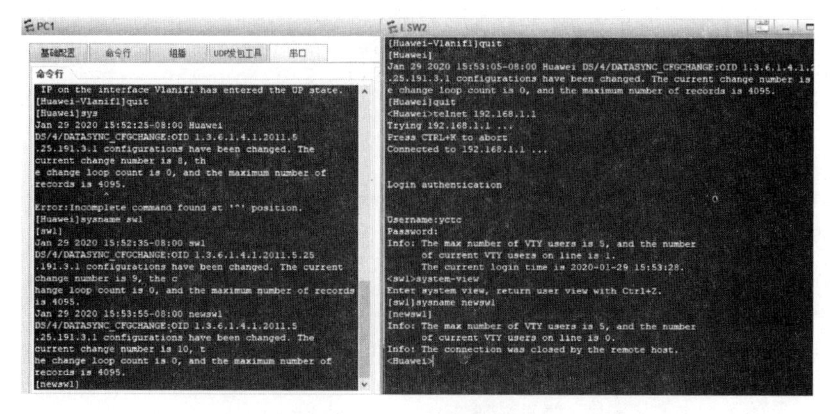

图 2-1-15　实验结果

10. FTP 方式备份配置文件

(1) 实验要求

通过 FTP 方式，设置 LSW1 的 IP 地址为 192.168.1.1/24，子网掩码 255.255.255.0，开启 FTP 服务，LSW1 名称为“newsw1”；建立 FTP 账户“admin”，密码为“Steve234”，账户级别为 15，设置 FTP 登录验证模式为 AAA。

设置 LSW2 的 IP 地址为 192.168.1.2，子网掩码 255.255.255.0。最后通过 LSW2 作为 FTP 客户登录 LSW1，下载配置文件。

(2) 命令参考

[系统视图]ftp server enable　//使能 FTP 服务器。

[系统视图]set default ftp-directory flash:　//设置用户默认工作目录。

[系统视图]local-user 用户名 ftp-directory flash:　//设置用户的使用 FTP 登录后可访问的目录为 flash(若不设置，用户无法登录)。

(3) 配置参考

```
LSW1 配置
<newsw1>dir
Directory of flash:/
  Idx  Attr    Size(Byte)      Date          Time       FileName
    0  drw-              -   Aug 06 2015 21:26:42    src
    1  drw-              -   Jan 29 2020 15:46:50   compatible
    2  -rw-            601   Jan 29 2020 16:36:09   vrpcfg.zip
32,004 KB total (31,968 KB free)
<newsw1>system-view
Enter system view, return user view with Ctrl+Z.
[newsw1]ftp server enable
Info: The FTP server is already enabled.
[newsw1]set default ftp-directory flash:
[newsw1]
Jan 29 2020 20:26:24-08:00 newsw1 DS/4/DATASYNC_CFGCHANGE:OID
1.3.6.1.4.1.2011.5
```

```
.25.191.3.1 configurations have been changed. The current change number is 16, t
he change loop count is 0, and the maximum number of records is 4095.
[newsw1]
[newsw1]aaa
[newsw1-aaa]local-user admin password cipher Steve234
[newsw1-aaa]local-user admin privilege level 15
[newsw1-aaa]local-user admin service-type ftp
[newsw1-aaa]local-user admin ftp-directory flash:
[newsw1-aaa]
Jan  29  2020  20:27:14-08:00  newsw1  DS/4/DATASYNC_CFGCHANGE:OID
1.3.6.1.4.1.2011.5
.25.191.3.1 configurations have been changed. The current change number is 17, t
he change loop count is 0, and the maximum number of records is 4095.
[newsw1-aaa]quit
[newsw1]quit
<newsw1>save
The current configuration will be written to the device.
Are you sure to continue?[Y/N]y
Now saving the current configuration to the slot 0.
Jan 29 2020 20:36:43-08:00 newsw1 %%01CFM/4/SAVE(l)[0]:The user chose Y when dec
iding whether to save the configuration to the device.
Save the configuration successfully.
<newsw1>
```

LSW2 访问：

```
<Huawei>ftp 192.168.1.1
Trying 192.168.1.1 ...
Press CTRL+K to abort
Connected to 192.168.1.1.
220 FTP service ready.
User(192.168.1.1:(none)):admin
331 Password required for admin.
Enter password:
230 User logged in.

[ftp]
[ftp]dir
200 Port command okay.
150 Opening ASCII mode data connection for *.
drwxrwxrwx   1 noone    nogroup         0 Aug 06   2015 src
drwxrwxrwx   1 noone    nogroup         0 Jan 29 15:46 compatible
-rwxrwxrwx   1 noone    nogroup       609 Jan 29 20:36 vrpcfg.zip
226 Transfer complete.
```

```
[ftp]get vrpcfg.zip copysw1.zip
200 Port command okay.
150 Opening ASCII mode data connection for vrpcfg.zip.
226 Transfer complete.
FTP: 609 byte(s)  received in 0.300 second(s)  2.02Kbyte(s) /sec.
[ftp]quit
221 Server closing.
<Huawei>pwd
flash:
<Huawei>dir
Directory of flash: /
  Idx  Attr    Size(Byte)     Date          Time       FileName
    0  drw-              -    Aug 06 2015 21:26:42    src
    1  drw-              -    Jan 29 2020 15:46:50    compatible
    2  -rw-            609    Jan 29 2020 20:39:37    copysw1.zip
32,004 KB total (31,968 KB free)
<Huawei>
```

可以看到文件 copysw1.zip 下载到 LSW2 的 flash 中。

五、实验注意事项

(1) 要求用户输入的密码不会在屏幕上显示出来,输完后直接按回车键即可。

(2) 注意不同命令要在对应的视图下执行。

(3) 在使用命令部分帮助时,如"display v?",字母开头后直接加上问号,不要加空格;但要获得一个关键字之后的关键字时,如执行"display ?"时,问号前面要加上空格,才能显示接下来的可用命令关键字。

六、拓展训练

加入一台 Client 设备,和交换机 LSW1 用网线连接,并且设置 Client 的 IP 地址为 192.168.1.3,子网掩码为 255.255.255.0,把文件备份到物理机器的存储路径下。具体设置如图2-1-16所示。可将配置文件备份到物理机器的 E 盘下。

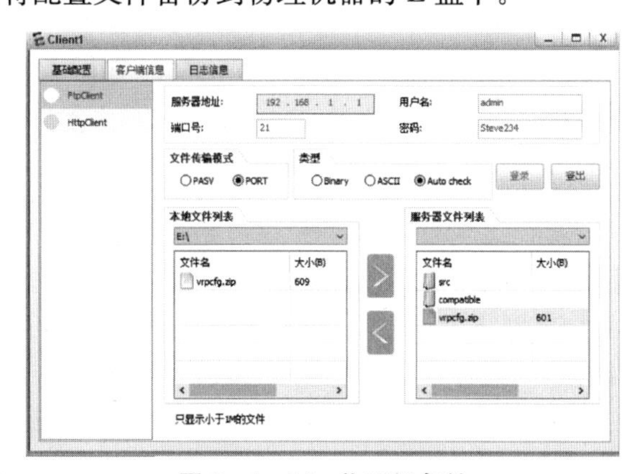

图 2-1-16 物理机备份

实验 2.2 VLAN 配置与分析

一、实验目的

(1) 掌握单交换机虚网的配置方法；

(2) 掌握多交换机虚网的配置方法；

(3) 掌握 VLAN 信息在交换机间的传递方法和原理；

(4) 掌握不同虚网间通信的基本原理；

(5) 掌握不同虚网间通信的基本方法。

二、背景知识

1. 冲突域与广播域

连接于同一网桥或交换机端口的计算机构成一个冲突域，也就是说，处于同一端口的计算机在某一时刻只能有一台计算机发送数据，其他处于监听状态，如果出现两台或两台以上计算机同时发送数据，便会出现冲突。网桥/交换机的本质和功能是通过将网络分割成多个冲突域来增强网络服务，但是网桥/交换网络仍是一个广播域，因为网桥会向所有端口转发未知目的端口的数据帧，可能导致网络上充斥广播包(广播风暴)，以致无法正常通信。

控制广播风暴就要对广播域进行分割，通常有两种方法，一是使用路由器，处于同一路由器端口的属于同一广播域。但路由器转发效率较低，往往会成为网络速度的瓶颈。于是人们又利用转发速度更快的三层交换机来构建虚网实现分割广播域。本质上，一个虚网就是一个广播域。虚网结构如图 2-2-1 所示。从图中可以看出，可以将位于不同物理位置的计算机组合成一个逻辑虚网。

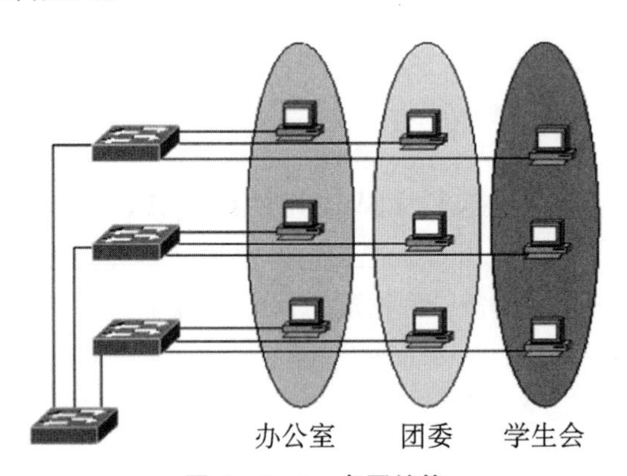

图 2-2-1 虚网结构

2. 虚网的优点

(1) 安全性好。在没有路由的情况下，不同虚网间不能相互发送信息。

(2) 网络分段。可将物理网络逻辑分段，而不是按物理分段。可以将不同地点、不同部门的计算机划到一个虚网上，为进行有效的网络管理提供了便利。

(3) 提供较好的灵活性。可以很方便地将一站点加入某个虚网中或从某个虚网中删除。

3. 划分虚网的方法

(1) 基于端口

基于端口的虚拟局域网划分是比较流行和最早的划分方式，其特点是将交换机按照端口进行分组，每一组定义为一个虚拟局域网。这些交换机端口分组可以在一台交换机上，也可以跨越几个交换机。特点是一个虚拟局域网的各个端口上的所有终端都在一个广播域中，它们相互可以通信，不同的虚拟局域网之间进行通信需经过路由来进行。这种虚拟局域网划分方式的优点在于简单、容易实现，从一个端口发出的广播，直接发送到虚拟局域网内的其他端口，也便于直接监控。缺点是使用不够灵活，当任一个终端发生物理位置的变化时，都要进行重新设置，这一点可以通过灵活的网络管理软件来弥补。

(2) 基于 MAC 地址

使用这种方式，虚拟局域网的交换机必须对终端的 MAC 地址和交换机端口进行跟踪。在新终端入网时，根据已经定义的虚拟局域网——MAC 对应表将其划归至某一个虚拟局域网，而无论该终端在网络中怎样移动，由于其 MAC 地址保持不变，故不需进行虚拟局域网的重新配置。这种划分方式减少了网络管理员的日常维护工作量。不足之处在于，所有的终端必须被明确地分配在一个具体的虚拟局域网中，任何时候增加终端或者更换网卡，都要对虚拟局域网数据库调整，以实现对该终端的动态跟踪。

(3) 基于网络层

基于网络层的虚拟局域网划分，也叫作基于策略的划分，是这几种划分方式中最高级也是最为复杂的。基于网络层的虚拟局域网使用协议（如果网络中存在多协议的话）或网络层地址（如 TCP/IP 中的子网段地址）来确定网络成员。利用网络层定义虚拟网有以下几点优势：首先，这种方式可以按传输协议划分网段；其次，用户可以在网络内部自由移动而不用重新配置自己的工作站；最后，这种类型的虚拟网可以减少由于协议转换而造成的网络延迟。这种方式看起来是最为理想的方式，但是在采用这种划分之前，要明确两件事情：一是可能存在 IP 盗用；二是对设备要求较高，不是所有设备都支持这种方式。

当前绝大多数虚拟局域网都基于端口划分，且基于端口划分的虚拟局域网最成熟。

4. 交换机间的数据传输

在多个交换机互联的网络中，同一个虚网可能要跨越多个交换机。这时就需要一条链路承载同一虚网在不同交换机间的通信。但由于同一交换机上可能有多个虚网，因而链路要为多个虚网承载数据传输任务。那么怎样区分不同虚网间的数据呢？就要为不同的虚网加上不同的标记和编号。

IEEE 802.1Q 是 IEEE 标准化的链路间中继协议，它是在原始帧的头部加上一个特殊的 4 个字节的头部。这个附加的头部包含一个用来标识 VLAN 编号的字段。如图 2-2-2 所示，由于原始帧头已经发生改变，802.1Q 必须重新计算并生成以太网尾部的 FCS 字段。

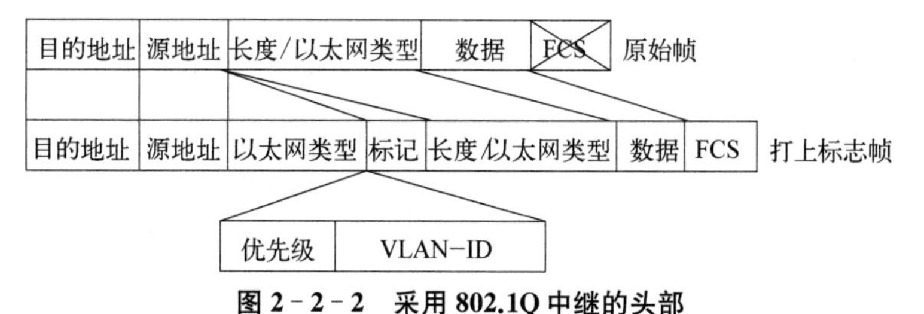

图 2-2-2　采用 802.1Q 中继的头部

5. GVRP 概述

GARP(Generic Attribute Registration Protocol,通用属性注册协议),它为处于同一个交换网内的交换机之间提供了一种分发、传播、注册某种信息(VLAN 属性、组播地址等)的手段。GVRP(GARP VLAN Registration Protocol,VLAN 注册协议)是 GARP 的一种具体应用或实现,主要用于维护设备动态 VLAN 属性。支持 GVRP 特性的交换机能够接收来自其他交换机的 VLAN 注册信息,并动态更新本地的 VLAN 注册信息,包括当前的 VLAN、VLAN 成员等。

支持 GVRP 特性的交换机能够将本地的 VLAN 注册信息向其他交换机传播,以便使同一交换网内所有支持 GVRP 特性的设备的 VLAN 信息达成一致。交换机可以静态创建 VLAN,也可以动态通过 GVRP 获取 VLAN 信息。手动配置的 VLAN 是静态 VLAN,通过 GVRP 创建的 VLAN 是动态 VLAN。GVRP 传播的 VLAN 注册信息包括本地手工配置的静态注册信息和来自其他交换机的动态注册信息。

GVRP 的注册模式包括:Normal、Fixed 和 Forbidden。当一个 Trunk 端口被配置为 Normal 注册模式时,允许在该端口动态或手工创建、注册和注销 VLAN,同时会发送静态 VLAN 和动态 VLAN 的声明消息。X7 系列交换机在运行 GVRP 协议时,端口的注册模式都默认为 Normal。

Fixed 注册模式中,GVRP 不能动态注册或注销 VLAN,只能发送静态 VLAN 注册信息。如果一个 Trunk 端口的注册模式被设置为 Fixed 模式,那么,即使接口被配置为允许所有 VLAN 的数据通过,该接口也只允许手动配置的 VLAN 内的数据通过。

Forbidden 注册模式中,GVRP 接口不能动态注册或注销 VLAN,只保留 VLAN 1 的信息。如果一个 Trunk 端口的注册模式被设置为 Forbidden 模式,即使端口被配置为允许所有 VLAN 的数据通过,该端口也只允许 VLAN 1 的数据通过。

配置 GVRP 时,必须先在系统视图下使能 GVRP,然后在接口视图下使能 GVRP。在全局视图下执行 gvrp 命令,全局使能 GVRP 功能。在接口视图下执行 gvrp 命令,在端口上使能 GVRP 功能。执行 gvrp registration < mode >命令,配置端口的注册模式,可以配置为 Normal、Fixed 和 Forbidden。默认情况下,接口的注册模式为 Normal 模式。执行 display gvrp status 命令验证 GVRP 的配置,可以查看交换机是否使能了 GVRP。执行 display gvrp statistics 命令,可以查看 GVRP 中活动接口的信息。

6. VLAN 之间的路由

在一个交换的 VLAN 环境下,数据只在相同的 VLAN 之间传送。不同的 VLAN 之间不能进行数据传输。要使不同的虚网之间能进行通信,必须使用三层设备,即路由器或三层交换机。路由必须要满足以下条件:

(1) 路由器必须知道如何到达所有互联 VLAN。为了确定在 VLAN 中互联了哪一个终端设备,每个终端必须给出一个网络层地址。每个路由器还必须知道到达每个目的 VLAN 网络的路径。路由器已经知道直接连接的网络,但也必须知道非直接连接到路由器的网络。

(2) 每个 VLAN 中路由器必须有一个独立的物理连接,或者主干必须是一个可用的单一物理连接。

7. 实现 VLAN 路由的方法

(1) 通过交换机的路由端口:将三层交换机的默认二层端口转化成三层端口,为每个端口配置 IP 地址等信息，作为某一虚网主机的网关。

（2）通过 SVI 方式：为每个虚网配置 IP 地址等信息，将此 IP 地址作为某一虚网主机的网关。

（3）通过子接口方式：为了支持 802.1Q 主干，路由器上的物理层快速以太网口必须分成多个逻辑的可寻址的端口，每个 VLAN 一个。这种端口也叫子端口，如图 2-2-3 所示。可以用三个子端口与三个虚网对应。

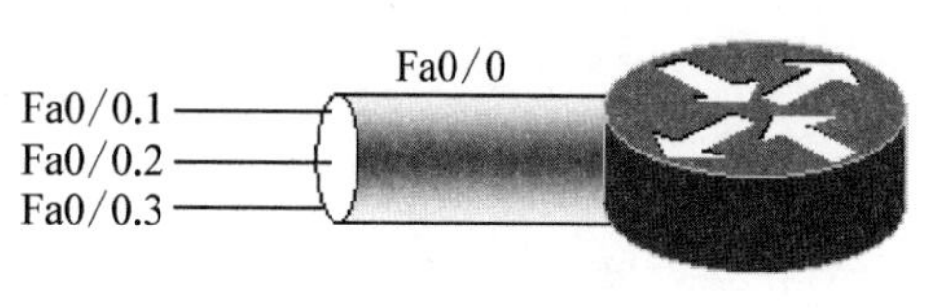

图 2-2-3　子端口

三、实验环境及实验拓扑

（1）三台 PC；

（2）接入层交换机 S3700 一台；

（3）汇聚层交换机 S5700 一台。

实验拓扑如图 2-2-4 所示。

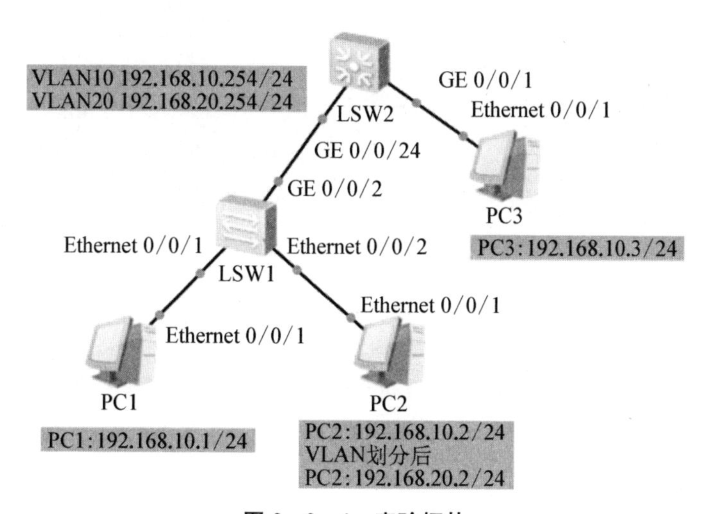

图 2-2-4　实验拓扑

四、实验内容

1. 设备连接

按图 2-2-4 所示连接好设备，并将三台主机的地址分别设置为 192.168.10.1/24、192.168.10.2/24 和 192.168.10.3/24，并测试它们的连通性。因为交换机是即插即用，三台 PC 能够互相连通。

2. 创建虚网

（1）实验要求

在 LSW1 上创建两个虚网 10 和 20。

（2）命令参考

vlan *vlan-id*　//输入一个新 VLAN ID，创建 VLAN。

name　*vlan-name*（可选）//为 VLAN 取一个名字。

display vlan { *vlan-id* } //检查配置是否正确。

(3) 配置参考

```
[Huawei]vlan 10
[Huawei-vlan10]quit
[Huawei]vlan 20
[Huawei-vlan20]quit
[Huawei]display vlan
```

配置好的 vlan 情况如图 2－2－5 所示。除了默认 vlan1 外,新建了 vlan 10 和 vlan 20。

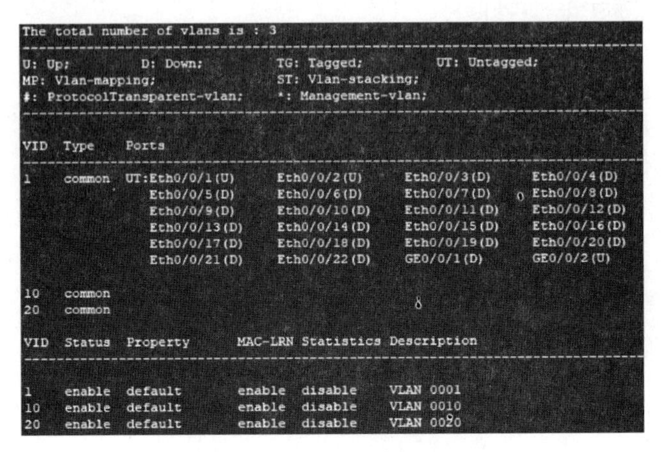

图 2－2－5 vlan 信息

3. GVRP 配置

(1) 实验要求

在 LSW1 和 LSW2 上启动 GVRP,查看在 LSW2 是否有虚网 10 和 20 的信息。

(2) 命令参考

① 系统视图下使能 GVRP

[Huawei]gvrp

② 设置交换机连接接口为 trunk 模式,并允许所有 vlan 信息通过

[Huawei]int g0/0/24 //进入需要使能的端口,如 g0/0/24.

[Huawei-GigabitEthernet0/0/24]port link-type trunk

[Huawei-GigabitEthernet0/0/24]port trunk allow-pass vlan all

③ 接口视图下使能 GVRP

[Huawei-GigabitEthernet0/0/24]gvrp

(3) 配置参考

```
LSW1 设置
[Huawei]gvrp
[Huawei]int g0/0/2
[Huawei-GigabitEthernet0/0/2]port link-type trunk
[Huawei-GigabitEthernet0/0/2]port trunk allow-pass vlan all
[Huawei-GigabitEthernet0/0/2]gvrp
```

```
LSW2 设置
[Huawei]gvrp
[Huawei]int g0 /0 /24
[Huawei-GigabitEthernet0 /0 /24]port link-type trunk
[Huawei-GigabitEthernet0 /0 /24]port trunk allow-pass vlan all
[Huawei-GigabitEthernet0 /0 /24]gvrp
```

在 LSW2 上执行 display vlan,信息如图 2-2-6 所示,LSW2 学习到 vlan 10 和 vlan 20 的信息,另外 trunk 类型的 24 号口同时属于 vlan 1、vlan10 和 vlan20 之中。

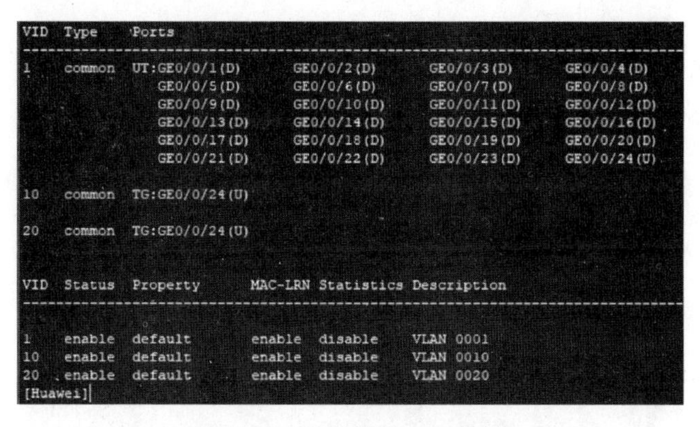

```
VID  Type    Ports
--------------------------------------------------------------------------------
1    common  UT:GE0/0/1(D)      GE0/0/2(D)      GE0/0/3(D)      GE0/0/4(D)
                GE0/0/5(D)      GE0/0/6(D)      GE0/0/7(D)      GE0/0/8(D)
                GE0/0/9(D)      GE0/0/10(D)     GE0/0/11(D)     GE0/0/12(D)
                GE0/0/13(D)     GE0/0/14(D)     GE0/0/15(D)     GE0/0/16(D)
                GE0/0/17(D)     GE0/0/18(D)     GE0/0/19(D)     GE0/0/20(D)
                GE0/0/21(D)     GE0/0/22(D)     GE0/0/23(D)     GE0/0/24(U)

10   common  TG:GE0/0/24(U)

20   common  TG:GE0/0/24(U)

VID  Status  Property      MAC-LRN Statistics Description
--------------------------------------------------------------------------------

1    enable  default       enable  disable    VLAN 0001
10   enable  default       enable  disable    VLAN 0010
20   enable  default       enable  disable    VLAN 0020
[Huawei]
```

图 2-2-6　LSW2 vlan 信息

4. 将指定端口分配给相应虚网

(1) 实验要求

将 PC1 和 PC3 分配给虚网 10,将 PC2 分配给虚网 20。测试 PC1 和 PC3 的连通性。

(2) 命令参考

① 定义端口工作方式

port　link-type access //将一个接口设置成为 access 模式。

port link-type　trunk　//将一个接口设置成为 trunk 模式。

② 将 access 口分配给某一虚网

方法一:

VLAN　vlan 编号

port 端口号

方法二:

interface　端口号

port default vlan VLAN 编号

(3) 配置参考

```
LSW1 设置
[Huawei]int e0 /0 /1
[Huawei-Ethernet0 /0 /1]port link-type access
[Huawei-Ethernet0 /0 /1]port default vlan 10
```

```
[Huawei]int e0 /0 /2
[Huawei-Ethernet0 /0 /2]port link-type access
[Huawei-Ethernet0 /0 /2]port default vlan 20

LSW2 设置
[Huawei]int g0 /0 /1
[Huawei-GigabitEthernet0 /0 /1]port link-type access
[Huawei-GigabitEthernet0 /0 /1]quit
[Huawei]vlan 10
[Huawei-vlan10]port g0 /0 /1
[Huawei-vlan10]
```

LSW1 中执行 display vlan 信息，如图 2-2-7 所示。

```
VID  Type     Ports
--------------------------------------------------------------------------------
1    common   UT:Eth0/0/3(D)      Eth0/0/4(D)      Eth0/0/5(D)      Eth0/0/6(D)
                 Eth0/0/7(D)      Eth0/0/8(D)      Eth0/0/9(D)      Eth0/0/10(D)
                 Eth0/0/11(D)     Eth0/0/12(D)     Eth0/0/13(D)     Eth0/0/14(D)
                 Eth0/0/15(D)     Eth0/0/16(D)     Eth0/0/17(D)     Eth0/0/18(D)
                 Eth0/0/19(D)     Eth0/0/20(D)     Eth0/0/21(D)     Eth0/0/22(D)
                 GE0/0/1(D)       GE0/0/2(U)

10   common   UT:Eth0/0/1(U)
              TG:GE0/0/2(U)

20   common   UT:Eth0/0/2(U)

              TG:GE0/0/2(U)
```

图 2-2-7　LSW1 vlan 信息

LSW2 中执行 display vlan 信息，如图 2-2-8 所示。

```
VID  Type     Ports
--------------------------------------------------------------------------------
1    common   UT:GE0/0/2(D)       GE0/0/3(D)       GE0/0/4(D)       GE0/0/5(D)
                 GE0/0/6(D)       GE0/0/7(D)       GE0/0/8(D)       GE0/0/9(D)
                 GE0/0/10(D)      GE0/0/11(D)      GE0/0/12(D)      GE0/0/13(D)
                 GE0/0/14(D)      GE0/0/15(D)      GE0/0/16(D)      GE0/0/17(D)
                 GE0/0/18(D)      GE0/0/19(D)      GE0/0/20(D)      GE0/0/21(D)
                 GE0/0/22(D)      GE0/0/23(D)      GE0/0/24(U)

10   common   UT:GE0/0/1(U)
              TG:GE0/0/24(U)

20   common   TG:GE0/0/24(U)
```

图 2-2-8　LSW2 vlan 信息

测试 PC1 和 PC3 的连通性，发现 PC1 和 PC3 连通。再测试 PC1 和 PC2 的连通性，PC1 和 PC2 不通。

5. 将通过 SVI 方式实现虚网间的通信

(1) 实验要求

在 LSW1 上配置虚网 10 和 20 的地址分别为 192.168.10.254/24 和 192.168.20.254/24，设置 PC1 和 PC3 的网关为 192.168.10.254，PC2 的网关为 192.168.20.254。再测试 PC1 和 PC2 的连通性。

(2) 命令参考

interface vlan *vlan-id*　//进入 vlan 配置。

ip address *ip-address subnet mask*　//设置 IP 地址。

（3）配置参考

```
[Huawei]int vlan 10
[Huawei-Vlanif10]ip add 192.168.10.254 24
[Huawei]int vlan 20
[Huawei-Vlanif20]ip add 192.168.20.254 24
```

设置 PC1 和 PC3 的网关为 192.168.10.254，修改 PC2 的 IP 设置，IP 地址改为 192.168.20.2，网关设置为 192.168.20.254，如图 2－2－9 所示。

图 2－2－9　PC2 IP 地址更新

再次测试 PC1 和 PC2 的连通性，发现 PC1 和 PC2 连通，如图 2－2－10 所示。

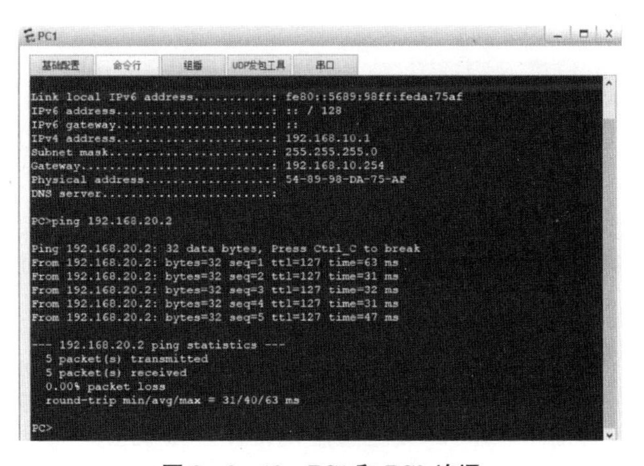

图 2－2－10　PC1 和 PC2 连通

五、实验注意事项

（1）不同 VLAN 的主机的网关要设置为所在 VLAN 的 VLAN IP 地址。

（2）跨 VLAN 通信时，要注意设置 PC2 的 IP 地址属于新的 VLAN 的网络号范围里的地址。

（3）华为交换机默认注册模式是 Normal。

(4) 配置了GVRP的交换机在传输VLAN信息时，需要首先配置链路两端的端口类型为Trunk，并且允许相应的VLAN数据通过。

六、拓展训练

如何在园区网中合理规划与配置虚网？

实验2.3 交换机生成树协议配置

一、实验目的

(1) 掌握生成树协议的作用和工作原理；
(2) 掌握生成树协议的类型；
(3) 掌握快速生成树协议的配置方法。

二、背景知识

1. STP、RSTP和MSTP概述

STP、RSTP和MSTP分别遵循IEEE 802.1d、IEEE 802.1w和IEEE802.1s标准。

STP即生成树协议，是用来避免链路环路产生的广播风暴、并提供链路冗余备份的协议。对二层以太网来说，两个LAN间只能有一条活动着的通路，否则就会产生广播风暴。但是为了加强一个局域网的可靠性，建立冗余链路又是必要的。这就要求其中的一些通路必须处于备份状态，当活动链路失效时，另一条链路能自动升为活动状态。这就是STP的作用。由于树型结构没有环路，因此STP通过生成一个最佳树型拓扑结构来实现上述功能。

RSTP即快速生成树协议，除了具有STP的功能外，它最大的特点是"快"。STP协议是选好端口角色(port role)后等待30秒后再forwarding的，而且每当拓扑发生变化后，每个网桥的Root Port和Designated Port又要重新过30秒再forwarding，因此要等整个网络拓扑稳定为一个树型结构就大约需要50秒。RSTP生成新拓扑树的时间不会超过1秒。Switch A发送RSTP特有"proposal"报文，Switch B发现Switch A的优先级比自身高，就选Switch A为根桥，收到报文的端口为Root Port，立即forwarding，然后从Root Port向Switch A发送"Agree"报文。Switch A的Designated Port得到"同意"，也就forwarding了。

MSTP即多生成树协议，是在传统的STP、RSTP的基础上发展而来的。由于传统的生成树协议与VLAN没有任何联系，因此在特定网络拓扑下就会产生部分VLAN内交换机无法通信的情况。解决这一问题的方法是使用MSTP协议。可以把一台交换机的一个或多个VLAN划分为一个instance，有着相同instance配置的交换机就组成一个域(MST region)，运行独立的生成树(这个内部的生成树称为IST，internal spanning-tree)；这个MST region组合就相当于一个大的交换机整体，与其他MST region再进行生成树算法运算，得出一个整体的生成树，称为CST(common spanning tree)。

2. STP的工作原理

各交换机之间通过交换BPDU(Bridge Protocol Data Units，桥接协议数据单元)帧来获得建立最佳树形拓扑结构所需要的信息。

(1) BPDU 包结构

BPDU 包结构如表 2－3－1 所示，主要域的含义如下：

Root Bridge ID：根桥 ID。网桥 ID 由桥优先级和 Mac 地址组合而成。

Root Path cost：根路径花费。

Bridge ID：网桥 ID。

Message Age：报文已存活的时间。

Port ID：端口的 ID，由端口优先级和端口号组合而成。

表 2－3－1 BPDU 包结构

值　域	占用字节数	值　域	占用字节数
协议 ID	2	网桥 ID	8
协议版本号	1	指定端口 ID	2
BPDU 类型	1	Message Age	2
标志位	1	Max Age	2
根桥 ID	8	Hello Time	2
根路径开销	4	Forward Delay	2

Hello timer：定时发送 BPDU 报文的时间间隔。

Forward-Delay timer：端口状态改变的时间间隔。当 RSTP 协议以兼容 STP 协议模式运行时，端口从 listening 转变向 learning，或者从 learning 转向 forwarding 状态的时间间隔。

Max Age timer：BPDU 报文消息生存的最长时间。当超出这个时间，报文消息将被丢弃。

(2) 树的生成

选择根网桥(Root Bridge)。选择 ID 最小的网桥为根网桥。网桥的 ID 由 2 个字节的优先级和 6 个字节的 MAC 地址构成。首先比较优先级，优先级越小越优先。优先级相同的情况下比较 MAC 地址，MAC 越小越优先。

选择根端口(Root Port)。除根桥外的每个网桥都有一个根口，即提供最短路径到 Root Bridge 的端口。选择最短路径的依据为：根路径成本最小，发送端口 ID 最小。根路径成本参考值为：10 G，2；1 000 M，4；100 M，19；10 M，100。

选举指定端口(Designated port)。在每个 LAN 网段选择一个指定端口。选择指定端口的依据为：根路径成本最小，发送网桥 ID 最小，发送端口 ID 最小。

根口(Root Port)和指定端口进入 forwarding 状态。其他端口就处于 discarding 状态。

如图 2－3－1 所示。在这个网络拓扑中有三台交换机。由于三台交换机的优先级相同，所以选择 MAC 最小的 A 交换机作为根交换机。又由于所有链路都是 100 M，所以交换机 B 和 C 的 port0 端口为根端口。对于下面的网段，由于两交换机的 port1 端口的根路径成本相同，所以根据网格桥 ID 作为选举指定端口的依据，则交换机 B 的 port1 端口为指定端口，交换机 C 的 port1 端口作为阻塞端口。这样就构成了一棵无环的树型结构。

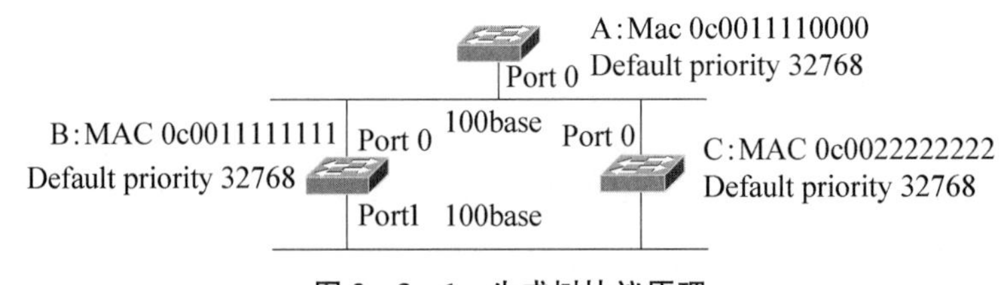

图 2-3-1 生成树协议原理

(3) 端口状态

阻塞状态(blocking):初始启用端口的状态,端口不能接受或传输数据,不能将 MAC 地址加入 MAC 地址表,只能接受 BPDU。

监听状态(listening):如果一个端口可能变为根端口或指定端口,那么它就转变为监听状态。此时端口就不能接收或转发数据,也不能将 MAC 地址加入 MAC 地址表,但可以接收和转发 BPDU。此时,端口参与根端口和指定端口的选举。

学习状态(learning):在转发延迟时间超时(默认 15s)后,端口进入学习状态。此时,端口不传输数据,但可以发送和接受 BPDU,也可以学习 MAC 地址,并加入地址表中。

转发状态(forwarding):在下一次转发延时计时时间到后,端口进入转发状态,此时,端口能接收和发送数据、学习 MAC 地址、发送和接收 BPDU。

3. RSTP

当网络拓扑结构发生变更的时候,快速生成树协议(RSTP)能明显增加生成树的计算速度。快速生成树协议除了根端口和指定端口外,还新增了两种端口角色:替代端口(Alternate Port),作为根端口的替代端口,一旦根端口失效,该端口就立即变成根端口。备份端口(Backup Port),当一个网桥有两个端口连到同一个 LAN 上,则优先级高的端口成为指定端口,另一个端口就是备份端口。

RSTP 的端口只有三种状态:丢弃(discarding)、学习(learning)和转发(forwarding)。在 STP 中的禁用、阻塞和监听,就对应于 RSTP 中的丢弃状态。

4. MSTP

(1) STP 与 RSTP 存在的问题

以上两种生成树协议并没有考虑 VLAN 存在的情况。如果网络中存在不同的 VLAN,使用以上两种生成树协议,就会导致同一 VLAN 间的设备不能通信的情况。如图 2-3-2所示。如果 A、C、D 的路径优于 A、B、D 之间的路径,则 A、B 之间的链路就被 discarding,从而导致同一 VLAN 之间的两台设备不能通信。这在实际网络中是应该避免的。

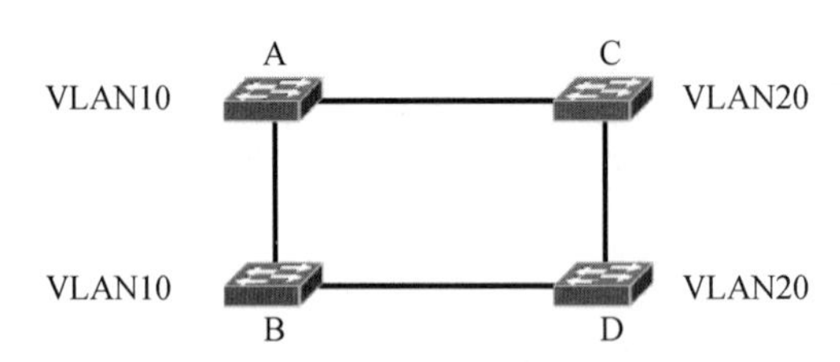

图 2-3-2 传统 STP 存在的问题

要解决这个问题,可以使用 MSTP。在 MSTP 中,将一台设备的一个或多个 VLAN 划分为一个 instance,具有相同的 instance 的设备构成一个域(MST Region)。每个 MST Region 运行独立的生成树协议 IST(Internal Spanning-Tree,内部生成树协议)。MST Region 相当于一个大的设备,再与其他的 MST Region 运行生成树算法,得出一个 CST(Common Spanning-Tree,整体生成树)。工作原理如图 2-3-3 所示,这样既避免了环路,又能保证同一 VLAN 的设备间正常通信。

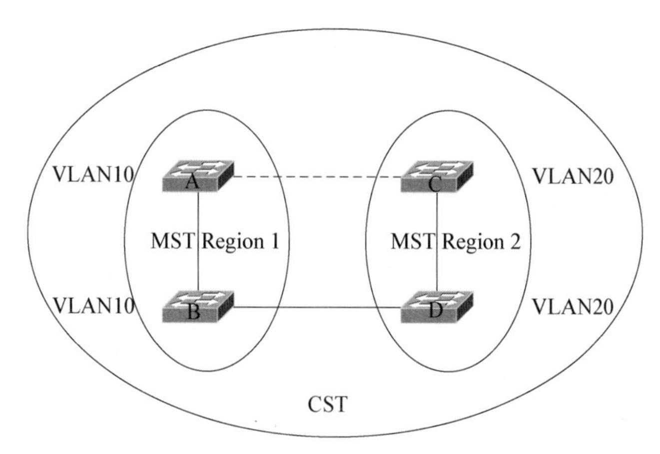

图 2-3-3　MSTP 工作原理图

（2）MSTP 工作原理

① MSTP region 划分信息

MST 配置信息包括：

MST 配置名称（name）：最长可用 32 个字节长的字符串来标识 MSTP region。

MST revision number：用一个 16 bit 长的修正值来标识 MSTP region。

MST instance-vlan 的对应表：每台交换机都最多可以创建 64 个 instance，instance 0 是强制存在的，用户还可以按需要分配 1～4 094 个 VLAN 属于不同的 instance（0～64），未分配的 VLAN 缺省就属于 instance 0。

② MSTP region 内的生成树（IST）

划分好 MSTP region 后，每个 region 里就按各个 instance 所设置的 bridge priority、port priority 等参数选出各个 instance 独立的 root bridge，以及每台交换机上各个端口的 port role，然后就 port role 指定该端口在该 instance 内是 forwarding 还是 discarding。

这样，经过 MSTP BPDU 的交流，IST（Internal Spanning Tree）就生成了，而各个 instance 也独立地有了自己的生成树（MSTI），其中 instance 0 所对应的生成树称为 CIST（Common Instance Spanning Tree）。也就是说，每个 instance 都为各自的“VLAN 组”提供了一条单一的、不含环路的网络拓扑。

用户在这里要注意的是，MSTP 协议本身不关心一个端口属于哪个 VLAN，所以用户应该根据实际的 VLAN 配置情况来为相关端口配置对应的 path cost 和 priority，以防 MSTP 协议打断了不该打断的环路。

③ MSTP region 间的生成树（CST）

每个 MSTP region 对 CST 来说可以相当于一个大的交换机整体，不同的 MSTP region 也生成一个大的网络拓扑树，称为 CST（common spanning tree）。

④ Hop Count

IST 和 MSTI 已经不用 message age 和 Max age 来计算 BPDU 信息是否超时，而是用类似于 IP 报文 TTL 的机制来计算，它就是 Hop Count。

5. VBST

VBST（VLAN-Based Spanning Tree，基于 VLAN 的生成树）在 V200R005 及之后的版本中支持 VBST。VBST 是华为提出的一种生成树协议，为华为的私有协议，生成树的形成是基于 VLAN 的，不同 VLAN 间可形成相互独立的生成树，不同 VLAN 内的流量沿着各自的生成树转发，进而可实现流量的负载分担。

三、实验环境及实验拓扑

(1) 两台 PC；

(2) 两台 S5700；

(3) 两台 S3700。

实验拓扑如图 2-3-4 所示。

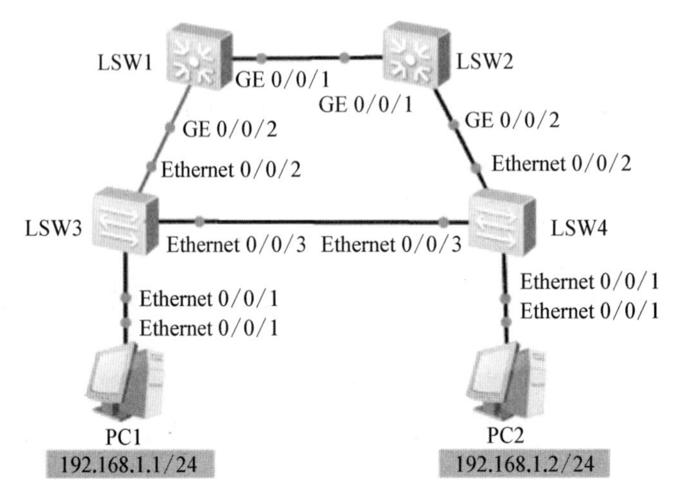

图 2-3-4 实验拓扑

四、实验内容

1. 设备连接

按图 2-3-4 所示连接好设备。

2. MSTP 协议查看

(1) 实验要求

配置好两台 PC 的 IP 地址，并启动所有的设备，测试 PC1 和 PC2 的连通性，可以连通。查看生成树协议的相关信息。

(2) 命令参考

stp mode stp　　　//配置交换设备的 STP 模式。

缺省情况下，交换机运行 MSTP 模式，MSTP 模式兼容 STP 和 RSTP 模式。

stp root primary　　　//(可选)配置当前设备为根桥设备。

stp root secondary　　　//(可选)配置当前设备为备份根桥设备。

stp priority priority　　　//(可选)配置交换设备在系统中的优先级。

缺省情况下，交换设备的优先级取值为 32 768。数值越小，优先级越高，成为根桥的可能性越大。对于网络中部分性能低、网络层次低的交换设备，不适合作为根桥设备，一般会配置其低优先级以保证该设备不会成为根桥。

stp pathcost-standard { dot1d-1998 | dot1t | legacy } //(可选)配置端口路径开销计算

方法。

缺省情况下，路径开销值的计算方法为 IEEE 802.1t(dot1t)标准方法。同一网络内，所有交换设备的端口路径开销应使用相同的计算方法。

display　stp　　//用来检查当前交换机的 STP 配置。

命令输出中信息介绍如下：

CIST Bridge 参数标识指定交换机当前桥 ID，包含交换机的优先级和 MAC 地址。

Bridge Times 参数标识 Hello 定时器、Forward Delay 定时器、Max Age 定时器的值。

CIST Root/ERPC 参数标识根桥 ID 以及此交换机到根桥的根路径开销。

display stp brief　//查看端口角色和端口状态等信息。

(3) 配置参考

在四台交换机上分别执行 display stp。

如图 2-3-5 所示，第二行信息说明，交换机在没有做任何配置的情况下已经启用了 MSTP 协议，图中第三行 CIST Bridge 参数是交换机自己的 ID，第六行 CIST Root/ERPC 后面的是根交换机的 ID，可以发现两个 ID 相同，LSW1 就是根交换机。

LSW1

```
[Huawei]display stp
-------[CIST Global Info][Mode MSTP]-------
CIST Bridge         :32768.4c1f-ccb2-39d9
Config Times        :Hello 2s MaxAge 20s FwDly 15s MaxHop 20
Active Times        :Hello 2s MaxAge 20s FwDly 15s MaxHop 20
CIST Root/ERPC      :32768.4c1f-ccb2-39d9 / 0
CIST RegRoot/IRPC   :32768.4c1f-ccb2-39d9 / 0
CIST RootPortId     :0.0
BPDU-Protection     :Disabled
TC or TCN received  :6
TC count per hello  :0
STP Converge Mode   :Normal
Time since last TC  :0 days 0h:11m:13s
```

图 2-3-5　LSW1 的生成树信息

如图 2-3-6、图 2-3-7 和图 2-3-8 所示，LSW2、LSW3 及 LSW4 的显示信息中可以看到根桥是 LSW1。

LSW2

```
[Huawei]display stp
-------[CIST Global Info][Mode MSTP]-------
CIST Bridge         :32768.4c1f-ccbe-1591
Config Times        :Hello 2s MaxAge 20s FwDly 15s MaxHop 20
Active Times        :Hello 2s MaxAge 20s FwDly 15s MaxHop 20
CIST Root/ERPC      :32768.4c1f-ccb2-39d9 / 20000
CIST RegRoot/IRPC   :32768.4c1f-ccbe-1591 / 0
CIST RootPortId     :128.1
```

图 2-3-6　LSW2 的生成树信息

LSW4

```
[Huawei]display stp
-------[CIST Global Info][Mode MSTP]-------
CIST Bridge         :32768.4c1f-ccb8-66fa
Config Times        :Hello 2s MaxAge 20s FwDly 15s MaxHop 20
Active Times        :Hello 2s MaxAge 20s FwDly 15s MaxHop 20
CIST Root/ERPC      :32768.4c1f-ccb2-39d9 / 220000
CIST RegRoot/IRPC   :32768.4c1f-ccb8-66fa / 0
CIST RootPortId     :128.2
BPDU-Protection     :Disabled
TC or TCN received  :13
TC count per hello  :0
STP Converge Mode   :Normal
```

图 2-3-7　LSW3 的生成树信息

```
LSW4
[Huawei]display stp
-------[CIST Global Info][Mode MSTP]-------
CIST Bridge          :32768.4c1f-ccb8-66fa
Config Times         :Hello 2s MaxAge 20s FwDly 15s MaxHop 20
Active Times         :Hello 2s MaxAge 20s FwDly 15s MaxHop 20
CIST Root/ERPC       :32768.4c1f-ccb2-39d9 / 220000
CIST RegRoot/IRPC    :32768.4c1f-ccb8-66fa / 0
CIST RootPortId      :128.2
BPDU-Protection      :Disabled
TC or TCN received   :13
TC count per hello   :0
STP Converge Mode    :Normal
```

图 2-3-8　LSW4 的生成树信息

如图 2-3-9 所示，在 LSW1 上执行 display stp brief 后，可以看到 GigabitEthernet0/0/1 和 GigabitEthernet0/0/2 两个端口的 Role 都是 DESI。

```
[Huawei]display stp brief
 MSTID  Port                        Role  STP State     Protection
   0    GigabitEthernet0/0/1        DESI  FORWARDING      NONE
   0    GigabitEthernet0/0/2        DESI  FORWARDING      NONE
[Huawei]
```

图 2-3-9　LSW1 的生成树信息

如图 2-3-10 所示，在 LSW2 上执行 display stp brief，可以看到 GigabitEthernet0/0/1 端口为 ROOT。

```
[Huawei]dis stp brief
 MSTID  Port                        Role  STP State     Protection
   0    GigabitEthernet0/0/1        ROOT  FORWARDING      NONE
   0    GigabitEthernet0/0/2        DESI  FORWARDING      NONE
[Huawei]
```

图 2-3-10　LSW2 的 display stp brief 信息

如图 2-3-11 所示，LSW3 的 Ethernet0/0/2 口为 ROOT。

```
[Huawei]display stp brief
 MSTID  Port                        Role  STP State     Protection
   0    Ethernet0/0/1               DESI  FORWARDING      NONE
   0    Ethernet0/0/2               ROOT  FORWARDING      NONE
   0    Ethernet0/0/3               DESI  FORWARDING      NONE
[Huawei]
```

图 2-3-11　LSW3 的 display stp brief 信息

如图 2-3-12 所示，LSW4 中 Ethernet0/0/2 口为 ROOT，Ethernet0/0/3 为 ALTE。

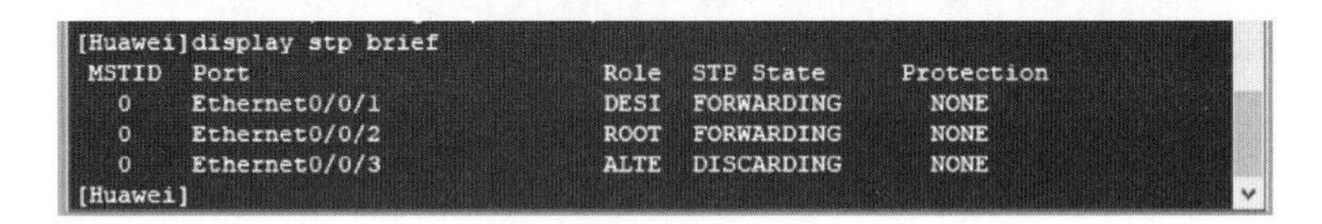

```
[Huawei]display stp brief
 MSTID  Port                        Role  STP State     Protection
   0    Ethernet0/0/1               DESI  FORWARDING      NONE
   0    Ethernet0/0/2               ROOT  FORWARDING      NONE
   0    Ethernet0/0/3               ALTE  DISCARDING      NONE
[Huawei]
```

图 2-3-12　LSW4 的 display stp brief 信息

3. RSTP 协议设置

(1) 实验要求

在四台交换机都设置生成树类型为 RSTP。

(2) 配置参考

[Huawei]stp mode rstp

再次查看 display stp，如图 2-3-13 和图 2-3-14 所示，可以看到现在生成树类型变成了 RSTP，LSW1 仍然是根桥；如图 2-3-15 所示，LSW4 的端口类型没有发生变化。

```
LSW1
e change loop count is 0, and the maximum number of records is 4095.
[Huawei]dis stp
-------[CIST Global Info][Mode RSTP]-------
CIST Bridge         :32768.4c1f-ccb2-39d9
Config Times        :Hello 2s MaxAge 20s FwDly 15s MaxHop 20
Active Times        :Hello 2s MaxAge 20s FwDly 15s MaxHop 20
CIST Root/ERPC      :32768.4c1f-ccb2-39d9 / 0
CIST RegRoot/IRPC   :32768.4c1f-ccb2-39d9 / 0
CIST RootPortId     :0.0
```

图 2-3-13 LSW1 的 display stp 信息

```
LSW4
<Huawei>sys
Enter system view, return user view with Ctrl+Z.
[Huawei]dis stp
-------[CIST Global Info][Mode RSTP]-------
CIST Bridge         :32768.4c1f-ccb8-66fa
Config Times        :Hello 2s MaxAge 20s FwDly 15s MaxHop 20
Active Times        :Hello 2s MaxAge 20s FwDly 15s MaxHop 20
CIST Root/ERPC      :32768.4c1f-ccb2-39d9 / 220000
CIST RegRoot/IRPC   :32768.4c1f-ccb8-66fa / 0
CIST RootPortId     :128.2
```

图 2-3-14 LSW4 的 display stp 信息

```
LSW4
----[Port24(GigabitEthernet0/0/2)][DOWN]----
 Port Protocol        :Enabled
 Port Role            :Disabled Port
 Port Priority        :128
 Port Cost(Dot1T )    :Config=auto / Active=200000000
 Designated Bridge/Port   :32768.4c1f-ccb8-66fa / 128.24
 Port Edged           :Config=default / Active=disabled
 Point-to-point       :Config=auto / Active=false
 Transit Limit        :147 packets/hello-time
 Protection Type      :None
 Port STP Mode        :MSTP
 Port Protocol Type   :Config=auto / Active=dot1s
 BPDU Encapsulation   :Config=stp / Active=stp
 PortTimes            :Hello 2s MaxAge 20s FwDly 15s RemHop 20
 TC or TCN send       :0
 TC or TCN received   :0
 BPDU Sent            :0
          TCN: 0, Config: 0, RST: 0, MST: 0
 BPDU Received        :0
          TCN: 0, Config: 0, RST: 0, MST: 0
[Huawei]dis stp brief
 MSTID  Port                        Role  STP State     Protection
   0    Ethernet0/0/1               DESI  FORWARDING      NONE
   0    Ethernet0/0/2               ROOT  FORWARDING      NONE
   0    Ethernet0/0/3               ALTE  DISCARDING      NONE
[Huawei]
```

图 2-3-15 LSW4 的 display stp brief 信息

4. 设置 LSW4 为根桥

[Huawei]**stp root primary**

如图 2-3-16 所示，LSW4 现在成为根桥，CIST Bridge 的地址和 CIST Root/ERPC 的地址一样。

```
LSW4
   0    Ethernet0/0/3               ALTE  DISCARDING      NONE
[Huawei]stp root primary
[Huawei]
Feb  2 2020 12:42:59-08:00 Huawei DS/4/DATASYNC_CFGCHANGE:OID 1.3.6.1.4.1.2011
.25.191.3.1 configurations have been changed. The current change number is 5, 
e change loop count is 0, and the maximum number of records is 4095.dis stp
-------[CIST Global Info][Mode RSTP]-------
CIST Bridge         :0    .4c1f-ccb8-66fa
Config Times        :Hello 2s MaxAge 20s FwDly 15s MaxHop 20
Active Times        :Hello 2s MaxAge 20s FwDly 15s MaxHop 20
CIST Root/ERPC      :0    .4c1f-ccb8-66fa / 0
CIST RegRoot/IRPC   :0    .4c1f-ccb8-66fa / 0
```

图 2-3-16 LSW4 的 display stp 信息

如图 2-3-17 所示，LSW4 端口情况发生改变，LSW4 的端口的 Role 都变成了 DESI。

```
LSW4
----[Port24(GigabitEthernet0/0/2)][DOWN]----
 Port Protocol          :Enabled
 Port Role              :Disabled Port
 Port Priority          :128
 Port Cost(Dot1T )      :Config=auto / Active=200000000
 Designated Bridge/Port   :0.4c1f-ccb8-66fa / 128.24
 Port Edged             :Config=default / Active=disabled
 Point-to-point         :Config=auto / Active=false
 Transit Limit          :147 packets/hello-time
 Protection Type        :None
 Port STP Mode          :MSTP
 Port Protocol Type     :Config=auto / Active=dot1s
 BPDU Encapsulation     :Config=stp / Active=stp
 PortTimes              :Hello 2s MaxAge 20s FwDly 15s RemHop 20
 TC or TCN send         :0
 TC or TCN received     :0
 BPDU Sent              :0
          TCN: 0, Config: 0, RST: 0, MST: 0
 BPDU Received          :0
          TCN: 0, Config: 0, RST: 0, MST: 0
[Huawei]dis stp brief
 MSTID  Port                        Role  STP State     Protection
   0    Ethernet0/0/1               DESI  FORWARDING      NONE
   0    Ethernet0/0/2               DESI  FORWARDING      NONE
   0    Ethernet0/0/3               DESI  FORWARDING      NONE
[Huawei]
```

图 2-3-17　LSW4 的 display stp brief 信息

查看 LSW3 交换机的端口状态，如图 2-3-18 所示，LSW3 的 Ethernet0/0/3 为 ROOT。

```
LSW3
----[Port24(GigabitEthernet0/0/2)][DOWN]----
 Port Protocol          :Enabled
 Port Role              :Disabled Port
 Port Priority          :128
 Port Cost(Dot1T )      :Config=auto / Active=200000000
 Designated Bridge/Port   :32768.4c1f-cccb-2ede / 128.24
 Port Edged             :Config=default / Active=disabled
 Point-to-point         :Config=auto / Active=false
 Transit Limit          :147 packets/hello-time
 Protection Type        :None
 Port STP Mode          :MSTP
 Port Protocol Type     :Config=auto / Active=dot1s
 BPDU Encapsulation     :Config=stp / Active=stp
 PortTimes              :Hello 2s MaxAge 20s FwDly 15s RemHop 20
 TC or TCN send         :0
 TC or TCN received     :0
 BPDU Sent              :0
          TCN: 0, Config: 0, RST: 0, MST: 0
 BPDU Received          :0
          TCN: 0, Config: 0, RST: 0, MST: 0
[Huawei]dis stp brief
 MSTID  Port                        Role  STP State     Protection
   0    Ethernet0/0/1               DESI  FORWARDING      NONE
   0    Ethernet0/0/2               ALTE  DISCARDING      NONE
   0    Ethernet0/0/3               ROOT  FORWARDING      NONE
[Huawei]
```

图 2-3-18　LSW3 的 display stp brief 信息

5. 验证 RSTP 的效果

(1) 断开 LSW3 和 LSW4 交换机之间的链路，观察 ping 丢包的情况。并查看生成树协议的相关信息。如图 2-3-19 所示，LSW3 中现在 Ethernet0/0/2 为 ROOT。

如图 2-3-20 所示，LSW4 只有两个端口处于 DESI Role。

如图 2-3-21 所示，在链路中断过程中，连通中断一段时间后，再次恢复正常。

(2) 重新连接 LSW3 和 LSW4 之间的连线。如图 2-3-22 所示，LSW3 的 Ethernet0/0/3 口重新成为 ROOT。

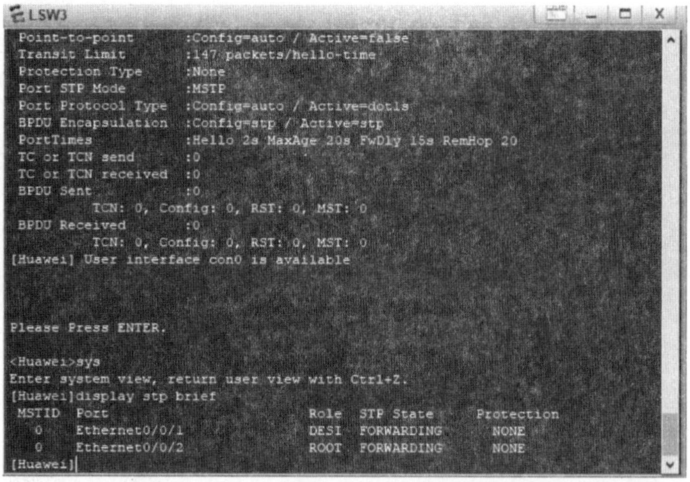

```
LSW3
 Point-to-point        :Config=auto / Active=false
 Transit Limit         :147 packets/hello-time
 Protection Type       :None
 Port STP Mode         :MSTP
 Port Protocol Type    :Config=auto / Active=dot1s
 BPDU Encapsulation    :Config=stp / Active=stp
 PortTimes             :Hello 2s MaxAge 20s FwDly 15s RemHop 20
 TC or TCN send        :0
 TC or TCN received    :0
 BPDU Sent             :0
          TCN: 0, Config: 0, RST: 0, MST: 0
 BPDU Received         :0
          TCN: 0, Config: 0, RST: 0, MST: 0
[Huawei] User interface con0 is available



Please Press ENTER.

<Huawei>sys
Enter system view, return user view with Ctrl+Z.
[Huawei]display stp brief
 MSTID  Port                        Role  STP State     Protection
   0    Ethernet0/0/1               DESI  FORWARDING      NONE
   0    Ethernet0/0/2               ROOT  FORWARDING      NONE
[Huawei]
```

图 2-3-19　LSW3 的 display stp brief 信息

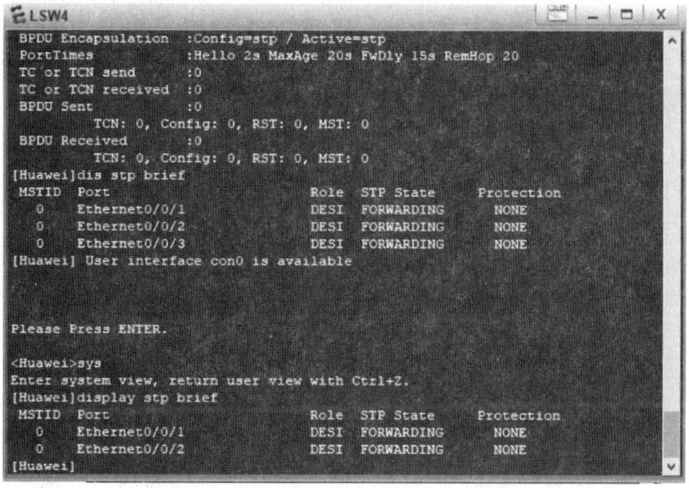

```
LSW4
 BPDU Encapsulation    :Config=stp / Active=stp
 PortTimes             :Hello 2s MaxAge 20s FwDly 15s RemHop 20
 TC or TCN send        :0
 TC or TCN received    :0
 BPDU Sent             :0
          TCN: 0, Config: 0, RST: 0, MST: 0
 BPDU Received         :0
          TCN: 0, Config: 0, RST: 0, MST: 0
[Huawei]dis stp brief
 MSTID  Port                        Role  STP State     Protection
   0    Ethernet0/0/1               DESI  FORWARDING      NONE
   0    Ethernet0/0/2               DESI  FORWARDING      NONE
   0    Ethernet0/0/3               DESI  FORWARDING      NONE
[Huawei] User interface con0 is available



Please Press ENTER.

<Huawei>sys
Enter system view, return user view with Ctrl+Z.
[Huawei]display stp brief
 MSTID  Port                        Role  STP State     Protection
   0    Ethernet0/0/1               DESI  FORWARDING      NONE
   0    Ethernet0/0/2               DESI  FORWARDING      NONE
[Huawei]
```

图 2-3-20　LSW4 的 display stp brief 信息

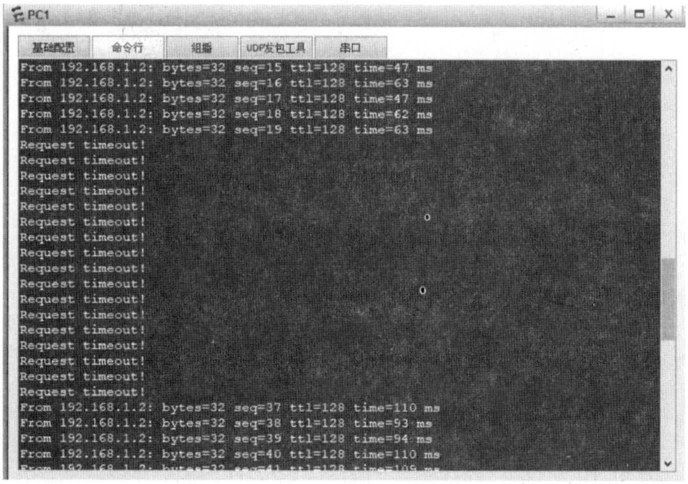

```
PC1
基础配置  命令行  组播  UDP发包工具  串口
From 192.168.1.2: bytes=32 seq=15 ttl=128 time=47 ms
From 192.168.1.2: bytes=32 seq=16 ttl=128 time=63 ms
From 192.168.1.2: bytes=32 seq=17 ttl=128 time=47 ms
From 192.168.1.2: bytes=32 seq=18 ttl=128 time=62 ms
From 192.168.1.2: bytes=32 seq=19 ttl=128 time=63 ms
Request timeout!
Request timeout!
Request timeout!
Request timeout!
Request timeout!
Request timeout!
Request timeout!
Request timeout!
Request timeout!
Request timeout!
Request timeout!
Request timeout!
Request timeout!
Request timeout!
Request timeout!
Request timeout!
Request timeout!
From 192.168.1.2: bytes=32 seq=37 ttl=128 time=110 ms
From 192.168.1.2: bytes=32 seq=38 ttl=128 time=93 ms
From 192.168.1.2: bytes=32 seq=39 ttl=128 time=94 ms
From 192.168.1.2: bytes=32 seq=40 ttl=128 time=110 ms
From 192.168.1.2: bytes=32 seq=41 ttl=128 time=109 ms
```

图 2-3-21　PC1 ping PC2 信息

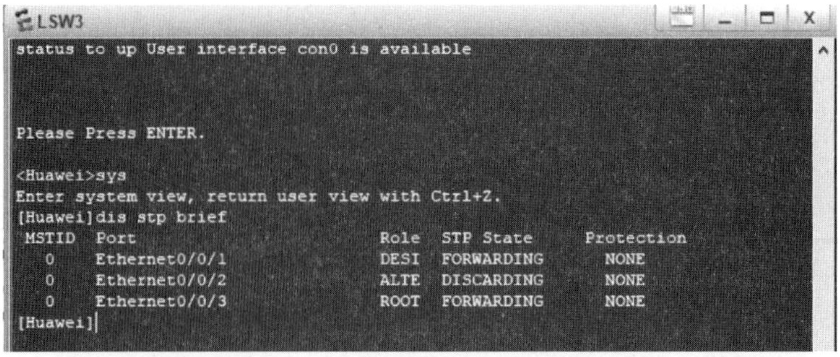

```
LSW3
status to up User interface con0 is available


Please Press ENTER.

<Huawei>sys
Enter system view, return user view with Ctrl+Z.
[Huawei]dis stp brief
 MSTID  Port                        Role  STP State     Protection
   0    Ethernet0/0/1               DESI  FORWARDING      NONE
   0    Ethernet0/0/2               ALTE  DISCARDING      NONE
   0    Ethernet0/0/3               ROOT  FORWARDING      NONE
[Huawei]
```

图 2-3-22 LSW3 的 display stp brief 信息

五、实验注意事项

(1) 华为系列交换机默认为 MSTP 协议。

(2) 检测交换机 ROOT 端口选取过程时，两台 PC 执行 ping 命令要带参数－t。

六、拓展训练

在一个较为复杂的园区网上如何配置 VBST？

【微信扫码】
相关资源

第 3 章

路由器配置

背景介绍

园区网络架构设计时,遵守层次化设计原则,每个层可以看作是园区网内一个具有特定角色和功能的、结构定义良好的模块。层次化的设计结构,易于扩展和维护,降低了设计的复杂度和难度。理论上,分层架构的层次可以任意多,但在大多数情况下,如图 3-0-1 所示,三个层次就足够了,这样可以更好地控制网络规模和网络质量,同时也方便网络管理和维护。分层设计可以采用自顶向下或自底向上两种设计思路。从工程实现的角度出发,自底向上设计法更贴近客户需求,其可操作性更强一些、设计风险更小一些,因此,推荐采用自底向上设计法,即先设计接入层,然后设计汇聚层,接下来设计核心层和出口区。每一层设计都采用模块化和层次化技术,同时根据对流量负载、网络或用户行为的分析来规划层与层之间的互连。随着交换机功能的不断增强,接入层、汇聚层和核心层的功能都由不同型号的交换机完成,出口层一般由路由器完成。

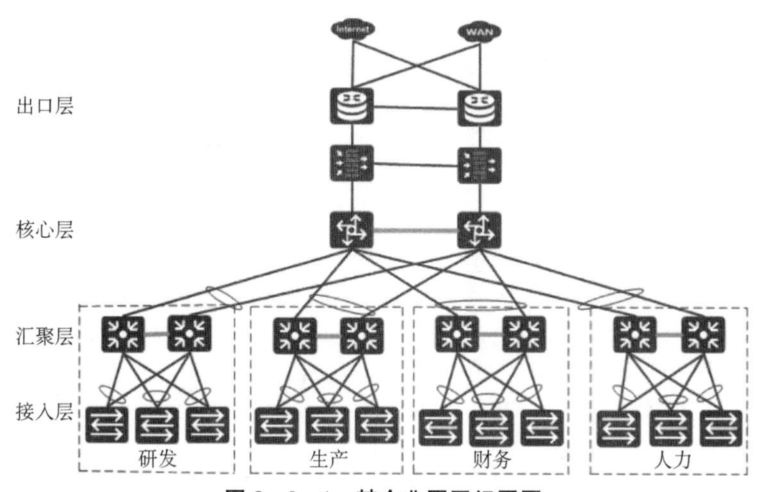

图 3-0-1 某企业园区组网图

路由器根据工作的场景不同,有不同的型号,图 3-0-2 所示是华为云骨干路由器 NetEngine 5000E 集群路由器。NetEngine 5000E 是面向企业骨干网、城域网核心节点、数据中心互联节点和国际网关等推出的核心路由器产品，具有大容量、高可靠、绿色、智能等特点，支持单框、背靠背和多框集群模式，实现按需扩展，帮助企业用户轻松应对互联网流量快速增长和未来业务发展。

图 3-0-3 所示是华为 CloudExchange 6600，CX6600 系列路由器，它是华为推出的云骨干路由器产品，具有低成本、大容量、高密端口、可编程等特点，可应用在企业云数据中心、企业接入节点和各大 IDC 网络出口。CX6600 路由器支持业界最大端口容量(单端口 400 G，单槽位 4T)，单框容量可达到 80～160 Tbps，支持 SDN、BGP SR Policy、OC-YANG、EVPN、SR、vxLAN 等多种技术，满足未来网络智慧、极简、超宽、开放的需求。

图 3-0-2 华为 NetEngine 5000E　　图 3-0-3 华为 CloudExchange 6600

图 3-0-4 所示是华为 NetEngine20E-S 系列，NetEngine20E-S 系列综合业务承载路由器适用于企业各种类型和规模的网络：−40℃～65℃宽温可适应严酷恶劣环境；采用功能强大的华为自研 NP 芯片，提供高性能业务承载服务；华为创新的 IP 硬管道技术，提供高品质的 IP 专线服务；支持华为创新的 IP FPM 技术和硬件 BFD 等，提供快速精确的故障定位和检测服务；支持硬件和软件全面高可靠技术，提供 99.999%的电信级可靠性；基于创新的 SDN 架构设计，能够解决网络流量负载不均，提高网络带宽利用率。

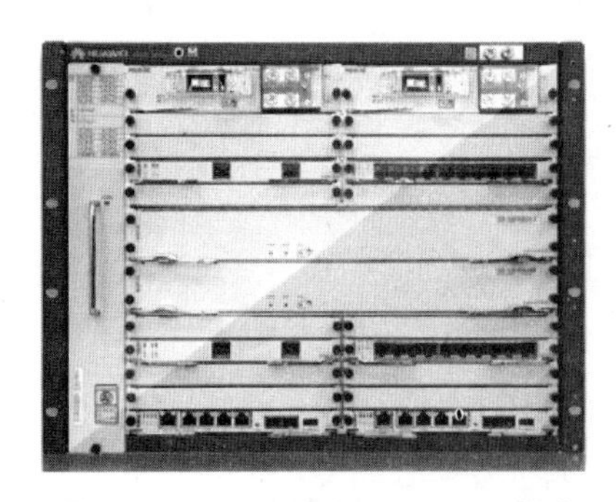

图 3-0-4 NetEngine20E-S 系列

图 3-0-5 华为 AR2200

图 3-0-5 所示是华为 AR2200，AR2200 企业路由器采用多核 CPU、无阻塞交换架构，融合路由、交换、语音、安全等多种业务，支持开放业务平台(OSP)，可应用于中型企业总部、大中型企业分支，具有灵活的扩展能力。AR2200 路由器可以灵活配置，便捷升级，满足多种接入需求。

实验3.1　路由器基本配置

一、实验目的

（1）了解路由器的功能；
（2）掌握路由器的组成；
（3）掌握路由器命令视图的切换；
（4）掌握路由器系统视图的基本配置；
（5）掌握路由器端口的常用参数配置。

二、背景知识

1. 路由器的功能

路由器是工作在网络层的设备，它不仅能分割广播域，实现路由选择，转发数据包，还能实现异构网络的互联，同时也是局域网安全保障的第一道防线。路由器内部有一张路由表，它表述的是如果要去某个地方，下一步应该向哪里走，如果能从路由表中找到数据包下一步往哪里走，则把数据链路层信息加上转发出去；如果不知道下一步走向哪里，则将此包丢弃，然后返回一个信息交给源地址。

2. 路由器的组成

（1）路由器的基本硬件

① CPU

无论在中低端路由器还是在高端路由器中，CPU都是路由器的心脏。通常在中低端路由器中，CPU负责交换路由信息、路由表查找以及转发数据包。CPU的能力直接影响路由器的吞吐量（路由表查找时间）和路由计算能力（影响网络路由收敛时间）。在高端路由器中，通常包转发由ASIC（Application Specific Integrated Circuit，专用集成电路）芯片完成，CPU只实现路由协议、计算路由以及分发路由表。由于技术的发展，路由器中许多工作都可以由硬件实现（专用芯片）。CPU性能并不完全反映路由器性能。路由器性能由路由器吞吐量、时延和路由计算能力等指标体现。

② 存储器

在路由器中存储器常见有以下几种类型：ROM、FLASH、DRAM、NVRAM。

ROM相当于PC的BIOS，路由器运行时首先运行ROM中的程序，该程序主要进行加电自检，对路由器的硬件进行检测，其中含有引导程序及IOS的一个最小子集。ROM为一种只读存储器，系统掉电程序也不会丢失。

FLASH是一种可擦写、可编程的ROM，FLASH包含IOS及微代码。可以把它想象和PC的硬盘功能一样，但其速度快得多。可以通过它写入新版本或对路由器进行软件升级。FLASH中的程序，在系统掉电时不会丢失。

DRAM，动态内存。该内存中的内容在系统掉电时会完全丢失。DRAM中主要包含路由表，ARP缓存，Fast－switch缓存，数据包缓存以及运行时配置文件等。

NVRAM中包含路由器启动时的配置文件，NVRAM中的内容在系统掉电时不会丢失。

一般地，路由器启动时，首先运行 ROM 中的程序，进行系统自检及引导，然后运行 FLASH 中的 IOS，并在 NVRAM 中寻找路由器的启动时配置文件，并装入 DRAM 中。

需要说明的是，不同功能的 IOS 对存储器的要求是不同的。因此，在装载某一操作系统时要查找一下相关资料，搞清楚系统的要求。

③ 输入/输出端口和特定介质转换器

路由器能支持的端口种类，体现路由器的通用性。常见的端口种类有通用串行端口、10/100 M 自适应以太网端口 1 G/10 G 等。各种路由器功能都与某个端口相关联。端口的种类由路由器上可插的模块类型决定，不同模块类型也反映了路由器的性能。模块的编号按照由右到左、由下到上的原则。在配置路由器时，经常会遇到这样的标识“1/0”，表示模块 1 上的端口 0，要能正确理解。

(2) 路由器的基本软件

① 操作系统镜像文件

操作系统镜像文件决定路由器支持的功能，它包含一系列规则，这些规则规定如何通过路由器传送数据，管理缓存空间，支持不同的网络功能，更新路由表和执行用户命令。同一型号的路由器也有很多版本的 VRP，不同版本的 VRP 支持的功能不同，用户根据实际应用选择适合的 VRP 版本。

② 配置文件

由管理员创建，定制路由器的操作。saved-configuration 启动时配置文件保存在 NVRAM 中。current-configuration 运行时配置文件保存在 DRAM 中。

③ ROM 微代码组成

引导 Bootstrap 代码：用于在初始化时启动路由器。通过读取配置寄存器的值决定如何启动及启动后的操作。

加电自检代码：用于检查路由器硬件基本功能以决定当前的硬件配置。

ROM 监视程序：用于测试和排错的简单程序。

IOS 子集：用于将新的软件映像装进 FLASH 并执行其他维护操作。它不支持 IP 路由和其他路由选择功能，有时也称这个子集为 RXBOOT 或引导模块。

3. 路由器的管理方式

路由器的管理方式基本分为两种：带内管理和带外管理。

(1) 带外管理：通过路由器的 Console 口管理路由器属于带外管理，不占用路由器的网络接口，但是线缆特殊，需要近距离配置。第一次配置路由时，必须利用 Console 口进行配置，使其支持 Telnet 远程管理。

方法如下：

第一步　利用图 3-1-1 中的 RJ45-DB9 转换器+反转线缆或 DB9-RJ45 线缆将路由器的控制口(Console)和计算机的 COM 口连接上。(现在很多新款笔记本计算机都不再集成 COM 口，解决的办法是用一根 USB 转 COM 端口的转接线缆。)

第二步　启动超级终端：“开始”→“程序”→“附件”→“通信”→“超级终端”。

第三步　设置超级终端。主要设置两个内容，一是选择具体连接的 COM 口；二是设置端口速率等，只要点击“还原为默认值”按钮即可。

第四步　路由器上电，启动路由器，这时将在超级终端窗口内显示自检信息，自检结束后提示用户键入回车键，直到出现命令行提示符“< Huawei >”，可以开始相关配置。

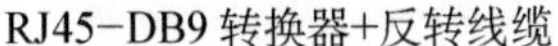
RJ45-DB9 转换器+反转线缆

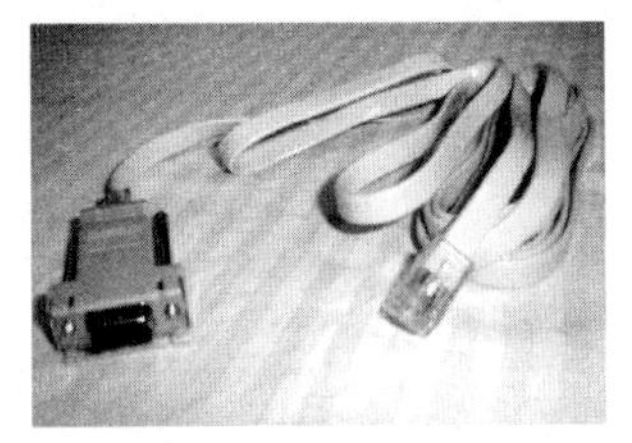
DB9-RJ45 线缆

路由器

图 3-1-1　路由器初始化配置接线装置

(2) 带内管理主要包括三种方式：

① Telnet 对路由器进行本地或远程管理

如果路由器已经配置好各接口的 IP 地址，同时可以正常地进行网络通讯，则可以通过局域网或者广域网，使用 Telnet 客户端登录到路由器上，对路由器进行本地或者远程的配置。操作步骤如下：

第一步　建立本地 Telnet 配置环境，只需要将计算机上的网卡接口通过局域网与路由器的以太网口连接；如果需要建立远程 Telnet 配置环境，则需要将计算机和路由器的广域网口连接。

第二步　在 Windows 的 DOS 命令提示符下，直接输入“Telnet a.b.c.d”，a.b.c.d 为路由器的以太口的 IP 地址（如果在远程 Telnet 配置模式下，为路由器的广域网口的 IP 地址），与路由器建立连接，提示输入登录密码，如果没有配置密码，会出现“Don't support null authentication-mode. The connection was closed by the remote host”的提示，如果配置过密码，正确输入密码后，出现“< Huawei >”，可以开始相关配置。

② 通过 Web 对路由器进行远程管理

Web 管理是在浏览器中通过网页管理网络设备的一种手段。前提是必须确定设备已经安装了 Web 管理模块，网络参数已做好相关设置。

③ 通过 SNMP 工作站对路由器进行远程管理

SNMP(Simple Network Manger Protocol，简单网络管理协议)的缩写，是一个应用层协议，为客户机/服务器模式，包括三个部分：SNMP 网络管理器、SNMP 代理和 MIB 管理信息库。

SNMP 网络管理器，是采用 SNMP 来对网络进行控制和监控的系统，也称为 NMS (Network Management System)，常用的运行在 NMS 上的网管平台有 eSight、HP OpenView、CiscoView 以及锐捷的 Star View，这些常用的网管软件可以方便地对路由器进行监控和管理。

SNMP 代理(SNMP Agent)是运行在被管理设备上的软件，负责接受、处理并且响应来自 NMS 的监控和控制报文，也可以主动地发送一些消息报文给 NMS。

SNMP 工作站管理方式本书不做详细介绍。

4. 命令行接口

命令行接口是用户配置路由器的最主要的途径，通过命令行接口，可以简单地输入配置命令，达到配置、监控、维护路由器的目的，VRP 提供了丰富的命令集，可以通过控制口(Console 口)本地配置，也可以通过异步口远程配置，还可以通过 Telnet 客户端方便地在本地或者远程进行路由器配置。

命令行界面有若干不同的视图,用户当前所处的视图决定了可以使用的命令。如表3-1-1所示,列出了命令的视图、如何访问每个视图、视图的提示符、如何离开视图。这里假定网络设备的名字为缺省的“< Huawei >”,用户视图和系统视图与交换机相同,不再赘述。

表3-1-1 命令模式

视图	功能	提示符示例	进入命令示例	退出命令
路由器端口视图	配置路由器端口参数	[Huawei-GigabitEthernet0/0/1]	路由器端口视图在系统视图下键入 interface gigabitethernet0/0/1	quit 返回系统视图,return,或 Ctrl+Z 组合键返回用户视图
RIP 视图配置	配置 RIP 路由	[Huawei-rip-1]]	在系统视图下键入 rip 进程号	
OSPF 视图配置	配置 OSPF 路由	[Huawei-ospf-1]	在系统视图下键入 ospf 进程号	
LoopBack 接口视图	配置 LoopBack 接口参数	[Huawei-LoopBack0]	在系统视图下键入 interface loopback 0	
本地用户视图	配置本地用户参数	[Huawei-luser-user1]	在 aaa 视图下键入 local-user user1	
VTY 用户界面视图	配置单个或多个 VTY 用户界面参数	[Huawei-ui-vty1]或[Huawei-ui-vty1-3]	在系统视图下键入 user-interface vty1 或 user-interface vty1 3	
Console 用户界面	配置 Console 用户界面参数	[Huawei-ui-console0]	在系统视图下键入 user-interface console 0	

5. 路由器的全局配置

为了管理的方便,可以为一台路由器配置系统名称(System Name)来标识它。当用户登录路由器时,有时需要告诉用户一些必要的信息。可以通过设置标题来达到这个目的。有两种类型的标题(banner):每日通知和登录标题。每日通知针对所有连接到路由器的用户,当用户登录路由器时,通知消息将首先显示在终端上。利用每日通知,可以发送一些较为紧迫的消息(如系统即将关闭等)给网络用户。登录标题显示在每日通知之后,它的主要作用是提供一些常规的登录提示信息。

6. 路由器接口

路由设备一般可支持两种类型接口:物理接口和逻辑接口。物理接口意味着该接口在设备上有对应的、实际存在的硬件接口,如以太网接口、同步串行接口、异步串行接口、ISDN接口等。

逻辑接口意味着该接口在设备上没有对应的、实际存在的硬件接口,逻辑接口可以与物理接口关联,也可以独立于物理接口存在。如 Dialer 接口、NULL 接口、Loopback 接口、子接口等。实际上对于网络协议而言,无论是物理接口还是逻辑接口,都是一样对待的。

最基本的接口是快速以太网口和同步串口(广域网口)。配置每个接口,首先进入全局配置模式,然后再进入指定接口配置模式,命令格式[Huawei] interface interface-type interface-number;其中 interface-type 是接口类型,快速以太网类型为 GigabitEthernet,同步串口为 Serial,interface-number 为接口编号。

另外,路由器的同步串口,使用 V.35 线缆连接广域网接口链路。在广域网连接时一端为 DCE(数据通信设备)，一端为 DTE(数据终端设备)。由 V.35 的线缆标识决定各端是 DCE 还是 DTE 端，在 DCE 端必须有时钟频率才能保证链路的连通。

7. 路由器的基本原则

(1) 路由器的物理网络端口通常要有一个 IP 地址；

(2) 相邻路由器的相邻端口 IP 地址必须在同一 IP 网段上；

(3) 同一路由器的不同端口的 IP 地址必须在不同 IP 网段上；

(4) 除了相邻路由器的相邻端口外，所有网络中路由器所连接的网段，即所有路由器的任何两个非相邻端口都必须在不同网段上。

三、实验环境及实验拓扑

(1) 一台 PC；

(2) 两台 AR2220 路由器；

实验拓扑如图 3-1-2 所示。

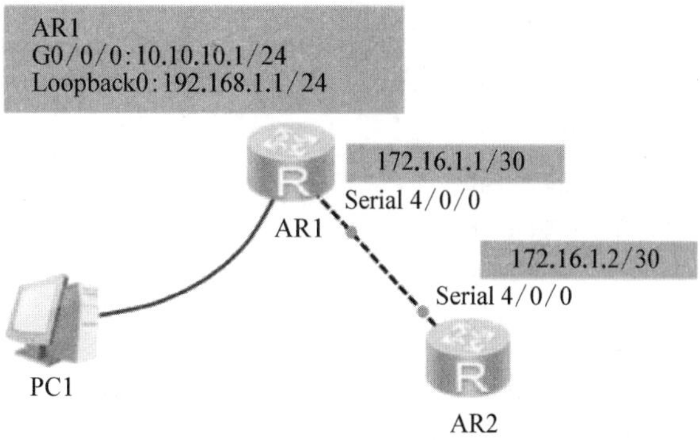

图 3-1-2　实验拓扑结构图

四、实验内容

1. 设备连接

按图 3-1-2 所示的拓扑结构连接好相应的设备。

使用 DB9 - RJ45 线缆将 PC1 的 COM 口和 AR1 的 Console 口连接。Serial 线连接 AR1 和 AR2 的 S4/0/0 口。利用 PC1 的超级终端连接 AR1，利用 AR2 Telnet 访问 AR1。

如果是 ENSP 软件，右击路由器图标，选择“设置”，出现如图 3-1-3 所示的窗口，鼠标单击 2SA 模块，按下鼠标左键不放拖动到上面第一行左边编号为 4 的插槽中，为路由器添加串行模块。

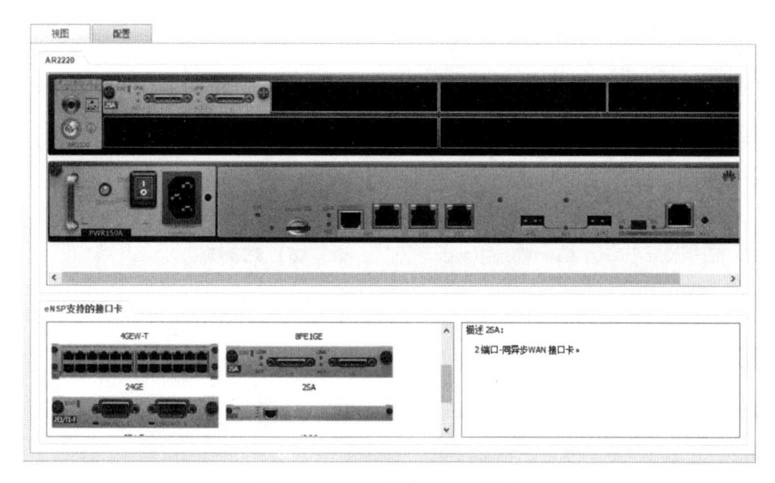

图 3-1-3　添加 2SA 模块

2. 不同配置视图的转换

(1) 实验要求

练习各种视图的切换和常用功能键的使用。路由器的基本编辑命令和帮助命令与交换机相同。如果取消某个设置,只要在原来命令之前加上 undo 即可。

(2) 配置参考

```
<Huawei>system-view
Enter system view, return user view with Ctrl+Z.
[Huawei]interface gigabitEthernet0/0/0
[Huawei-GigabitEthernet0/0/0]quit
[Huawei]
```

3. 路由器名字和提示信息的配置

(1) 实验要求

设置路由器名为 R1,提示信息为"Welcome to Huawei!",登录标题是"Please don't reboot the device!"。

(2) 命令参考

① 设置路由器名称

sysname *hostname*

② 设置登录标题

header 的内容可以是字符串或文件名。

header {login | shell} information *text*

header {login | shell} file *file-name*

设置用户登录设备时终端上显示的标题信息。

login 参数指定在用户登录设备认证过程中,激活终端连接时显示的标题信息。

shell 参数指定在用户成功登录到设备上,已经建立了会话时显示的标题信息。

(3) 配置参考

```
<Huawei>system-view
Enter system view, return user view with Ctrl+Z.
[Huawei]sysname R1
[R1]header login information "Welcome to Huawei!"
[R1]header shell information "Please don't reboot the device!"
[R1]user-interface console 0
[R1-ui-console0]authentication-mode password
Please configure the login password (maximum length 16):123456
[R1-ui-console0]quit
[R1]quit
<R1>quit
  Configuration console exit, please press any key to log on
welcome to Huawei!

Login authentication
Password:
Please don't reboot the device!
<R1>
```

4. 各端口 IP 地址的配置

(1) 实验要求

按图示配好各端口相应的 IP 地址。

(2) 命令参考

① 进入某一端口

interface *interface-type*　*id*

//interface-type 是端口类型,id 是进入的端口编号。

② 配置 IP 地址

ip address *a.b.c.d subnet mask*

//a.b.c.d 是 IP 地址,subnet mask 可以有两种方式,子网掩码或者前缀位数。

③ 打开端口

undo　shutdown

(3) 配置参考

```
[R1]interface gigabitethernet 0 /0 /0
[R1]ip address 10.1.1.1 255.255.255.0
[R1]undo shutdown
[R1]int serial 4 /0 /0
[R1-Serial4 /0 /0]ip address 172.16.1.1 255.255.255.252
```

5. 端口信息配置

(1) 实验要求

掌握端口描述信息的配置。掌握端口工作模式和速度的配置,掌握端口的打开和关闭。

(2) 命令参考

① 配置端口的带宽速率

bandwidth *bandwidth*

② 设置描述信息

description *message*

③ 关闭端口

shutdown

④ 查看端口状态

display interface *interface id*

(3) 配置参考

```
[R1]int g0 /0 /0
[R1-GigabitEthernet0 /0 /0]bandwidth 512      //配置端口的带宽速率
[R1-GigabitEthernet0 /0 /0]description "sale"
[R1-GigabitEthernet0 /0 /0]display this
[V200R003C00]
#
interface GigabitEthernet0 /0 /0
description "sale"
bandwidth 512
```

```
ip address 10.10.1.1 255.255.255.0
#
return
[R1-GigabitEthernet0/0/0]
```

6. 掌握 Loopback 的配置

(1) 实验要求

配置 Loopback 0 的地址为 192.168.1.1/24。

(2) 命令参考

interface loopback *number*

loopback 接口是应用最为广泛的一种虚接口，几乎在每台路由器上都会使用。常见于以下用途：一是作为一台路由器的管理地址，使用此接口较其他接口更有效，不受物理接口是否激活影响，如果是物理接口，一旦接口处于 down 状态，则无法使用 Telnet 登录到该设备，loopback 接口则不受此限制；二是使用该接口地址作为动态路由协议 OSPF、BGP 的 router id。

(3) 配置参考

```
[R1]int loopback 0
[R1-LoopBack0]ip address 192.168.1.1 24
```

7. Telnet 访问设置

(1) 实验要求

设置 AR1 的 Telnet 登录验证模式为 password。

设置 AR2 的 S4/0/0 IP 地址为 172.16.1.2，255.255.255.252。最后通过 AR2 Telnet 登录 AR1，修改 AR1 名称为“newR1”。

(2) 配置参考

```
AR1 的设置
[R1]user-interface vty 0 4
[R1-ui-vty0-4]authentication-mode  password
Please configure the login password (maximum length 16):@123456
[R1-ui-vty0-4]user privilege level 15
[R1-ui-vty0-4]
//把 AR2 作为 telnet 客户端，执行 telnet
AR2 的设置
<Huawei>system-view
[Huawei]interface s4/0/0
[Huawei-Serial4/0/0]ip address 172.16.1.2 255.255.255.252
[Huawei-Serial4/0/0]quit
[Huawei]quit
<Huawei>telnet 172.16.1.1
    Press CTRL_] to quit telnet mode
    Trying 172.16.1.1 ...
```

```
    Connected to 172.16.1.1 ...
Login authentication
Password:
<R1>system-view
Enter system view, return user view with Ctrl+Z.
[R1]sysname newR1
[newR1]
```

8. FTP 方式备份配置文件

(1) 实验要求

通过 FTP 方式备份配置文件，设置 AR1 开启 FTP 服务，AR1 名称为“newR1”；建立 FTP 账户 admin、密码 Steve234、账户级别为 15，设置 FTP 登录验证模式为 AAA。

通过 AR2 作为 FTP 客户登录 AR1，下载 AR1 配置文件 vrpcfg.zip，并重命名为“copyar1.zip”。

(2) 命令参考

[系统视图]ftp server enable　//使能 FTP 服务器。

[系统视图]set default ftp-directory flash:　　//设置用户默认工作目录。

[系统视图]local-user 用户名 ftp-directory flash:

//设置用户使用 FTP 登录后可访问目录为 flash:**(若不设置用户无法登录)**。

(3) 配置参考

```
<newR1>system-view
Enter system view, return user view with Ctrl+Z.
[newR1]ftp server enable
Info: Succeeded in starting the FTP server
[newR1]set default ftp-directory flash:
[newR1]aaa
[newR1-aaa]local-user admin password cipher Steve234
[newR1-aaa]local-user admin privilege level 15
[newR1-aaa]local-user admin service-type ftp
[newR1-aaa]local-user admin ftp-directory flash:
[newR1-aaa]quit
[newR1]quit
<newR1>save
  The current configuration will be written to the device.
  Are you sure to continue? (y/n)[n]:y
  It will take several minutes to save configuration file, please wait......
  Configuration file had been saved successfully
  Note: The configuration file will take effect after being activated
<newR1>

AR2 作为 FTP 客户端
<Huawei>ftp 172.16.1.1
```

```
Trying 172.16.1.1 ...
Press CTRL+K to abort
Connected to 172.16.1.1.
220 FTP service ready.
User(172.16.1.1:(none)):admin
331 Password required for admin.
Enter password:
230 User logged in.

[Huawei-ftp]dir
200 Port command okay.
150 Opening ASCII mode data connection for *.
drwxrwxrwx   1 noone    nogroup           0 Feb 04 09:58 dhcp
-rwxrwxrwx   1 noone    nogroup      121802 May 26  2014 portalpage.zip
-rwxrwxrwx   1 noone    nogroup        2263 Feb 04 09:58 statemach.efs
-rwxrwxrwx   1 noone    nogroup      828482 May 26  2014 sslvpn.zip
-rwxrwxrwx   1 noone    nogroup         289 Feb 04 12:59 private-data.txt
drwxrwxrwx   1 noone    nogroup           0 Feb 04 12:59 .
-rwxrwxrwx   1 noone    nogroup         724 Feb 04 12:59 vrpcfg.zip
226 Transfer complete.
FTP: 467 byte(s) received in 0.070 second(s) 6.67Kbyte(s) /sec.

[Huawei-ftp]get vrpcfg.zip copyar1.zip
200 Port command okay.
150 Opening ASCII mode data connection for vrpcfg.zip.
226 Transfer complete.
FTP: 724 byte(s) received in 0.110 second(s) 6.58Kbyte(s) /sec.

[Huawei-ftp]quit
221 Server closing.
```

如图 3-1-4 所示，索引号为 2 的 copyar1.zip 文件下载到 AR2 的 flash 中。

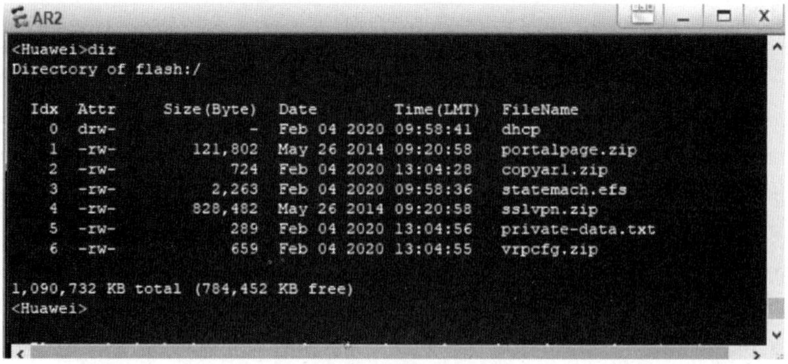

```
AR2
<Huawei>dir
Directory of flash:/

  Idx  Attr     Size(Byte)  Date        Time(LMT)  FileName
    0  drw-              -  Feb 04 2020 09:58:41   dhcp
    1  -rw-        121,802  May 26 2014 09:20:58   portalpage.zip
    2  -rw-            724  Feb 04 2020 13:04:28   copyar1.zip
    3  -rw-          2,263  Feb 04 2020 09:58:36   statemach.efs
    4  -rw-        828,482  May 26 2014 09:20:58   sslvpn.zip
    5  -rw-            289  Feb 04 2020 13:04:56   private-data.txt
    6  -rw-            659  Feb 04 2020 13:04:55   vrpcfg.zip

1,090,732 KB total (784,452 KB free)
<Huawei>
```

图 3-1-4　AR2 flash 文件

五、实验注意事项

（1）AR2220路由器的串行模块需要自己添加，注意插槽的编号，从左到右为1到4。

（2）路由器的不同端口需要配置不同的网络号。

（3）设置FTP账号时，一定要设置用户使用FTP登录后可访问目录为“flash:”。

六、拓展训练

创建不同级别的路由器用户，查看不同级别用户的可执行命令。

实验3.2 静态路由与默认路由配置

一、实验目的

（1）了解路由器的工作原理；

（2）掌握静态路由和默认路由的配置方法；

（3）掌握路由的查看命令。

二、背景知识

1. 路由器的工作原理

路由器工作在网络层，有多个端口，用于连接多个IP子网。不同的端口为不同的网络号，每个端口的IP地址的网络号要求与所连接的IP子网的网络号相同。当IP子网中的一台主机发送IP分组给同一IP子网的另一台主机时，它将直接把IP分组发送到网络上，对方就能收到。而要送给不同IP子网上的主机时，它要选择一个能到达目的子网的路由器，把IP分组送给该路由器，由路由器负责把IP分组送到目的地。如果没有找到这样的路由器，主机就把IP分组送给一个称为“缺省网关(default gateway)”的路由器。“缺省网关”是每台主机上的一个配置参数，它是接在同一个网络上的某个路由器端口的IP地址。

路由功能主要包括两项基本内容——寻径和转发。寻径即判定到达目的地的最佳路径，由路由选择算法来实现。由于涉及不同的路由选择协议和路由选择算法，相对复杂一些。为了判定最佳路径，路由选择算法必须启动并维护包含路由信息的路由表，其中路由信息依赖于所用的路由选择算法而不尽相同。路由选择算法将收集到的不同信息填入路由表中，根据路由表可将目的网络与下一站(nexthop)的关系告诉路由器。路由器间互通信息进行路由更新，更新维护路由表使之正确反映网络的拓扑变化，并由路由器根据量度来决定最佳路径。这就是路由选择协议(routing protocol)，如路由信息协议(RIP)、开放式最短路径优先协议(OSPF)和边界网关协议(BGP)等。

转发即沿寻径好的最佳路径传送信息分组。路由器首先在路由表中查找，判明是否知道如何将分组发送到下一个站点(路由器或主机)，如果路由器不知道如何发送分组，通常将该分组丢弃，否则就根据路由表的相应表项将分组发送到下一个站点；如果目的网络直接与路由器相连，路由器就把分组直接发送到相应的端口上。这就是路由转发协议(routed protocol)。

2. 静态路由与动态路由

静态路由是在路由器中设置的固定的路由表。除非网络管理员干预,否则静态路由不会发生变化。由于静态路由不能对网络的改变做出反映,一般用于网络规模不大、拓扑结构固定的网络中。静态路由的优点是简单、高效、可靠,具体讲有如下特点:

(1) 需要很少的进程和 CPU 开销,因为静态路由一旦配置,便无需计算;

(2) 无需与其他路由器交换路由更新信息;

(3) 具有可预测性,因为静态路由是由网络管理员手工配置;

(4) 适用于与外界只有一条通路或较少通路的场合。

动态路由是网络中的路由器之间相互通信,传递路由信息,利用收到的路由信息更新路由器表的过程。它能实时地适应网络结构的变化。如果路由更新信息表明发生了网络变化,路由选择软件就会重新计算路由,并发出新的路由更新信息。这些信息通过各个网络,引起各路由器重新启动其路由算法,并更新各自的路由表以动态地反映网络拓扑变化。动态路由适用于网络规模大、网络拓扑复杂的网络。

根据是否在一个自治域内部使用,动态路由协议分为内部网关协议(IGP)和外部网关协议(EGP)。这里的自治域指一个具有统一管理机构、统一路由策略的网络。自治域内部采用的路由选择协议称为内部网关协议,常用的有 RIP、OSPF;外部网关协议主要用于多个自治域之间的路由选择,常用的是 BGP。

3. 路由信息

正确理解路由条目的构成对学习路由是至关重要的。图 3-2-1 所示列出了查看路由的方法。

```
[Huawei]display ip routing-table
Route Flags: R - relay, D - download to fib
------------------------------------------------------------------------------
Routing Tables: Public
         Destinations : 12       Routes : 12

Destination/Mask    Proto   Pre  Cost      Flags NextHop         Interface

      10.10.1.0/24  Direct  0    0           D   10.10.1.1       GigabitEthernet
0/0/0
      10.10.1.1/32  Direct  0    0           D   127.0.0.1       GigabitEthernet
0/0/0
    10.10.1.255/32  Direct  0    0           D   127.0.0.1       GigabitEthernet
0/0/0
      127.0.0.0/8   Direct  0    0           D   127.0.0.1       InLoopBack0
      127.0.0.1/32  Direct  0    0           D   127.0.0.1       InLoopBack0
127.255.255.255/32  Direct  0    0           D   127.0.0.1       InLoopBack0
     172.16.1.0/30  Direct  0    0           D   172.16.1.1      Serial4/0/0
     172.16.1.1/32  Direct  0    0           D   127.0.0.1       Serial4/0/0
     172.16.1.2/32  Direct  0    0           D   172.16.1.2      Serial4/0/0
     172.16.1.3/32  Direct  0    0           D   127.0.0.1       Serial4/0/0
     211.65.3.0/24  OSPF    10   49          D   172.16.1.2      Serial4/0/0
255.255.255.255/32  Direct  0    0           D   127.0.0.1       InLoopBack0

[Huawei]
[Huawei]
```

图 3-2-1 display ip routing-table 显示路由信息

通过上面的例子,可以看出每条路由条目由以下信息组成:

(1) 学习到该路由所使用的方法。学习方法可以是动态的或手工的。样例中的 Proto 给出了路由是何种协议。OSPF 表示该路由是通过 OSPF 路由协议学到。

(2) 逻辑目的地。可以是主类网络,也可以是主类网络的一个子网,甚至可以是单个主机地址,如倒数第二行中的 211.65.3.0。

(3) 路由度量值,它是度量一条路径总“开销”的一个尺度。这个度量标准会随所选择的协议不同而不同。如 RIP 路由用跳数作为衡量标准,跳数也就是沿途所经过的路由器的个数。OSPF默认用链路开销作为度量标准，但也可考虑可靠性、负载和最大传输单元。如果存在多条开销相同的路径，则可实现负载平衡。

(4) 去往目的地的下一跳路由器的地址。如倒数第二行中的172.16.1.2。

(5) 与去往目的地网络相关联的端口。是转发到下一跳中继设备时所要经过的端口。如倒数第二行中的Serial4/0/0。

另外，对于两种不同的路由协议到一个目的地的路由信息，路由器首先根据管理距离决定相信哪一个协议。管理距离是一种标识路由学习机制可信赖程序的一个尺度。它用于从多个路径中选择一条最佳路径。因此，仅当路由器存在一个以上到达目标网络的路径时才发挥作用。管理距离值越低，则它的优先级越高。一个管理距离是一个从0～255的整数值，0是最可信赖的，而255则意味着不会有业务量通过这个路由。如表3-2-1所示，是华为各种路由算法的缺省管理距离。

表3-2-1　各种协议的管理距离

路由来源	缺省管理距离
与路由器直接连接	0
静态路由	60
OSPF Internal	10
OSPF Inter-Area	10
OSPF External	150
RIP	100
EBGP	255
IBGP	255
BGP-Local	255

4. 路由决策原则

不同的路由算法，得到不同的路由信息时，遵从下列原则选取路由：

(1) 最长匹配

例如：10.1.1.1/8 和 10.1.1.1/16

选择目标网络为10.1.1.1/16的路由信息。

(2) 根据路由的管理距离(管理距离越小，路由越优先)

例如：S 10.1.1.1/8 和 R 10.1.1.1/8

选择静态路由S 10.1.1.1/8。

(3) 管理距离一样，就比较路由的度量值(metric)，越小越优先

例如：S 10.1.1.1/8 [1/20]和 S 10.1.1.1/8 [1/40]

选择 S 10.1.1.1/8 [1/20]。

三、实验环境及实验拓扑

(1) 两台PC；

(2) 两台AR2220路由器；

(3) V.35 电缆线一对；

实验拓扑如图 3-2-2 所示。

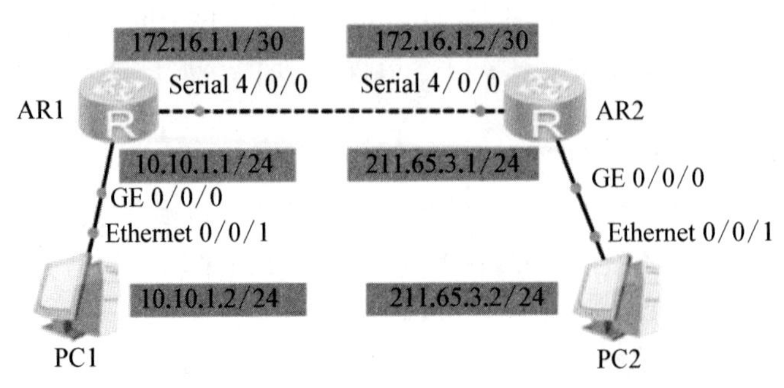

图 3-2-2 实验拓扑

四、实验内容

1. 按图 3-2-2 连接好相关设备

如果是 eNSP 软件，右击路由器图标，选择“设置”，为 AR1 和 AR2 都添加 2SA 模块。

2. 按图示配置好相关设备的 IP 地址

(1) 配置 AR1 的 IP 地址

```
[Huawei]sysname R1
[R1]int g0 /0 /0
[R1-GigabitEthernet0 /0 /0]ip address 10.10.1.1 255.255.255.0
Feb  5 2020 10:57:23-08:00 Huawei %%01IFNET /4 /LINK_STATE(l)[0]:The line protocol
 IP on the interface GigabitEthernet0 /0 /0 has entered the UP state.
[R1-Serial4 /0 /0]quit
[R1]
```

配置异步口的 IP 地址：

```
[R1-GigabitEthernet0 /0 /0]int s4 /0 /0
[R1-Serial4 /0 /0]ip address 172.16.1.1 255.255.255.252
```

(2) 配置 AR2 的 IP 地址

```
[Huawei]sysname R2
[R2]int GigabitEthernet 0 /0 /0
[R2-GigabitEthernet0 /0 /0]ip address 211.65.3.1 24
```

配置异步口的 IP 地址：

```
[R2-GigabitEthernet0 /0 /0]int s4 /0 /0
[R2-Serial4 /0 /0]ip address 172.16.1.2 30
```

3. 配置静态路由和默认路由并用相关命令查看

(1) 实验要求

在 R1 和 R2 上配置静态路由和默认路由，保证 PC1 和 PC2 的连通性。

（2）命令参考

静态路由和默认路由的配置方法：

静态路由的一般配置步骤：

第一步　为路由器每个接口配置 IP 地址。

第二步　确定本路由器有哪些直连网段的路由信息。

第三步　确定网络中有哪些属于本路由器的非直连网段。

第四步　添加本路由器的非直连网段相关的路由信息。

① 静态路由配置命令

ip route-static *network net-mask* {*ip-address* | *interface* [*ip-address*]}

该命令的 undo 形式删除静态路由命令。

例如：ip route-static 192.168.10.0 255.255.255.0　s4/0/0

ip route-static 192.168.10.0 255.255.255.0 172.16.2.1

静态路由描述转发路径的方式有两种。

如图 3-2-3 网络拓扑中，router A 到 172.16.1.0 网络的静态路由配置。

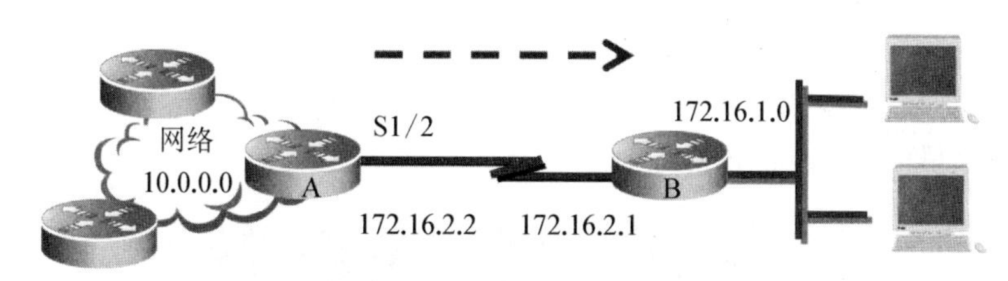

图 3-2-3　静态路由拓扑图

[Huawei]ip route-static 172.16.1.0 255.255.255.0 172.16.2.1

或者

[Huawei]ip route-static 172.16.1.0 255.255.255.0 serial 4/0/0

② 默认路由概述

默认路由可以看作是静态路由的一种特殊情况，当所有已知路由信息都查不到数据包如何转发时，按默认路由的信息进行转发。

ip route-static 0.0.0.0 0.0.0.0 {*ip-address* | *interface* [*ip-address*]}

0.0.0.0/0 可以匹配所有的 IP 地址，属于最不精确的匹配。

（3）配置参考

① AR1 静态路由配置

```
[R1]ip route-static 211.65.3.0 255.255.255.0 172.16.1.2
[R1]display ip routing-table
Route Flags: R - relay, D - download to fib
------------------------------------------------------------------------------
Routing Tables: Public
        Destinations : 12        Routes : 12
Destination/Mask    Proto  Pre  Cost      Flags NextHop         Interface
      10.10.1.0/24  Direct  0    0           D  10.10.1.1       GigabitEthernet
0/0/0
```

```
        10.10.1.1 /32Direct  00D 127.0.0.1GigabitEthernet
0 /0 /0
      10.10.1.255 /32Direct  00D 127.0.0.1GigabitEthernet
0 /0 /0
        127.0.0.0 /8Direct   00D 127.0.0.1InLoopBack0
        127.0.0.1 /32Direct  00D 127.0.0.1InLoopBack0
127.255.255.255 /32Direct  00D 127.0.0.1InLoopBack0
      172.16.1.0 /30Direct   00D 172.16.1.1Serial4 /0 /0
      172.16.1.1 /32Direct   00D 127.0.0.1Serial4 /0 /0
      172.16.1.2 /32Direct   00D 172.16.1.2Serial4 /0 /0
      172.16.1.3 /32Direct   00D 127.0.0.1Serial4 /0 /0
      211.65.3.0 /24Static  60RD 172.16.1.2Serial4 /0 /0
255.255.255.255 /32Direct  00D 127.0.0.1InLoopBack0
[R1]
```

② AR2 静态路由配置

< R2 > **display ip routing-table**

查看 AR2 的路由表,如图 3-2-4 所示。

初始路由条目的 Proto 值都为 Direct。

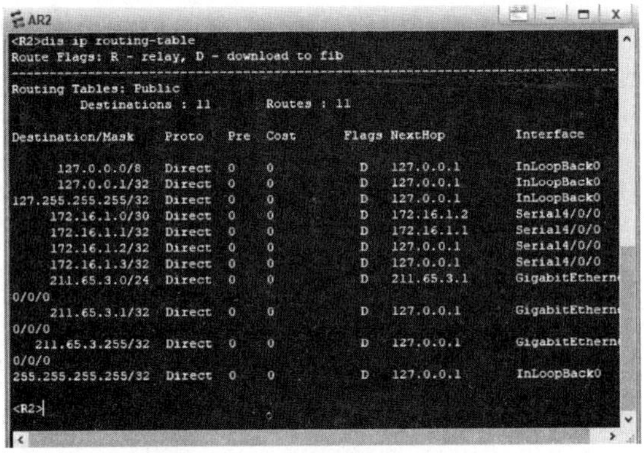

```
AR2
<R2>dis ip routing-table
Route Flags: R - relay, D - download to fib
------------------------------------------------------------------------------
Routing Tables: Public
         Destinations : 11       Routes : 11

Destination/Mask    Proto   Pre  Cost      Flags NextHop         Interface

      127.0.0.0/8   Direct  0    0           D   127.0.0.1       InLoopBack0
      127.0.0.1/32  Direct  0    0           D   127.0.0.1       InLoopBack0
127.255.255.255/32  Direct  0    0           D   127.0.0.1       InLoopBack0
     172.16.1.0/30  Direct  0    0           D   172.16.1.2      Serial4/0/0
     172.16.1.1/32  Direct  0    0           D   172.16.1.1      Serial4/0/0
     172.16.1.2/32  Direct  0    0           D   127.0.0.1       Serial4/0/0
     172.16.1.3/32  Direct  0    0           D   127.0.0.1       Serial4/0/0
     211.65.3.0/24  Direct  0    0           D   211.65.3.1      GigabitEthern
0/0/0
     211.65.3.1/32  Direct  0    0           D   127.0.0.1       GigabitEthern
0/0/0
   211.65.3.255/32  Direct  0    0           D   127.0.0.1       GigabitEthern
0/0/0
255.255.255.255/32  Direct  0    0           D   127.0.0.1       InLoopBack0

<R2>
```

图 3-2-4 AR2 路由信息表

配置到达 10.10.1.0 网段的静态路由。

```
[R2]ip route-static 10.10.1.0 255.255.255.0 172.16.1.1
< R2 > display ip routing-table
```

再次查看 R2 上的路由表,比较不同,会发现多了一条 Proto 值为 static 的路由条目。

③ 设置 PC1 的 IP 地址如图 3-2-5 所示,PC2 的 IP 地址如图 3-2-6 所示

注意 PC1 和 PC2 的网关设置为所连路由器的接口地址。

测试 PC1 和 PC2 能够连通,如图 3-2-7 所示。

④ R1 默认路由配置

```
[R1]undo ip route-static 211.65.3.0 255.255.255.0 172.16.1.2
[R1]ip route-static 0.0.0.0 0.0.0.0 172.16.1.2
```

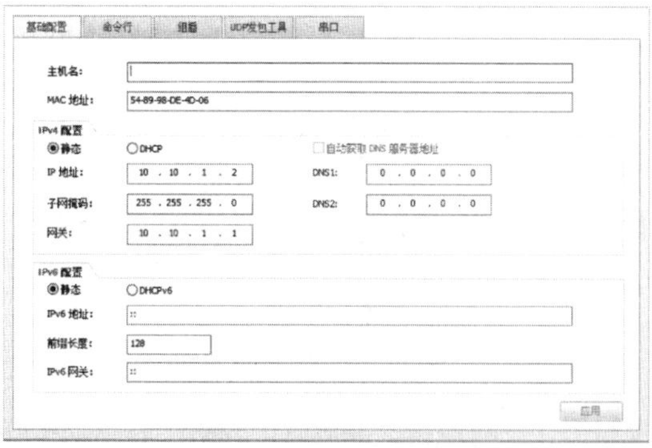

图 3-2-5 PC1 IP 设置

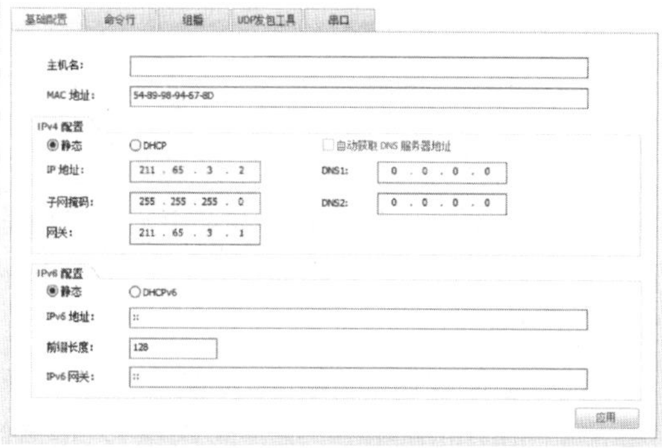

图 3-2-6 PC2 IP 设置

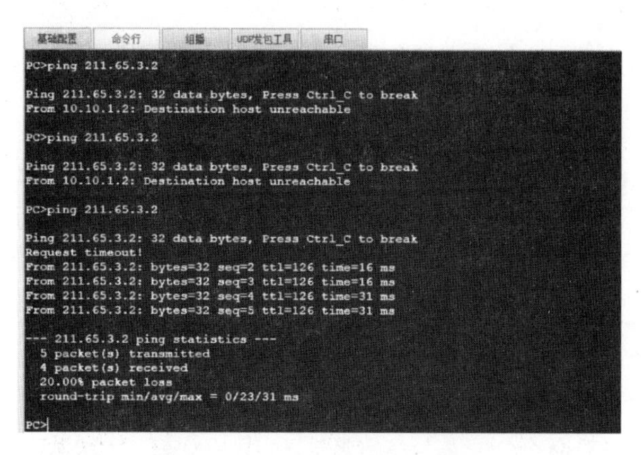

图 3-2-7 PC1 和 PC2 连通

⑤ R2 默认路由配置

```
[R2]undo ip route-static 10.10.1.0 255.255.255.0 172.16.1.1
[R2]ip route-static 0.0.0.0 0.0.0.0 172.16.1.1
[R2]display ip routing-table
```

AR2 的新的路由表如图 3-2-8 所示，新添的默认路由条目目标网络是 0.0.0.0/0，NextHop 是 172.16.1.1，pre 表示管理距离值为 60。

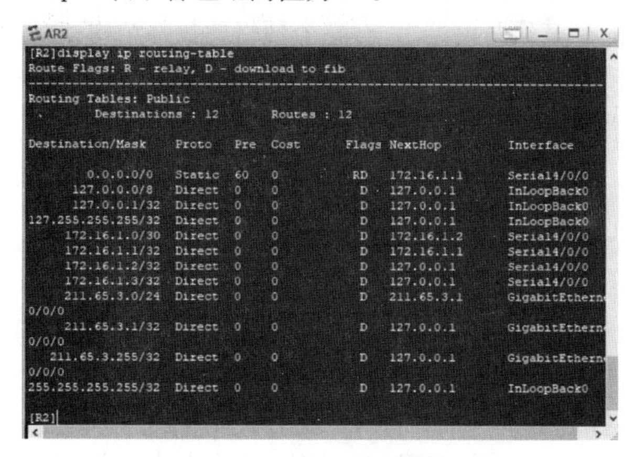

图 3-2-8 AR2 新的路由信息表

再次测试 PC1 到 PC2 的连通性。此时 PC1 和 PC2 能够 ping 通。

五、实验注意事项

(1) 配置时，设备取名要有意义，便于区别。

(2) 实验时根据拓扑图进行连线，然后先配好 IP 地址，声明直连网段的信息。在背对背连接中使用 30 位子网掩码，以节省 IP 地址。如本例中的 172.16.1.2/30，掩码应为 255.255.255.252。

(3) 思科和锐捷路由器要查看确定 DCE 和 DTE 端，DCE 要配时钟，华为预配了时钟。

(4) ip route-static 配置时网络号(或者 IP 地址)与子网掩码之间要有空格。

六、拓展训练

搭建包含三个路由器、四个网络的拓扑结构，规划好 IP 地址，通过配置静态路由使得全网连通。

实验 3.3 RIP 路由协议配置

一、实验目的

(1) 掌握 RIP 路由的工作原理；

(2) 掌握 RIP 路由的配置方法；

(3) 掌握路由的查看命令。

二、背景知识

1. 常用动态路由协议

动态路由协议主要有距离向量路由和链路状态路由。

(1) 距离向量路由：周期性地把整个路由表拷贝到相邻路由器；从网络邻居得到网络拓扑结构；容易配置和管理，但耗费带宽大；收敛速度慢，易形成环路。常见距离向量路由有 RIPv1、RIPv2、IGRP。

(2) 链路状态路由：通常使用最短路径优先算法；采用事件触发更新；只把链路状态路由选择的更新信息传送到其他路由器上；有整个网络的拓扑结构；收敛速度快，不易形成环路；配置较难；需要更多的内存和处理能力。为了减少扩散所带来的不利影响，可以进行区域的划分，使扩散只限制在同一区域内。常见的链路状态路由有 OSPF、EIGRP 等。

2. RIP 路由协议

RIP 路由协议有如下特征：

(1) 它是一种距离向量路由协议。

(2) 在路径选择中采用跳数作为度量标准，即所经过的路由器的个数。

(3) 最大允许的跳数为 15。当跳数超过 15 时，则认为数据包不可达。

(4) 路由选择更新信息以整个路由表的形式默认每 30 秒广播一次。

(5) RIP 最多可以在 6 条等开销的路径上进行负载平衡。

RIP 有两种版本，即 RIP - 1 和 RIP - 2。RIP - 1 要求使用主类网络号，即只能使用默认的A、B、C类网的默认子网掩码，RIP－1不支持触发更新；RIP－2允许使用变长的子网掩码，也支持触发更新。

RIP－1是有类路由协议，有类路由协议在同一个主类网络里能够区分Subnet是因为：

◆ 如果路由更新信息是关于在接收Interface上所配置的同一主类网络的，那么路由器将采用配置在本地Interface上的Subnet Mask。

◆ 如果路由更新信息是关于在接收Interface上所配置的不同主类网络的，那么路由器将根据其所属地址类别采用缺省的Subnet Mask。

RIP－2是无类路由协议(Classless routing)，无类路由协议在进行路由信息传递时，包含子网掩码信息，支持VLSM(变长子网掩码)，无类路由协议包括RIPv2、OSPF、IS－IS、BGP。

三、实验环境及实验拓扑

(1) PC两台；

(2) AR2220路由器两台；

(3) V.35电缆线一对；

实验拓扑如图3－3－1所示。

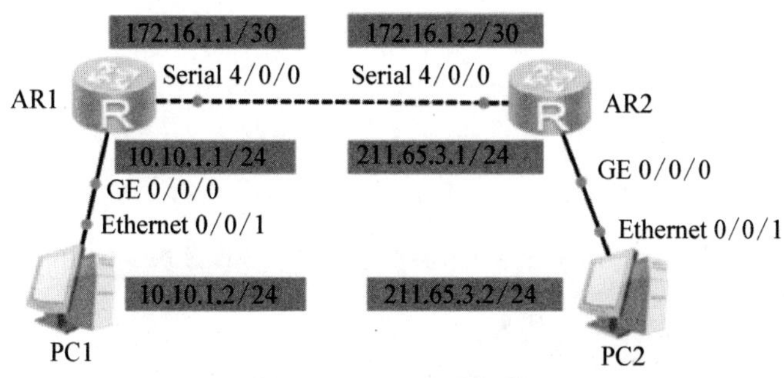

图3－3－1 实验拓扑

四、实验内容

1. 按图示连接好相关设备

和实验3.2相同。

2. 按图示配置好相关设备的IP地址

和实验3.2相同。

3. 配置RIP路由并用相关命令查看和调试

(1) 实验要求

在AR1和AR2上分别依次配置RIP－1和RIP－2，测试PC1和PC2的连通性。

(2) 命令参考

RIP－1配置方法：

① 启动rip路由协议；

rip进程号，默认为1。

② 宣告直接相连的主类网；

network *network*

RIP－2配置方法：

① 启动 rip 路由协议

rip 进程号,默认为 1。

② 宣告直接相连的主类网

network *network*

③ 指定 RIP 协议的版本 2(默认是 version1)

version　2

(3) 配置参考

① 在 AR1 配置 RIP－1 路由:

```
[Huawei]sysname R1
[R1]rip 1
[R1-rip-1]network 10.0.0.0
[R1-rip-1]network 172.16.0.0
```

② 在 AR2 配置 RIP－1 路由:

```
[Huawei]sysname R2
[R2]rip 1
[R2-rip-1]network 172.16.0.0
[R2-rip-1]network 211.65.3.0
```

③ 查看 AR1 路由表(如图 3－3－2 所示),AR2 的路由表(如图 3－3－3 所示),AR2 的第一条 Proto 值为 RIP 的路由条目的目的网络号为 10.0.0.0/8。

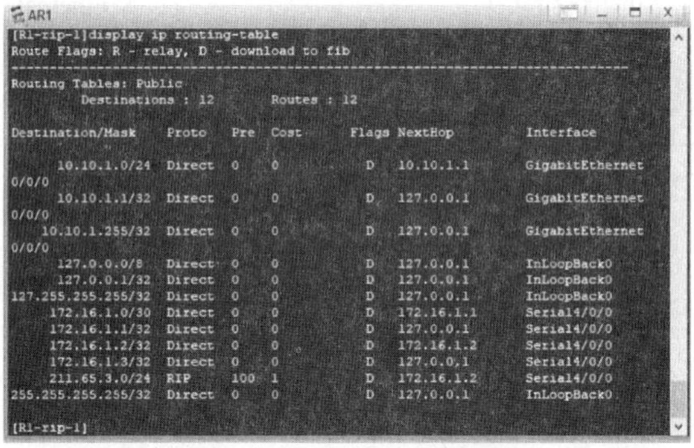

```
AR1
[R1-rip-1]display ip routing-table
Route Flags: R - relay, D - download to fib
------------------------------------------------------------------------------
Routing Tables: Public
         Destinations : 12       Routes : 12

Destination/Mask    Proto   Pre  Cost      Flags NextHop         Interface

      10.10.1.0/24  Direct  0    0           D   10.10.1.1       GigabitEthernet
0/0/0
      10.10.1.1/32  Direct  0    0           D   127.0.0.1       GigabitEthernet
0/0/0
    10.10.1.255/32  Direct  0    0           D   127.0.0.1       GigabitEthernet
0/0/0
      127.0.0.0/8   Direct  0    0           D   127.0.0.1       InLoopBack0
      127.0.0.1/32  Direct  0    0           D   127.0.0.1       InLoopBack0
127.255.255.255/32  Direct  0    0           D   127.0.0.1       InLoopBack0
     172.16.1.0/30  Direct  0    0           D   172.16.1.1      Serial4/0/0
     172.16.1.1/32  Direct  0    0           D   127.0.0.1       Serial4/0/0
     172.16.1.2/32  Direct  0    0           D   172.16.1.2      Serial4/0/0
     172.16.1.3/32  Direct  0    0           D   127.0.0.1       Serial4/0/0
     211.65.3.0/24  RIP     100  1           D   172.16.1.2      Serial4/0/0
255.255.255.255/32  Direct  0    0           D   127.0.0.1       InLoopBack0

[R1-rip-1]
```

图 3－3－2　AR1 路由表

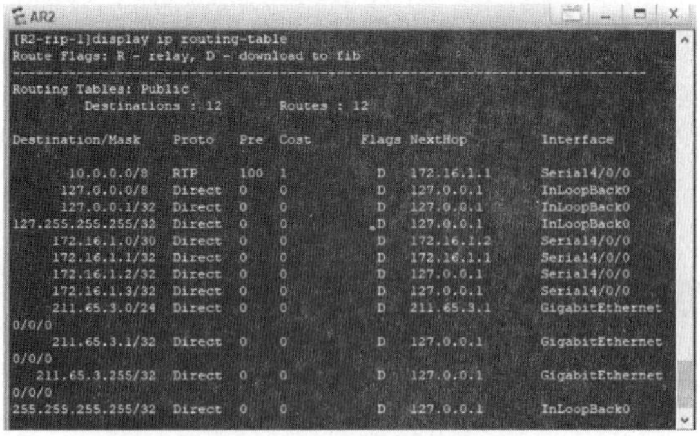

```
AR2
[R2-rip-1]display ip routing-table
Route Flags: R - relay, D - download to fib
------------------------------------------------------------------------------
Routing Tables: Public
         Destinations : 12       Routes : 12

Destination/Mask    Proto   Pre  Cost      Flags NextHop         Interface

       10.0.0.0/8   RIP     100  1           D   172.16.1.1      Serial4/0/0
      127.0.0.0/8   Direct  0    0           D   127.0.0.1       InLoopBack0
      127.0.0.1/32  Direct  0    0           D   127.0.0.1       InLoopBack0
127.255.255.255/32  Direct  0    0           D   127.0.0.1       InLoopBack0
     172.16.1.0/30  Direct  0    0           D   172.16.1.2      Serial4/0/0
     172.16.1.1/32  Direct  0    0           D   172.16.1.1      Serial4/0/0
     172.16.1.2/32  Direct  0    0           D   127.0.0.1       Serial4/0/0
     172.16.1.3/32  Direct  0    0           D   127.0.0.1       Serial4/0/0
     211.65.3.0/24  Direct  0    0           D   211.65.3.1      GigabitEthernet
0/0/0
     211.65.3.1/32  Direct  0    0           D   127.0.0.1       GigabitEthernet
0/0/0
   211.65.3.255/32  Direct  0    0           D   127.0.0.1       GigabitEthernet
0/0/0
255.255.255.255/32  Direct  0    0           D   127.0.0.1       InLoopBack0
```

图 3－3－3　AR2 路由表

(4) 测试 PC1 到 PC2 的连通性

如图 3 - 3 - 4 所示,PC1 和 PC2 连通。

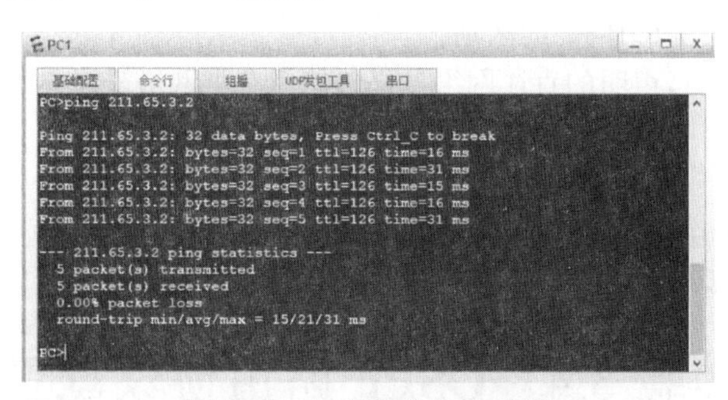

图 3 - 3 - 4　PC1 和 PC2 连通

(5) RIP - 2 配置

① 取消 AR1 和 AR2 的 RIP - 1 的配置,注意确定删除时,输入“y”。

```
[R1]undo rip 1
Warning: The RIP process will be deleted. Continue?[Y/N]y
[R2]undo rip 1
Warning: The RIP process will be deleted. Continue?[Y/N]y
```

② RIP - 2 配置,注意 network 声明的网络号仍然是默认网络号。

```
[R1]rip 1
[R1-rip-1]version 2
[R1-rip-1]network 10.0.0.0
[R1-rip-1]network 172.16.0.0
[R2]rip 1
[R2-rip-1]version 2
[R2-rip-1]network 172.16.0.0
[R2-rip-1]network 211.65.3.0
```

③ 查看 AR2 的路由表,如图 3 - 3 - 5 所示。

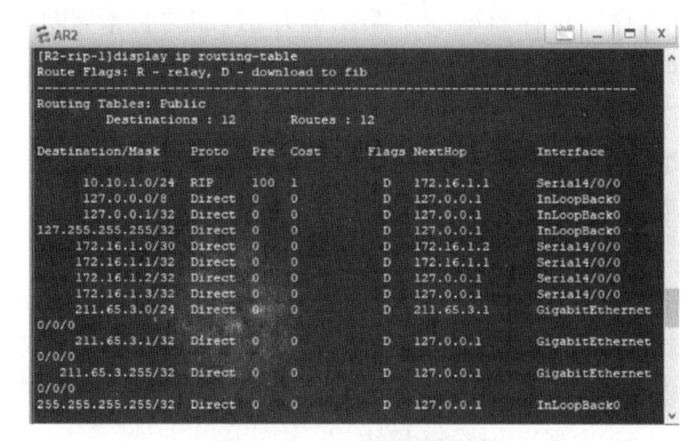

图 3 - 3 - 5　AR2 路由表

RIP - 2 是无类路由,AR2 第一条路由条目目标网络号为 10.10.1.0/24。

五、实验注意事项

(1) 注意 RIP-1 和 RIP-2 的区别。

(2) RIP-2 配置时,声明的直连网络号仍然使用有类网络号。

六、拓展训练

(1) 掌握 RIP 路由表的形成过程。

(2) 掌握路由环路的形成机制和解决方法。

实验 3.4 OSPF 路由协议配置

一、实验目的

(1) 掌握 OSPF 路由的工作原理;

(2) 掌握 OSPF 路由的配置方法;

(3) 掌握路由的查看命令。

二、背景知识

1. OSPF 路由协议特征

(1) OSPF 是一种基于链路状态的路由协议,需要每个路由器向其同一管理域的所有其他路由器发送链路状态广播信息。在 OSPF 的链路状态广播中,包括所有端口信息、所有的量度和其他一些变量。利用 OSPF 的路由器首先必须收集有关的链路状态信息,并根据一定的算法计算出到每个节点的最短路径。

(2) 属于内部网关协议(IGP),使用"最短路径优先算法",也称 Dijkstra 算法。

(3) 是一个开放的协议,适用于大型网络。OSPF 可以解决 RIP 不能解决的大型、可扩展的网络的问题。

(4) 可以建立具有分层结构的网络。OSPF 将一个自治域再划分为区,相应地即有两种类型的路由选择方式。当源和目的地在同一区时,采用区内路由选择;当源和目的地在不同区时,则采用区间路由选择。这样就减少了路由的开销,加速会聚,也增加了网络的可靠性。

目前共有三个版本:

OSPFv1:测试版本,仅在实验平台使用。

OSPFv2:发行版本,目前使用的都是这个版本。

OSPFv3:测试版本,提供对 IPv6 的路由支持。

2. OSPF 基本概念 Router ID

一个 32 bit 的无符号整数,是一台路由器的唯一标识,在整个自治系统内唯一。

路由器首先选取其所有的 Loopback 接口上数值最高的 IP 地址,如果路由器没有配置 IP 地址的 Loopback 接口,那么路由器将选取其所有的物理接口上数值最高的 IP 地址。用作路由器 ID 的接口不一定非要运行 OSPF 协议。

3. OSPF 运行过程

(1) 每个运行 OSPF 的路由器发送 HELLO 报文到所有启用 OSPF 的接口。如果在共享链路上两个路由器发送的 HELLO 报文内容一致，那么这两个路由器将形成邻居关系。

（2）从这些邻居关系中，部分路由器形成邻接关系。邻接关系的建立由 OSPF 路由器交换 HELLO 报文和网络类型来决定。

（3）形成邻接关系的每个路由器都宣告自己的所有链路状态。

（4）每个路由器都接受邻居发送过来的 LSA，记录在自己的链路数据库中，并将链路数据库的一份拷贝发送给其他的邻居。

（5）通过在一个区域中泛洪，使得给区域中的所有路由器同步自己数据库。

（6）当数据库同步之后，OSPF 通过 SPF 算法，计算到目的地的最短路径，并形成一个以自己为根的无自环的最短路径树。

（7）每个路由器根据这个最短路径树建立自己的路由转发表。

三、实验环境及实验拓扑

（1）PC 两台；

（2）AR2220 路由器两台；

（3）V.35 电缆线一对；

实验拓扑如图 3-4-1 所示。

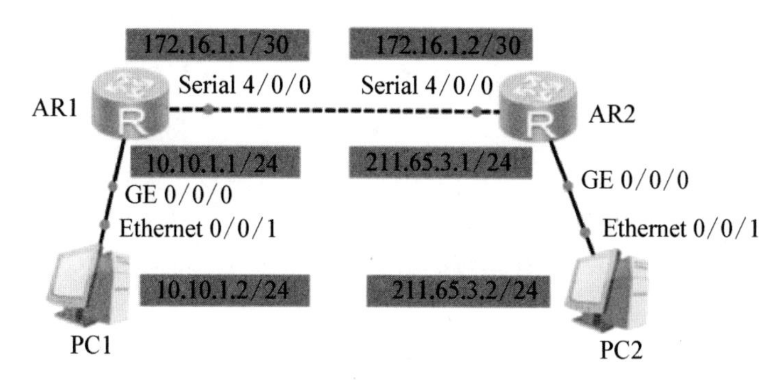

图 3-4-1 实验拓扑

四、实验内容

1. 按图 3-4-1 所示连接好相关设备

和实验 3.2 相同。

2. 按图示配置好相关设备的 IP 地址

AR1 的设置：

```
[R1]int g0/0/0
[R1-GigabitEthernet0/0/0]ip add 10.10.1.1 24
Feb  5 2020 16:49:56-08:00 Huawei %%01IFNET/4/LINK_STATE(l)[0]:The line protocol
 IP on the interface GigabitEthernet0/0/0 has entered the UP state.
[R1-GigabitEthernet0/0/0]int s4/0/0
[R1-Serial4/0/0]ip add 172.16.1.1 30
```

```
[R1-Serial4/0/0]
Feb  5 2020 16:51:00-08:00 Huawei %%01IFNET/4/LINK_STATE(l)[1]:The line protocol
PPP IPCP on the interface Serial4/0/0 has entered the UP state.
[R1-Serial4/0/0]quit
```

AR2 的设置：

```
[R2]int g0/0/0
[R2-GigabitEthernet0/0/0]ip add 211.65.3.1 24
Feb  5 2020 16:50:43-08:00 Huawei %%01IFNET/4/LINK_STATE(l)[0]:The line protocol
 IP on the interface GigabitEthernet0/0/0 has entered the UP state.
[R2-GigabitEthernet0/0/0]int s4/0/0
[R2-Serial4/0/0]ip add 172.16.1.2 30
[R2-Serial4/0/0]
```

3. 配置单区域 OSPF 并用相关命令查看和调试

(1) 实验要求

在 AR1 和 AR2 上配置 OSPF 路由协议，保证 PC1 到 PC2 的连通性。

(2) 命令参考

① 启动 OSPF 路由协议

ospf *PID* // PID 为进程标识，因为允许一台路由器运行多个 OSPF 进程。

② 声明区域号

area 区域号

③ 宣告直接相连的网络

network *ip-address wildcard*

// ip-address 无类网络号，wildcard 反向掩码。

④ 查看路由表

display ip routing-table

display ospf interface //显示 OSPF 接口信息。

(3) 配置参考

① AR1 的配置：

```
[R1]ospf 1
[R1-ospf-1]area 0
[R1-ospf-1-area-0.0.0.0]network 172.16.1.0 0.0.0.3
[R1-ospf-1-area-0.0.0.0]network 10.10.1.0 0.0.0.255
```

② AR2 的配置：

```
[R2]ospf 1
[R2-ospf-1]area 0
[R2-ospf-1-area-0.0.0.0]network 172.16.1.0 0.0.0.3
[R2-ospf-1-area-0.0.0.0]network 211.65.3.0 0.0.0.255
[R2-ospf-1-area-0.0.0.0]quit
```

③ 查看 AR1 的路由表,如图 3-4-2 所示;AR1 接口信息如图 3-4-3 所示。

```
AR1
[R1]display ip routing-table
Route Flags: R - relay, D - download to fib
------------------------------------------------------------------------------
Routing Tables: Public
         Destinations : 12       Routes : 12

Destination/Mask    Proto   Pre  Cost      Flags NextHop         Interface

      10.10.1.0/24  Direct  0    0           D   10.10.1.1       GigabitEthern
0/0/0
      10.10.1.1/32  Direct  0    0           D   127.0.0.1       GigabitEthern
0/0/0
    10.10.1.255/32  Direct  0    0           D   127.0.0.1       GigabitEthern
0/0/0
      127.0.0.0/8   Direct  0    0           D   127.0.0.1       InLoopBack0
      127.0.0.1/32  Direct  0    0           D   127.0.0.1       InLoopBack0
127.255.255.255/32  Direct  0    0           D   127.0.0.1       InLoopBack0
     172.16.1.0/30  Direct  0    0           D   172.16.1.1      Serial4/0/0
     172.16.1.1/32  Direct  0    0           D   127.0.0.1       Serial4/0/0
     172.16.1.2/32  Direct  0    0           D   172.16.1.2      Serial4/0/0
     172.16.1.3/32  Direct  0    0           D   127.0.0.1       Serial4/0/0
     211.65.3.0/24  OSPF    10   49          D   172.16.1.2      Serial4/0/0
255.255.255.255/32  Direct  0    0           D   127.0.0.1       InLoopBack0
```

图 3-4-2　AR1 路由表

```
[R1]display ospf interface

         OSPF Process 1 with Router ID 10.10.1.1
                 Interfaces

 Area: 0.0.0.0           (MPLS TE not enabled)
 IP Address      Type         State    Cost    Pri   DR              BDR
 10.10.1.1       Broadcast    DR       1       1     10.10.1.1       0.0.0.0
 172.16.1.1      P2P          P-2-P    48      1     0.0.0.0         0.0.0.0
```

图 3-4-3　AR1 接口信息

4. 测试 PC1 到 PC2 的连通性(如图 3-4-4 所示)

```
PC>ping 211.65.3.2

Ping 211.65.3.2: 32 data bytes, Press Ctrl_C to break
Request timeout!
From 211.65.3.2: bytes=32 seq=2 ttl=126 time=16 ms
From 211.65.3.2: bytes=32 seq=3 ttl=126 time=15 ms
From 211.65.3.2: bytes=32 seq=4 ttl=126 time=32 ms
From 211.65.3.2: bytes=32 seq=5 ttl=126 time=15 ms

--- 211.65.3.2 ping statistics ---
  5 packet(s) transmitted
  4 packet(s) received
  20.00% packet loss
  round-trip min/avg/max = 0/19/32 ms
```

图 3-4-4　PC1 和 PC2 连通

5. 如果需要删除 OSPF 路由协议,可利用 undo 命令

```
[Huawei]undo ospf 1
Warning: The OSPF process will be deleted. Continue? [Y/N]:y
[Huawei]
```

五、实验注意事项

(1) 注意反向掩码的使用。

(2) 华为 OSPF 配置时,区域号单独一条命令,要在 network 命令之前,思科 network 和 area 在一条命令执行。

六、拓展训练

探索 OSPF 中 DR(Designated Router,指定路由器)和 BDR(Backup Designated Router,备份指定路由器)选举。DR 和 BDR 是由同一网段中所有的路由器根据路由器优先

级、Router ID 通过 HELLO 报文选举出来的，只有优先级大于 0 的路由器才具有选取资格。进行 DR/BDR 选举时每台路由器将自己选出的 DR 写入 HELLO 报文中，发给网段上的每台运行 OSPF 协议的路由器。当处于同一网段的两台路由器同时宣布自己是 DR 时，路由器优先级高者胜出。如果优先级相等，则 Router ID 大者胜出。如果一台路由器的优先级为 0，则它不会被选举为 DR 或 BDR。

需要注意的是，只有在广播或 NBMA 类型接口才会选举 DR，在点到点或点到多点类型的接口上不需要选举 DR。

DR 是某个网段中的概念，是针对路由器的接口而言的。某台路由器在一个接口上可能是 DR，在另一个接口上有可能是 BDR，或者是 DR Other。实验拓扑如图 3-4-5 所示。

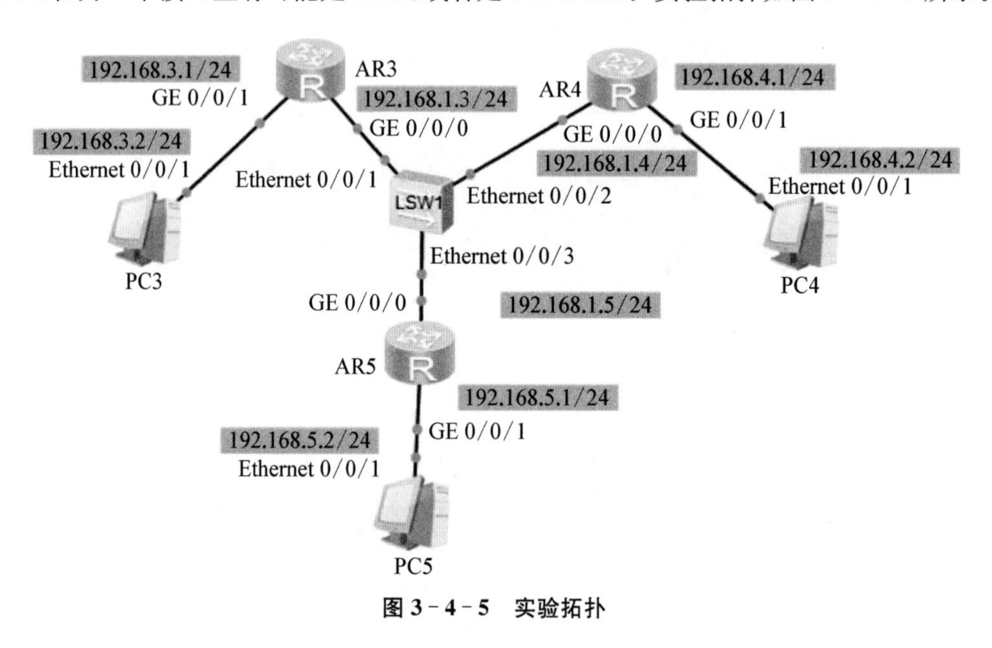

图 3-4-5 实验拓扑

(1) 实验要求

根据图 3-4-5 所示实验拓扑，连接设备并配置设备参数，在 AR3、AR4 和 AR5 上配置 OSPF 路由协议，保证 PC 之间的连通性。

(2) 配置参考

AR3 配置：

```
interface GigabitEthernet0/0/0
ip address 192.168.1.3 255.255.255.0
#
interface GigabitEthernet0/0/1
ip address 192.168.3.1 255.255.255.0
#
interface GigabitEthernet0/0/2
#
interface NULL0
#
```

```
ospf 1
area 0.0.0.0
network 192.168.1.0 0.0.0.255
network 192.168.3.0 0.0.0.255
#
```

AR4 配置：

```
#
interface GigabitEthernet0/0/0
ip address 192.168.1.4 255.255.255.0
#
interface GigabitEthernet0/0/1
ip address 192.168.4.1 255.255.255.0
#
interface GigabitEthernet0/0/2
#
interface NULL0
#
ospf 1
area 0.0.0.0
network 192.168.1.0 0.0.0.255
network 192.168.4.0 0.0.0.255
#
```

AR5 配置：

```
#
interface GigabitEthernet0/0/0
ip address 192.168.1.5 255.255.255.0
#
interface GigabitEthernet0/0/1
ip address 192.168.5.1 255.255.255.0
#
interface GigabitEthernet0/0/2
#
interface NULL0
#
ospf 1
area 0.0.0.0
network 192.168.1.0 0.0.0.255
network 192.168.5.0 0.0.0.255
#
```

第一次同时启动设备，如图 3-4-6、图 3-4-7 和图 3-4-8 所示，AR5 的 IP 地址为 192.168.1.5的端口为 DR，AR4 IP 地址为 192.168.1.4 的端口为 BDR。

```
AR3
[Huawei]dis ospf interface

        OSPF Process 1 with Router ID 192.168.1.3
                Interfaces

 Area: 0.0.0.0          (MPLS TE not enabled)
 IP Address      Type         State    Cost    Pri   DR              BDR
 192.168.1.3     Broadcast    DROther  1       1     192.168.1.5     192.168.1.4
 192.168.3.1     Broadcast    DR       1       1     192.168.3.1     0.0.0.0
```

图 3-4-6　AR3 端口信息

```
AR4
<Huawei>display ospf interface

        OSPF Process 1 with Router ID 192.168.1.4
                Interfaces

 Area: 0.0.0.0          (MPLS TE not enabled)
 IP Address      Type         State    Cost    Pri   DR              BDR
 192.168.1.4     Broadcast    BDR      1       1     192.168.1.5     192.168.1.4
 192.168.4.1     Broadcast    DR       1       1     192.168.4.1     0.0.0.0
```

图 3-4-7　AR4 端口信息

```
AR5
[Huawei]display ospf interface

        OSPF Process 1 with Router ID 192.168.1.5
                Interfaces

 Area: 0.0.0.0          (MPLS TE not enabled)
 IP Address      Type         State    Cost    Pri   DR              BDR
 192.168.1.5     Broadcast    DR       1       1     192.168.1.5     192.168.1.4
 192.168.5.1     Broadcast    DR       1       1     192.168.5.1     0.0.0.0
```

图 3-4-8　AR5 端口信息

关闭所有设备，然后再次启动设备时，先启动其余设备，最后再启动 AR5，然后在三台路由器上执行 display ospf interface 命令，如图 3-4-9、图 3-4-10 和图 3-4-11 所示，AR4 的 IP 地址为 192.168.1.4 的端口为 DR，AR3 的 IP 地址为 192.168.1.3 的端口为 BDR。

```
AR3
<Huawei>sys
Enter system view, return user view with Ctrl+Z.
[Huawei]display ospf interface

        OSPF Process 1 with Router ID 192.168.1.3
                Interfaces

 Area: 0.0.0.0          (MPLS TE not enabled)
 IP Address      Type         State    Cost    Pri   DR              BDR
 192.168.1.3     Broadcast    BDR      1       1     192.168.1.4     192.168.1.3
 192.168.3.1     Broadcast    DR       1       1     192.168.3.1     0.0.0.0
```

图 3-4-9　AR3 端口信息

```
AR4
Enter system view, return user view with Ctrl+Z.
[Huawei]display ospf interface

        OSPF Process 1 with Router ID 192.168.1.4
                Interfaces

 Area: 0.0.0.0          (MPLS TE not enabled)
 IP Address      Type         State    Cost    Pri   DR              BDR
 192.168.1.4     Broadcast    DR       1       1     192.168.1.4     192.168.1.3
 192.168.4.1     Broadcast    DR       1       1     192.168.4.1     0.0.0.0
```

图 3-4-10　AR4 端口信息

```
AR5
<Huawei>sys
Enter system view, return user view with Ctrl+Z.
[Huawei]display ospf interface

        OSPF Process 1 with Router ID 192.168.1.5
                Interfaces

 Area: 0.0.0.0          (MPLS TE not enabled)
 IP Address      Type         State    Cost    Pri   DR              BDR
 192.168.1.5     Broadcast    DROther  1       1     192.168.1.4     192.168.1.3
 192.168.5.1     Broadcast    DR       1       1     192.168.5.1     0.0.0.0
```

图 3-4-11　AR5 端口信息

路由器的优先级可以影响选取过程，但是当 DR/BDR 已经选取完毕，就算一台具有更高优先级的路由器变为有效，也不会替换该网段中已经选取的 DR/BDR 成为新的 DR/BDR。DR 并不一定就是路由器优先级最高的路由器接口；同理，BDR 也并不一定就是路由器优先级次高的路由器接口。

实验 3.5 BGP 路由协议配置

一、实验目的

(1) 理解 BGP 路由通告与学习过程；
(2) 掌握 BGP 路由的配置方法；
(3) 掌握路由的查看命令。

二、背景知识

1. BGP 概念

BGP(Border Gateway Protocol,边界网关协议)是一种不同自治系统的路由器之间进行通信的外部网关协议(Exterior Gateway Protocol,EGP),其主要功能是在不同的自治系统(Autonomous Systems,AS)之间交换网络可达信息,并通过协议自身机制来消除路由环路。BGP 使用 TCP 协议作为传输协议,通过 TCP 协议的可靠传输机制保证 BGP 的传输可靠性。运行 BGP 协议的 Router 称为 BGP Speaker,建立了 BGP 会话连接(BGP Session)的 BGP Speakers 之间被称作对等体(BGP Peers)。

2. BGP Speaker 对等体

BGP Speaker 之间建立对等体的模式有两种：IBGP(Internal BGP,内部 BGP)和 EBGP(External BGP,外部 BGP)。IBGP 是指在相同 AS 内建立的 BGP 连接,EBGP 是指在不同 AS 之间建立的 BGP 连接。二者的作用简而言之就是:EBGP 是完成不同 AS 之间路由信息的交换,IBGP 是完成路由信息在本 AS 内的过渡。

3. 通告 BGP 路由的方法

BGP 路由通过 BGP 命令通告而成,而通告 BGP 路由的方法有两种:Network 和 Import。

(1) Network 方式：

使用 Network 命令可以将当前设备路由表中的路由(非 BGP)发布到 BGP 路由表中并通告给邻居,和 OSPF 中使用 network 命令的方式大同小异,只不过在 BGP 宣告时,只需要宣告网段+掩码数即可,例如,network 12.12.0.0 16。

(2) Import 方式：

使用 Import 命令可以将该路由器学到的路由信息重分发到 BGP 路由表中,是 BGP 宣告路由的一种方式,可以引入 BGP 的路由包括:直连路由、静态路由及动态路由协议学到的路由。其命令格式与在 RIP 中重分发 OSPF 差不多。

4. 主要命令

(1) [Huawei]bgp *as-number*

该命令的作用是打开 BGP,配置本 AS 号,进入 BGP 配置模式,AS-number 的范围为(1～65535),其中 64512～65535 是私有的,中国的 AS 号为 41346。

在系统视图下使用 undo bgp 命令来关闭 BGP。

(2) [Huawei-bgp] router-id *router-id*

配置本路由器运行 BGP 协议时使用的 ID。

(3) peer *ip-address* as-number *as-number*

配置 BGP 的邻居使用命令 peer *ip-address* as-number *as-number*，该命令配置 BGP 对等体(组)。使用该命令的 undo 选项删除配置的对等体(组)。其中 ip-address 指定对等体的地址；as-number BGP 对等体(组)自治系统号，范围是 1～65 535，如 peer 23.23.23.1 as-number 65530

(4) import-route direct

该命令配置 BGP 引入直连路由。

(5) display bgp peer

查看 BGP 对等体连接状态。

(6) display bgp network

显示 BGP 通过 network 命令发布的路由信息。

(7) display bgp routing-table

查看 BGP 路由表。

三、实验环境及实验拓扑

(1) 四台 AR2220 路由器；

(2) 两台 PC；

实验拓扑如图 3-5-1 所示。

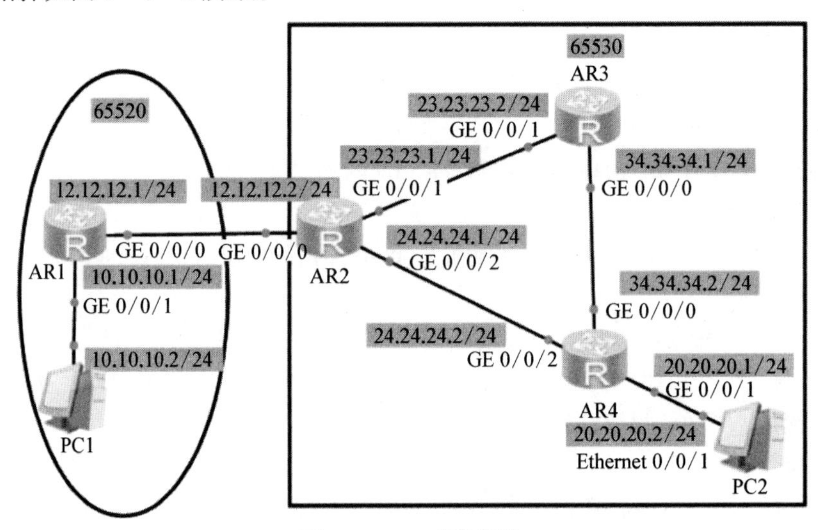

图 3-5-1 实验拓扑

四、实验内容

1. 实验分析

本拓扑包含两个自治系统(AS)：AS 65520 和 AS 65530。

AS 65520 里含有路由器 AR1，连接网络 10.10.10.0 和 12.12.12.0。

AS 65530 里含有路由器 AR2、AR3 和 AR4。

AR1 与 AR2 建立 EBGP 邻居关系，另外 AR2 与 AR3 和 AR4 建立 IBGP 邻居关系。

PC1 与 AR1 的 GE0/0/1 接口连接，PC2 与 AR4 的 GE0/0/1 接口相连。

2. 配置参考

AR1 的 IP 地址：

```
[Huawei]sysname R1
[R1]interface g0/0/0
[R1-GigabitEthernet0/0/0]ip address 12.12.12.1 24
[R1-GigabitEthernet0/0/0]interface g0/0/1
[R1-GigabitEthernet0/0/1]ip address 10.10.10.1 24
```

AR2 的 IP 地址：

```
[Huawei]sysname R2
[R2]int g0/0/0
[R2-GigabitEthernet0/0/0]ip address 12.12.12.2 24
[R2-GigabitEthernet0/0/0]int g0/0/1
[R2-GigabitEthernet0/0/1]ip add 23.23.23.1 24
[R2-GigabitEthernet0/0/1]int g0/0/2
[R2-GigabitEthernet0/0/2]ip add 24.24.24.1 24
```

AR3 的 IP 设置：

```
<Huawei>system
Enter system view, return user view with Ctrl+Z.
[Huawei]sysname R3
[R3]int g0/0/1
[R3-GigabitEthernet0/0/1]ip address 23.23.23.2 24
[R3-GigabitEthernet0/0/1]int g0/0/0
[R3-GigabitEthernet0/0/0]ip address 34.34.34.1 24
```

AR4 的 IP 设置：

```
[Huawei]sysname R4
[R4]int g0/0/0
[R4-GigabitEthernet0/0/0]ip add 34.34.34.2 24
[R4-GigabitEthernet0/0/0]int g0/0/2
[R4-GigabitEthernet0/0/2]ip add 24.24.24.2 24
[R4-GigabitEthernet0/0/2]int g0/0/1
[R4-GigabitEthernet0/0/1]ip add 20.20.20.1 24
```

AR1 的 EBGP 设置及引入直连路由：

```
[R1]bgp 65520
[R1-bgp]router-id 1.1.1.1
[R1-bgp]peer 12.12.12.2 as-number 65530
[R1-bgp]import-route direct
[R1-bgp]
```

AR2 的 EBGP 设置及引入直连路由：

```
[R2]bgp 65530
[R2-bgp]router-id 2.2.2.2
[R2-bgp]peer 12.12.12.1 as-number 65520
[R2-bgp]import-route direct
[R2-bgp]
```

AR2 的 IBGP 设置：

```
[R2-bgp]bgp 65530
[R2-bgp]peer 24.24.24.2 as-number 65530
[R2-bgp]peer 23.23.23.2 as-number 65530
```

AR3 的 IBGP 设置及引入直连路由：

```
[R3-bgp]router-id 3.3.3.3
[R3-bgp]peer 23.23.23.1 as-number 65530
[R3-bgp]peer 34.34.34.2 as-number 65530
[R3-bgp] import-route direct
```

AR4 的 IBGP 设置及引入直连路由：

```
[R4]bgp 65530
[R4-bgp]router-id 4.4.4.4
[R4-bgp]peer 24.24.24.1 as-number 65530
[R4-bgp]peer 34.34.34.1 as-number 65530
[R4-bgp] import-route direct
```

3. 测试验证

(1) 查看 bgp 对等体连接状态

```
<R1>display bgp peer
BGP local router ID : 1.1.1.1
Local AS number : 65520
Total number of peers : 1          Peers in established state : 1
Peer          V    AS     MsgRcvd  MsgSent  OutQ   Up/Down    State Pre  fRcv
12.12.12.2    4    65530  43       38       0      00:35:34   Established   4
<R2>display bgp peer
BGP local router ID : 2.2.2.2
Local AS number : 65530
Total number of peers : 3          Peers in established state : 3
Peer          V    AS     MsgRcvd  MsgSent  OutQ  Up/Down   State Pre  fRcv
12.12.12.1    4    65520  40       46       0     00:37:06  Established   1
23.23.23.2    4    65530  31       35       0     00:29:27  Established   0
24.24.24.2    4    65530  39       43       0     00:35:23  Established   2
```

(2) 查看各个路由器路由表

AR1、AR2、AR3 和 AR4 的路由表如图 3-5-2 至图 3-5-5 所示。

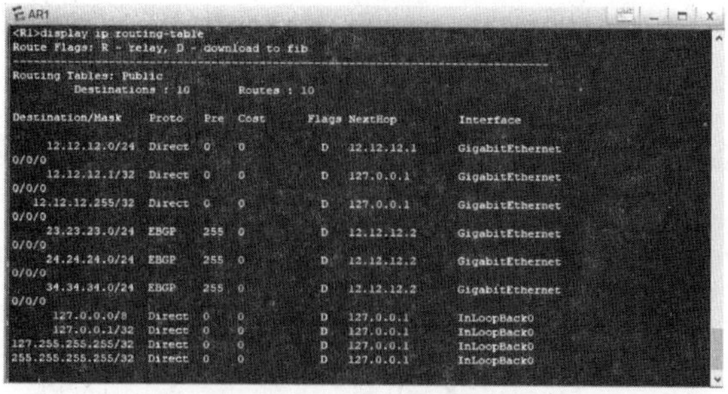

```
AR1
<R1>display ip routing-table
Route Flags: R - relay, D - download to fib
------------------------------------------------------------------------------
Routing Tables: Public
         Destinations : 10       Routes : 10

Destination/Mask    Proto   Pre  Cost      Flags NextHop         Interface

     12.12.12.0/24  Direct  0    0           D   12.12.12.1      GigabitEthernet
0/0/0
     12.12.12.1/32  Direct  0    0           D   127.0.0.1       GigabitEthernet
0/0/0
   12.12.12.255/32  Direct  0    0           D   127.0.0.1       GigabitEthernet
0/0/0
     23.23.23.0/24  EBGP    255  0           D   12.12.12.2      GigabitEthernet
0/0/0
     24.24.24.0/24  EBGP    255  0           D   12.12.12.2      GigabitEthernet
0/0/0
     34.34.34.0/24  EBGP    255  0           D   12.12.12.2      GigabitEthernet
0/0/0
      127.0.0.0/8   Direct  0    0           D   127.0.0.1       InLoopBack0
      127.0.0.1/32  Direct  0    0           D   127.0.0.1       InLoopBack0
127.255.255.255/32  Direct  0    0           D   127.0.0.1       InLoopBack0
255.255.255.255/32  Direct  0    0           D   127.0.0.1       InLoopBack0
```

图 3－5－2　AR1 路由表

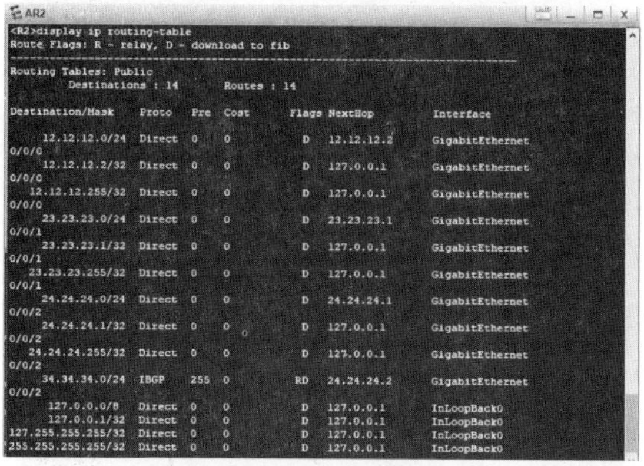

```
AR2
<R2>display ip routing-table
Route Flags: R - relay, D - download to fib
------------------------------------------------------------------------------
Routing Tables: Public
         Destinations : 14       Routes : 14

Destination/Mask    Proto   Pre  Cost      Flags NextHop         Interface

     12.12.12.0/24  Direct  0    0           D   12.12.12.2      GigabitEthernet
0/0/0
     12.12.12.2/32  Direct  0    0           D   127.0.0.1       GigabitEthernet
0/0/0
   12.12.12.255/32  Direct  0    0           D   127.0.0.1       GigabitEthernet
0/0/0
     23.23.23.0/24  Direct  0    0           D   23.23.23.1      GigabitEthernet
0/0/1
     23.23.23.1/32  Direct  0    0           D   127.0.0.1       GigabitEthernet
0/0/1
   23.23.23.255/32  Direct  0    0           D   127.0.0.1       GigabitEthernet
0/0/1
     24.24.24.0/24  Direct  0    0           D   24.24.24.1      GigabitEthernet
0/0/2
     24.24.24.1/32  Direct  0    0           D   127.0.0.1       GigabitEthernet
0/0/2
   24.24.24.255/32  Direct  0    0           D   127.0.0.1       GigabitEthernet
0/0/2
     34.34.34.0/24  IBGP    255  0          RD   24.24.24.2      GigabitEthernet
0/0/2
      127.0.0.0/8   Direct  0    0           D   127.0.0.1       InLoopBack0
      127.0.0.1/32  Direct  0    0           D   127.0.0.1       InLoopBack0
127.255.255.255/32  Direct  0    0           D   127.0.0.1       InLoopBack0
255.255.255.255/32  Direct  0    0           D   127.0.0.1       InLoopBack0
```

图 3－5－3　AR2 路由表

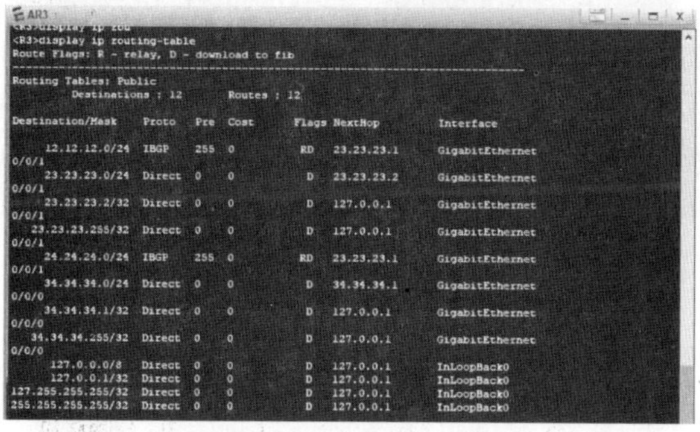

```
AR3
<R3>display ip routing-table
Route Flags: R - relay, D - download to fib
------------------------------------------------------------------------------
Routing Tables: Public
         Destinations : 12       Routes : 12

Destination/Mask    Proto   Pre  Cost      Flags NextHop         Interface

     12.12.12.0/24  IBGP    255  0          RD   23.23.23.1      GigabitEthernet
0/0/1
     23.23.23.0/24  Direct  0    0           D   23.23.23.2      GigabitEthernet
0/0/1
     23.23.23.2/32  Direct  0    0           D   127.0.0.1       GigabitEthernet
0/0/1
   23.23.23.255/32  Direct  0    0           D   127.0.0.1       GigabitEthernet
0/0/1
     24.24.24.0/24  IBGP    255  0          RD   23.23.23.1      GigabitEthernet
0/0/1
     34.34.34.0/24  Direct  0    0           D   34.34.34.1      GigabitEthernet
0/0/0
     34.34.34.1/32  Direct  0    0           D   127.0.0.1       GigabitEthernet
0/0/0
   34.34.34.255/32  Direct  0    0           D   127.0.0.1       GigabitEthernet
0/0/0
      127.0.0.0/8   Direct  0    0           D   127.0.0.1       InLoopBack0
      127.0.0.1/32  Direct  0    0           D   127.0.0.1       InLoopBack0
127.255.255.255/32  Direct  0    0           D   127.0.0.1       InLoopBack0
255.255.255.255/32  Direct  0    0           D   127.0.0.1       InLoopBack0
```

图 3－5－4　AR3 路由表

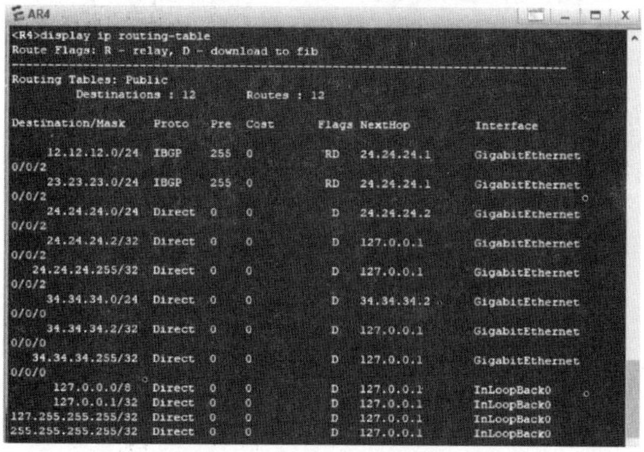

```
AR4
<R4>display ip routing-table
Route Flags: R - relay, D - download to fib
------------------------------------------------------------------------------
Routing Tables: Public
         Destinations : 12       Routes : 12

Destination/Mask    Proto   Pre  Cost      Flags NextHop         Interface

     12.12.12.0/24  IBGP    255  0          RD   24.24.24.1      GigabitEthernet
0/0/2
     23.23.23.0/24  IBGP    255  0          RD   24.24.24.1      GigabitEthernet
0/0/2
     24.24.24.0/24  Direct  0    0           D   24.24.24.2      GigabitEthernet
0/0/2
     24.24.24.2/32  Direct  0    0           D   127.0.0.1       GigabitEthernet
0/0/2
   24.24.24.255/32  Direct  0    0           D   127.0.0.1       GigabitEthernet
0/0/2
     34.34.34.0/24  Direct  0    0           D   34.34.34.2      GigabitEthernet
0/0/0
     34.34.34.2/32  Direct  0    0           D   127.0.0.1       GigabitEthernet
0/0/0
   34.34.34.255/32  Direct  0    0           D   127.0.0.1       GigabitEthernet
0/0/0
      127.0.0.0/8   Direct  0    0           D   127.0.0.1       InLoopBack0
      127.0.0.1/32  Direct  0    0           D   127.0.0.1       InLoopBack0
127.255.255.255/32  Direct  0    0           D   127.0.0.1       InLoopBack0
255.255.255.255/32  Direct  0    0           D   127.0.0.1       InLoopBack0
```

图 3－5－5　AR4 路由表

(3) 测试 AR1 和 AR4 的连通性

在 AR1 上 ping AR4 的 GE0/0/0 口,能够连通。

```
<R1>ping 34.34.34.2
  PING 34.34.34.2: 56  data bytes, press CTRL_C to break
    Reply from 34.34.34.2: bytes=56 Sequence=1 ttl=254 time=40 ms
    Reply from 34.34.34.2: bytes=56 Sequence=2 ttl=254 time=30 ms
    Reply from 34.34.34.2: bytes=56 Sequence=3 ttl=254 time=30 ms
    Reply from 34.34.34.2: bytes=56 Sequence=4 ttl=254 time=30 ms
    Reply from 34.34.34.2: bytes=56 Sequence=5 ttl=254 time=30 ms

  --- 34.34.34.2 ping statistics ---
    5 packet(s)  transmitted
    5 packet(s)  received
    0.00% packet loss
round-trip min/avg/max = 30/32/40 ms
```

(4) 测试两台 PC 的连通性

如图 3-5-6 所示,在 PC1 上 ping PC2 能够连通。

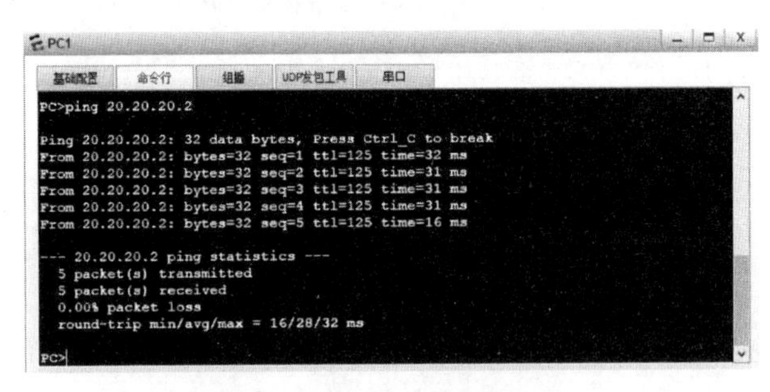

图 3-5-6　PC1 ping 通 PC2

五、实验注意事项

(1) BGP 宣告养成加掩码的好习惯;

(2) ping 是双向的,判断路由也双向思维。

六、拓展训练

什么是 BGP 和 IGP 的同步?

实验 3.6　IPv6 基础配置

一、实验目的

(1) 了解 IPv6 的特点以及报头格式;

(2) 掌握 IPv6 的基本配置方法。

二、背景知识

1. IPv6 概述

IPv6 目的是取代现有的互联网协议第四版(IPv4)。IPv4 的设计思想成功造就了目前的国际互联网,其核心价值是简单、灵活和开放性。但随着新应用的不断涌现,传统的 IPv4 协议已经难以支持互联网的进一步扩张和新业务的特性。其不足主要体现在以下几方面:

① 地址资源即将枯竭;

② 路由表越来越大;

③ 缺乏服务质量保证;

④ 地址分配不便。

而 IPv6 却具有以下特点:更大的地址空间,简化了报头格式,高效的层次寻址及路由结构,即插即用,良好的安全性,更好的 QoS 支持,用于邻居节点交互的新协议以及可扩展性。这些特点能够解决 IPv4 的许多问题。

2. IPv6 地址表示

IPv6 地址是 128 位的地址,每个 16 位的值用十六进制值表示,各值之间用冒号分隔。例如:68E6:8C64:FFFF:FFFF:0:1180:960A:FFFF。

对于多个连续的 0 可采用零压缩(zero compression),即一连串连续的零可以为一对冒号所取代,例如:FF05:0:0:0:0:0:0:B3 可以写成 FF05::B3。但 0 压缩只能用一次。

一个 IPv6 地址由 IP 地址前缀和接口 ID 组成,IPv6 地址前缀用来标识 IPv6 网络,接口 ID 用来标识接口。

3. IPv6 地址格式

(1) 单播地址(Unicast Addresses)

IPv6 单播地址包括下面几种类型:可聚集全球地址、链路本地地址、站点本地地址、嵌有 IPv4 地址的 IPv6 地址。

可聚集全球地址格式如图 3-6-1 所示。

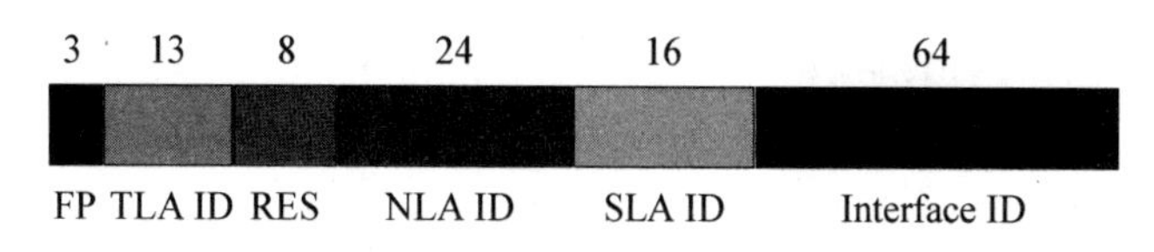

图 3-6-1　可聚集全球地址格式

FP 字段(Format Prefix):可聚集全球地址为“001”。

TLA ID 字段(Top-Level Aggregation Identifier):包含最高级地址选路信息。通常为大的网络运营商。由 IANA 严格管理。

RES 字段(Reserved for future use):保留,用于以后扩展。

NLA ID 字段(Next-Level Aggregation Identifier):下一级聚集标识符。通常是大型 ISP。

SLA ID 字段(Site-Level Aggregation Identifier):站点级聚集标识符,被一些机构用来安排内部的网络结构。

接口标识符字段(Interface Identifier):64 位长,包含 IEEE EUI－64 接口标识符的 64 位值。

链路本地地址如图 3－6－2 所示。

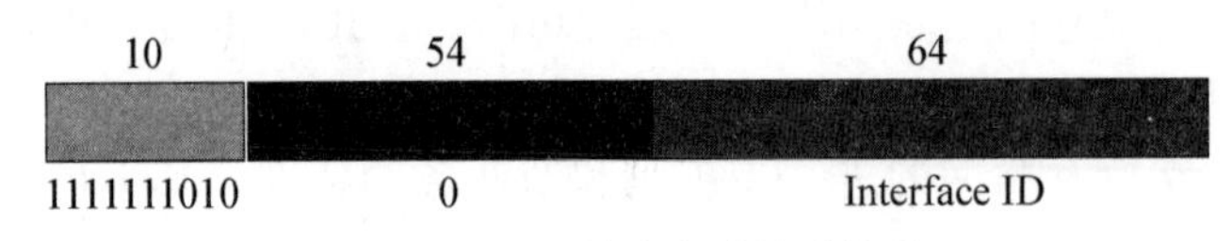

图 3－6－2 链路本地地址格式

该地址用于同一链路的相邻结点间的通信。可用于邻居发现,且总是自动配置的,包含链路本地地址的包永远也不会被 IPv6 路由器转发。

站点本地地址如图 3－6－3 所示。

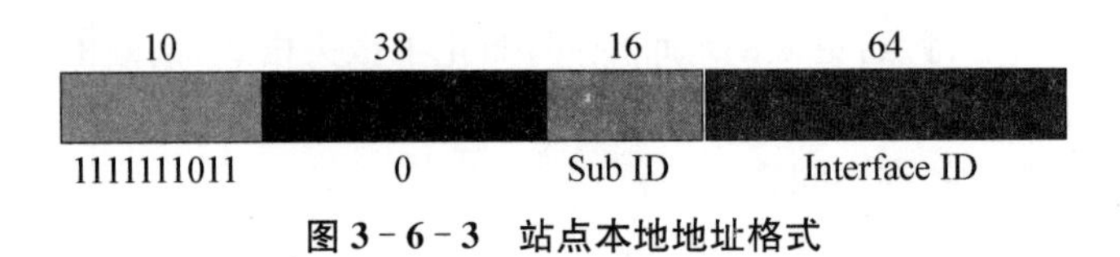

图 3－6－3 站点本地地址格式

该类地址类似于 IPv4 中的私有地址。

(2) 组播地址(Multicast Addresses)

组播地址如图 3－6－4 所示。

图 3－6－4 组播地址格式

标志字段:000T。其中高三位保留,必须初始化为 0。T＝0 表示一个被 IANA 永久分配的组播地址;T＝1 表示一个临时的组播地址。

范围字段:用来表示组播的范围。即组播组是包括本地节点、本地链路、本地站点还是包括 IPv6 全球地址空间中任何位置的节点。

组标识符字段:用于标识组播组。

(3) 任播地址(Anycast Addresses)

任播地址格式如图 3－6－5 所示。

图 3－6－5 任播地址格式

一个任播地址被分配给一组接口(通常属于不同的结点)。发往任播地址的包传送到该地址标识的一组接口中的一个接口,该接口是根据路由算法度量距离为最近的一个接口。目前,任播地址仅用作目的地址,且仅分配给路由器。

4. IPv6 首部格式

IPv6 首部格式如图 3－6－6 所示。

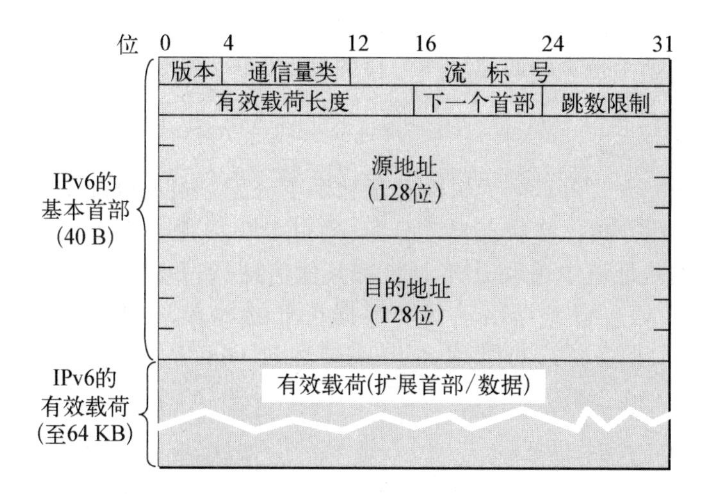

图 3-6-6　IPv6 首部格式

版本(version):4 位。它指明了协议的版本,对 IPv6 该字段总是 6。

通信量类(traffic class):8 位。这是为了区分不同的 IPv6 数据报的类别或优先级。目前正在进行不同的通信量类性能的实验。

流标号(flow label):20 位。"流"是互联网络上从特定源点到特定终点的一系列数据报,"流"所经过的路径上的路由器都保证指明的服务质量。所有属于同一个流的数据报都具有同样的流标号。

有效载荷长度(payload length):16 位。它指明 IPv6 数据报除基本首部以外的字节数(所有扩展首部都算在有效载荷之内),其最大值是 64 KB。

下一个首部(next header):8 位。它相当于 IPv4 的协议字段或可选字段。

跳数限制(hop limit):8 位。源站在数据报发出时即设定跳数限制。路由器在转发数据报时,将跳数限制字段中的值减 1。当跳数限制的值为零时,就要将此数据报丢弃。

5. IPv6 邻居发现

IPv6 的邻居发现处理是利用 ICMPv6 的报文和被请求邻居组播地址来获得同一链路上的邻居的链路层地址,并且验证邻居的可达性,维持邻居的状态。主要报文如下:

(1) 邻居请求报文(Neighbor Solicitation)

当一个结点要与另外一个结点通信时,该结点必须获取对方的链路层地址,此时就要向该结点发送邻居请求(NS)报文,报文的目的地址是对应于目的结点的 IPv6 地址的被请求多播地址,发送的 NS 报文同时也包含了自身的链路层地址。当对应的结点收到该 NS 报文后发回一个响应的报文,称之为邻居公告报文(NA),其目的地址是 NS 的源地址,内容为被请求的结点的链路层的地址。当源结点收到该应答报文后,就可以和目的结点进行通讯了。

(2) 路由器公告报文(Router Advertisement)

路由器公告报文(RA)在设备上是定期被发往链路本地所有节点的。

路由器公告报文同时也用来应答主机发出的路由器请求(RS)报文,路由器请求报文允许主机一旦启动后可以立即获得自动配置的信息,而无需等待设备发出的路由器公告报文(RA)。当主机刚启动时如果没有单播地址,那么主机发出的路由器请求报文将使用未指定地址(0:0:0:0:0:0:0:0)作为请求报文的源地址,否则使用已有的单播地址作为源地址,路由器请求报文使用(FF02::2)作为目的地址。作为应答路由器请求(RS)报文的路由器公告(RA)报文将使用请求报文的源地址作为目的地址(如果源地址是未指定地址,那么将使用组播地址 FF02::1)。

6. IPv6 的地址分配方式

IPv6 的地址分配方式可以分为自动分配和手工分配。自动分配又分为有状态自动分配和无状态自动分配方式。有状态自动分配:通过 DHCP 服务器分配 IPv6 地址,客户端从 DHCP 服务器的地址池中获取 IPv6 地址和其他信息(如 DNS 地址等)。无状态自动分配:客户端通过 RA 通告得到网络前缀和根据自己的 MAC 地址计算出的自己的 IPv6 地址,不需要 DHCP 服务器进行管理,但是需要通过 DHCP 服务器获取 DNS 服务器的地址。

三、实验环境及实验拓扑

(1) PC 两台。

(2) AR2220 两台。

实验拓扑如图 3-6-7 所示。

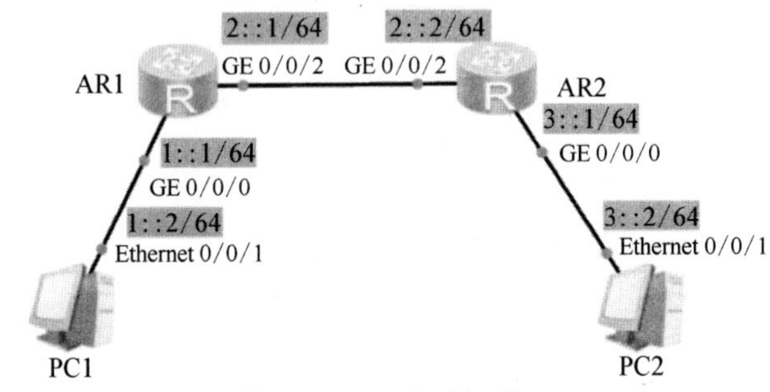

图 3-6-7 实验拓扑

四、实验内容

1. 设备连接

按图 3-6-7 所示连接好设备。

2. 开启路由器 IPv6 功能,并设定路由器端口地址

(1) 实验要求

开启路由器 IPv6 功能,并设定路由器端口地址。

(2) 命令参考

① ipv6:打开路由器的 IPv6 协议。要在路由器上运行 OSPFv3 协议,首先必须使能 IPv6 功能。

② ipv6 address ipv6-prefix/prefix-length [eui-64]:为该接口配置 IPv6 的单播地址,eui-64 关键字表明生成的 IPv6 地址由配置的地址前缀和 64 比特的接口 ID 标识符组成。

③ ipv6 enable:在路由器接口上使能 IPv6,使得接口能够接受和转发 IPv6 报文。接口的 IPv6 功能默认是去使能的。

(3) 配置参考

AR1 的设置:

```
[Huawei]sysname R1
[R1]ipv6
[R1]int g0/0/0
[R1-GigabitEthernet0/0/0]ipv6 enable
[R1-GigabitEthernet0/0/0]ipv6 address 1::1/64
[R1-GigabitEthernet0/0/0]quit
[R1]int g0/0/2
```

```
[R1-GigabitEthernet0/0/2]ipv6 enable
[R1-GigabitEthernet0/0/2]ipv6 address 2::1/64
```

AR2 的设置：

```
[Huawei]sysname R2
[R2]ipv6
[R2]int g0/0/0
[R2-GigabitEthernet0/0/0]ipv6 enable
[R2-GigabitEthernet0/0/0]ipv6 address 3::1/64
[R2-GigabitEthernet0/0/0]int g0/0/2
[R2-GigabitEthernet0/0/2]ipv6 enable
[R2-GigabitEthernet0/0/2]ipv6 address 2::2/64
[R2-GigabitEthernet0/0/2]
```

3. 设置 PC1 和 PC2 的 IPv6 地址，并测试连通性

设置 PC1 的 IPv6 地址，如图 3-6-8 所示，PC2 的 IPv6 地址如图 3-6-9 所示，并测试连通性，如图 3-6-10 所示，当前 PC1 和 PC2 不能连通。

图 3-6-8　PC1 IP 设置

图 3-6-9　PC2 IP 设置

```
PC1
基础配置 命令行 组播 UDP发包工具 串口
Welcome to use PC Simulator!

PC>ipconfig

Link local IPv6 address...........: fe80::5689:98ff:fed7:9e0
IPv6 address......................: 1::2 / 64
IPv6 gateway......................: 1::1
IPv4 address......................: 0.0.0.0
Subnet mask.......................: 0.0.0.0
Gateway...........................: 0.0.0.0
Physical address..................: 54-89-98-D7-09-E0
DNS server........................:

PC>ping 3::2

Ping 3::2: 32 data bytes, Press Ctrl_C to break
Request timeout!
Request timeout!
Request timeout!
Request timeout!
Request timeout!

--- 3::2 ping statistics ---
  5 packet(s) transmitted
  0 packet(s) received
  100.00% packet loss
```

图 3-6-10 PC1 和 PC2 连通性测试

4. 配置 OSPFV3 路由，使得网络连通

(1) 实验要求

配置 OSPFV3 路由，使得网络连通。

(2) 命令参考

① ospfv3 [*process-id*]：创建并运行 OSPFv3 进程，process-id 取值范围为 1～65 535。如果不指定进程号，缺省使用进程号 1。

② router-id *router-id*：设置运行 OSPFv3 协议的路由器 ID 号。

③OSPFv3 *process-id* area *area-id*：在接口上使能 OSPFv3 的进程，并指定所属区域。

④display ospfv3 //利用 display ospfv3 可以验证 OSPFv3 配置及相关参数。

⑤display ipv6 interface brief //查看接口信息。

⑥display ipv6 routing-table //查看 IPv6 路由器表。

(3) 配置参考

AR1 的设置：

```
[R1]ospfv3 1
[R1-ospfv3-1]router-id 1.1.1.1
[R1-ospfv3-1]int g0/0/0
[R1-GigabitEthernet0/0/0]ospfv3 1 area 0.0.0.0
[R1-GigabitEthernet0/0/0]int g0/0/2
[R1-GigabitEthernet0/0/2]ospfv3 1 area 0.0.0.0
[R1-GigabitEthernet0/0/2]
```

AR2 的设置：

```
[R2]ospfv3 1
[R2-ospfv3-1]router-id 2.2.2.2
[R2-ospfv3-1]int g0/0/0
[R2-GigabitEthernet0/0/0]ospfv3 1 area 0.0.0.0
[R2-GigabitEthernet0/0/0]int g0/0/2
[R2-GigabitEthernet0/0/2]ospfv3 1 area 0.0.0.0
[R2-GigabitEthernet0/0/2]
```

(4) 连通性测试

如图 3 - 6 - 11 所示,现在 PC1 和 PC2 连通。

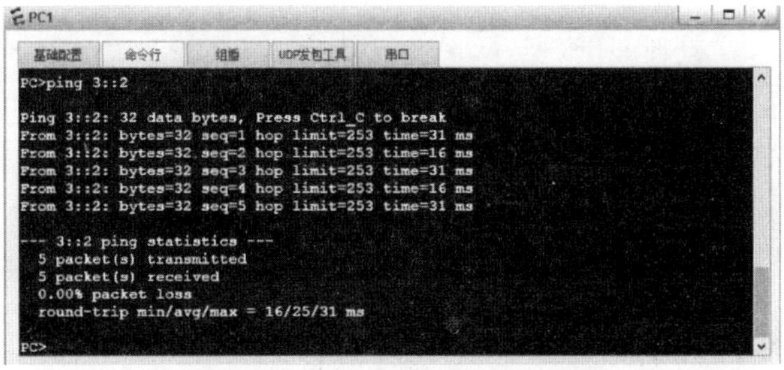

```
PC>ping 3::2

Ping 3::2: 32 data bytes, Press Ctrl_C to break
From 3::2: bytes=32 seq=1 hop limit=253 time=31 ms
From 3::2: bytes=32 seq=2 hop limit=253 time=16 ms
From 3::2: bytes=32 seq=3 hop limit=253 time=31 ms
From 3::2: bytes=32 seq=4 hop limit=253 time=16 ms
From 3::2: bytes=32 seq=5 hop limit=253 time=31 ms

--- 3::2 ping statistics ---
  5 packet(s) transmitted
  5 packet(s) received
  0.00% packet loss
  round-trip min/avg/max = 16/25/31 ms

PC>
```

图 3 - 6 - 11　PC1 和 PC2 连通

(5) 配置验证

① 利用 display ospfv3 可以验证 OSPFv3 配置及相关参数。

```
<R1> display ospfv3
Routing Process "OSPFv3 (1)" with ID 1.1.1.1
Route Tag: 0
Multi-VPN-Instance is not enabled
SPF Intelligent Timer[millisecs] Max: 10000, Start: 500, Hold: 2000
LSA Intelligent Timer[millisecs] Max: 5000, Start: 500, Hold: 1000
LSA Arrival interval 1000 millisecs
Default ASE parameters: Metric: 1 Tag: 1 Type: 2
Number of AS-External LSA 0. AS-External LSA's Checksum Sum 0x0000
Number of AS-Scoped Unknown LSA 0. AS-Scoped Unknown LSA's Checksum Sum 0x0000
Number of FULL neighbors 1
Number of Exchange and Loading neighbors 0
Number of LSA originated 6
Number of LSA received 7
SPF Count            : 0
Non Refresh LSA      : 0
Non Full Nbr Count : 0
Number of areas in this router is 1
```

② 查看接口信息 display ipv6 interface brief。

```
<R1> display ipv6 interface brief
*down: administratively down
(l): loopback
(s): spoofing
Interface                       Physical              Protocol
GigabitEthernet0/0/0            up                    up
[IPv6 Address] 1::1
GigabitEthernet0/0/2            up                    up
[IPv6 Address] 2::1
```

③ 用 display ipv6 routing-table 查看 AR1 的 IPv6 路由器表，如图 3-6-12 和图 3-6-13 所示。

```
<R1>display ipv6 routing-table
Routing Table : Public
      Destinations : 7  Routes : 7

 Destination  : ::1                              PrefixLength : 128
 NextHop      : ::1                              Preference   : 0
 Cost         : 0                                Protocol     : Direct
 RelayNextHop : ::                               TunnelID     : 0x0
 Interface    : InLoopBack0                      Flags        : D

 Destination  : 1::                              PrefixLength : 64
 NextHop      : 1::1                             Preference   : 0
 Cost         : 0                                Protocol     : Direct
 RelayNextHop : ::                               TunnelID     : 0x0
 Interface    : GigabitEthernet0/0/0             Flags        : D
```

图 3-6-12 AR1 路由表一

```
 Destination  : 1::1                             PrefixLength : 128
 NextHop      : ::1                              Preference   : 0
 Cost         : 0                                Protocol     : Direct
 RelayNextHop : ::                               TunnelID     : 0x0
 Interface    : GigabitEthernet0/0/0             Flags        : D

 Destination  : 2::                              PrefixLength : 64
 NextHop      : 2::1                             Preference   : 0
 Cost         : 0                                Protocol     : Direct
 RelayNextHop : ::                               TunnelID     : 0x0
 Interface    : GigabitEthernet0/0/2             Flags        : D

 Destination  : 2::1                             PrefixLength : 128
 NextHop      : ::1                              Preference   : 0
 Cost         : 0                                Protocol     : Direct
 RelayNextHop : ::                               TunnelID     : 0x0
 Interface    : GigabitEthernet0/0/2             Flags        : D

 Destination  : 3::                              PrefixLength : 64
 NextHop      : FE80::2E0:FCFF:FEBF:6492         Preference   : 10
 Cost         : 2                                Protocol     : OSPFv3
 RelayNextHop : ::                               TunnelID     : 0x0
 Interface    : GigabitEthernet0/0/2             Flags        : D

 Destination  : FE80::                           PrefixLength : 10
 NextHop      : ::                               Preference   : 0
 Cost         : 0                                Protocol     : Direct
 RelayNextHop : ::                               TunnelID     : 0x0
 Interface    : NULL0                            Flags        : D
```

图 3-6-13 AR1 路由表二

五、实验注意事项

注意要对路由器使能 IPv6 功能。

六、拓展训练

了解 IPv6 的 ripng 的配置。

实验 3.7 访问控制列表配置

一、实验目的

(1) 掌握包过滤的基本原理；

(2) 掌握基本访问控制列表的配置方法；

(3) 掌握对过滤结果的验证和查看；

(4) 了解高级访问控制列表的配置方法；

(5) 了解二层访问控制列表。

二、背景知识

1. 基本概念

ACL(Access Control List，访问控制列表)，也称为包过滤。ACL 通过定义一些规则对网络设备接口上的数据报文或上层软件引用时进行控制：允许通过或丢弃。按照其使用的范围，可以分为安全 ACL 和 QoS ACL。

ACL 通过一系列的匹配条件对报文进行分类，这些条件可以是报文的源 MAC 地址、目的 MAC 地址、源 IP 地址、目的 IP 地址、端口号等。

2. IPv4 ACL 简介

IPv4 ACL 根据 ACL 序号来区分不同的 ACL，可以分为三种类型：

① 基本 IPv4 ACL：编号范围 2000～2999，只根据报文的源 IP 地址信息制定匹配规则。

② 高级 IPv4 ACL：编号范围 3000～3999，根据报文的源 IP 地址信息、目的 IP 地址信息、IP 承载的协议类型、协议的特性等三、四层信息制定匹配规则。

③ 二层 ACL：编号范围 4000～4999，根据报文的源 MAC 地址、目的 MAC 地址、802.1p 优先级、二层协议类型等二层信息制定匹配规则。

用户在创建 IPv4 ACL 时，可以为 ACL 指定一个名称。每个 IPv4 ACL 最多只能有一个名称。命名的 ACL 使用户可以通过名称唯一地确定一个 IPv4 ACL，并对其进行相应的操作。在创建 ACL 时，用户可以选择是否配置名称。ACL 创建后，不允许用户修改或者删除 ACL 名称，也不允许为未命名的 ACL 添加名称。

一个 ACL 中可以包含多个规则，而每个规则都指定不同的报文匹配选项，这些规则可能存在重复或矛盾的地方，ACL 支持两种规则的匹配顺序，一种是配置顺序 config，按照用户配置规则的先后顺序进行规则匹配；另一种是自动排序 auto，按照“深度优先”的顺序进行规则匹配。

3. IPv4 ACL 配置

(1) 进入系统视图 system-view。

(2) 创建基本 IPv4 ACL，并进入基本 IPv4 ACL 视图。

acl number *acl-number* [name *acl-name*] [match-order { auto | config }]

缺省情况下，匹配顺序为 config，如果用户在创建 IPv4 ACL 时指定了名称，则之后可以通过 acl name acl-name 命令进入指定名称的 IPv4 ACL 视图。

(3) 定义规则。

rule [*rule-id*] { deny | permit }[fragment | source{ *sour-addr sour-wildcard* | any } |time-range time-range-name] *

在 IPv4 ACL 的规则配置项中，通过关键字 fragment 来标识该 ACL 规则仅对非首片分片报文有效，而对非分片报文和首片分片报文无效。不包含此关键字的规则项对非分片报文和分片报文均有效。source { sour-addr sour-wildcard | any }：指定 ACL 规则的源地址信息。sour-addr 指定源 IP 地址，点分十进制表示。sour-wildcard 为目标子网掩码的反码，点分十进制表示。例如，如果用户想指定子网掩码 255.255.0.0，则需要输入0.0.255.255。sour-wildcard 可以为 0，表示主机地址。any 代表任意地址。time-range time-name：这条 ACL 规则在该时间段内有效。

可以重复本步骤创建多条规则，需要注意的是，当基本 IPv4 ACL 被 QoS 策略引用对报文进行流分类时，不支持配置 logging 参数。

4. 应用 IPv4 ACL 进行报文过滤

(1) 进入系统视图 system-view。

(2) 进入接口视图：进入以太网端口视图，interface interface-type interface-number，或者进入 VLAN 接口视图，interface vlan-interface vlan-id。

(3) 应用基本或高级 IPv4 ACL 对 IPv4 报文进行过滤：

packet-filter { *acl-number* | name *acl-name* } { inbound | outbound}

命令中 inbound 是对进入路由器端口的流量过滤，outbound 是对路由器端口出去的流量过滤。缺省情况下，在接口上不对 IPv4 报文进行过滤。

三、实验环境及实验拓扑

(1) PC 三台。

(2) AR2220 路由器两台。

实验拓扑如图 3-7-1 所示。

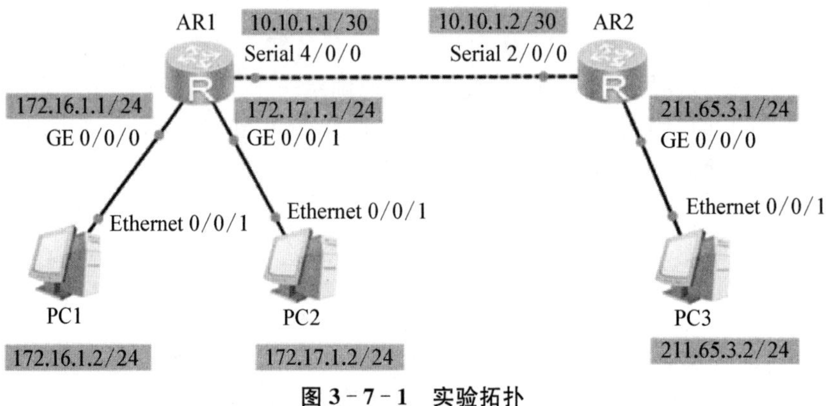

图 3-7-1 实验拓扑

四、实验内容

1. 按图 3-7-1 连接好相关设备

如果是 eNSP 软件，右击路由器图标，选择“设置”，为 AR1 和 AR2 都添加 2SA 模块，注意放入模块的插槽编号。给 PC1、PC2 和 PC3 设置如图 3-7-1 所示的 IP 地址和对应的网关信息，PC1 网关 172.16.1.1，PC2 网关 172.17.1.1，PC3 网关 211.65.3.1。

2. 按图示配置好相关设备的 IP 地址

(1) 配置 AR1 的 IP 地址

```
[Huawei]sysname R1
[R1]int g0/0/0
[R1-GigabitEthernet0/0/0]ip address 172.16.1.1 255.255.255.0
[R1-GigabitEthernet0/0/0]int s4/0/0
[R1-Serial4/0/0]ip address 10.10.1.1 255.255.255.252
[R1-Serial4/0/0]int g0/0/1
[R1-GigabitEthernet0/0/1] ip address 172.17.1.1 255.255.255.0
```

(2) 配置 AR2 的 IP 地址

```
[Huawei]sysname R2
```

```
[R2] int GigabitEthernet 0/0/0
[R2-GigabitEthernet0/0/0]ip address 211.65.3.1 24
[R2-GigabitEthernet0/0/0]int s2/0/0
[R2-Serial2/0/0]ip address 10.10.1.2 255.255.255.252
```

3. 配置 RIPv1 路由

(1) 配置 AR1 的 RIPv1

```
[R1]rip 1
[R1-rip-1]network 10.0.0.0
[R1-rip-1]network 172.16.0.0
[R1-rip-1]network 172.17.0.0
```

(2) 配置 AR2 的 RIPv1

```
[R2]rip 1
[R2-rip-1]network 10.0.0.0
[R2-rip-1]network 211.65.3.0
```

测试 PC1、PC2 和 PC3 的连通性。发现三台 PC 都可以连通。如图 3-7-2 所示，PC2 和 PC3 连通。

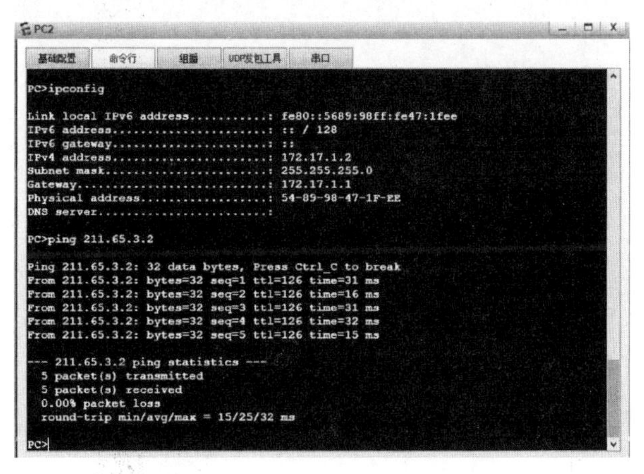

图 3-7-2　PC2 和 PC3 连通

4. AR2 上配置 ACL

(1) 实验要求

定义基本 IPv4 访问控制列表，拒绝 172.17.1.0 子网访问 PC3。测试 ping 的情况，应该 PC2 与 PC3 不通。根据需求，应该在 AR2 上配置 outbound 应用。

(2) 配置参考

AR2　ACL 设置：

```
[R2]acl 2000
[R2-acl-basic-2000]rule deny source 172.17.1.0 0.0.0.255
[R2-acl-basic-2000]quit
```

在 g0/0/0 口应用 ACL 2000：

```
[R2]int g0/0/0
[R2-GigabitEthernet0/0/0]traffic-filter outbound acl 2000
```

在 AR2 上查看 ACL 2000 的信息，如图 3-7-3 所示。

```
<R2>display acl 2000
Basic ACL 2000, 1 rule
Acl's step is 5
 rule 5 deny source 172.17.1.0 0.0.0.255 (4 matches)
```

图 3-7-3　ACL 2000 信息

测试 PC2 和 PC3 的连通性，如图 3-7-4 所示，不能连通。ACL2000 发挥作用，拒绝 PC2 所在网段的流量。

```
PC2
基础配置 | 命令行 | 组播 | UDP发包工具 | 串口
PC>ipconfig

Link local IPv6 address...........: fe80::5689:98ff:fe47:1fee
IPv6 address......................: :: / 128
IPv6 gateway......................: ::
IPv4 address......................: 172.17.1.2
Subnet mask.......................: 255.255.255.0
Gateway...........................: 172.17.1.1
Physical address..................: 54-89-98-47-1F-EE
DNS server........................:

PC>ping 211.65.3.2

Ping 211.65.3.2: 32 data bytes, Press Ctrl_C to break
Request timeout!
Request timeout!
Request timeout!
Request timeout!
Request timeout!

--- 211.65.3.2 ping statistics ---
  5 packet(s) transmitted
  0 packet(s) received
  100.00% packet loss

PC>
```

图 3-7-4　PC2 和 PC3 不能连通

五、实验注意事项

注意访问控制列表的应用方向。

六、拓展训练

了解高级 IPv4 ACL 和二层 ACL 的配置。

【微信扫码】
相关资源

第 4 章

应用服务器配置

背景介绍

自二十世纪六十年代源起，经过短短五十年不断发展和完善的计算机网络，已成为我们社会结构的一个基本组成部分，广泛应用于社会各个领域，包括电子政务、电子银行、电子商务、现代化的企业管理、信息服务业等，都是以计算机网络系统为基础，不夸张地说，网络在当今世界无处不在。在计算机网络技术和应用快速发展的今天，作为网络核心的各种应用服务器，在网络中承担传输和处理各种业务数据的任务，是网络信息处理的中枢和核心，其重要性日益突出。

纵观计算机网络的发展历程，各种基于计算机网络的应用层出不穷，但是不管网络规模的大小、应用的场景和侧重点如何，DHCP、DNS、WEB 和 NAT 等始终是各类网络环境中核心的、最不可或缺的应用服务。因此，我们必须全面、深入地学习与理解这些基础应用涉及的原理，掌握这些应用的安装、配置与调试方法。

2003 年，微软公司推出面向服务器的操作系统 Windows Server，经过多年的不断开发和完善，Windows Server 以其高可靠性、可用性、可伸缩和安全性得到市场的认可，越来越多的企业采用 Windows Server 来构建企业基础信息平台。鉴于此，本章拟讲授基于 Windows Server 2012 的 DHCP、DNS、WEB 和 NAT 等服务的配置与管理方法。

实验 4.1　DHCP 服务器配置

一、实验目的

(1) 通过实验，加深了解 DHCP 服务的工作原理；

(2) 掌握 DHCP 服务器的安装、配置方法与步骤；

(3) 学会如何维护与管理 DHCP 服务器，了解常见故障与解决方法。

二、背景知识

DHCP(Dynamic Host Configuration Protocol，动态主机配置协议)，是一个用来简化主

机 IP 地址分配与管理的 TCP/IP 标准协议。运行 DHCP 协议软件的 DHCP 服务器通常被应用在各类网络环境中，用来集中管理与分配 IP 地址，使网络环境中的主机动态地获得 IP 地址、网关地址、DNS 服务器地址等信息。

采用 DHCP 服务器来进行 IP 地址集中的分配与管理，能减轻管理和维护成本，减少配置错误，提高网络配置效率。

不同的网络规模和网络应用场景，采用不同的方式来实现 DHCP 服务，如家庭网络采用家用路由器内置 DHCP 服务功能；中小型网络可以在三层交换机或者防火墙上实现 DHCP 服务；大型网络需要更加完善和灵活的管理，一般配置专门的 DHCP 服务器来进行 IP 地址的分配与管理。基于 Windows Server 的 DHCP 服务因其功能完善和配置简单而被广泛使用。

三、实验环境及实验拓扑

安装 VMware Workstation 虚拟机软件的 Windows 7 主机一台，配置有固定 IP 地址的 Windows Server 2012 虚拟机一台，虚拟机网卡采用桥接模式，在 Windows Server 2012 中配置 DHCP 服务，Windows 7 主机作为客户机进行服务测试。

四、实验内容

1. Windows Server 2012 系统中 DHCP 服务器的安装

以管理员身份登录系统，单击任务栏服务器管理器图标，出现如图 4-1-1 所示服务器管理器界面。

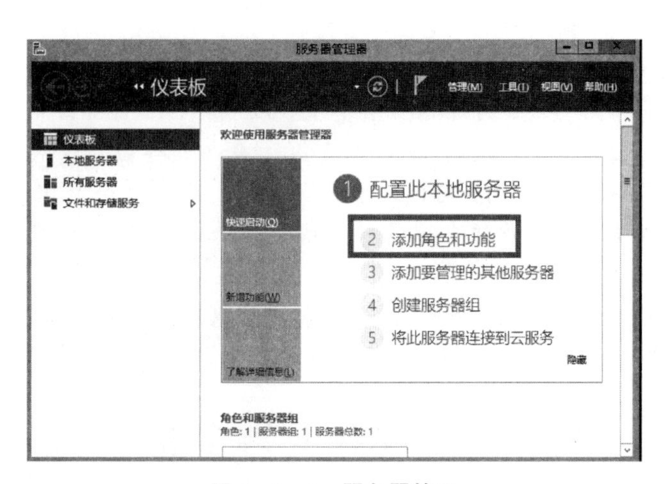

图 4-1-1　服务器管理

在服务器管理器中，单击"添加角色和功能"，出现如图 4-1-2 所示"添加角色和功能向导"。

单击"下一步"，出现如图 4-1-3 所示"安装类型"选择界面。

选择"基于角色或基于功能的安装"选项，单击"下一步"，弹出如图 4-1-4 服务器选择界面。

选择"从服务器池中选择服务器"选项，然后单击"下一步"，弹出如图 4-1-5 所示服务器角色选择界面。

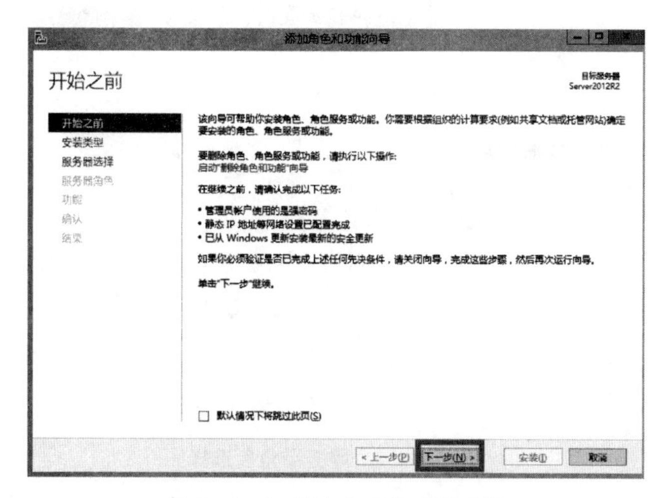

图 4-1-2　添加角色和功能向导

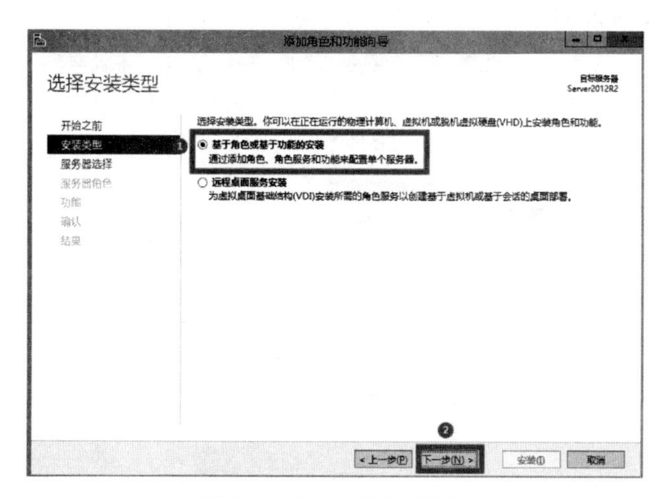

图 4-1-3　安装类型选择

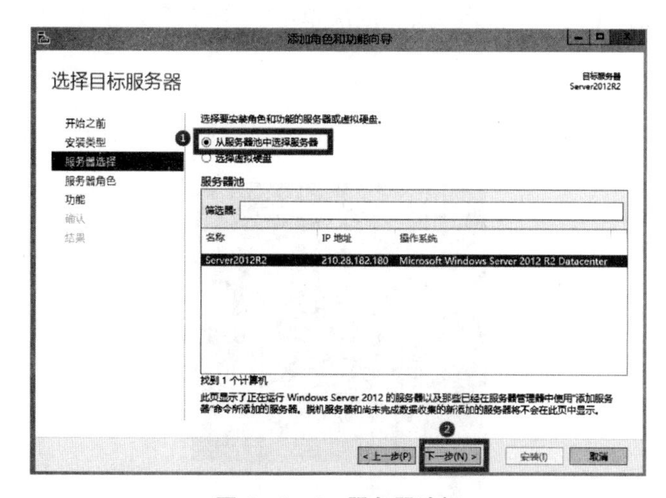

图 4-1-4　服务器选择

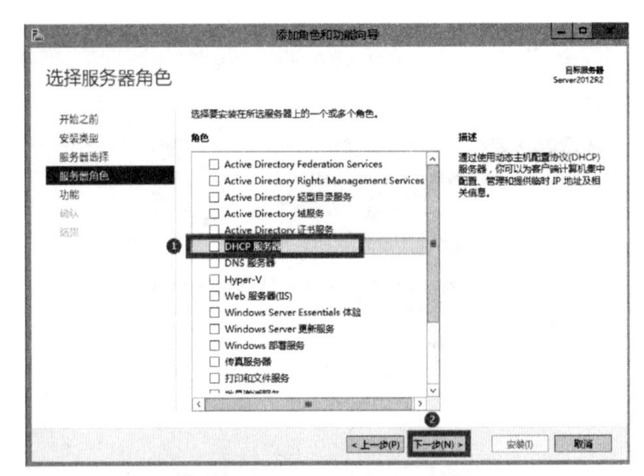

图 4-1-5　服务器角色选择

选中 DHCP 服务器，在弹出的对话框中选择“添加功能”，然后单击“下一步”，出现如图 4-1-6 所示功能选择界面。

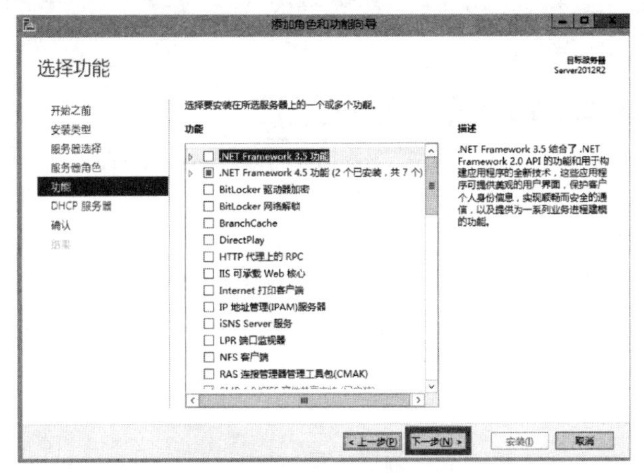

图 4-1-6　功能选择界面

在功能选择界面，单击“下一步”，然后依次单击“下一步”和“安装”按钮，完成 DHCP 服务器的安装工作。

2. 新建作用域

如图 4-1-7 所示，依次单击“开始”按钮和“管理工具”，出现如图 4-1-8 所示界面。

图 4-1-7　打开管理工具

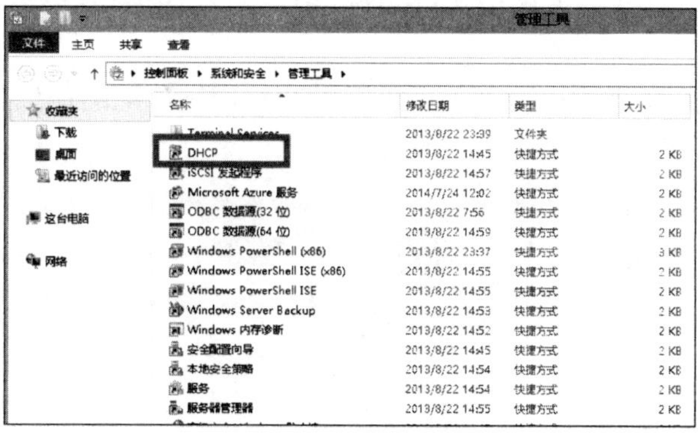

图 4-1-8　管理工具

在管理工具界面中，双击“DHCP”管理工具图标，打开如图 4-1-9 所示 DHCP 管理控制台。

如图 4-1-9 所示操作，单击“server2012r2”，鼠标右键选择“IPv4”，在弹出的右键菜单中，选择“新建作用域”，在出现的界面中，单击“下一步”，出现如图 4-1-10 所示“新建作用域向导”界面。

图 4-1-9　DHCP 管理控制台

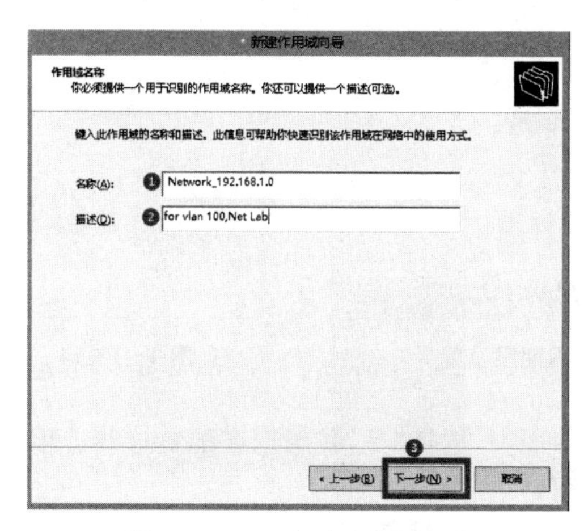

图 4-1-10　新建作用域向导

在新建作用域向导中，根据网络实际情况，填写名称和描述，单击“下一步”，出现如图4-1-11所示界面。

在图4-1-11所示界面中，根据实际情况填写作用域分配的地址范围，子网掩码信息，然后单击“下一步”，出现如图4-1-12所示界面。

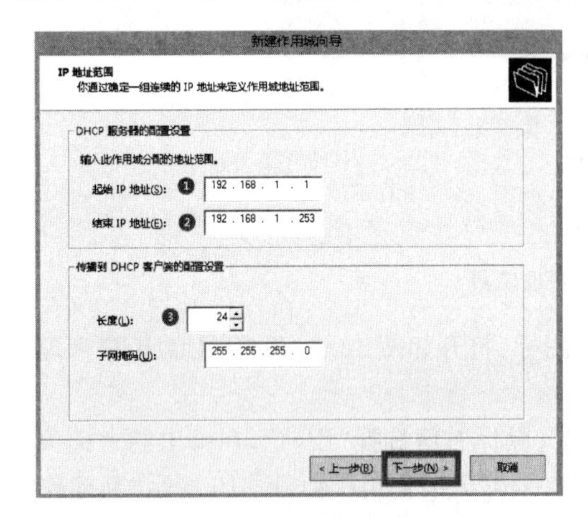

图4-1-11 设置IP地址范围和子网掩码

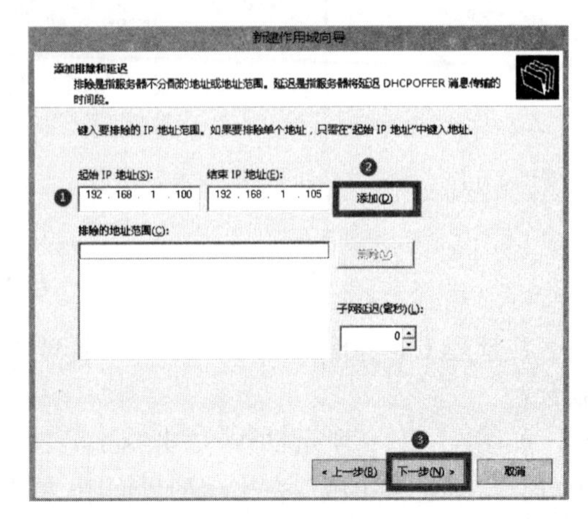

图4-1-12 排除地址设置

在实际网络环境中，如果某些IP地址已经被服务器等网络设备使用，就需要把这些地址排除在外，禁止DHCP服务器分配这些IP地址。如图4-1-12所示，填写好需要排除的地址之后，单击“添加”，然后单击“下一步”，出现如图4-1-13所示界面。

对于用户相对固定的网络，可以采用默认的8天租用期限；对于人员变化频繁，如酒店、会议室等网络环境，则建议设置较小的租用时间，以避免IP地址被分配出去后不能及时回收，造成IP地址浪费。在图4-1-13所示界面，根据实际情况设置租用限制时间后，单击“下一步”，出现如图4-1-14所示界面。

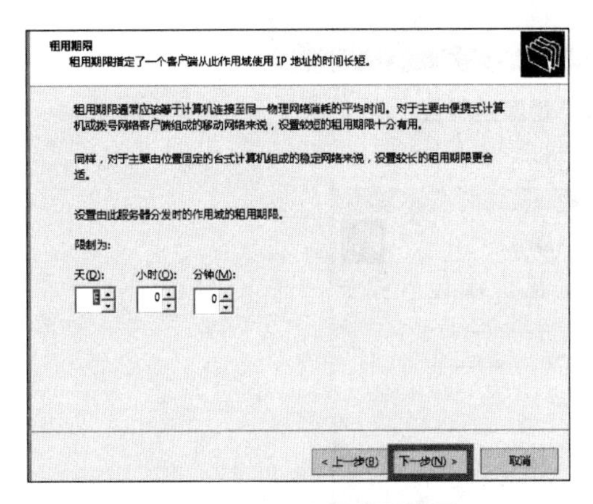

图4-1-13 租用期限设置

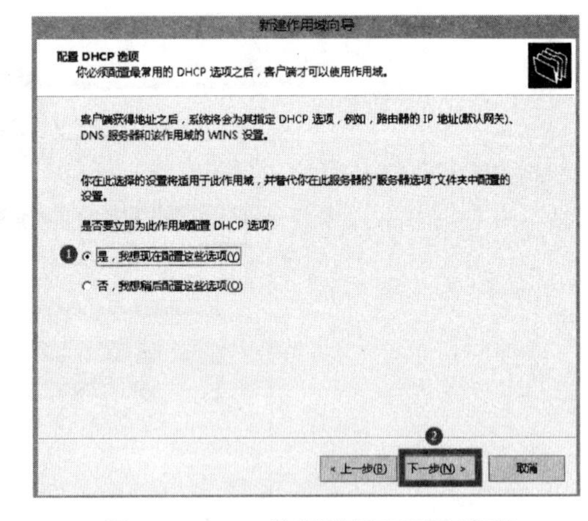

图4-1-14 选择配置DHCP选项

在图4-1-14所示界面中，选择“是，我想现在配置这些选项”，然后单击“下一步”，出现如图4-1-15所示界面。

在图4-1-15所示界面中，根据网络实际情况，填写本作用域的网关地址，然后依次单击“添加”和“下一步”按钮，出现如图 4-1-16 所示界面。

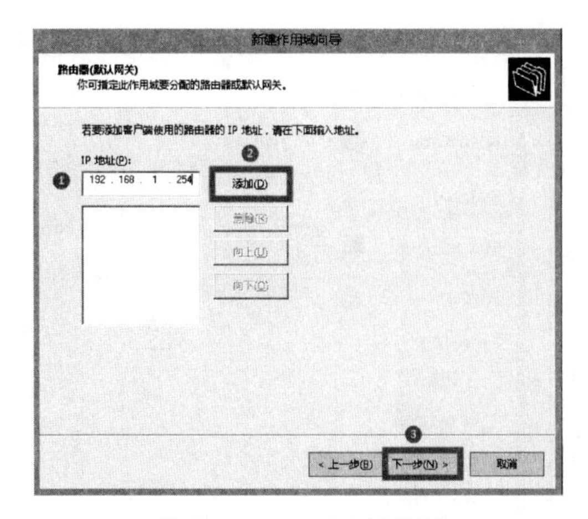

图 4-1-15 路由器设置

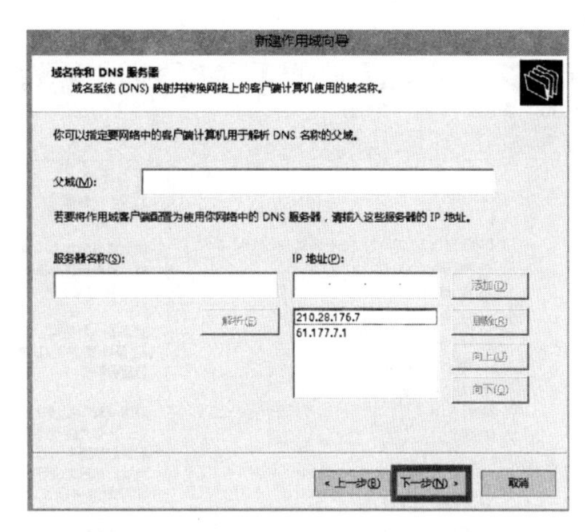

图 4-1-16 DNS 服务器设置

在如图 4-1-16 所示界面中，根据网络实际情况，填写将要指派给客户机的 DNS 服务器地址，然后单击“下一步”，出现如图 4-1-17 所示界面。

如果存在 WINS 服务器，则填写相应 IP 地址进行添加，否则直接单击“下一步”按钮，出现如图 4-1-18 所示界面。

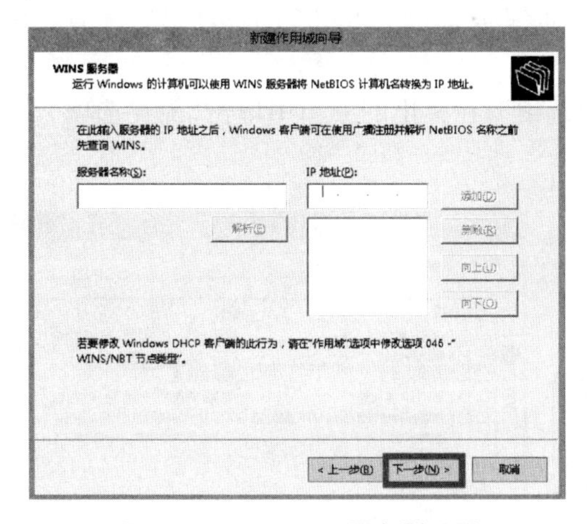

图 4-1-17 WINS 服务器设置

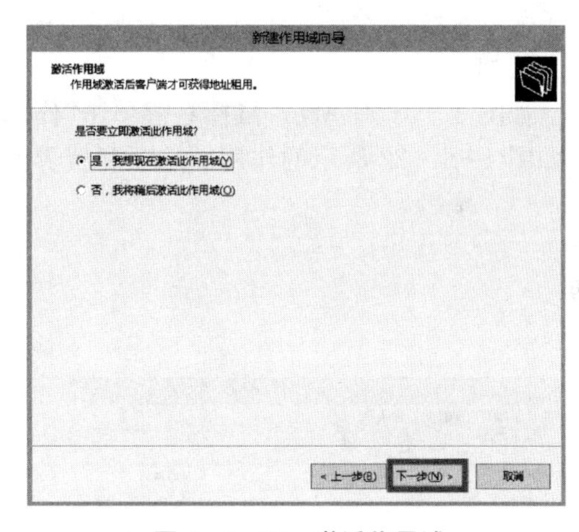

图 4-1-18 激活作用域

在图 4-1-18 所示界面中，单击“下一步”按钮，激活作用域，完成 DHCP 服务器基本配置。

3. DHCP 服务器地址保留配置

设置为自动获取 IP 地址的用户接入网络时，DHCP 服务器会从当前地址池中选择一个未分配的地址分配给用户使用。如果用户需要服务器为它保留一个固定的 IP 地址，这时就需要做地址保留配置。操作步骤如下：

如图 4-1-19 所示，鼠标右键单击“保留”，在弹出的菜单中，选择“新建保留”，出现如图 4-1-20 所示界面。在图 4-1-20 所示的操作界面中，依次填写保留名称、IP 地址、MAC 地址、描述，单击“添加”。经过图示配置后，DHCP 服务器仅把 192.168.1.1 这个地址分配给 MAC 地址为 D8-CB-8A-B4-91-B0 的设备。

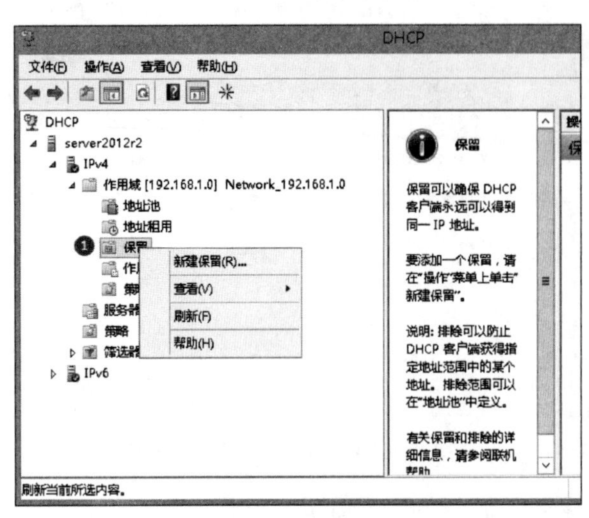

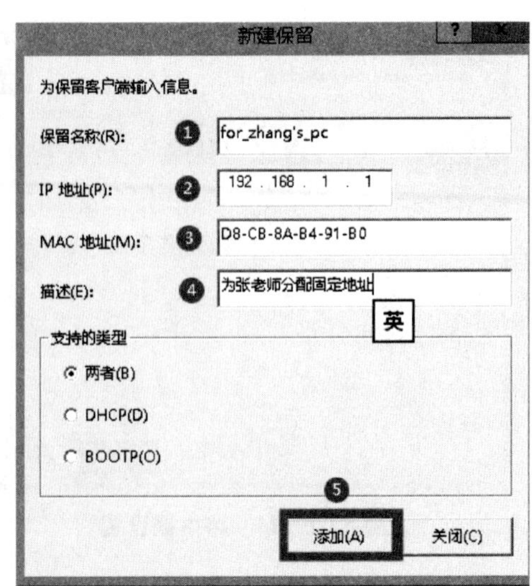

图 4-1-19 新建保留地址　　　　图 4-1-20 设置保留 IP 信息

4. 作用域选项配置

DHCP 服务器支持众多的选项配置，正常情况这些选项不需要做配置。如果网络中部署了无盘系统或者基于网络的部署服务，就需要对编号为 066 和 067 的选项进行配置。配置方法如下：

如图 4-1-21 所示，鼠标右键单击"作用域选项"，在弹出的菜单中单击"配置选项"，出现如图 4-1-22 所示的作用域选项配置界面。

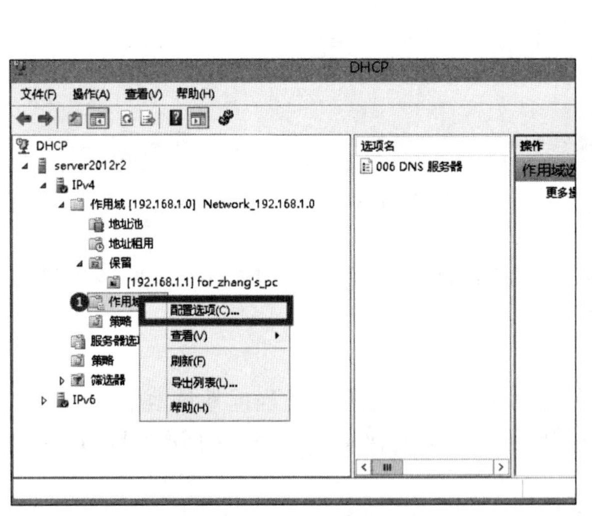

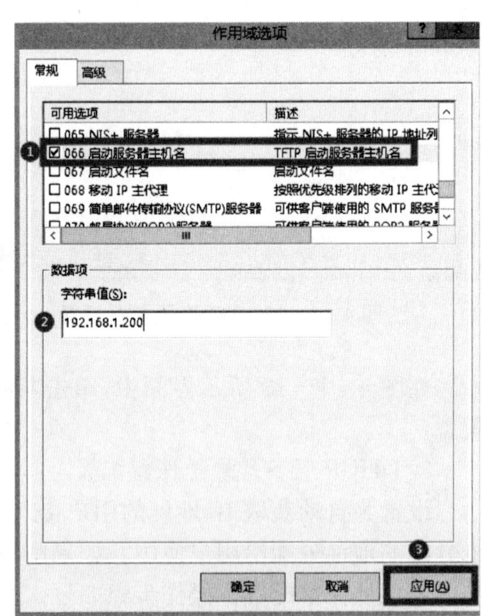

图 4-1-21 作用域选项　　　　图 4-1-22 作用域选项配置

在图 4-1-22 所示界面中，选择编号为 066 的选项，填写正确的选项值，然后单击"应用”。通过本例的配置，客户机就可以从DHCP服务器处获取网络启动服务器的IP地址，以便从启动服务器处获取相应的启动文件。

同样的操作方法，选择编号为067的选项，配置初始启动文件名。

5. 超级作用域配置

正常情况下，DHCP服务器需要建立多个作用域同时为多个网段提供服务，这时就可以通过建立超级作用域来简化管理任务，把众多具有一些相同属性的作用域纳入一个超级作用域的管理之下，在需要调整参数的时候，仅修改超级作用域的参数即可。超级作用域的配置步骤如下：

鼠标右键“IPv4”，在弹出的菜单中选择“新建超级作用域”，如图4-1-23所示。在出现的界面中，单击“下一步”，出现如图4-1-24所示界面。填写好超级作用域名称后，单击“下一步”，出现如图4-1-25所示界面，在此界面中，根据需要，选择需要纳入超级作用域下的一个或者多个作用域，然后单击“下一步”，最后单击“完成”按钮。

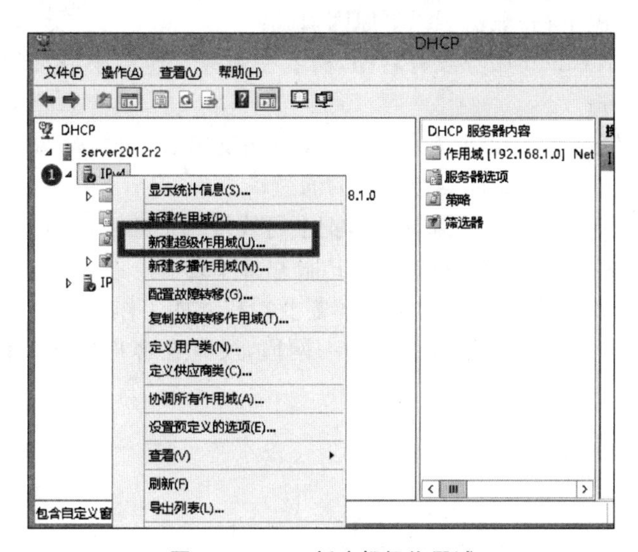

图4-1-23　新建超级作用域

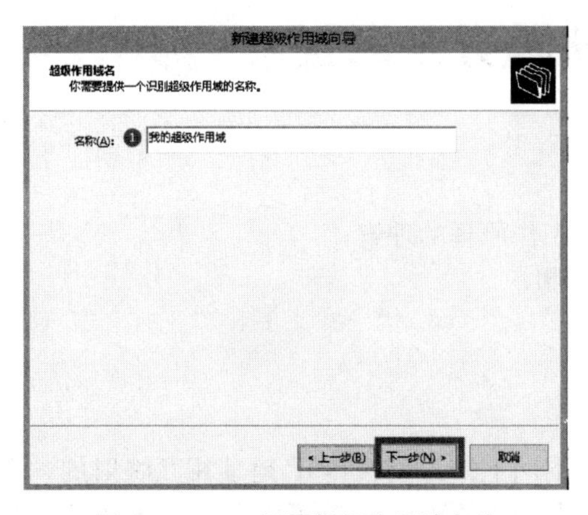

图4-1-24　设置超级作用域名称

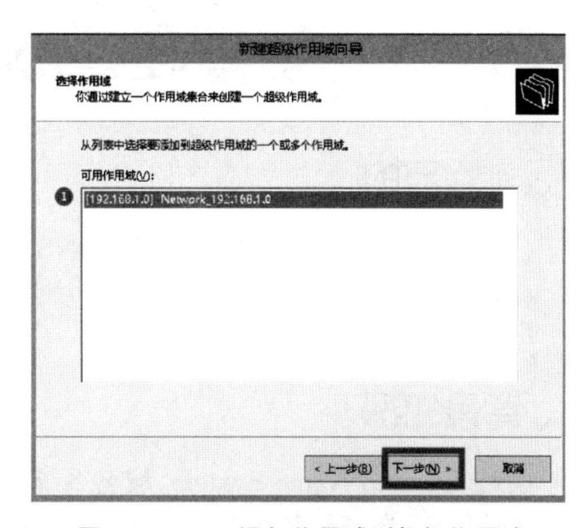

图4-1-25　添加作用域到超级作用域

配置好超级作用域后，就可以鼠标右键超级作用域名称，对需要的属性进行设置。

6. DHCP 服务测试

测试机设置本地连接 TCP/IPv4 为自动获取 IP 地址后，打开 Windows 命令行，输入"ipconfig/all"可以看到如图 4-1-26 所示信息。测试机从 DHCP 获取到的 IP 地址为 192.168.1.103；DNS 为前面设置的 210.28.176.7 和 61.177.7.1；获得地址的时间与地址过期时间。

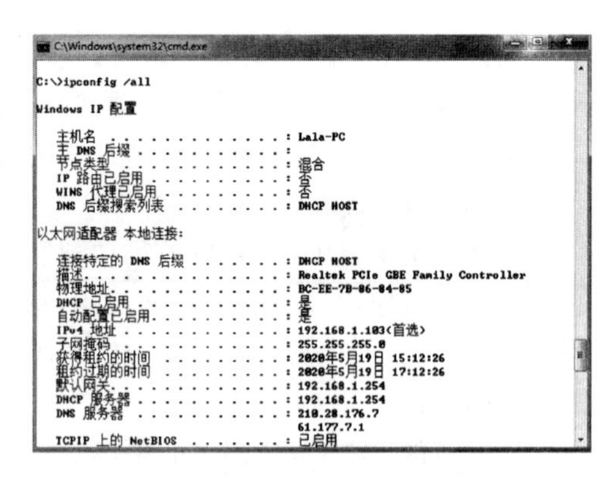

图 4-1-26 DHCP 服务器测试

五、实验注意事项

DHCP 服务器配置完成后，客户机修改网络连接（TCP/IPv4）属性为自动获取 IP 地址，如果能正确获取到 IP 地址，则表明服务器配置无误；如果不能获取到 IP 地址，在确保网络物理连接不存在故障的情况下，一般由于以下原因引起：

① 客户机 DHCP Client 服务没有启动，需要在服务管理器中，把该服务启动方式设置为自动后，启动该服务；

② DHCP 数据包封装在 UDP 数据报中，客户端发出请求时，源端口为 68，目标端口为 67，要确保没有各类防火墙阻止此类数据包的通过；

③ 可能有用户接入无线路由器的时候，把上行线接到了路由器的 LAN 口，结果路由器内置的 DHCP 服务器和网络中配置的 DHCP 服务器冲突了；

④ 在 Windows 域环境下，DHCP 服务器需要授权才能工作；

⑤ 如果客户机与 DHCP 服务器不在同一网段，没有在客户机网关设备上配置 DHCP 中继代理。

六、拓展训练

（1）在三层交换机上配置 DHCP 服务；

（2）在 Linux 服务器上配置 DHCP 服务。

实验 4.2 DNS 服务器配置

一、实验目的

（1）通过实验，加深对 DNS 协议、DNS 服务工作原理的理解；

（2）掌握 DNS 服务器的安装、配置方法与步骤；

（3）掌握 DNS 服务器的测试方法。

二、背景知识

DNS(Domain Name System，域名系统），万维网上作为域名和 IP 地址相互映射的一个分布式数据库，有了域名系统的帮助，用户不需要去记住 IP 地址就可以更方便地访问互联网。通过域名，最终得到该域名对应的 IP 地址的过程叫作域名解析（或主机名解析），完成这一解析工作的网络设备就叫作 DNS 服务器。

DNS服务作为网络核心的基础服务，为了提高可靠性，一般需要配置一台主服务器和一台从服务器互为备份。在一个区域中主DNS服务器从本机的数据文件中读取该区的DNS数据信息，而辅助DNS服务器则以一定时间间隔从该区的主DNS服务器中读取该区的DNS数据信息。当一个辅助DNS服务器启动时，它需要与主DNS服务器通信，并加载数据信息，这就叫作区域传送。

DNS查询数据封装在UDP数据报文中，区域传送数据通过TCP协议进行封装，二者采用的端口号为53。

对于个人和家庭用户，一般采用ISP或者相关IT企业提供的公共DNS服务，对于大中型企业网络，因为各类服务平台的需要，必须搭建自己的DNS服务器。

当前常用的DNS服务器软件有两大类，一类是基于Linux环境的BIND，一类是基于Windows Server环境的DNS Server。基于Windows Server的DNS系统因其配置简单、功能完善，被广泛应用于各类网络环境中。

三、实验环境及实验拓扑

安装VMware Workstation虚拟机软件的Windows 7主机一台，配置有固定IP地址的Windows Server 2012虚拟机一台。虚拟机网卡采用桥接模式，在Windows Server 2012中配置DNS服务，Windows 7主机作为客户机进行服务测试。

四、实验内容

1. Windows Server 2012系统中DNS服务器的安装

以管理员身份登录系统，单击任务栏服务器管理器图标，出现如图4-2-1所示服务器管理器界面。

图4-2-1　服务器管理

在服务器管理器中，单击"添加角色和功能"，出现如图4-2-2所示"添加角色和功能向导"。

单击"下一步"，出现如图4-2-3所示"安装类型"选择界面。

选择"基于角色或基于功能的安装"选项，单击"下一步"，弹出如图4-2-4服务器选择界面。

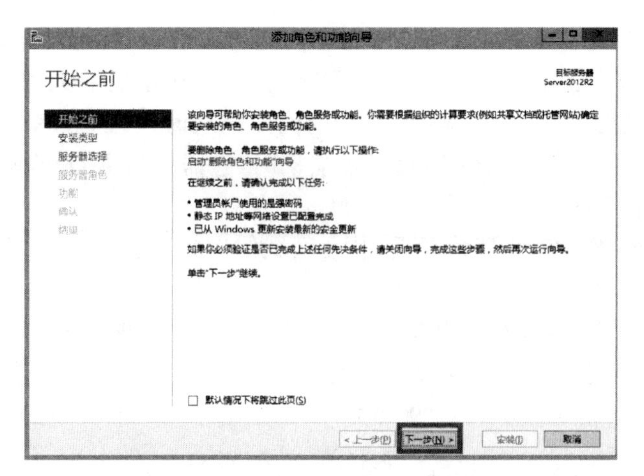

图 4-2-2　添加角色和功能向导

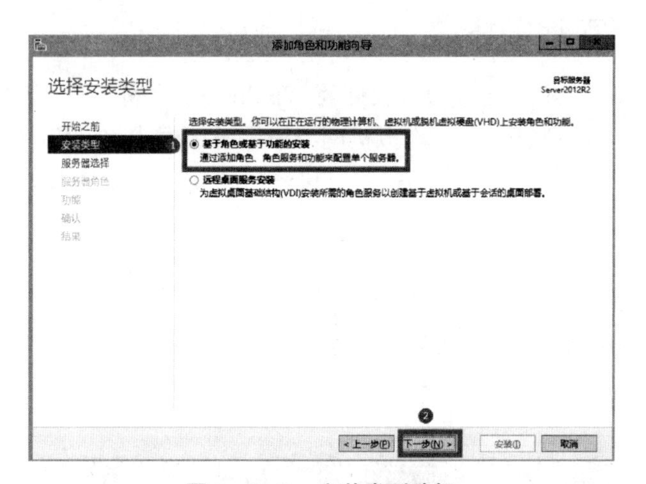

图 4-2-3　安装类型选择

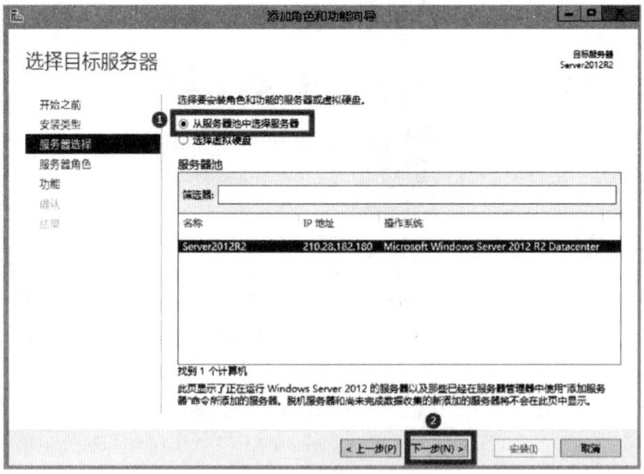

图 4-2-4　服务器选择

选择“从服务器池中选择服务器”选项，然后单击“下一步”，弹出如图 4-2-5 所示服务器角色选择界面。

选中 DNS 服务器，在弹出的对话框中选择“添加功能”，然后单击“下一步”，完成 DNS 服务器安装任务。

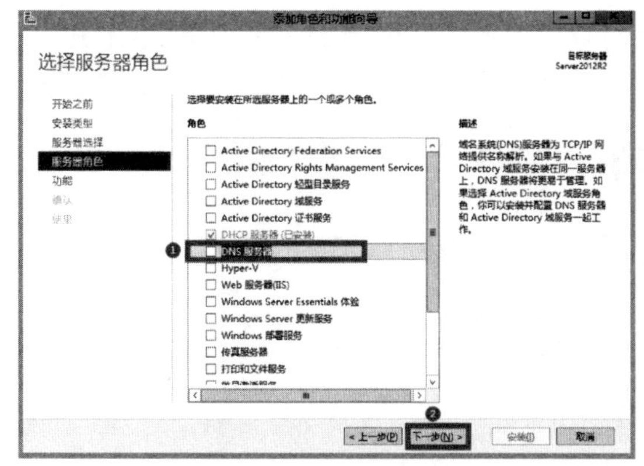

图 4-2-5　服务器角色选择

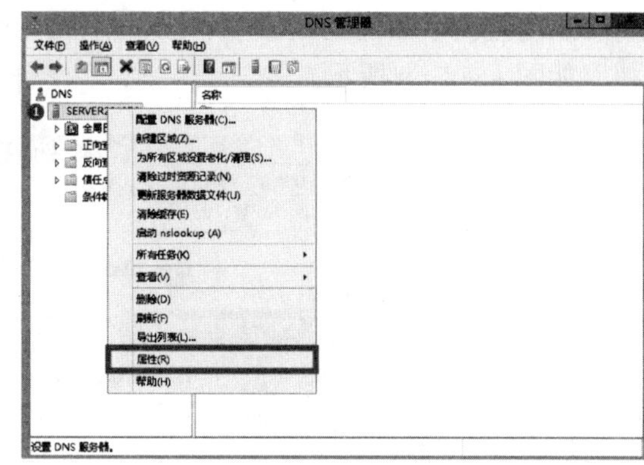

图 4-2-6　DNS 控制台

2. DNS 服务器基础参数设置

在管理工具界面中，双击 DNS 管理工具图标，打开 DNS 管理控制台，在弹出来的界面里，鼠标右键 SERVER2012R2，在弹出的菜单中单击“属性”，操作如图 4-2-6 所示。

DNS 服务器主要有两个全局参数需要设置，一个是接口，可以根据实际情况，设置在哪些接口(IP 地址)上对外提供服务，如图 4-2-7 所示；另外一个参数是转发器设置。DNS 服务器在进行域名解析的时候，默认采用的是迭代查询方式，通过配置转发器，将 DNS 的部分查询转发到其他 DNS 服务器上，可减少 DNS 服务器的负载，如图 4-2-8 所示。

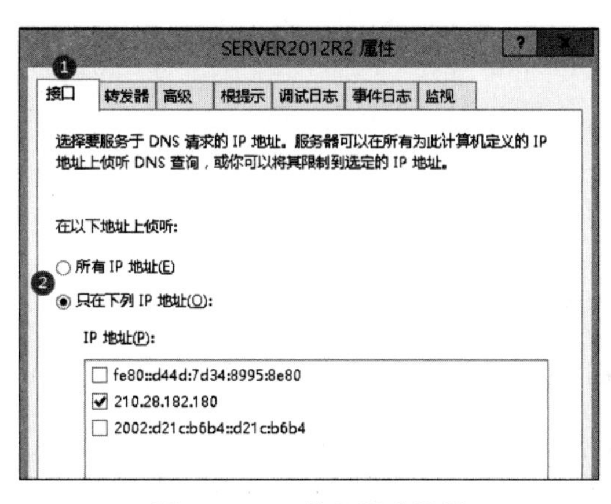

图 4-2-7　接口绑定设置

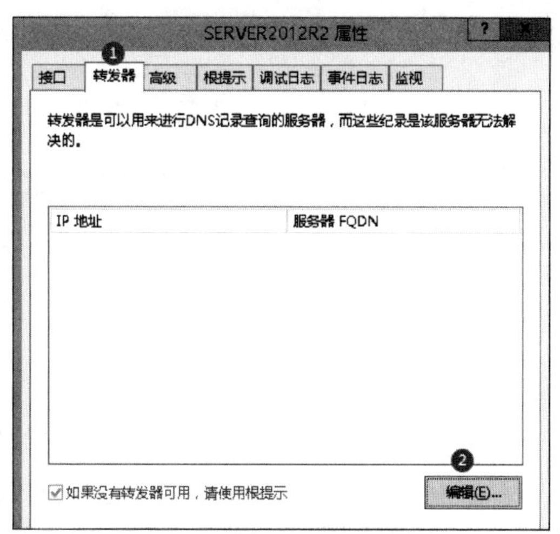

图 4-2-8　转发器设置

3. 正向查找区域配置，各种解析记录配置

配置 DNS 服务，首先要创建 DNS 查找区域。所谓查找区域是指 DNS 服务器所要负责解析的域名空间。如某单位注册了 test.com 的域名，在该单位的 DNS 服务器上就要创建名

为 test.com 的查找区域。查找区域有正向和反向之分,正向查找区域负责把域名解析为 IP 地址,而反向查找区域负责把 IP 解析为域名。通常正向查找区域必须配置,反向查找区域可以不配置。

正向查找区域配置方法如下:鼠标右键"正向查找区域",在弹出的菜单中单击"新建区域",如图 4-2-9 所示。

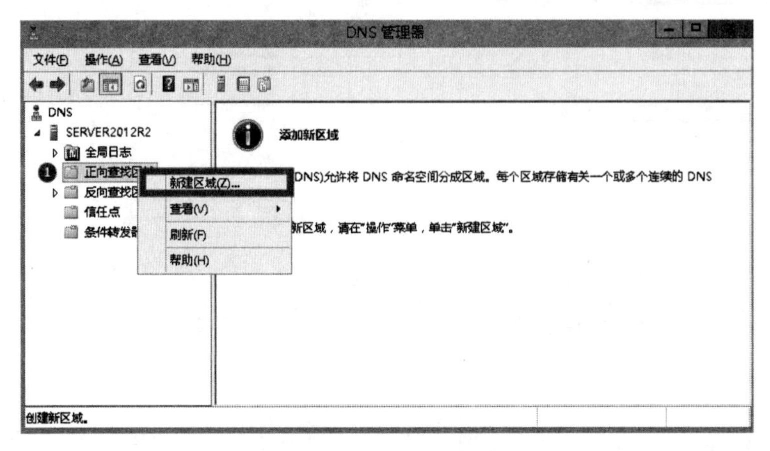

图 4-2-9 新建区域

在弹出的界面中,单击"下一步",弹出区域类型选择界面,如图 4-2-10 所示。

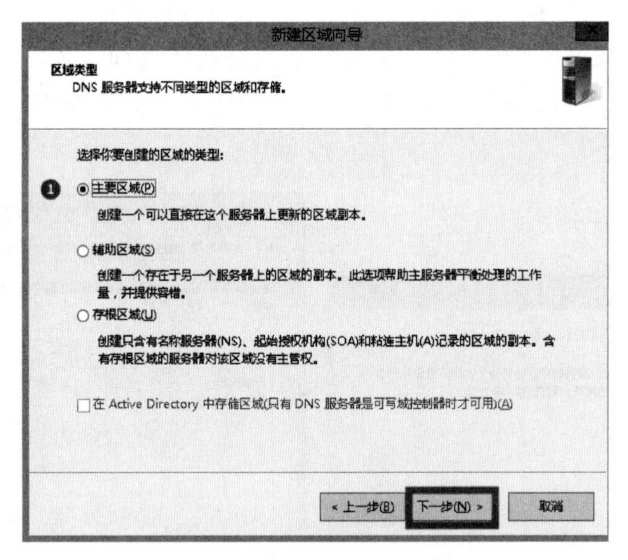

图 4-2-10 区域类型选择

在图 4-2-10 所示界面中,"主要区域"表示该服务器为主服务器,负责管理具体区域数据;"辅助区域"表示把该服务器配置为 DNS 从服务器,从服务器上不能配置具体数据,它的数据只能通过区域复制功能从主服务器得到。"存根区域"则可以看作是一个特殊的、简化的辅助区域。

选择"主要区域",单击"下一步",弹出区域名称设置界面,如图 4-2-11 所示。

填写好区域名称后,单击"下一步",弹出区域文件设置界面,如图 4-2-12 所示。

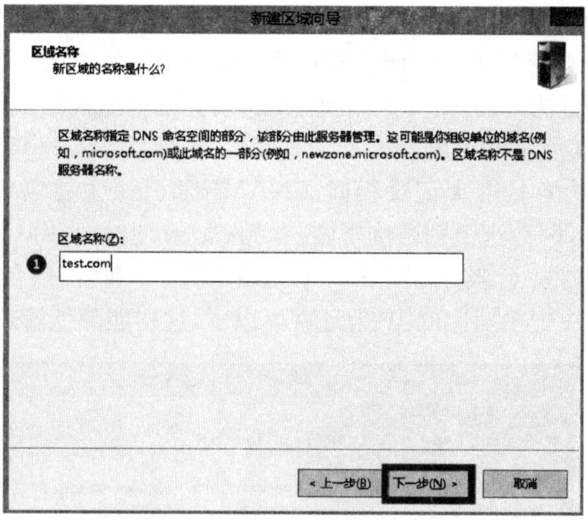

图 4-2-11 设置区域名称

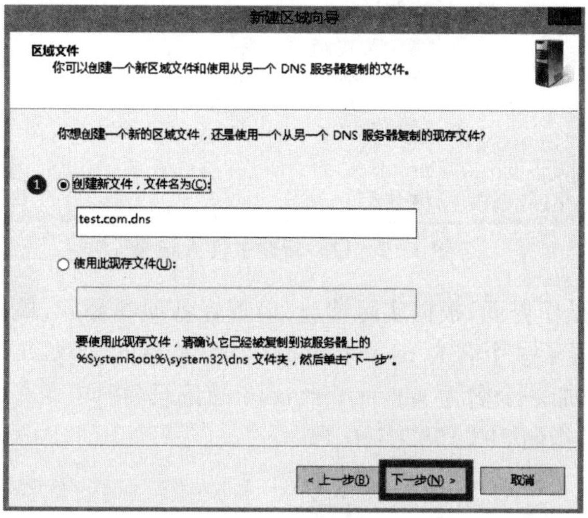

图 4-2-12 区域文件设置

DNS服务器相关记录信息基于文本格式保存，默认的文件名为"区域名.dns"，默认的保存路径为系统盘中 Windows\system32\dns 文件夹下，按需设置后，单击"下一步"和"完成"按钮。至此，正向区域配置完毕。

创建新的查找区域后，系统会自动创建起始机构授权、名称服务器、主机等记录。除此之外，常见记录类型如下：

① A记录，用来指定主机名(或域名)对应的IP地址的记录；

② CNAME别名记录，这种记录允许用户将多个名字映射到另外一个域名；

③ MX邮件交换记录，指向一个邮件服务器，用于电子邮件系统发邮件时根据收信人的地址后缀来定位邮件服务器；

④ AAAA记录，用来指定主机名(或域名)对应的IPv6地址的记录；

⑤ 新建子域，对区域进行更进一步的划分。如可以新创建名为 cs.test.com 的子域，一般把子域分配给二级部门使用；

⑥ 新建委派，功能和新建子域类似，区别在于新建子域的时候，子域内的各项记录由本服务器管理；新建委派则指定另外的服务器管理对应子域的各项记录。

主机 A 记录创建方法如图 4-2-13 所示，鼠标右键单击区域名，选择新建主机“A”记录，弹出如图 4-2-14 所示的界面。

CNAME 记录在功能上和 A 记录相似，CNAME 将几个主机名指向一个别名，其实跟指向 IP 地址是一样的，因为这个别名也要做一个 A 记录，但是使用 CNAME 记录可以很方便地变更 IP 地址。如果一台服务器有 100 个网站，都做了别名，该台服务器变更 IP 时，只需要变更别名指向的 A 记录对应的 IP 地址就可以了，这样能降低管理成本。

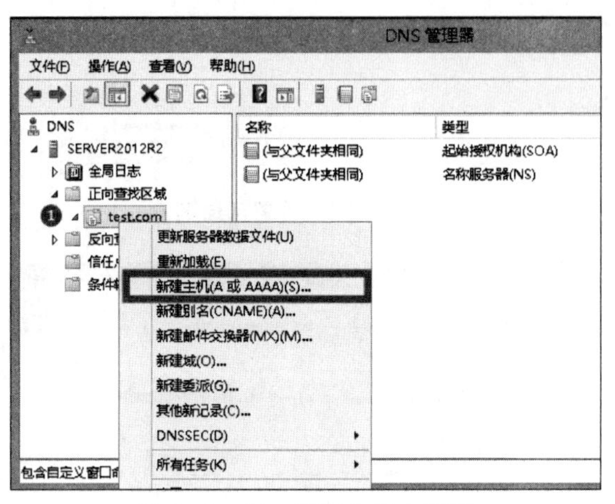

图 4-2-13　新建主机 A 记录

在新建主机记录操作界面，根据实际情况，设置好各项参数后，单击“添加主机”按钮，如图 4-2-14 所示，设置了一个名为 ns.test.com 的记录，指向 210.28.182.180 这个 IP 地址。按照相同的操作，再添加一个名为 server.test.com 的记录，指向 192.168.1.1，添加一个名为 mail.test.com 的记录，指向 192.168.1.100。

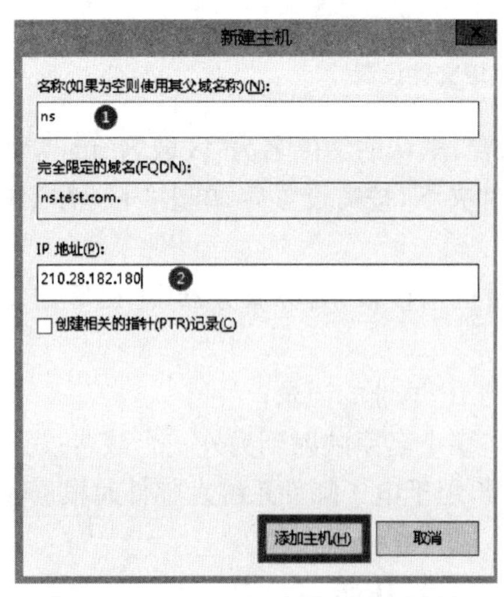

图 4-2-14　主机 A 记录属性设置

图 4-2-15　新建 CNAME 记录

鼠标右键单击区域名，单击“新建别名”，弹出如图 4-2-15 所示界面。填写好别名，单击“浏览”按钮，在对话框中浏览到需要指向的主机 A 记录，单击“确定”即退出选择界面，再单击“确定”完成别名的添加。

MX 记录和 CNAME 记录的添加方法类似，鼠标右键单击区域名，单击“新建右键交换器”，弹出如图 4－2－16 所示界面。如果是为主区域设置 MX 记录，“主机或子域”属性保持为空，单击“浏览”按钮，选择 MX 记录需要指向的主机记录，然后单击“确定”按钮，完成 MX 记录的设置。

新建资源记录
邮件交换器(MX)
主机或子域(H):
在默认方式，当创建邮件交换记录时，DNS 使用父域名。你可以指定主机或子域名称，但是在多数部署，不填写以上字段。
完全限定的域名(FQDN)(U):
test.com.
邮件服务器的完全限定的域名(FQDN)(F):
mail.test.com
浏览(B)...
邮件服务器优先级(S):
10
确定　取消　帮助

图 4－2－16　新建 MX 记录

图 4－2－17　区域属性设置

在设置好各项记录之后，还需要根据情况对区域的属性做必要设置。鼠标右键单击区域名，单击属性，弹出区域属性设置界面，如图 4－2－17 所示。序列号：区域文件的版本号，从服务器同步数据时用序列号来判断主服务器是否有更新；主服务：最初创建这个区域的服务器，可以通过“浏览”修改；负责人：负责管理这个区域的人的电子邮件地址，“@”被一个“.”代替了；刷新间隔：主服务器发生更改后，辅助服务器多久可以同步；重试间隔：传送失败后，多久后再次尝试传输；过期时间：不断尝试完成区域传送，如果在此时间到期之前未成功地完成区域传送，服务器将认为它已经不存在。最小(默认)TTL：记录缓存的时间。

4. 反向查找区域配置

反向查找区域用来通过 IP 地址查询对应的域名。配置步骤如下，鼠标右键“反向查找区域”，在弹出的菜单中单击“新建区域”，然后单击“下一步”，选择“主要区域”，再次单击“下一步”，选择“IPv4 反向查找区域”，单击“下一步”后，弹出如图 4－2－18 所示界面。设置好区域 ID 后，单击“下一步”，其余设置采用默认参数即可，最后单击“完成”。

反向查找区域建好后，鼠标右键单击区域名，如图 4－2－19 所示，在弹出的菜单中选择“新建指针”，打开如图 4－2－20 所示界面。

在图 4－2－20 所示界面中，设置好主机 IP 地址后，单击“浏览”，选择 IP 地址对应的域名，然后单击“确定”，完成记录的添加操作。

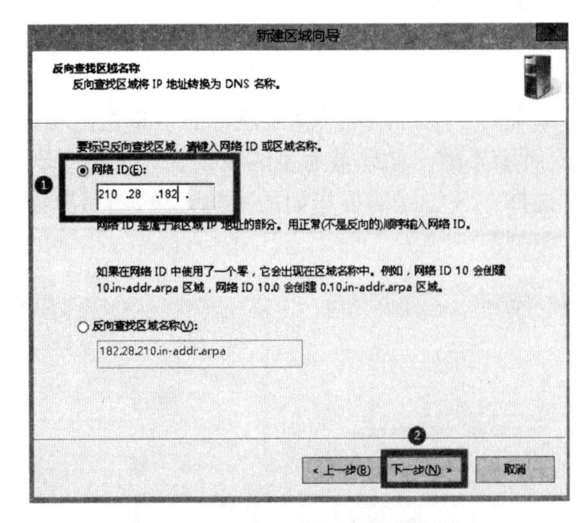

图 4-2-18　新建反向查找区域

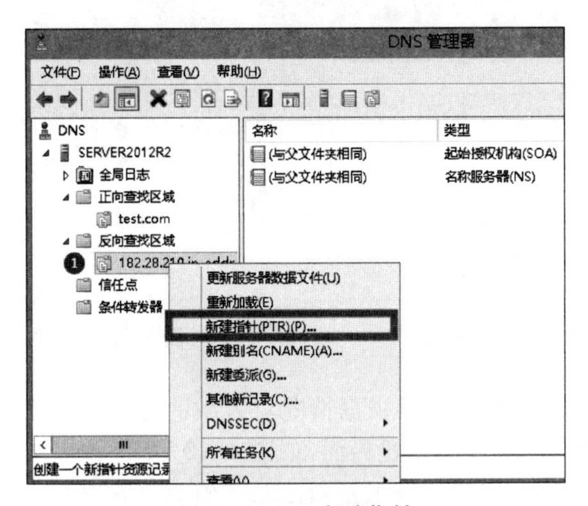

图 4-2-19　新建指针

图 4-2-20　新建资源记录

5. DNS 服务器测试

配置好 DNS 服务器后，一般须采用 nslookup 命令来进行各项测试，确保配置正确。测试步骤如下：

(1) 在系统开始，运行对话框输入“nslookup”，单击“确定”，打开测试程序。

(2) 因为设置的查找区域 test.com 未在域名结构注册，只能自我解析，需要先输入“server 210.28.182.180”，指定域名解析器为自身。

(3) 输入“set type=all”，回车，再输入“www.test.com”，按回车键，查看反馈结果是否正确。

相关操作如图 4-2-21 所示。

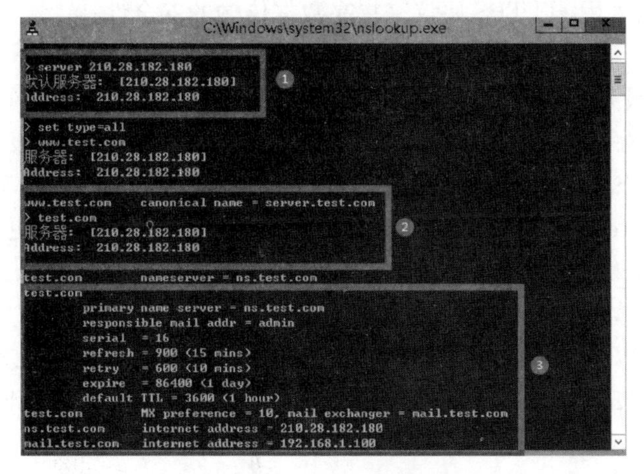

图 4-2-21 DNS 服务器测试

五、注意事项

在配置 DNS 服务器的时候，如果仅仅是实验或者测试目的，域名可以根据用户的需要自定义，如本次实验采用的是 test.com。如果要对外提供服务，在配置域名服务器之前，还需要在域名注册机构申请购买对应的域名才行。

六、拓展训练

(1) 对 DNSSEC 进行配置；

(2) 进行区域委托配置实验；

(3) 配置辅助区域，设置区域复制，配置服务器作为备份 DNS 服务器；

(4) 在 Linux 服务器上配置 DNS 服务。

实验 4.3 WEB 服务器配置

一、实验目的

(1) 掌握 Windows Server 2012 中 Web 服务器的安装方法；

(2) 掌握 Web 站点建立与配置方法。

二、背景知识

20 世纪 90 年代初，WEB(World Wide Web，万维网)被发明应用，从此，这种革命性的网络应用促使互联网从专家学者的实验室走进千家万户，引发了互联网的大发展。WEB 将网络中的文本、图像和视频等各种信息资源整合在一起供用户访问。

Web 服务器一般指网站服务器，也称为 WWW 服务器、HTTP 服务器，其主要功能是提供网上信息浏览服务。目前应用最为广泛的三个 Web 服务器是 Apache、Nginx、IIS。

Web 服务器是通过 HTTP(HyperText Transfer Protocol，超文本传输协议)与浏览器来进行信息交互，目前最新版本是 1.1。HTTP 协议采用明文进行数据的传输，在安全性要求较高的场合，可以采用 HTTPS 协议来提高数据传输的安全性。

Windows Server 的 Web 服务组件全名为 Internet Information Services(IIS)，其中包括 Web 服务器、FTP 服务器、NNTP 服务器和 SMTP 服务器，分别用于网页浏览、文件传输、新闻服务和邮件发送等方面，它使得在网络(包括互联网和局域网)上发布信息成为一件很容易的事。它提供 ISAPI(Intranet Server API)作为扩展 Web 服务器功能的编程接口；同时，它还提供一个 Internet 数据库连接器，可以实现对数据库的查询和更新。

三、实验环境及实验拓扑

安装 VMware Workstation 虚拟机软件的 Windows 7 主机一台，配置有固定 IP 地址的 Windows Server 2012 虚拟机一台。虚拟机网卡采用桥接模式，在 Windows Server 2012 中配置 DNS 服务，Windows 7 主机作为客户机进行服务测试。

四、实验内容

1. Windows Server 2012 系统中 Web 服务器的安装

以管理员身份登录系统，单击任务栏"服务器管理器"图标，在"服务器管理器"界面中，单击"添加角色和功能"，采用默认配置，依次单击"下一步"，在"服务器角色"选择界面，选择"Web 服务器(IIS)"，单击"下一步"，在如图 4-3-1 所示的"角色服务"选择界面，根据实际需要，选择需要安装的服务器组件。

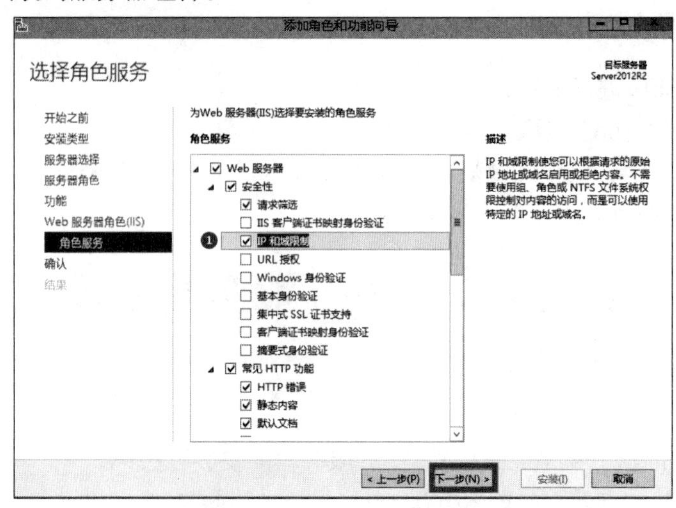

图 4-3-1　角色服务选择

选择好需要的组件后，单击“下一步”，然后单击“安装”，完成 Web 服务器的安装。

在管理工具界面中，双击“Internet Information Services (IIS)管理器”管理工具图标，打开如图 4-3-2 所示 IIS 管理控制台。

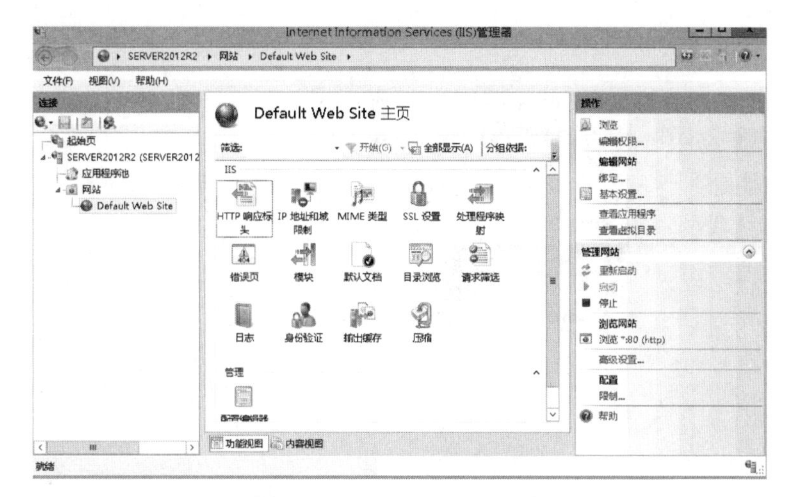

图 4-3-2　IIS 管理控制台

安装好 IIS Web 服务器后，系统默认建立了一个名为“Default Web Site”的 Web 站点，此站点一般用来测试 Web 服务器是否能正常工作，此时打开网页浏览器，访问 http://localhost，如果弹出如图 4-3-3 所示界面，表示服务器已经能正常工作了。

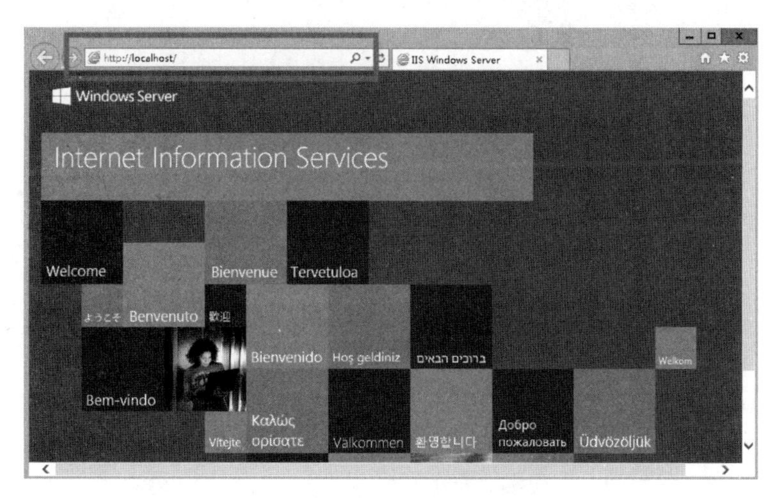

图 4-3-3　Web 服务器测试页面

2. 创建和管理 Web 站点

鼠标右键“Default Web Site”，单击“删除”，将默认站点删除。下面开始创建自定义站点。步骤如下：

(1) 如图 4-3-4 所示，鼠标右键“网站”，在弹出的菜单中，单击“添加网站”，弹出如图 4-3-5 所示站点设置界面。

(2) 在如图 4-3-5 所示界面中，按需设置网站名称，如果不选择特定的应用程序池，系统会自动新建一个同名的应用程序池；选择网站文件存放路径；选择网站绑定协议类型，默认为HTTP协议,如果要支持HTTPS协议,需要安装数字证书;选择网站绑定服务的IP地址,默认为全部未分配,选择网站服务端口,默认为80;根据实际情况填写需要的主机名,然后单击“确定”,完成网站新建任务。

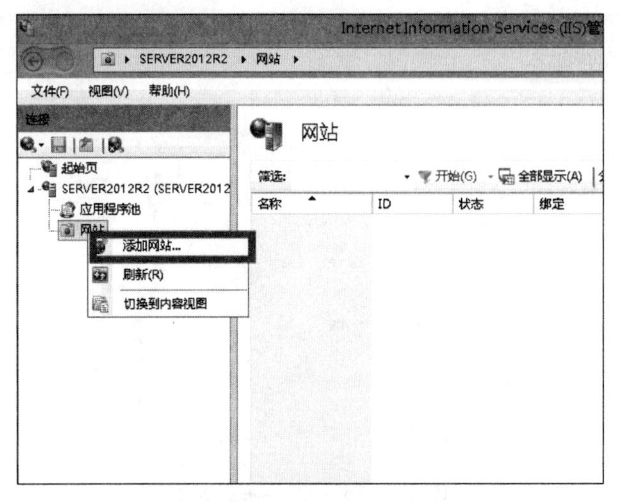

图4-3-4 添加Web站点

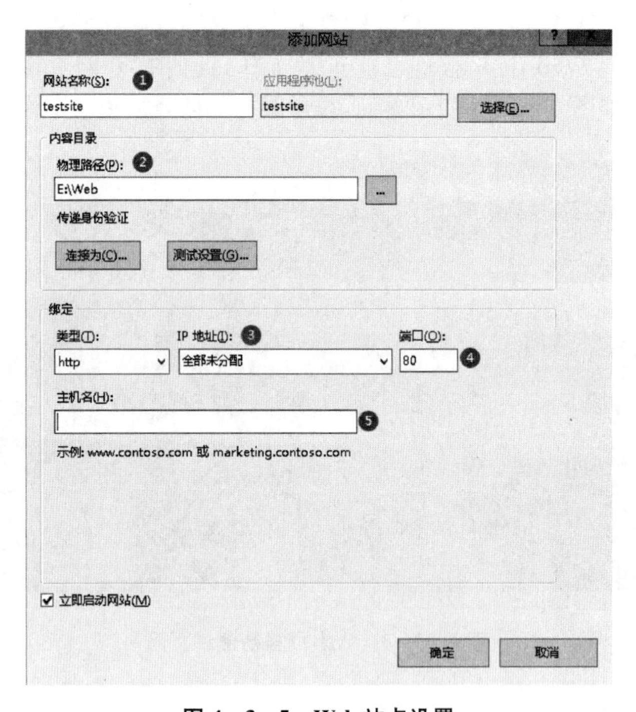

图4-3-5 Web站点设置

说明:Windows IIS以三种方式提供单服务器多Web站点支持。一是可以用不同的IP地址绑定80端口来区分不同站点;二是相同的IP地址绑定不同的端口来区分不同站点;三是都绑定在同一IP地址的80端口,但是通过不同的主机名(或者域名)来区分不同的站点。一般采用第三种方式的居多。需要注意的是,如果设置了主机名,就只能通过主机名来访问Web站点了。

如图 4-3-5 所示，单击“确定”后，就新建了一个名为“testsite”网站，网页存放路径为“E:\Web”的站点。

(3) 默认文档设置。默认文档一般指网站首页文件，指网站访问者访问网站的时候，如果 URL 中没有指定具体的 Web 页面，服务器返回的网页文件。如果需要发布的网站的首页文件不在站点默认文档列表内，就需要对这一选项进行设置。设置方法如图 4-3-6 所示。鼠标双击“默认文档”图标，然后单击添加，输入文件名后，单击“确定”。另外，可以按照实际情况对默认文档列表进行排序，把不需要的项目禁用。

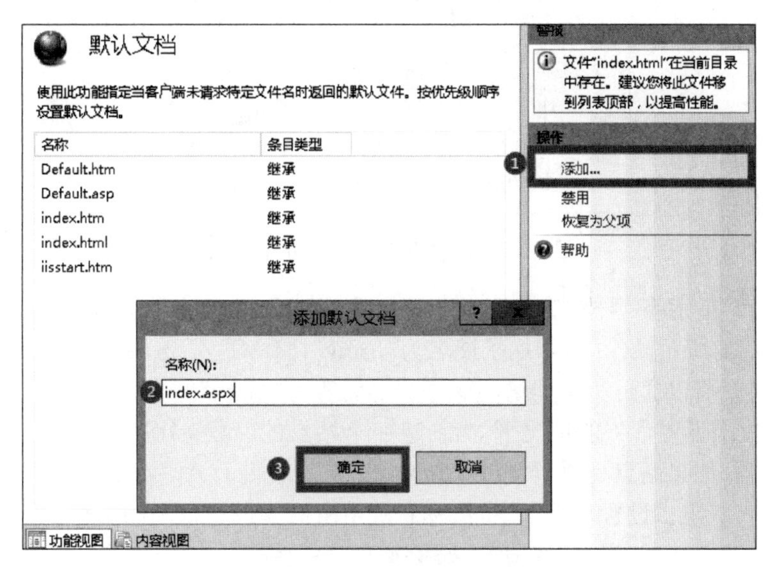

图 4-3-6 默认文档设置

(4) MIME 类型设置。Web 服务器仅提供在 MIME 类型中注册过的文件访问服务，如果 Web 站点存在不在列表中的文件类型，则需要添加到 MIME 类型列表中。设置如图 4-3-7所示，鼠标双击“MIME 类型”图标，打开“MIME”设置界面，如图 4-3-8 所示。

图 4-3-7 MIME 类型设置

图 4-3-8 添加自定义 MIME 类型

Windows Web 服务器支持的 MIME 类型包括 application、video、audio、text、images 等。在图 4-3-8 所示操作中，添加扩展名为“.mkv”，MIME 类型为“video/mkv”的新记录。设置之后，用户就可以通过浏览器访问服务器上后缀为“.mkv”的文件了。

(5) 目录权限设置。一般情况下，当新建一个站点的时候，IIS 对相应的物理文件夹只有只读访问权限，如果站点提供了文件上传功能，或者采用了 ACCESS 数据库，就需要设置对应目录的写入权限。设置步骤如下：鼠标右键单击需要设置权限的文件夹，在弹出的菜单中选择“属性”，然后选择“安全”选项卡，如图 4-3-9 所示。

图 4-3-9 文件夹权限设置

图 4-3-10 查找用户

在图 4-3-9 所示界面中，单击“编辑”按钮，在弹出的界面中，单击“添加”按钮，弹出如图 4-3-10 所示界面，输入“IIS AppPool\testsite”，然后单击“检查名称”按钮，然后单击“确定”按钮，弹出如图 4-3-11 所示界面。

说明：Windows Web 服务器为了提高安全性，各站点实施访问权限隔离，每个 Web 站点以各自的权限隔离运行。在如图 4-3-10 所示界面中输入的对象名称，“IIS AppPool\”

为固定值，后面输入的是站点的名称。

如图 4-3-11 所示，选中“写入”权限，然后单击“应用”，完成权限添加配置。

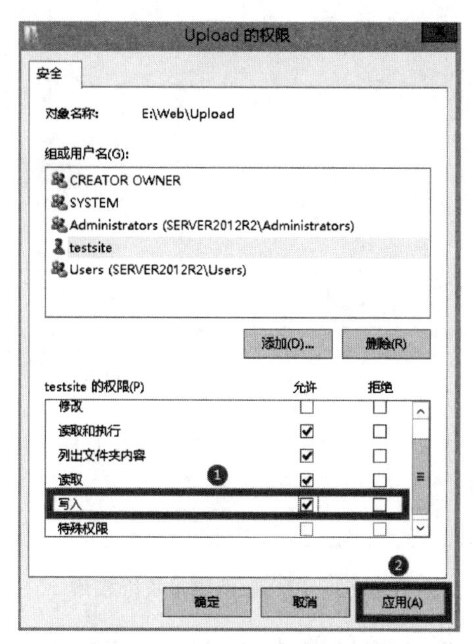

图 4-3-11 添加写入权限

3. Web 站点高级配置

(1)“处理程序映射”设置。Web 服务器默认情况下，所有目录都拥有脚本执行权限，为了避免恶意访问者上传恶意脚本到上传目录，危害服务器的安全，因此需要取消上传文件夹或者可写文件夹的“执行”权限。设置方法如图 4-3-12 所示，选中需要设置的文件夹，双击“处理程序映射”，弹出如图 4-3-13 所示设置界面。

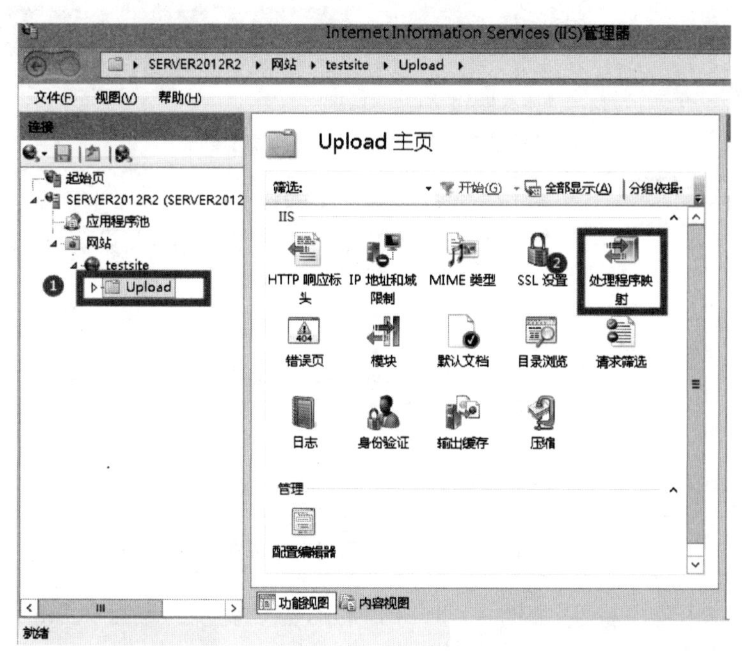

图 4-3-12 打开处理程序映射

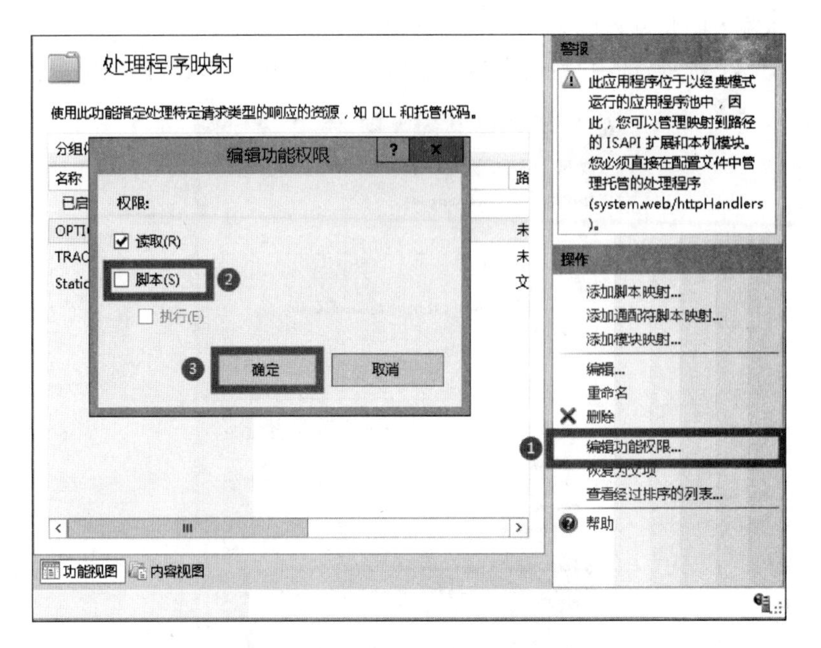

图 4-3-13　取消脚本执行权限

如图 4-3-13 所示，单击右边的“编辑功能权限”，在弹出的对话框中取消“脚本”选项，然后单击“确定”按钮完成设置。

(2) 应用程序池设置。针对 ASP.NET Web 应用程序，一般还需要对应用程序池进行适当的设置。

如图 4-3-14 所示，鼠标右键“应用程序池”，在弹出的菜单中选择“高级设置”。弹出如图 4-3-15 所示界面。

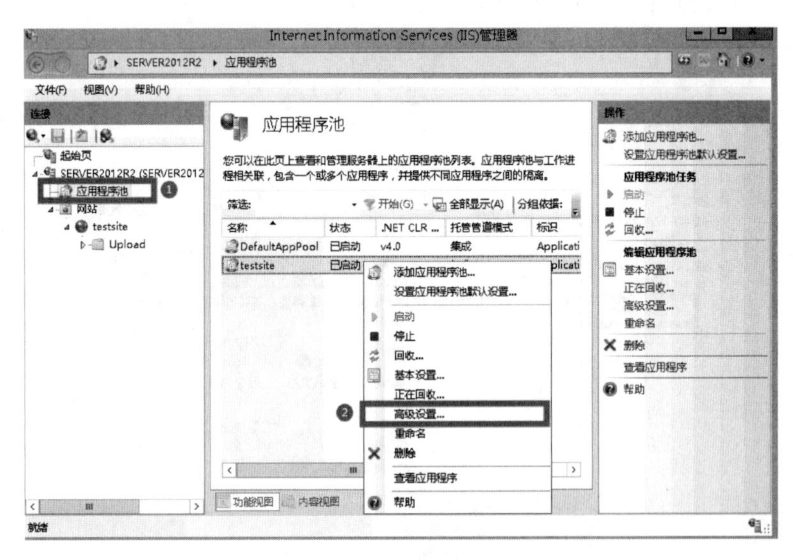

图 4-3-14　应用程序池设置

针对 Web 应用程序特性，如图 4-3-15 所示，需要调整的参数有.NET 版本、启用 32 位应用程序、托管管道模式、CPU 限制等。

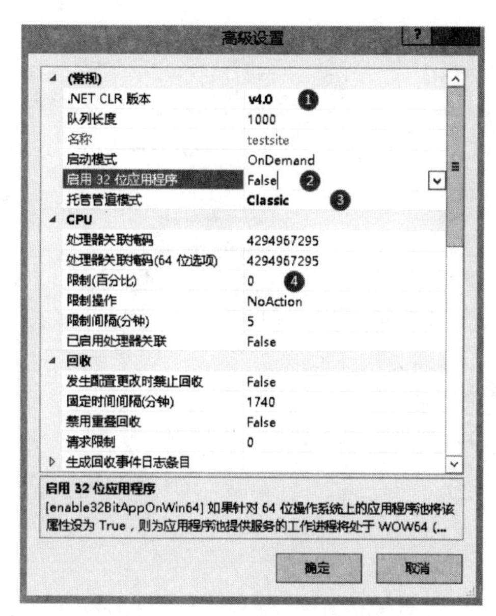

图 4-3-15 应用程序池参数设置

4. Web 站点 HTTPS 配置

Web 服务器通过 B/S 模式(浏览器/服务器模式)对外提供服务器,采用 HTTP 协议进行数据传输,HTTP 协议传输数据的时候,采用明文传输,安全性得不到保障。HTTPS 在 HTTP 的基础上加入 SSL 层,如交易支付等方面对于安全性要求较高的站点,就需要配置站点采用加密的 HTTPS 协议确保数据传输的安全。配置步骤如下:

(1) 为服务器安装数字证书。

数字证书可以到专门的证书颁发机构购买,也可以到阿里云、百度云等平台申请免费的证书,还可以自己用 openssl 等工具生成自签名证书。需要注意的是,如果采用自己生成的证书,用户访问网站的时候,浏览器会有一个安全警告。

打开运行对话框,输入“MMC”,运行后,打开系统管理控制台,如图 4-3-16 所示,然后单击“文件”和“添加/删除管理单元”,弹出如图 4-3-17 所示界面。

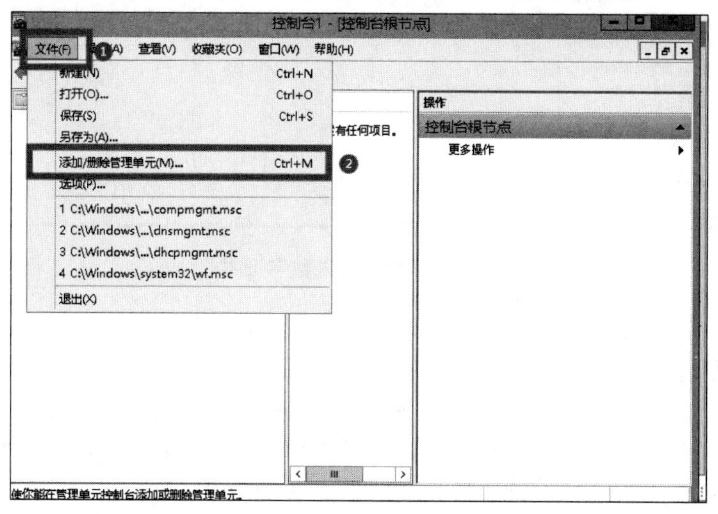

图 4-3-16 管理控制台

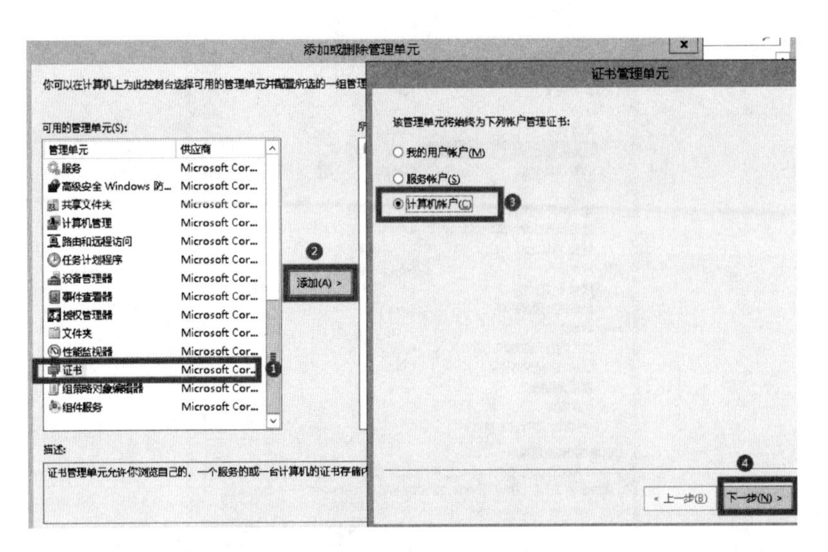

图 4-3-17　添加证书管理工具

如图 4-3-17 所示，在左边列表选择“证书”，然后单击“添加”按钮，选择“计算机账户”，单击“下一步”按钮，再单击“完成”按钮后，出现如图 4-3-18 所示界面。

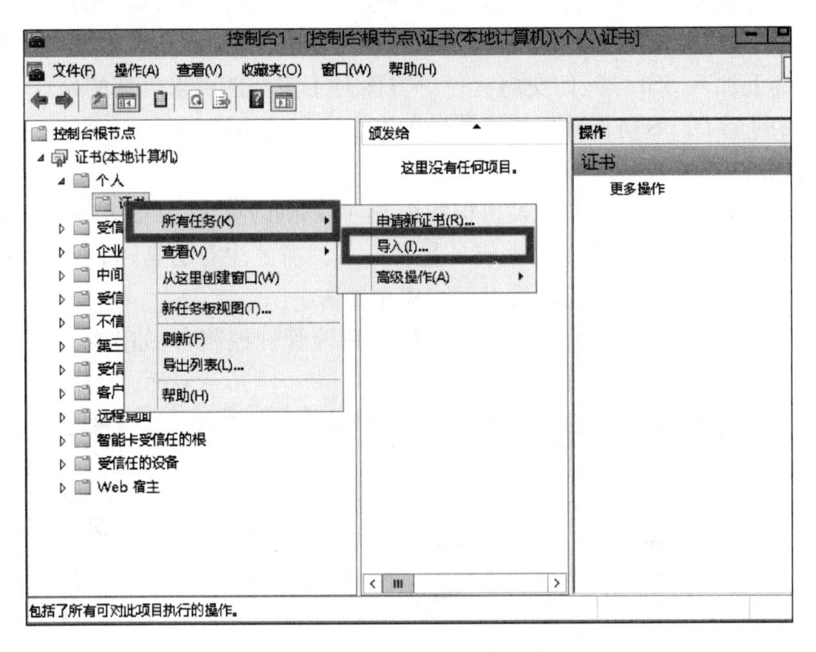

图 4-3-18　导入数字证书

如图 4-3-18 所示，展开“个人”列表，鼠标右键“证书”，在弹出的菜单中单击“所有任务”和“导入”，然后按照提示界面，导入数字证书文件。

(2) HTTPS 绑定设置。操作步骤如图 4-3-19 所示。选中要设置的站点，然后单击右边操作列表中的“绑定”按钮，在弹出的对话框中单击“添加”按钮，然后在类型下拉列表选择“https”，在 ssl 证书列表选择刚才导入的数字证书，单击“确定”按钮。

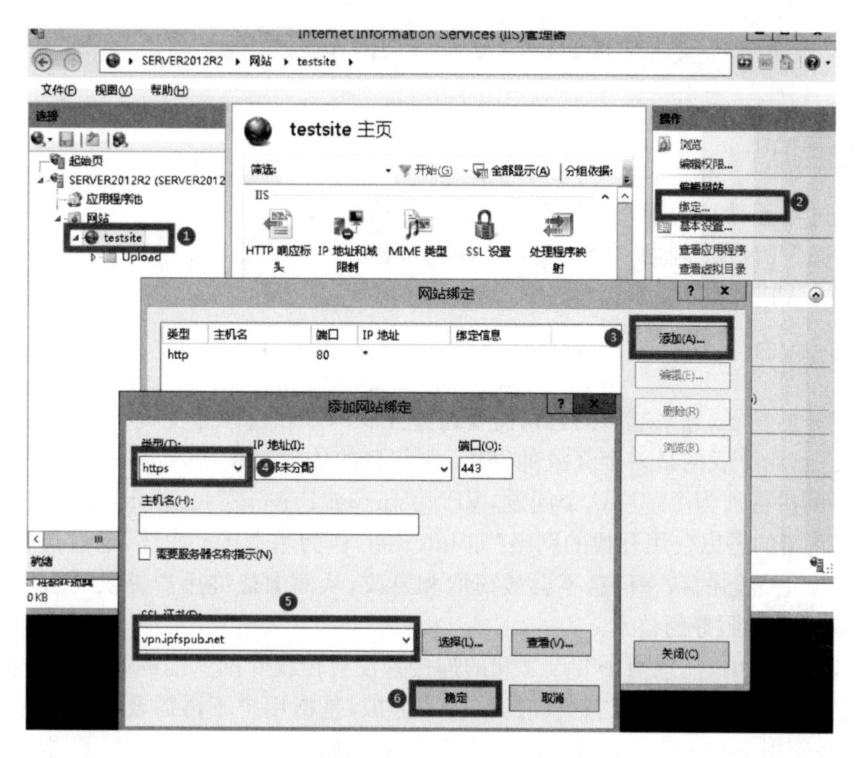

图 4-3-19 HTTPS 设置

五、实验注意事项

在配置基于主机名的多站点的时候，站点不能通过 IP 地址访问，必须通过对应的主机名(域名)来访问。实验的时候，域名可以在自己的 DNS 服务器里面注册，也可以通过修改访问者主机 c:\windows\system32\drivers\etc\hosts 文件，在里面新添加一行对应记录即可。如图 4-3-20 所示，设置 www.test.com 指向 Web 服务器的 IP 192.168.1.1。

```
# For example:
#
#      102.54.94.97     rhino.acme.com          # source server
#       38.25.63.10     x.acme.com              # x client host

# localhost name resolution is handled within DNS itself.
#       127.0.0.1       localhost
#       ::1             localhost
192.168.1.1             www.test.com
```

图 4-3-20 添加测试主机名

六、拓展训练

(1) 对 IIS Web 服务器 CPU、带宽、连接数和页面文件压缩等性能相关参数进行配置；

(2) 利用 IIS 搭建动网论坛；

(3) 利用 Apache 搭建 Web 服务器。

实验 4.4 VPN 服务器配置

一、实验目的

(1) 通过实验，加深了解 VPN 服务的工作原理；

(2) 掌握 VPN 服务器的安装、配置方法与步骤；

(3) 掌握 VPN 客户端配置方法。

二、背景知识

随着业务的发展，越来越多的公司需要通过互联网来和自己分支机构、商业合作伙伴等进行信息交流，而互联网是一个开放的网络，在信息的传输过程中，容易遭受各种安全威胁而泄漏公司的机密。为了解决这个问题，VPN(Virtual Private Network，虚拟专用网)技术应运而生，它指的是以公用开放的网络(如 Internet)作为基本传输媒体，通过加密技术来保护在公共网络上传输的私有信息不会被窃取和篡改，从而向最终用户提供类似于私有网络(Private Network)服务的技术。

在虚拟专用网中，任意两个节点之间的连接并没有传统专网所需的端到端的物理链路，而是利用某种公众网的资源动态组成的。所谓虚拟，是指用户不再需要拥有实际的长途数据线路，而是使用 Internet 公众数据网络的长途数据线路。所谓专用网络，是指用户可以为自己制定一个最符合自己需求的网络。

基于 VPN 的应用场景，可以将 VPN 分为两类：一类为 VPDN(Virtual Private Dial Network，虚拟专用拨入网)，为远程用户或者出差的雇员和公司内部网络建立安全的连接；另一类为 Site to Site VPN，提供网络到网络之间，如总公司和分公司之间的安全连接。典型应用场景如图 4-4-1 所示。公司总部与分公司之间如果直接通过 Internet 进行通信，信息安全得不到保障，如果在总部与分公司之间架设网络专线又不现实，为了解决这个问题，可以采用 VPN 技术，在总部与分公司之间建立虚拟的安全通信隧道来进行安全通信。此外，还可以利用 VPN 技术为出差的员工提供安全接入。

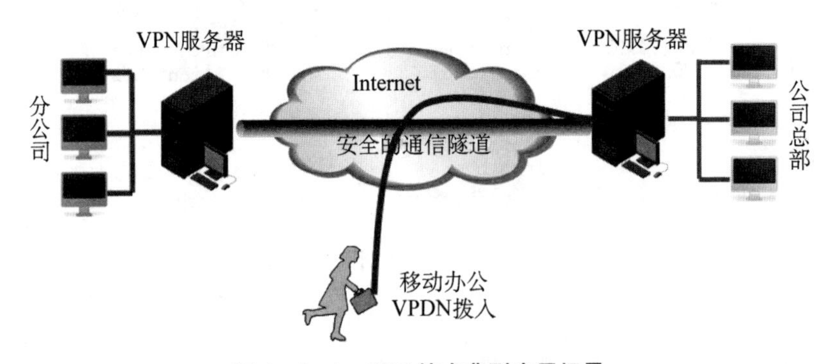

图 4-4-1 VPN 技术典型应用场景

VPN 主要涉及隧道、加解密、身份认证等多种技术。对于构建 VPN 来说，网络隧道(Tunneling)技术必不可少。网络隧道技术指的是利用一种网络协议来传输另一种网络协议。Windows Server 支持 PPTP、L2TP、SSTP、IPsec 等隧道协议，能满足各种网络应用场景的需求。

三、实验环境及实验拓扑

网络互连互通的 Windows Server 2012 虚拟机两台(两台虚拟机不要处于相同网段)，Windows 7 主机一台。

四、实验内容

1. Windows Server 2012 系统中 VPN 服务器的安装

以管理员身份登录系统，单击任务栏“服务器管理器”图标，在“服务器管理器”界面中，单击“添加角色和功能”，采用默认配置，依次单击“下一步”，在“服务器角色”选择界面，选择“远程访问”，然后多次单击“下一步”按钮，在如图 4-4-2 所示的“角色服务”选择界面，选择“DirectAccess 和 VPN(RAS)”，然后单击“下一步”按钮，后面步骤按照默认设置即可，最后单击“安装”按钮，即完成 VPN 服务器的安装。

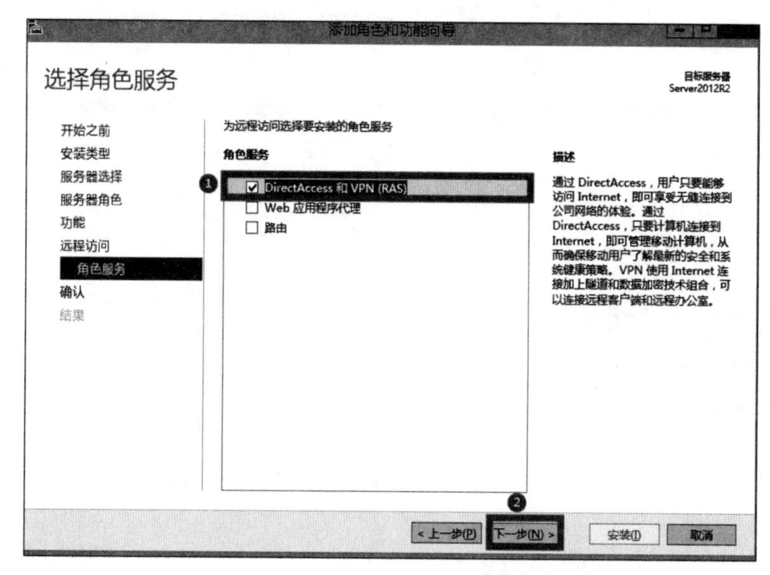

图 4-4-2　安装 VPN 服务器

2. VPDN 服务器配置

(1) VPN 服务器初始化配置

在管理工具界面中，双击“路由和远程访问”管理工具图标，打开“路由和远程访问”管理控制台。如图 4-4-3 所示，鼠标右击服务器名，在弹出的菜单中单击“配置并启用路由和远程访问”，然后单击“下一步”，弹出如图 4-4-4 所示界面。

在如图 4-4-4 所示界面中，选择“自定义配置”，然后单击“下一步”按钮，弹出如图 4-4-5所示界面。

选择“VPN 访问”，然后单击“下一步”按钮。在弹出的界面，单击“完成”按钮，在最后出现的提示界面，单击“激活服务器”，至此，VPN 服务器初始化配置操作完毕。

特别说明：如果没有服务器当前网络独立 IP 分配给 VPN 客户端，可以选择自定义私有地址分配给客户端，不过在图 4-4-5 自定义配置界面，需要把“NAT”功能选上。

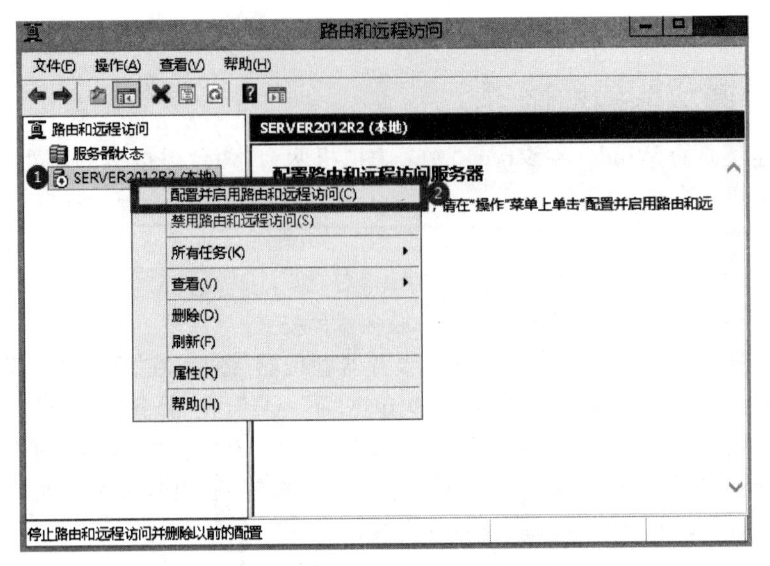

图 4-4-3 路由与远程访问控制台

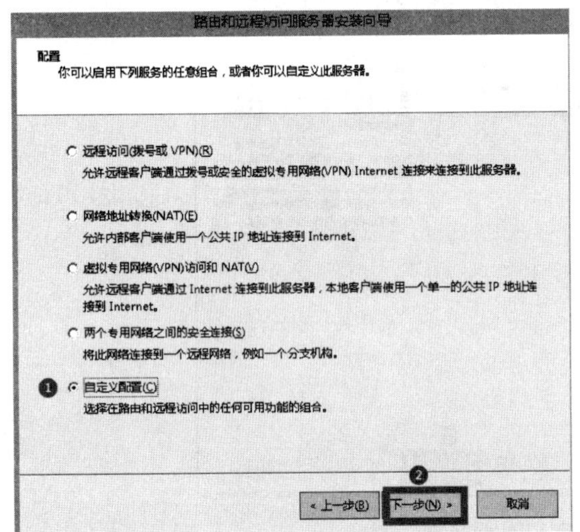

图 4-4-4 选择服务组合

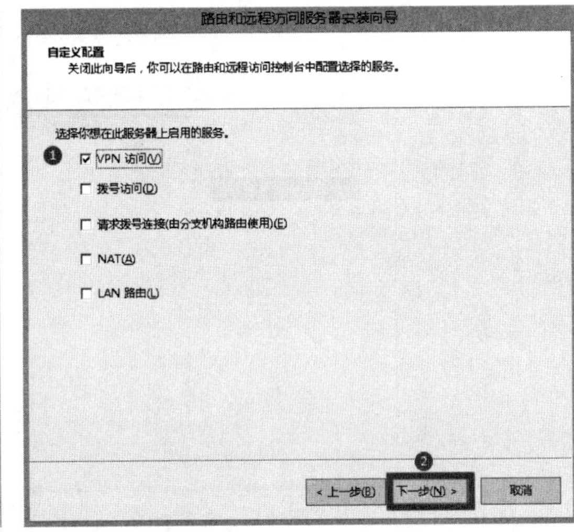

图 4-4-5 自定义配置

(2) VPN 服务器参数设置

如图 4-4-6 所示操作，鼠标右键服务器名，在弹出的菜单中单击"属性"后，弹出如图 4-4-7所示界面。

Windows Server 2012 VPN 服务器支持 Windows 身份验证和 RADIUS 两种身份验证方法。在图 4-4-7 所示界面中，根据实际情况，选择身份认证方法、记账方法，如果需要支持 SSTP 或者 IKEv2 类型 VPN，则需要选择服务器绑定的证书。数字证书安装方法参见 Web 服务器配置 HTTPS 支持部分内容。

在图 4-4-7 所示界面中，单击 IPv4 选项卡，弹出如图 4-4-8 所示界面。

在图 4-4-8 所示界面中，如果没有 DHCP 服务器为客户端分配地址，则选择"静态地址池"，然后单击"添加"按钮，在弹出的新建 IPv4 地址范围中设置好 IP 地址，然后单击"确定”按钮，最后单击“应用”即可。

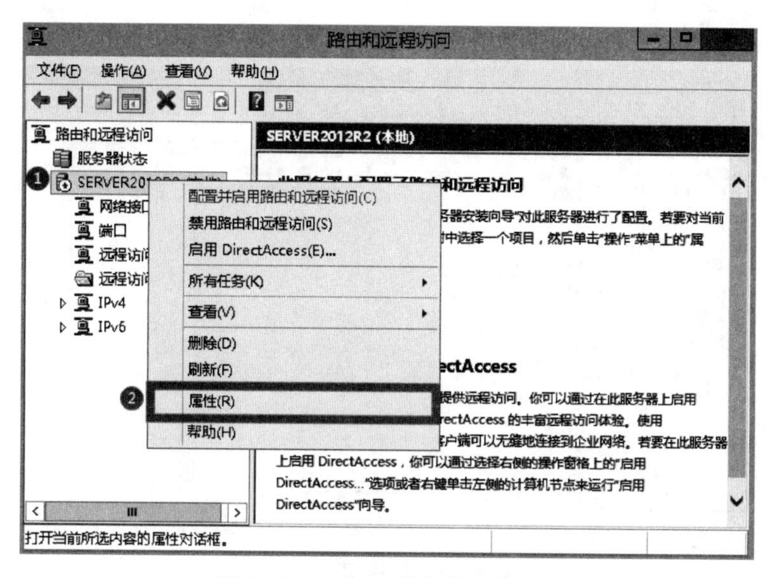

图 4-4-6　VPN 服务器参数设置

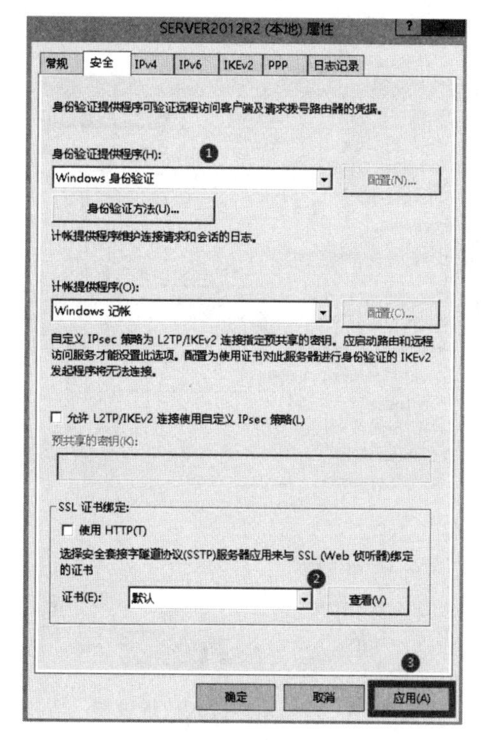

图 4-4-7　VPN 服务器安全参数设置

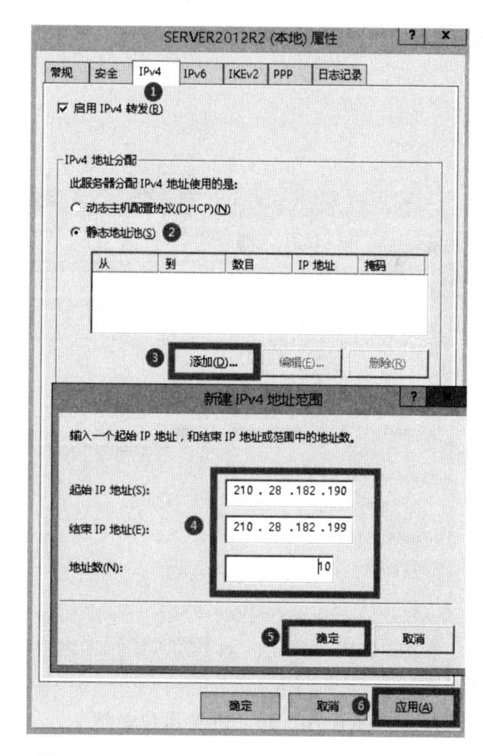

图 4-4-8　VPN 服务器 IP 地址分配设置

(3) VPN 拨入用户设置

VPN 服务器设置好后，如果采用 Windows 身份验证方式，还需要在系统中新建有拨入权限的用户。在管理工具中双击“计算机管理”图标，如图 4-4-9 所示，在计算机管理控制台中，展开“本地用户和组”列表，然后鼠标右键用户，在弹出的菜单中单击“新用户”。弹出如图 4－4－10 所示界面。

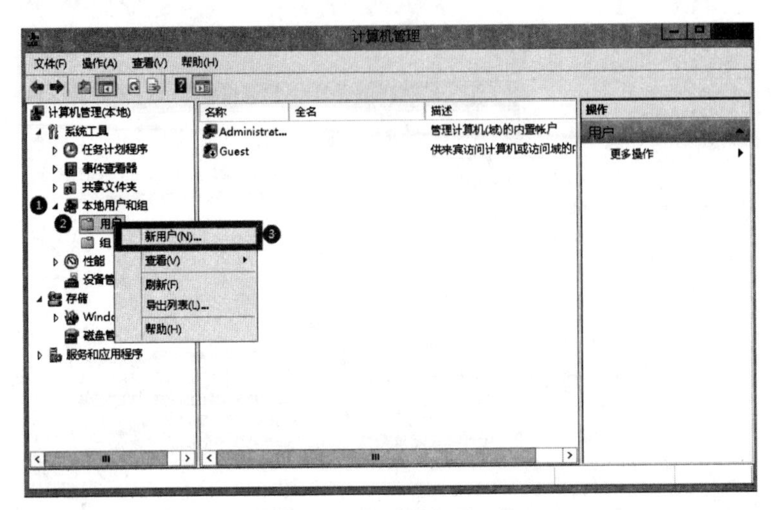

图 4－4－9 添加新用户

在图 4－4－10 所示界面中，设置好用户名、密码后，单击“创建”按钮。然后鼠标右键用户名，在弹出的菜单中，单击“属性”，弹出如图 4－4－11 所示界面。

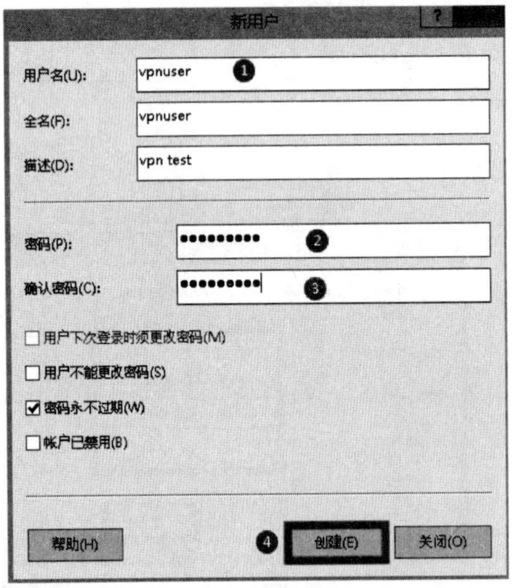

图 4－4－10 设置用户参数

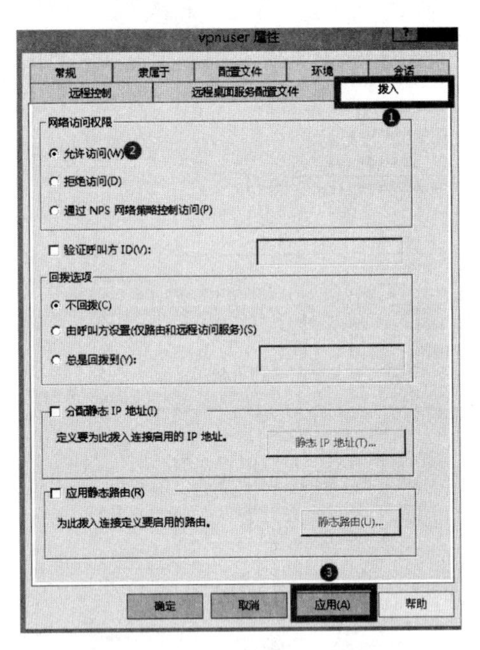

图 4－4－11 用户拨入权限设置

在图 4－4－11 所示界面中，选中“允许访问”，然后单击“应用”按钮，完成设置。

3. VPDN 客户端设置

在客户机中，打开“网络和共享中心”，如图 4－4－12 所示，单击“设置新的连接或网络”，然后选择“连接到工作区”，单击“下一步”，在弹出的界面中，继续单击“下一步”按钮，弹出如图 4－4－13 所示界面。

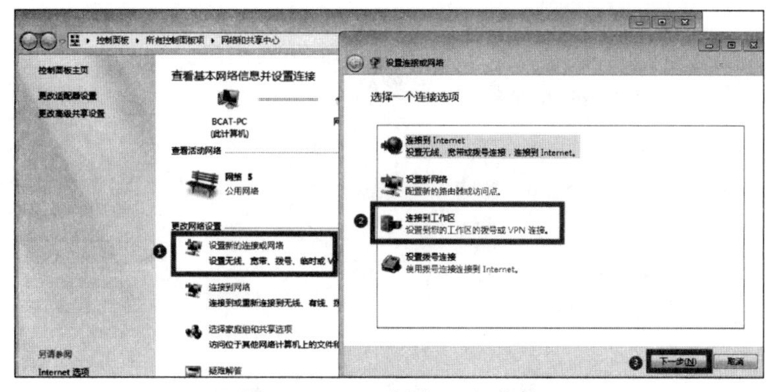

图 4-4-12　新建 VPN 连接

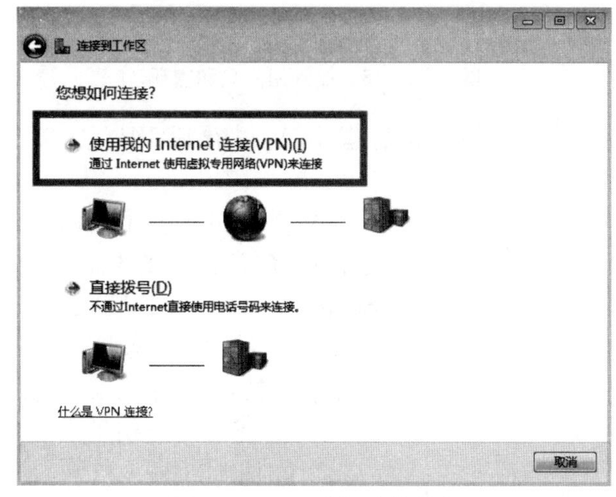

图 4-4-13　选择连接方式

在图 4-4-13 所示界面中，单击“使用我的 Internet 连接(VPN)”，弹出如图 4-4-14 所示界面。填写好 VPN 服务器的 IP 地址和目标名称后，单击“下一步”按钮。在弹出的界面中，输入用户名和密码，单击“连接”，如图 4-4-15 所示。

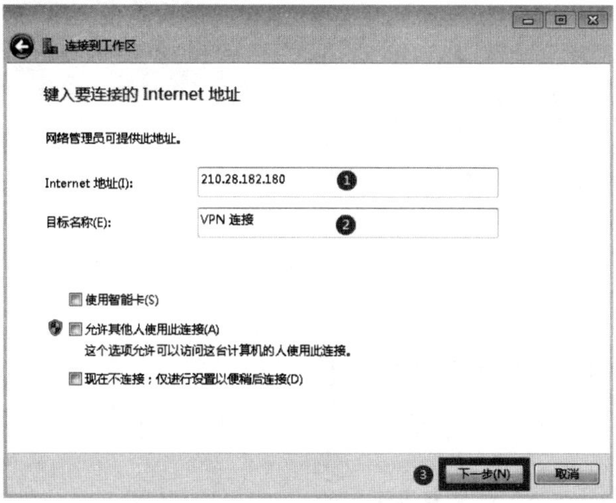

图 4-4-14　设置服务器地址

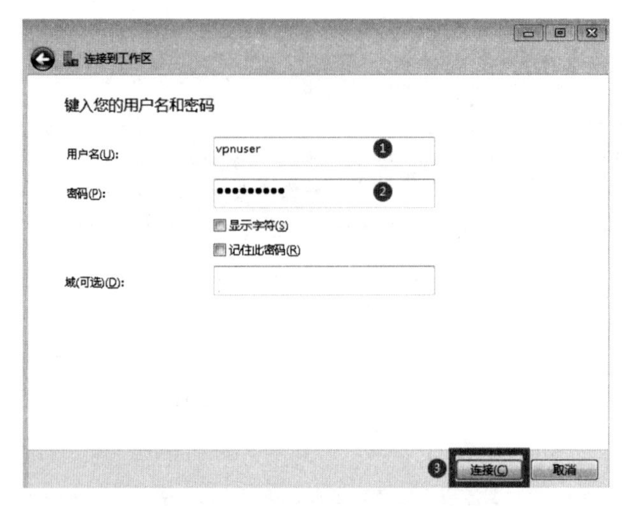

图 4-4-15　输入用户名和密码

连接成功后，在客户机网络连接管理中，可以看到 VPN 连接已经正常工作，如图 4-4-16所示。

图 4-4-16　VPN 连接成功

从图 4-4-16 中可以看出，与服务器的 VPN 连接已经成功，当前连接类型为 PPTP。Windows Server 2012 支持 PPTP、SSTP、IKEv2、IPSEC 和 L2TP 类型的 VPN 连接。后三种类型连接需要数字证书支持，如果服务器上采用的是自签名证书，还需要把证书的公钥导出后，在客户机上导入到"受信任的根证书颁发机构"列表里面。

如果在服务器上为客户分配的是私有 IP 地址，还需要在服务器上设置网络地址转换功能。配置方法如图 4-4-17 所示，鼠标单击"IPv4"，在展开的列表中，鼠标右键"NAT"，在弹出的菜单中单击"新增接口"，弹出如图 4-4-18 所示界面。

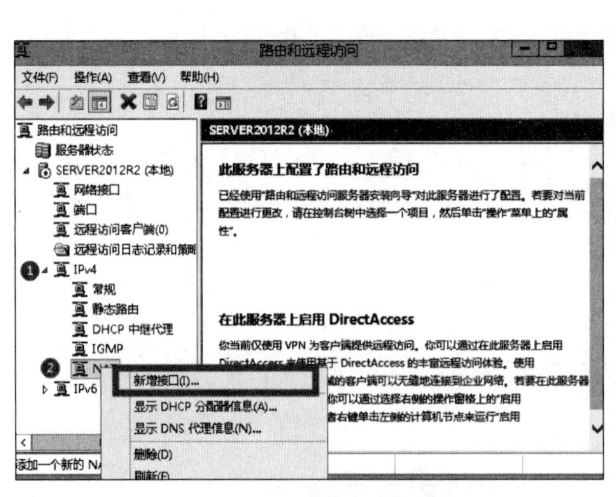

图 4-4-17　打开 NAT 配置界面

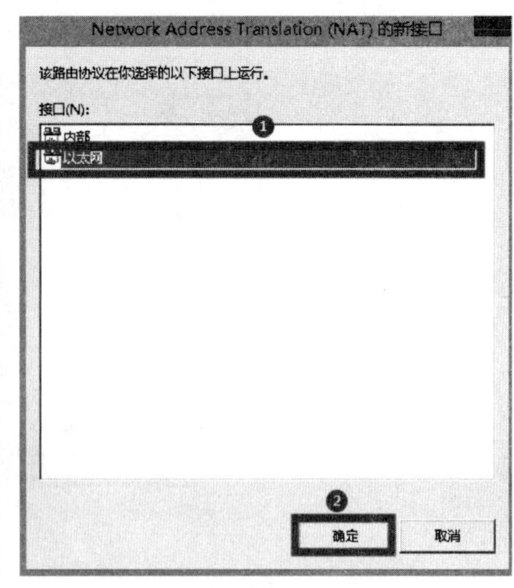

图 4-4-18　新增 NAT 接口

如图 4-4-18 所示，选择“以太网”后，单击“确定”按钮，弹出如图 4-4-19 所示界面。

在如图 4-4-19 所示界面中，选择“公用接口接到 Internet”和“在此结构上启用 NAT”，然后单击“应用”按钮完成设置。

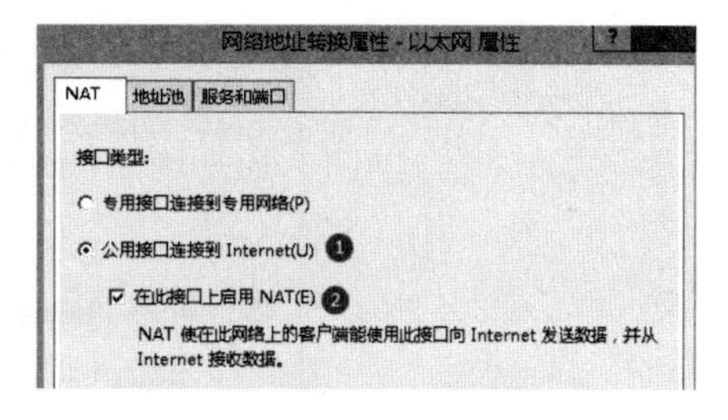

图 4-4-19　NAT 属性设置

4. Site to Site VPN 配置

配置步骤如下：

(1) 基础配置。Windows Server 2012 A(后面简称 ServerBJ，IP 地址为 210.28.182.180)，Windows Server 2012 B(后面简称 ServerSH，IP 地址为 210.28.177.116)，参照前面 VPDN 的配置方法，配置好 VPN 服务，两台服务器上都新建一个有 VPN 拨入权限的账号 vpnuser；

(2) ServerBJ 上拨入接口配置。如图 4-4-20 所示操作，鼠标右键“网络接口”，在弹出的菜单中单击“新建请求拨号接口”，在弹出的对话框中单击“下一步”后，弹出如图 4-4-21 所示界面。

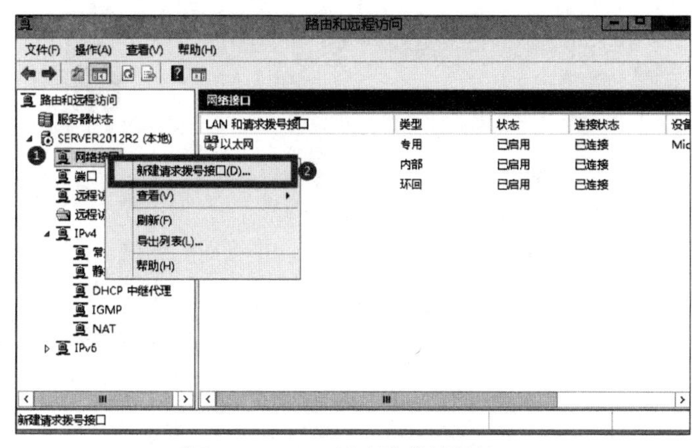

图 4-4-20　新建请求拨号接口

如图 4-4-21 所示，输入接口名称后，单击“下一步”按钮，弹出如图 4-4-22 所示设置连接类型界面。选择“使用虚拟专用网连接”，然后单击“下一步”按钮，弹出如图 4-4-23 所示界面。根据实际情况，选择好“VPN”类型后，单击“下一步”按钮。弹出如图 4-4-24 所示界面。

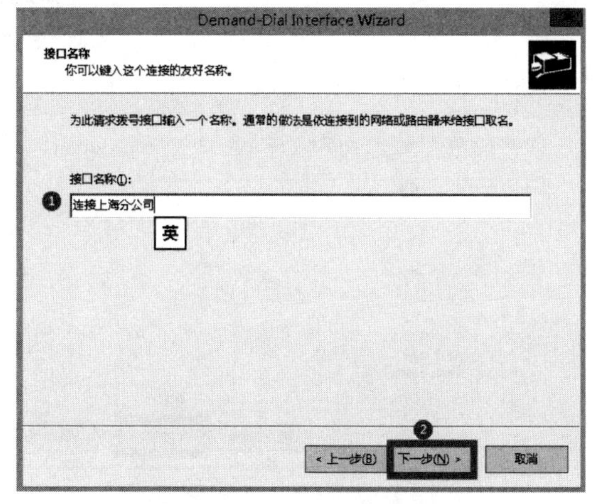

图 4-4-21　设置接口名称

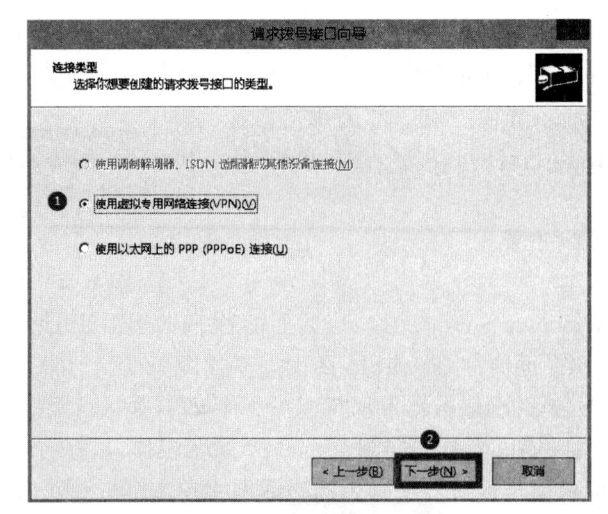

图 4-4-22 设置连接类型

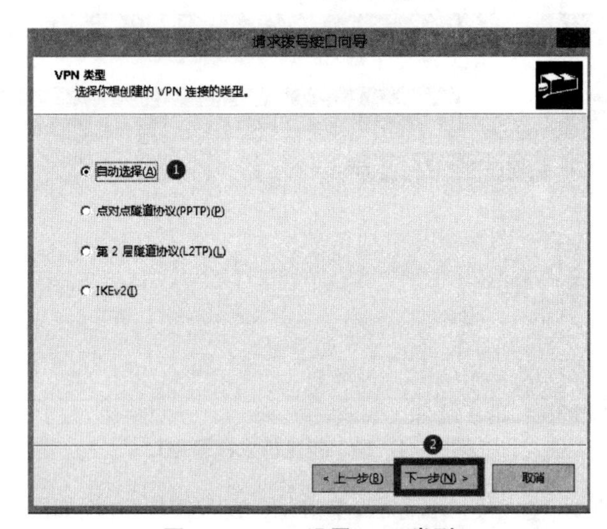

图 4-4-23 设置 VPN 类型

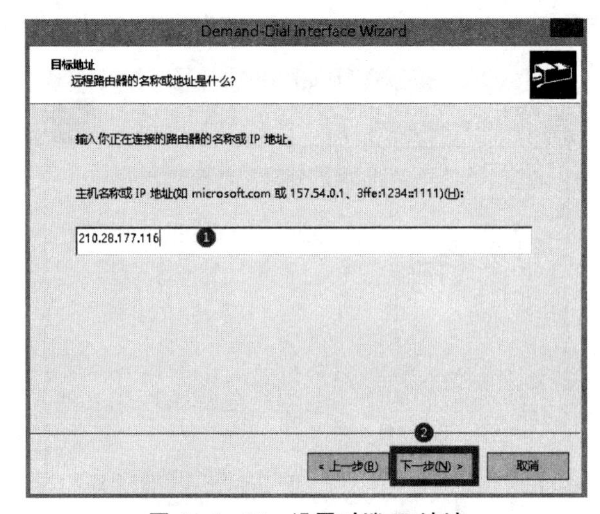

图 4-4-24 设置对端 IP 地址

在如图 4-4-24 所示界面中，输入对端 VPN 服务器的 IP 地址，这里输入的是 ServerSH 的地址。然后单击“下一步”按钮，弹出如图 4-4-25 所示界面。

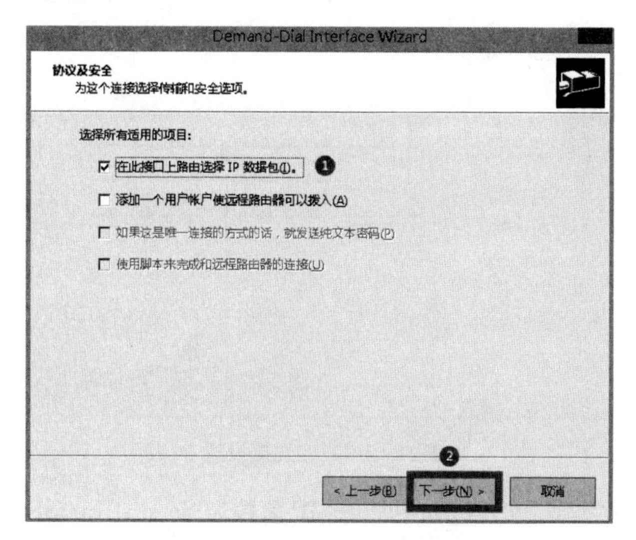

图 4-4-25　协议及安全设置

在如图 4-4-25 所示操作界面，选择“在此接口上路由选择 IP 数据包”，然后单击“下一步”按钮，弹出如图 4-4-26 所示界面。

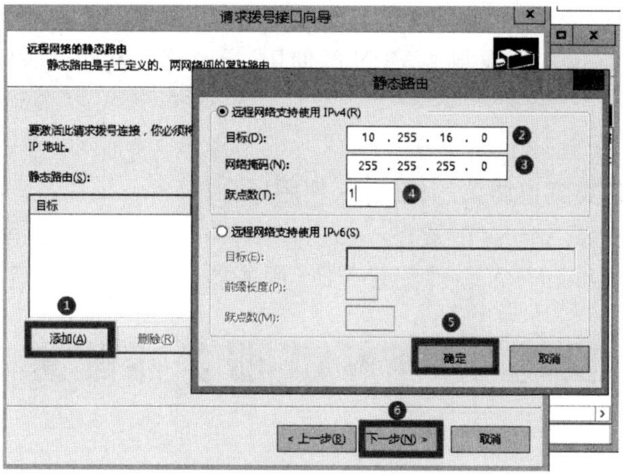

图 4-4-26　路由设置

如图 4-4-26 所示操作，单击“添加”按钮后，填写目标网络的网络地址、网络掩码和跃点数。这里目标网络是指想通过 VPN 连接访问的网络，通常指对方 VPN 服务器所在网络的不同网段。单击“确定”按钮，然后单击“下一步”按钮，弹出如图 4-4-27 所示界面。

如图 4-4-27 所示，输入有拨入对方服务器权限的账号和密码后，单击“下一步”按钮，最后单击“完成”按钮。

配置完成后，服务器收到目标 IP 地址为 10.255.16.0/24 所在网络的数据包后，就会自动激活 VPN 连接，然后通过加密的 VPN 连接转发到目标网络。

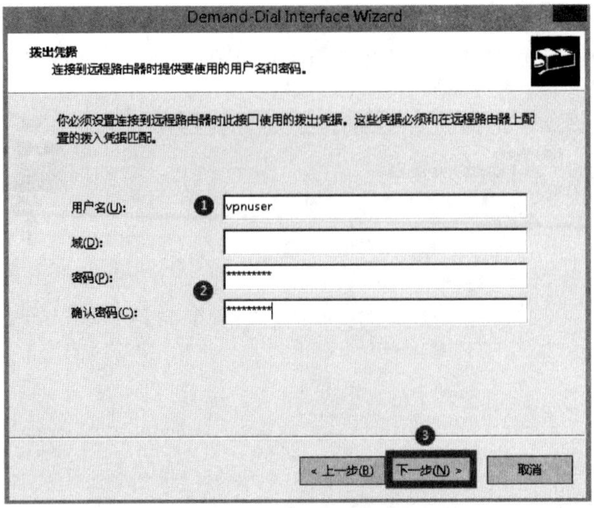

Demand-Dial Interface Wizard

拨出凭据
连接到远程路由器时提供要使用的用户名和密码。

你必须设置连接到远程路由器时此接口使用的拨出凭据。这些凭据必须和在远程路由器上配置的拨入凭据匹配。

用户名(U): ❶ vpnuser
域(D):
密码(P): ❷ *********
确认密码(C): *********

❸
< 上一步(B) 下一步(N) > 取消

图 4-4-27 凭据设置

ServerSH 的配置类似，配置过程中，目标 IP 参数为 ServerBJ 的 IP 地址，添加路由的时候，目标网络为 ServerBJ 所在网络的网段。

五、实验注意事项

（1）如果采用自签名证书来配置 SSTP 类型 VPN，需要在 VPN 客户端机器上信任证书里面导入证书的公钥；

（2）部分地区网络运营商限制了 VPN 的使用，导致跨公网测试 VPN 的时候连接失败。

六、拓展训练

（1）分析 VPN 各类隧道协议的优缺点、使用场合；

（2）Windows DirectAccess 配置；

（3）采用开源的 OpenVPN 软件配置 VPN 服务器。

实验 4.5 NAT 服务器配置

一、实验目的

（1）通过实验，加深了解 NAT 协议的工作原理；

（2）掌握 NAT 服务器的安装、配置方法与步骤。

二、背景知识

NAT(Network Address Translation，网络地址转换)，是一种把内部私有网络地址翻译成合法的公网地址的技术。借助于 NAT，私有(保留)地址的“内部”网络通过路由器发送数据包时，私有地址被转换成合法的 IP 地址，一个局域网只需使用少量 IP 地址(甚至是 1 个)即可实现私有地址网络内所有计算机与 Internet 的通信需求。

简单地说，NAT 就是在企业网络内部使用内部地址，当网络内的主机需要与外部网络进行通信的时候，NAT设备可以作为出口网关，对传出的数据进行源地址伪装，对外部网络传入的数据进行目的地址伪装，保证内部网络的外部通信需求。

具体原理如图4-5-1所示，内网主机192.168.1.2访问外网Web服务器210.28.182.180的数据包经过NAT服务器的时候，NAT服务器修改数据包的源IP地址为可路由的外网IP地址210.28.177.116，并把相关信息记录到NAT转换表；Web服务器收到HTTP请求数据包的时候，把HTTP响应包发送给NAT服务器，NAT服务器收到反馈包后，通过查询NAT转换表，修改该数据包的目的IP地址为192.168.1.2，然后转发到内部网络。通过这种方法，既可以解决公网IP地址紧张的问题，同时还可以对外屏蔽内部网络，提高网络安全性。

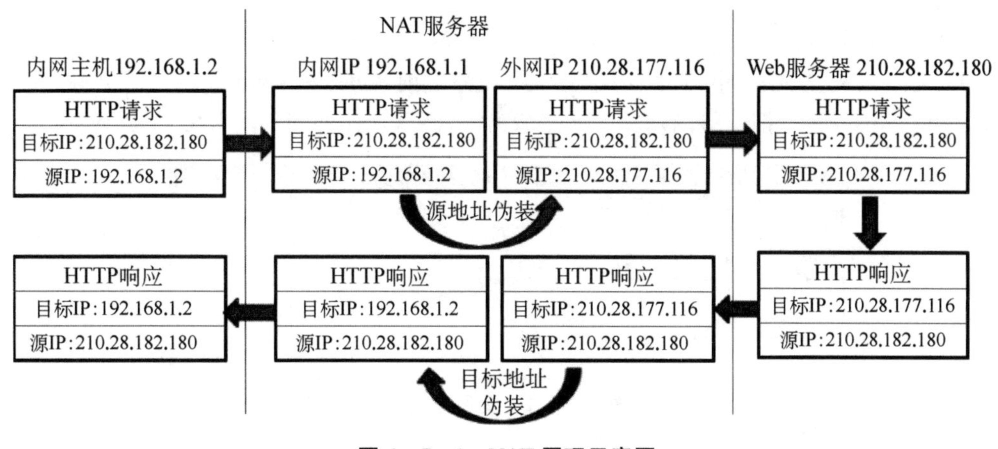

图4-5-1 NAT原理示意图

NAT有三种地址转换方式，即静态转换、动态转换和端口地址转换。

静态转换(Static Nat)是指将内部网络的私有IP地址转换为公有IP地址，IP地址是一对一的，是一成不变的，某个私有IP地址只转换为某个公有IP地址。借助于静态转换，可以实现外部网络对内部网络中某些特定设备(如服务器)的访问。

动态转换(Dynamic Nat)是指将内部网络的私有IP地址转换为公用IP地址时，IP地址是不确定的、随机的，所有被授权访问Internet的私有IP地址可随机转换为任何指定的合法IP地址。也就是说，只要指定哪些内部地址可以进行转换，以及用哪些合法地址作为外部地址时，就可以进行动态转换。

端口地址转换(Port address Translation，PAT)是指对发出数据包的源端口和源地址同时进行转换，即端口地址转换。采用这种方式，内部网络的所有主机均可共享一个合法的外部IP地址实现对Internet的访问，从而可以最大限度地节约IP地址资源。同时，又可隐藏网络内部的所有主机，有效避免来自Internet的攻击。因此，目前网络中应用最多的就是端口地址转换。

在IPv4地址紧张的今天，NAT服务(设备)作为最基础的网络服务无处不在。小到家用路由器，大到网络专用路由器、防火墙或专用NAT服务器。

Windows Server通过路由与远程访问服务组件提供功能完善的NAT服务，因其性能高、管理功能完善和配置简单而被各类网络环境广泛采用。

三、实验环境及实验拓扑

双网卡 Windows Server 2012 虚拟机一台，添加两块虚拟网卡，一个网卡桥接外部网络，一个网卡连接内部网络；Windows 7 虚拟机一台，网卡桥接内部网络作为测试机。

四、实验内容

1. Windows Server 2012 系统中 NAT 服务器的安装

在 Windows Server 2012 中，NAT 服务和 VPN 服务一样，都是由“路由与远程访问”组件提供服务，安装方法和 VPN 服务器的安装方法一样，注意在角色服务选择界面的时候，把路由服务选上，参照实验 4-4 即可。

2. NAT 服务器配置

(1) 为了在配置中区分网卡的作用，建议在配置之前，为服务器网卡修改一下名称，方便配置，如图 4-5-2 所示，把连接内网的网卡命名为“LAN”，连接外网的网卡命名为“WAN”。

图 4-5-2 为网卡命名

(2) NAT 服务器初始化配置：

在管理工具界面中，双击“路由和远程访问”管理工具图标，打开“路由和远程访问”管理控制台。鼠标右击服务器名，在弹出的菜单中单击“配置并启用路由和远程访问”，然后单击“下一步”，弹出如图 4-5-3 所示界面。

在图 4-5-3 操作界面中，选择“网络地址转换(NAT)”，然后单击“下一步”按钮，弹出如图 4-5-4 所示界面。

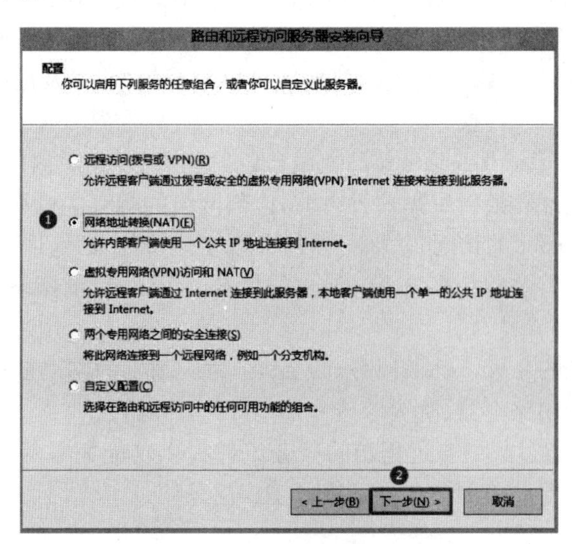

图 4-5-3 选择需要的服务

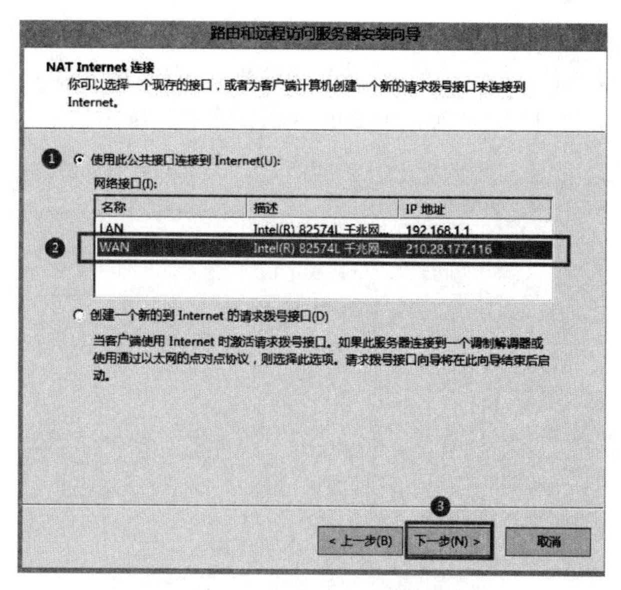

图 4-5-4　NAT Internet 连接选择

如图 4-5-4 所示操作，选择需要启用 NAT 功能的外网卡，然后单击“下一步”按钮，在后续弹出的界面中设置不变，连续两次单击“下一步”按钮，最后单击“完成”按钮。

(3) NAT 服务器状态监测：

如图 4-5-5 所示操作，展开“IPv4”列表，单击“NAT”后，在右边列表里面鼠标右击“WAN”，在弹出的菜单中单击“显示映射”，弹出如图 4-5-6 所示 NAT 转换表。

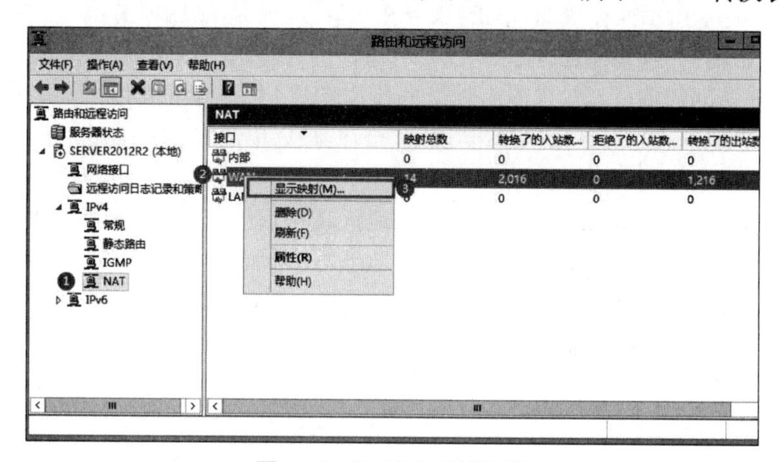

图 4-5-5　NAT 状态查看

SERVER2012R2 - 网络地址转换会话映射表格

协议	方向	专用地址	专用端口	公用地址	公用端口	远程地址	远程端
TCP	出站	172.16.10.69	1,100	210.28.177.1...	62,113	42.62.30.180	80
TCP	出站	172.16.10.69	1,120	210.28.177.1...	62,142	42.62.30.180	80
TCP	出站	172.16.10.69	1,121	210.28.177.1...	62,143	42.62.30.180	80
TCP	出站	172.16.10.69	1,122	210.28.177.1...	62,144	42.62.30.180	80
TCP	出站	172.16.10.69	1,125	210.28.177.1...	62,147	42.62.30.180	80
TCP	出站	172.16.10.69	1,126	210.28.177.1...	62,148	42.62.30.180	80
TCP	出站	172.16.10.69	1,127	210.28.177.1...	62,149	42.62.30.180	80
TCP	出站	172.16.10.69	1,128	210.28.177.1...	62,150	42.62.30.180	80

图 4-5-6　网络地址转换表

3. 端口映射配置

有时候,内网的服务需要提供给外网访问,就需要在 NAT 服务器上做端口映射。操作步骤如下:鼠标右键单击外网接口,在弹出的菜单中单击“属性”,弹出如图 4-5-7 所示界面。

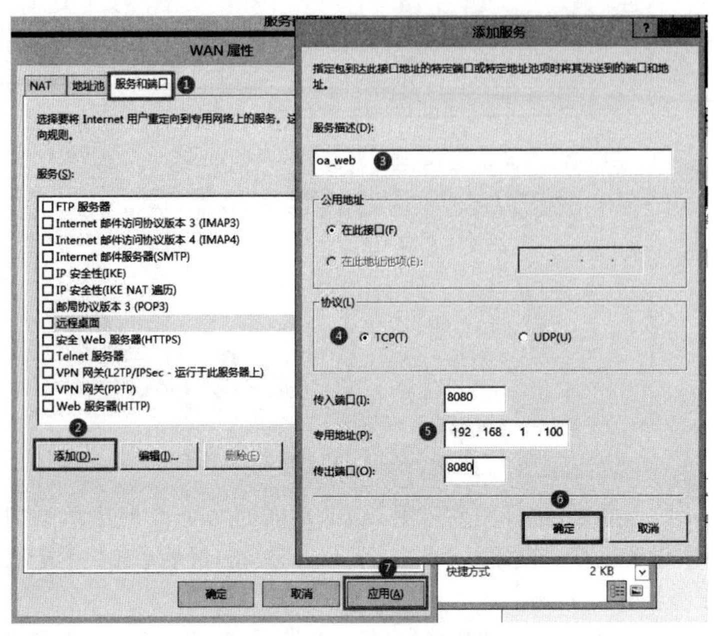

图 4-5-7 端口映射设置

在如图 4-5-7 所示操作界面,单击“服务和端口”选项卡,然后单击“添加”按钮,在添加服务设置界面,依次输入“服务描述”,选择“协议”,输入传入端口(传入端口就是映射到外网 IP 地址的供外网用户访问的端口),输入专有地址和传出端口(专有地址和传出端口指的是内网实际提供服务的 IP 地址和端口地址),单击“确定”按钮,最后单击“应用”按钮完成设置。

4. NAT 地址池配置

对于内网发送到外网的数据包,在进行源地址转换(伪装)的时候,默认情况下,服务器采用 WAN 口配置的 IP 地址作为数据包的源地址,此时服务器最多同时支持 65535 * 2 个转换(TCP/UDP 端口范围为 1~65535,一个 IP 地址与 TCP、UDP 端口的组合)。对于大型网络来说,这样的转换数量不能承载网络访问的需要,为了提高转换数量,需要配置 NAT 地址池。配置方法如下:

鼠标右键单击外网接口,在弹出的菜单中单击“属性”,然后单击“地址池”选项卡,弹出如图 4-5-8 所示界面。在此界面中,首先单击“添加”按钮,在弹出的参数设置界面中,依次输入想要加入地址池的起始 IP 地址、子网掩码和结束地址,然后单击“确定”和“应用”按钮完成设置。配置好 NAT 地址池后,服务器在进行源地址转换的时候,会随机从地址池中选择一个地址来进行转换。此时服务器理论上同时支持的最大转换数量为地址池 IP 地址的数量 * 65536 * 2。

有时候可以根据需要,为内网的某个地址分配一个固定的地址来进行转换,配置方法如下:

在如图 4-5-8 所示界面中,单击“保留”按钮,弹出如图 4-5-9 所示界面。单击“添加”按钮,填写好内网地址和外网地址后,单击“确定”按钮完成设置。这里要注意的是,如果把“允许将会话传入到此地址”选项勾选上的话,则可以通过该外网地址直接访问对应的内网地址。

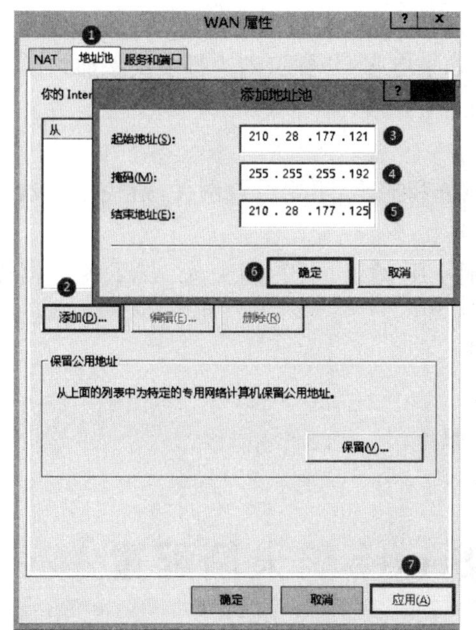

图 4-5-8　地址池设置

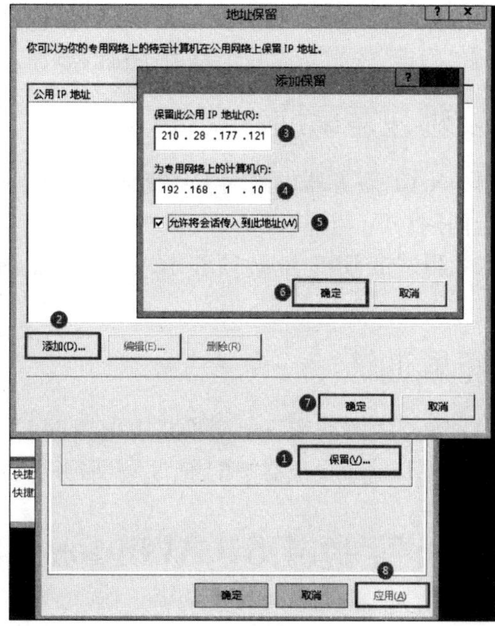

图 4-5-9　地址池保留设置

5. 路由配置

默认情况下，NAT 服务器只能为服务器内网口直连的网段提供地址转换服务，如果内部网络有多个网段，则需要做路由配置。路由配置包括两方面，一是在内部网络相关网络设备上设置正确的路由，使内部其他网段主机流向外网的数据经过 NAT 服务器；二是需要在 NAT 服务器上配置对应的路由信息，使外网返回的数据包能正确发送到内网其他网段的主机。NAT 服务器上路由配置方法如下：

如图 4-5-10 所示，鼠标右键单击“静态路由”，在弹出的菜单中鼠标单击“新建静态路由”，弹出如图 4-5-11 所示界面。

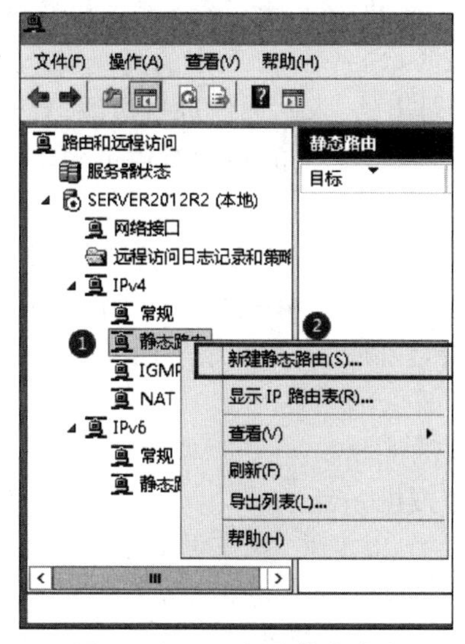

图 4-5-10　新建静态路由

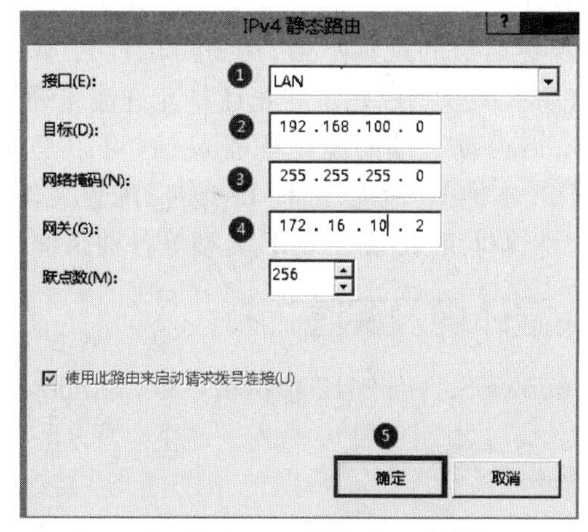

图 4-5-11　静态路由设置

在如图 4－5－11 所示操作界面中，根据网络实际情况，设置好目标地址、掩码和网关后，单击“确定”按钮完成一个路由条目的添加。如果有多个网段，则进行多次添加。

五、实验注意事项

（1）NAT 服务器内网网卡只需要设置 IP 地址和掩码，不要设置网关，避免服务器默认路由走内网；

（2）测试机 IP 地址必须和 NAT 服务器内网 IP 地址同段，网关为 NAT 服务器内网地址。

六、拓展训练

（1）在路由器或者三层交换机上配置 NAT 服务；

（2）在 Linux 服务器中配置 NAT 服务。

实验 4.6 Windows Server 防火墙配置

一、实验目的

（1）通过实验，加深了解网络防火墙的工作原理；

（2）掌握 Windows Server 防火墙的配置方法与步骤。

二、背景知识

网络防火墙是一种用来加强网络访问控制、提高网络通信安全的设备。计算机流入、流出的所有数据包都要经过防火墙，防火墙对通过的数据包进行扫描并根据预先配置的网络安全策略决定是否允许数据的通过。有了防火墙的保护，主机的安全性得到大大提高。

微软公司 Windows Server 2008 推出的 Windows 高级安全防火墙（简称 WFAS），是系统分层安全模型的重要部分。它是一款基于主机状态的防火墙，结合了主机防火墙和 IPSec。与以前 Windows 版本中的防火墙相比，Windows Server 2008 中的高级安全防火墙（WFAS）有了较大的改进，首先它支持双向保护，可以对出站、入站通信进行过滤；WFAS 还可以实现更高级的规则配置，用户可以针对 Windows Server 上的各种对象创建防火墙规则，配置防火墙规则以确定阻止还是允许流量通过。

Windows 防火墙的规则配置灵活，可以是应用程序名称、系统服务名称、TCP 端口、UDP 端口、本地 IP 地址、远程 IP 地址、配置文件、接口类型（如网络适配器）、用户、用户组、计算机、计算机组、协议、ICMP 类型等各种条件的组合，能满足各种网络应用环境的需求。

三、实验环境及实验拓扑

Windows Server 2012 虚拟机一台，Windows 7 虚拟机一台。

四、实验内容

1. Windows Server 2012 防火墙的启用与禁用

在管理工具界面中，双击“高级安全 Windows 防火墙”管理工具图标，打开“高级安全

Windows 防火墙”管理控制台。如图 4 - 6 - 1 所示。

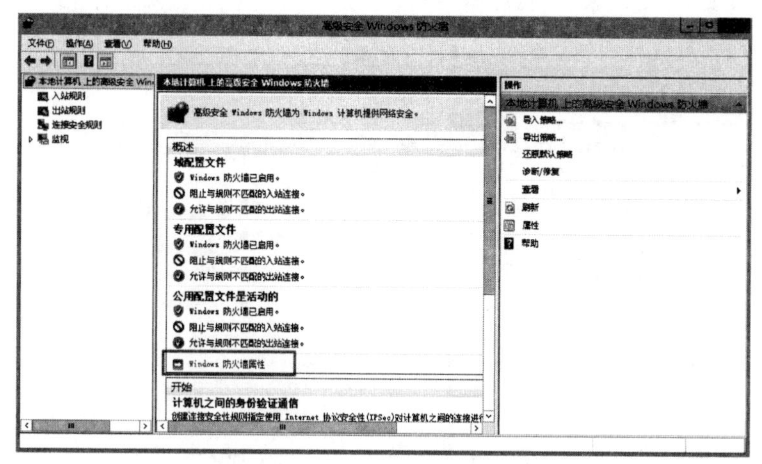

图 4 - 6 - 1　防火墙管理控制台

为了提高安全性，Windows Server 2012 默认启用了防火墙功能。单击如图 4 - 6 - 1 所示界面中“Windows 防火墙属性”，弹出如图 4 - 6 - 2 所示防火墙属性管理界面。

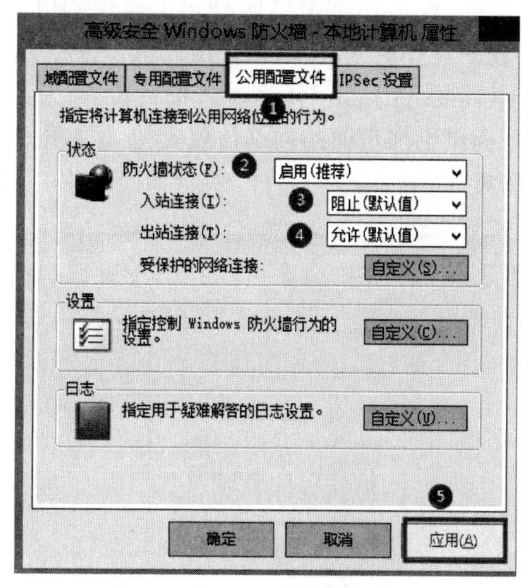

图 4 - 6 - 2　防火墙属性管理

Windows Server 2012 防火墙根据系统所处网络环境，分为公用网络、专用网络和域网络三种情况进行分区管理。在图 4 - 6 - 2 所示界面中，单击想要设置的区域类型，然后就可以选择“禁用”或者“启用”该区域的防火墙。防火墙默认规则是禁止别的主机访问自身，允许自身主动对别的主机发起网络连接。

2. 防火墙入站规则配置，出站规则配置

入站规则用来设置别的主机对自身的访问策略。设置方法如图 4 - 6 - 3 所示，鼠标右键选择“入站规则”，在弹出的菜单中单击“新建规则”后弹出如图 4 - 6 - 4 所示界面。需要特别说明的是，系统内置的规则用来保证主机基本的网络访问，如果没有特殊需要，不需要更改相关规则。

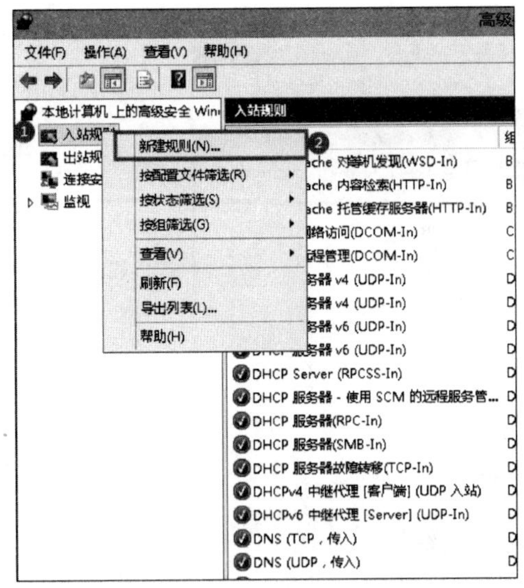

图 4-6-3 新建入站规则

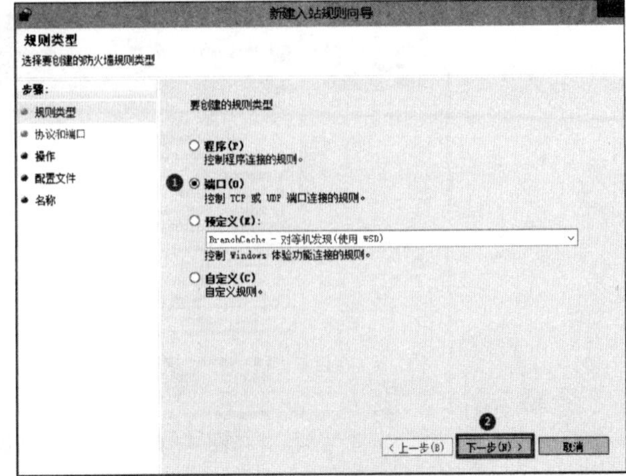

图 4-6-4 设置规则类型

如图 4-6-4 所示界面中，Windows 提供四种防火墙规则供用户选择。“程序”类型可以针对系统某个网络应用程序建立规则，适用于该应用程序采用非固定的网络端口的情况；“端口”类型针对本机某个具体的 TCP 或 UDP 端口进行设置；“预定义”则是从系统预定义的规则中选择；“自定义”则提供更加全面的网络协议支持。如图 4-6-4 所示操作，选择规则类型后，单击“下一步”按钮，弹出如图 4-6-5 所示界面。

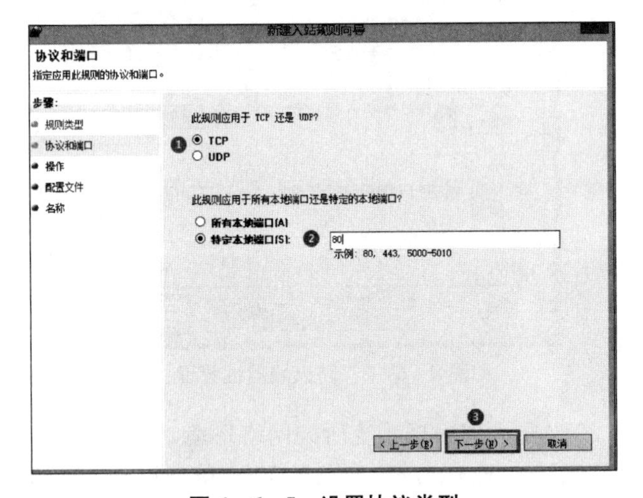

图 4-6-5 设置协议类型

如图 4-6-5 所示操作，选择协议类型为 TCP，填写特定本地端口为“80”，然后单击“下一步”按钮，弹出如图 4-6-6 所示界面。

如图 4-6-6 所示，选择“允许连接”，然后单击“下一步”按钮，弹出如图 4-6-7 所示界面。

如图 4-6-7 所示，根据需要，选择防火墙规则需要应用的网络区域后，单击“下一步”按钮，弹出如图 4-6-8 所示界面。

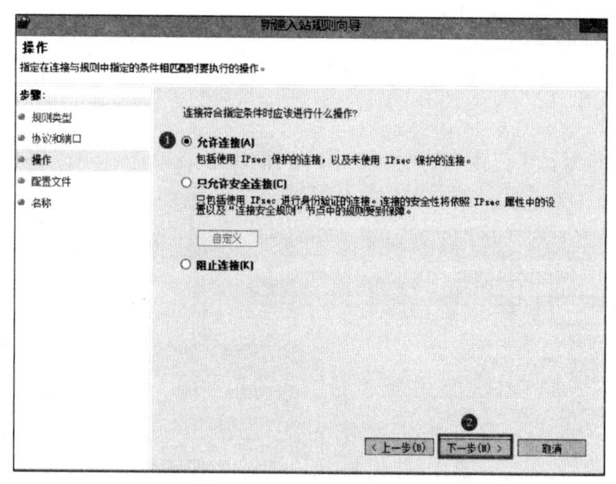

图 4-6-6　设置操作方式

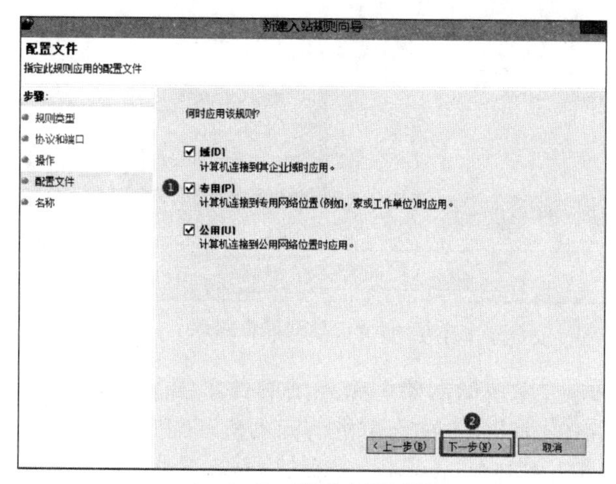

4-6-7　设置应用区域

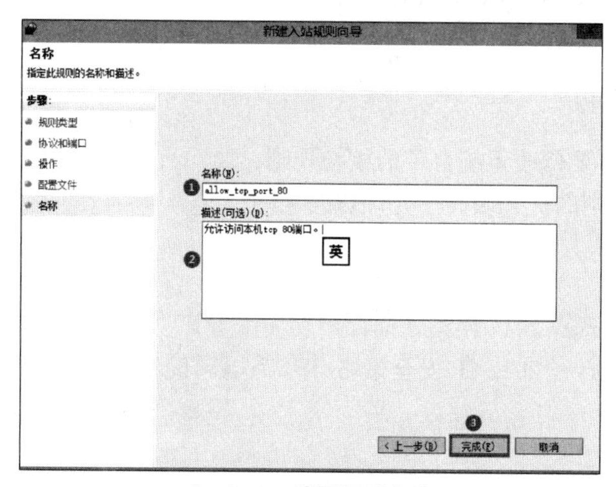

4-6-8　设置规则名称

在如图 4-6-8 所示界面中，设置好规则名称后，单击“完成”按钮完成一条入站规则的配置。出站规则配置方法类似，此处略过。

3. 防火墙规则属性修改

配置好的规则默认处于启用状态，鼠标右键“规则名称”，在弹出的菜单中，可以选择“禁用”或“删除”该条规则。

如果要进行规则的修改，右键“规则名称”，在弹出的菜单中单击“属性”，弹出如图4-6-9所示界面。

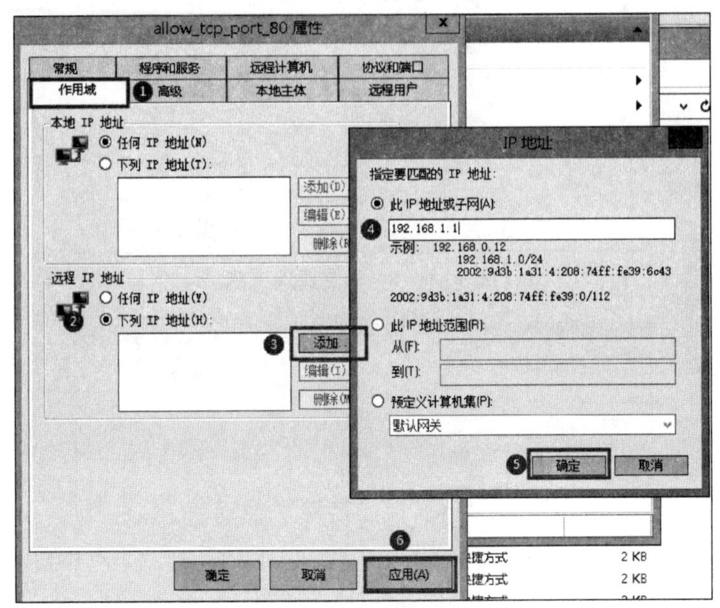

4-6-9 规则属性修改

如图4-6-9所示，可以根据需要调整规则的各个细节，如协议类型、端口号等。在图示操作中，设置仅允许192.168.1.1这台主机访问本机TCP 80端口。

4. 防火墙策略的备份与还原

设置好防火墙规则后，可以用“导出策略”功能把相关设置保存下来，也可以用“导入策略”功能导入之前备份的策略。

五、实验注意事项

(1) 如无必要，不要修改系统自带的核心规则；

(2) 禁止访问规则的优先级高于允许访问规则。

六、拓展训练

(1) Windows Server 2012 网络访问保护功能配置；

(2) Windows Server 2012 IP 安全策略(IP 筛选器)配置。

【微信扫码】
相关资源

第 5 章

网络协议分析

背景介绍

普通用户畅游在网络的世界里，只需根据需求在信息中进行取舍。但作为一名专业的计算机人员，在对计算机网络原理有所理解之后，我们应知道其具体的工作原理和工作过程。例如，当我们打开处于局域网中的电脑后，首先电脑联网，然后在浏览器的地址栏中输入 URL，点击回车之后，具体是怎样的工作过程呢？

首先进行的是主机向 DHCP 服务器申请 IP 地址，然后 DNS 域名系统进行域名解析，得到目的主机的 IP 地址，再是本台主机与目的主机之间建立 TCP 连接，连接建立好之后根据 HTTP 协议进行通信，通信结束后释放 TCP 连接。在此过程中，使用到 DHCP、HTTP、DNS、TCP、IP、ARP 等协议，那么如何更好地理解这些协议的工作原理和过程，就需要我们对网络协议进行分析。

网络协议分析是指通过分析网络中数据包的头部、数据部分和尾部，从而了解相关数据包在产生和传输过程中的行为。通过协议分析，可以加深对各种网络协议的设计思想、流程及其所解决的问题理解。网络工程师可以通过协议分析对网络进行故障定位和排错；软件测试人员或软件开发工程师，可以通过 Wireshark 等协议分析软件分析底层通信机制等。

实验 5.1　以太网链路层帧格式分析

一、实验目的

（1）掌握协议分析软件的使用方法；

（2）理解 Ethernet V2 标准规定的帧结构。

二、背景知识

1. 以太网简述

以太网(Ethernet)是众多局域网技术的一种，是目前应用最普遍的局域网技术，取代了如令牌总线网、令牌环和 FDDI 等其他局域网技术。目前局域网大多数都是使用以太网标准，故业界默认以太网就是局域网。

以太网有两种标准：DIX 指定的 Ethernet V2 标准和 IEEE 组织指定的 802.3 标准。得到广泛应用的是 Ethernet V2 标准，常见的网卡基本都是以太网卡，默认采用此标准。

以太网卡有一个地址，称为硬件地址，又称为物理地址或 MAC 地址。它是一个 48 位的地址，被固化在网卡的 ROM 中。当数据以帧的形式在以太网中传输时，网卡收到帧后，通过检查数据帧中的目的 MAC 地址来判断此帧是否是发送给本站的。

2. 以太网帧格式

Ethernet V2 标准中以太网数据帧的格式，由五个字段组成，如图 5-1-1 所示。

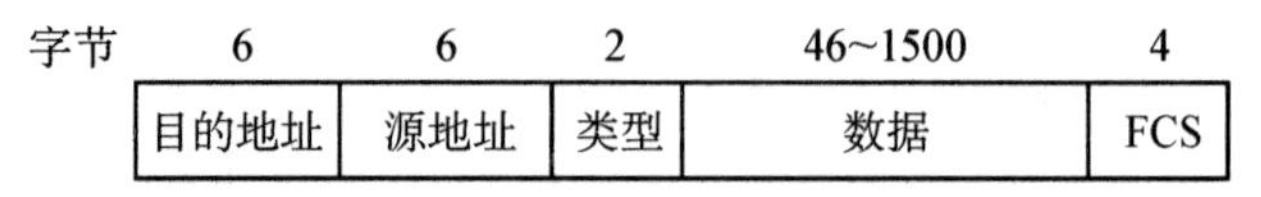

图 5-1-1 以太网 V2 的数据帧格式

- 目的地址：6 字节，此帧发往的目的站的 MAC 地址；
- 源地址：6 字节，发送此帧的源站的 MAC 地址；
- 类型：2 字节，标志上一层使用的协议类型。知道上层使用的协议类型后，才知道将收到的数据帧上交给上层的这个协议。当此字段值为 0x0800 时，表示上层使用的是 IP 协议；
- 数据：46～1500 字节，以太网中最短有效帧为 64 字节，帧中除去数据部分的其他部分为 18 字节，那么数据部分最短为 46 字节，最大为 1500 字节。若数据部分不足 46 字节，则用“零”来填充；
- FCS：4 字节，帧检验序列，可以通过差错检测技术计算出 FCS，如循环冗余检验 CRC 检测技术。

3. 以太网帧的类型

以太网中的数据帧分为三种：单播帧、广播帧和多播帧。

- 单播帧：源站向单个目的站发送的数据帧，是一对一的通信方式；
- 广播帧：源站向本局域网上所有的站点发送的数据帧，是一对多的通信方式；
- 多播帧：源站向本局域网中的一部分站点发送的数据帧，是一对多的通信方式。

当目的地址字段的第一个字节的最低位为 0 时，表示此地址是单个站的地址；当目的地址字段的第一个字节的最低位为 1 时，表示此地址是组地址，用来实现组播；当目的地址字段为全 1 时，表示此地址是广播地址。

三、实验环境及实验拓扑

(1) 硬件：安装 Windows 操作系统的联网 PC；

(2) 软件：Wireshark。

四、实验内容

1. Ethernet V2 标准规定的帧结构分析

打开 Wireshark 协议分析软件，如图 5-1-2 所示，单击“start”按钮开始捕获数据包，捕获到需要的数据包后，单击红色停止按钮，捕获的数据如图 5-1-3 所示。

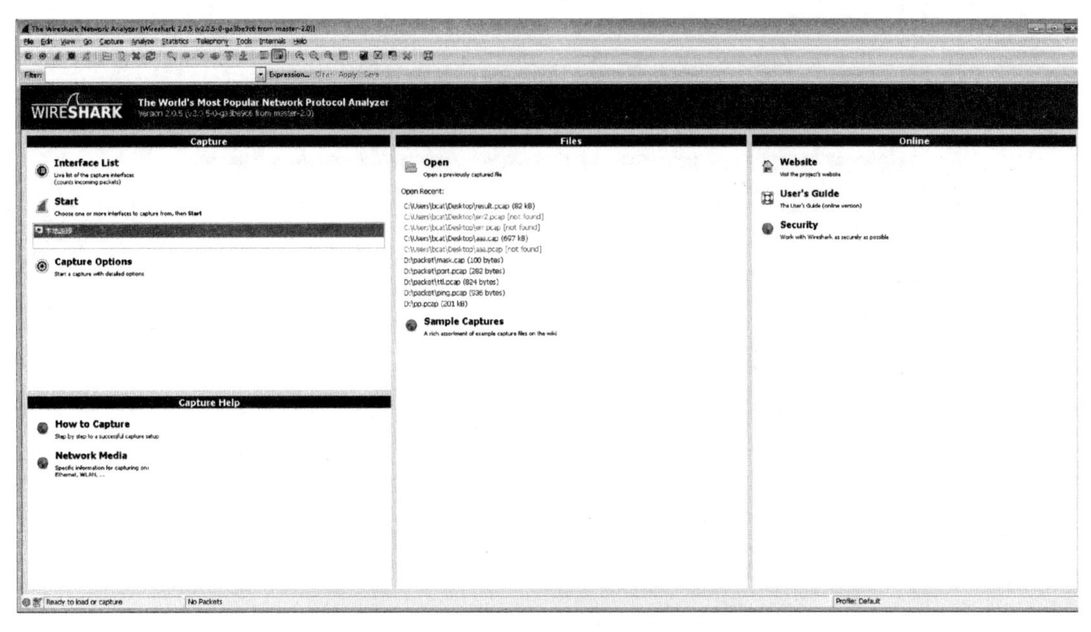

图 5-1-2　抓包主界面

```
21 0.455093  HuaweiTe_fb:5a:5e   Broadcast       ARP   64 Who has 210.28.177.45? Tell 210.28.177.62 [ETHERNET FRAME CHECK SEQUENCE INCOR
23 0.464476  10.90.15.100        10.90.90.222    ICMP  74 Echo (ping) reply   id=0x0001, seq=18139/56134, ttl=64 (request in 22)
24 0.559972  Xensourc_bb:92:bc   Broadcast       ARP   60 Who has 10.90.45.194? Tell 10.90.45.204
25 0.591613  Xensourc_74:98:81   Broadcast       ARP   60 Who has 10.90.45.228? Tell 10.90.45.196
26 0.635551  Xensourc_cf:df:58   Broadcast       ARP   60 Who has 10.90.45.228? Tell 10.90.45.241
27 0.690951  HuaweiTe_fb:5a:5e   Broadcast       ARP   64 Who has 210.28.177.41? Tell 210.28.177.62 [ETHERNET FRAME CHECK SEQUENCE INCOR
28 0.726670  HuaweiTe_fb:5a:5e   Broadcast       ARP   64 Who has 210.28.177.17? Tell 210.28.177.62 [ETHERNET FRAME CHECK SEQUENCE INCOR
Frame 22: 74 bytes on wire (592 bits), 74 bytes captured (592 bits) on interface 0
Ethernet II, Src: Micro-St_b4:91:b0 (d8:cb:8a:b4:91:b0), Dst: ac:1f:6b:25:7d:9e (ac:1f:6b:25:7d:9e)
  Destination: ac:1f:6b:25:7d:9e (ac:1f:6b:25:7d:9e)
  Source: Micro-St_b4:91:b0 (d8:cb:8a:b4:91:b0)
  Type: IPv4 (0x0800)
Internet Protocol Version 4, Src: 10.90.90.222, Dst: 10.90.15.100
Internet Control Message Protocol
```

图 5-1-3　以太网 V2 数据帧分析

如图 5-1-3 所示，点击编号为 22 号的数据帧，在下方显示出该数据帧的详细信息。这是一个标准的 Ethernet V2 格式的单播数据帧，帧的目的地址和源地址长度为 48 位，对应的十六进制值分别为“ac1f6b257d9e”和“d8cb8ab491b0”，类型字段值为“0x0800”，表示该数据帧数据字段的内容是一个 IP 数据报。

通过对此数据帧的分析，验证了 Ethernet V2 数据帧的帧格式。需要说明的是，Wireshark 抓获的是计算机网卡驱动处理过后的数据，因此缺少前导码、帧起始定界符和 FCS 字段。

2. 单播、多播和广播三种数据帧不同点分析

通过刚才的分析，在数据链路层，Ethernet V2 数据帧中除了 FCS 字段和数据字段，仅有目的地址、源地址和类型三个字段。因此，不同类型的数据帧，差异也将仅会在这三个字段中体现出来。如图 5-1-4 所示是单播帧，如图 5-1-5 所示是多播帧，如图 5-1-6 所示是广播帧。

从单播帧、多播帧和广播帧的详细分析中可以看出，三种类型帧的源地址没有区别，都是发送站的地址，区别在于目的地址字段。单播帧的目的地址为单播地址，多播帧的目的地址可以看到第一字节的最低位，即 I/G 标记的值为 1，广播帧的目的地址为全 1 地址。

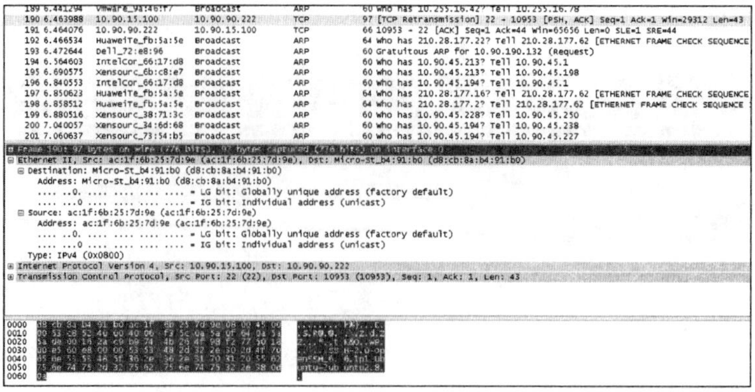

```
189 6.441294  Vmware_9a:46:f7     Broadcast      ARP   60 Who has 10.255.16.42? Tell 10.255.16.78
190 6.463988  10.90.15.100        10.90.90.222   TCP   97 [TCP Retransmission] 22 → 10953 [PSH, ACK] Seq=1 Ack=1 Win=29312 Len=43
191 6.464076  10.90.90.222        10.90.15.100   TCP   66 10953 → 22 [ACK] Seq=1 Ack=44 Win=65656 Len=0 SLE=1 SRE=44
192 6.466534  HuaweiTe_fb:5a:5e   Broadcast      ARP   64 Who has 210.28.177.22? Tell 210.28.177.62 [ETHERNET FRAME CHECK SEQUENCE
193 6.472644  Dell_72:e8:96       Broadcast      ARP   60 Gratuitous ARP for 10.90.190.132 (Request)
194 6.564603  IntelCor_66:17:d8   Broadcast      ARP   60 Who has 10.90.45.213? Tell 10.90.45.1
195 6.690575  Xensourc_6b:c8:e7   Broadcast      ARP   60 Who has 10.90.45.213? Tell 10.90.45.198
196 6.840553  IntelCor_66:17:d8   Broadcast      ARP   60 Who has 10.90.45.194? Tell 10.90.45.1
197 6.850623  HuaweiTe_fb:5a:5e   Broadcast      ARP   64 Who has 210.28.177.16? Tell 210.28.177.62 [ETHERNET FRAME CHECK SEQUENCE
198 6.858512  HuaweiTe_fb:5a:5e   Broadcast      ARP   64 Who has 210.28.177.2? Tell 210.28.177.62 [ETHERNET FRAME CHECK SEQUENCE
199 6.880516  Xensourc_38:71:3c   Broadcast      ARP   60 Who has 10.90.45.228? Tell 10.90.45.250
200 7.040057  Xensourc_34:6d:68   Broadcast      ARP   60 Who has 10.90.45.194? Tell 10.90.45.238
201 7.060637  Xensourc_73:54:b5   Broadcast      ARP   60 Who has 10.90.45.194? Tell 10.90.45.227
⊞ Frame 190: 97 bytes on wire (776 bits), 97 bytes captured (776 bits) on interface 0
⊟ Ethernet II, Src: ac:1f:6b:25:7d:9e (ac:1f:6b:25:7d:9e), Dst: Micro-St_b4:91:b0 (d8:cb:8a:b4:91:b0)
  ⊟ Destination: Micro-St_b4:91:b0 (d8:cb:8a:b4:91:b0)
      Address: Micro-St_b4:91:b0 (d8:cb:8a:b4:91:b0)
      .... ..0. .... .... .... .... = LG bit: Globally unique address (factory default)
      .... ...0 .... .... .... .... = IG bit: Individual address (unicast)
  ⊟ Source: ac:1f:6b:25:7d:9e (ac:1f:6b:25:7d:9e)
      Address: ac:1f:6b:25:7d:9e (ac:1f:6b:25:7d:9e)
      .... ..0. .... .... .... .... = LG bit: Globally unique address (factory default)
      .... ...0 .... .... .... .... = IG bit: Individual address (unicast)
    Type: IPv4 (0x0800)
⊞ Internet Protocol Version 4, Src: 10.90.15.100, Dst: 10.90.90.222
⊞ Transmission Control Protocol, Src Port: 22 (22), Dst Port: 10953 (10953), Seq: 1, Ack: 1, Len: 43

0000  [illegible]
0010  [illegible]
0020  [illegible]
0030  [illegible]
0040  [illegible]
0050  [illegible]
0060  [illegible]
```

图 5-1-4 单播帧

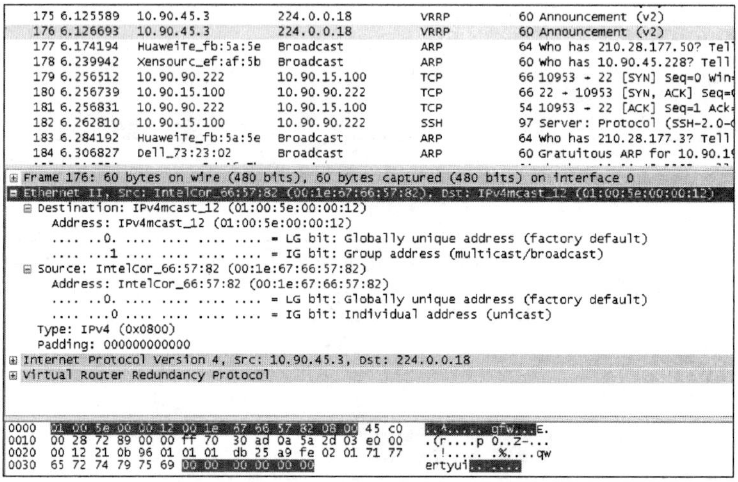

```
175 6.125589  10.90.45.3         224.0.0.18     VRRP  60 Announcement (v2)
176 6.126693  10.90.45.3         224.0.0.18     VRRP  60 Announcement (v2)
177 6.174194  HuaweiTe_fb:5a:5e  Broadcast      ARP   64 Who has 210.28.177.50? Tell
178 6.239942  Xensourc_ef:af:5b  Broadcast      ARP   60 Who has 10.90.45.228? Tell
179 6.256512  10.90.90.222       10.90.15.100   TCP   66 10953 → 22 [SYN] Seq=0 Win
180 6.256739  10.90.15.100       10.90.90.222   TCP   66 22 → 10953 [SYN, ACK] Seq=
181 6.256831  10.90.90.222       10.90.15.100   TCP   54 10953 → 22 [ACK] Seq=1 Ack=
182 6.262810  10.90.15.100       10.90.90.222   SSH   97 Server: Protocol (SSH-2.0-
183 6.284192  HuaweiTe_fb:5a:5e  Broadcast      ARP   64 Who has 210.28.177.3? Tell
184 6.306827  Dell_73:23:02      Broadcast      ARP   60 Gratuitous ARP for 10.90.1
⊞ Frame 176: 60 bytes on wire (480 bits), 60 bytes captured (480 bits) on interface 0
⊟ Ethernet II, Src: IntelCor_66:57:82 (00:1e:67:66:57:82), Dst: IPv4mcast_12 (01:00:5e:00:00:12)
  ⊟ Destination: IPv4mcast_12 (01:00:5e:00:00:12)
      Address: IPv4mcast_12 (01:00:5e:00:00:12)
      .... ..0. .... .... .... .... = LG bit: Globally unique address (factory default)
      .... ...1 .... .... .... .... = IG bit: Group address (multicast/broadcast)
  ⊟ Source: IntelCor_66:57:82 (00:1e:67:66:57:82)
      Address: IntelCor_66:57:82 (00:1e:67:66:57:82)
      .... ..0. .... .... .... .... = LG bit: Globally unique address (factory default)
      .... ...0 .... .... .... .... = IG bit: Individual address (unicast)
    Type: IPv4 (0x0800)
    Padding: 000000000000
⊞ Internet Protocol Version 4, Src: 10.90.45.3, Dst: 224.0.0.18
⊞ Virtual Router Redundancy Protocol

0000  01 00 5e 00 00 12 00 1e  67 66 57 82 08 00 45 c0   ..^.....gfW...E.
0010  00 28 72 89 00 00 ff 70  30 ad 0a 5a 2d 03 e0 00   .(r....p 0..Z-...
0020  00 12 21 0b 96 01 01 01  db 25 a9 fe 02 01 71 77   ..!..... .%....qw
0030  65 72 74 79 75 69 00 00  00 00 00 00               ertyui.. ....
```

图 5-1-5 多播帧

```
182 6.262810  10.90.15.100       10.90.90.222   SSH   97 Server: Protocol (SSH-2.0-OpenSSH_6.6.1p1
183 6.284192  HuaweiTe_fb:5a:5e  Broadcast      ARP   64 Who has 210.28.177.3? Tell 210.28.177.62
184 6.306827  Dell_73:23:02      Broadcast      ARP   60 Gratuitous ARP for 10.90.190.144 (Request)
185 6.316530  Xensourc_2d:0f:7b  Broadcast      ARP   60 Who has 10.90.45.228? Tell 10.90.45.237
186 6.322162  HuaweiTe_fb:5a:5e  Broadcast      ARP   64 Who has 210.28.177.35? Tell 210.28.177.62
187 6.366537  IntelCor_66:10:3a  Broadcast      ARP   64 Gratuitous ARP for 10.90.191.27 (Request)
⊞ Frame 184: 60 bytes on wire (480 bits), 60 bytes captured (480 bits) on interface 0
⊟ Ethernet II, Src: Dell_73:23:02 (f0:4d:a2:73:23:02), Dst: Broadcast (ff:ff:ff:ff:ff:ff)
  ⊟ Destination: Broadcast (ff:ff:ff:ff:ff:ff)
      Address: Broadcast (ff:ff:ff:ff:ff:ff)
      .... ..1. .... .... .... .... = LG bit: Locally administered address (this is NOT the factory default)
      .... ...1 .... .... .... .... = IG bit: Group address (multicast/broadcast)
  ⊟ Source: Dell_73:23:02 (f0:4d:a2:73:23:02)
      Address: Dell_73:23:02 (f0:4d:a2:73:23:02)
      .... ..0. .... .... .... .... = LG bit: Globally unique address (factory default)
      .... ...0 .... .... .... .... = IG bit: Individual address (unicast)
    Type: ARP (0x0806)
    Padding: 43474946464c414753206661696c65643a20
⊟ Address Resolution Protocol (request/gratuitous ARP)
    Hardware type: Ethernet (1)
    Protocol type: IPv4 (0x0800)
    Hardware size: 6

0000  ff ff ff ff ff ff f0 4d  a2 73 23 02 08 06 00 01   .......M .s#....
0010  08 00 06 04 00 01 f0 4d  a2 73 23 02 0a 5a be 90   .......M .s#..Z..
0020  00 00 00 00 00 00 0a 5a  be 90 43 47 49 46 46 4c   .......Z ..CGIFFL
0030  41 47 53 20 66 61 69 6c  65 64 3a 20               AGS fail ed: 
```

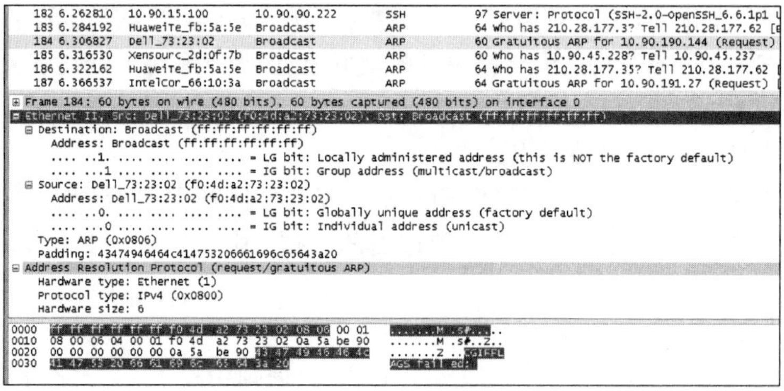

图 5-1-6 广播帧

3. 数据帧的填充机制分析

以太网 V2 格式数据帧规定，数据字段最小长度为 46 字节，当数据长度小于 46 字节时，MAC 子层就会在数据字段的后面加入一个整数字节的填充字段。如图 5-1-7 所示。

```
176 6.126693  10.90.45.3          224.0.0.18      VRRP   60 Announcement (v2)
177 6.174194  HuaweiTe_fb:5a:5e   Broadcast       ARP    64 who has 210.28.177.50? Tell 210.28.177.62
178 6.239942  Xensourc_ef:af:5b   Broadcast       ARP    60 who has 10.90.45.228? Tell 10.90.45.218
179 6.256512  10.90.90.222        10.90.15.100    TCP    66 10953 → 22 [SYN] Seq=0 Win=8192 Len=0 MSS
180 6.256739  10.90.15.100        10.90.90.222    TCP    66 22 → 10953 [SYN, ACK] Seq=0 Ack=1 Win=292
181 6.256831  10.90.90.222        10.90.15.100    TCP    54 10953 → 22 [ACK] Seq=1 Ack=1 Win=65700 Le
182 6.262810  10.90.15.100        10.90.90.222    SSH    97 Server: Protocol (SSH-2.0-OpenSSH_6.6.1p1
183 6.284192  HuaweiTe_fb:5a:5e   Broadcast       ARP    64 who has 210.28.177.3? Tell 210.28.177.62
184 6.306827  Dell_73:23:02       Broadcast       ARP    60 Gratuitous ARP for 10.90.190.144 (Request
185 6.316530  Xensourc_2d:0f:7b   Broadcast       ARP    60 who has 10.90.45.228? Tell 10.90.45.237
186 6.322162  HuaweiTe_fb:5a:5e   Broadcast       ARP    64 who has 210.28.177.35? Tell 210.28.177.62
187 6.366537  IntelCor_66:10:3a   Broadcast       ARP    64 Gratuitous ARP for 10.90.191.27 (Request)
⊞ Frame 178: 60 bytes on wire (480 bits), 60 bytes captured (480 bits) on interface 0
⊟ Ethernet II, Src: Xensourc_ef:af:5b (00:16:3e:ef:af:5b), Dst: Broadcast (ff:ff:ff:ff:ff:ff)
  ⊟ Destination: Broadcast (ff:ff:ff:ff:ff:ff)
      Address: Broadcast (ff:ff:ff:ff:ff:ff)
      .... ..1. .... .... .... .... = LG bit: Locally administered address (this is NOT the factory default)
      .... ...1 .... .... .... .... = IG bit: Group address (multicast/broadcast)
  ⊟ Source: Xensourc_ef:af:5b (00:16:3e:ef:af:5b)
      Address: Xensourc_ef:af:5b (00:16:3e:ef:af:5b)
      .... ..0. .... .... .... .... = LG bit: Globally unique address (factory default)
      .... ...0 .... .... .... .... = IG bit: Individual address (unicast)
    Type: ARP (0x0806)
    Padding: 000000000000000000000000000000000000
⊟ Address Resolution Protocol (request)
    Hardware type: Ethernet (1)
    Protocol type: IPv4 (0x0800)
    Hardware size: 6

0000  ff ff ff ff ff ff 00 16  3e ef af 5b 08 06 00 01   ........ >..[....
0010  08 00 06 04 00 01 00 16  3e ef af 5b 0a 5a 2d da   ........ >..[.Z-.
0020  00 00 00 00 00 00 0a 5a  2d e4 00 00 00 00 00 00   .......Z -.......
0030  00 00 00 00 00 00 00 00  00 00 00 00               ............
```

图 5-1-7　帧填充

如图 5-1-7 所示的数据帧，该帧数据长度不足 46 字节，在帧尾填充了 18 字节的“0”。

五、实验注意事项

（1）如果计算机有多个网卡，或者安装虚拟机软件后有虚拟网卡，在开始抓包前，需要选择具体的网卡才能抓到需要的数据包，一般选择本地连接；

（2）繁忙的网络环境中，各种干扰数据太多，在停止抓包后，可以设置合适的显示过滤器，把不需要的数据包隐藏起来方便我们分析。

六、拓展训练

（1）编写小程序，发送自定义数据帧；

（2）计算数据帧的 FCS 校验码。

实验 5.2　ARP 协议分析

一、实验目的

（1）理解 ARP 协议的报文格式；

（2）掌握 ARP 协议的工作原理。

二、背景知识

1. ARP 协议简述

ARP 协议(Address Resolution Protocol，地址解析协议)是根据 IP 地址获取 MAC 地址，是 TCP/IP 协议簇中的一个子协议。网络中的主机进行通信时使用的是网络层的 IP 地址，但在实际网络链路传输时，网络层的 IP 数据报会交给下层的数据链路层，使用数据帧进行传输，数据帧的传输使用的是 MAC 地址。由于 IP 地址和下面网络的 MAC 地址之间格式不同，因此不存在简单的映射关系，而且当网络上有主机撤走或有新的主机加入时，更换网卡会改变主机的 MAC 地址。因此每个主机都有一个 ARP 高速缓存(ARP cache)，其中存放本局域网上的各个主机和路由器的 IP 地址到 MAC 地址的映射表,并为表中每条项目设置生存时间。

2. ARP 地址解析过程

(1) 主机 A 和主机 B 在同一局域网中,ARP 地址解析过程如下,如图 5-2-1 所示:

① 主机 A 中的 ARP 进程在本局域网上广播发送一个 ARP 请求分组,将自己的 IP 地址到 MAC 地址的映射写入 ARP 请求分组中;

② 在本局域网上的所有主机上运行的 ARP 进程都会收到此 ARP 请求分组;

③ 主机 B 在 ARP 请求分组中看到自己的 IP 地址,向主机 A 发送 ARP 响应分组,并写入自己的 MAC 地址,同时在自己的 ARP 高速缓存中写入主机 A 的 IP 地址到 MAC 地址的映射;

④ 主机 A 收到主机 B 的 ARP 响应分组后,就在其 ARP 高速缓存中写入主机 B 的 IP 地址到 MAC 地址的映射。

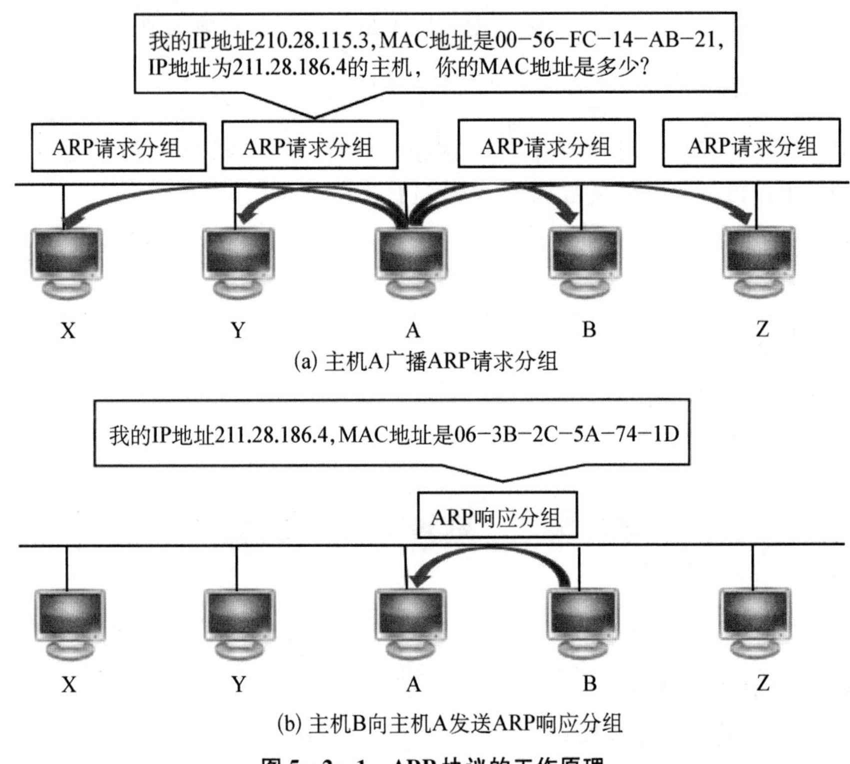

图 5-2-1 ARP 协议的工作原理

(2) 当主机 A 和主机 B 不在同一局域网中时,那么 ARP 协议找到的是本局域网上的一个路由器的 MAC 地址,剩下的工作由这个路由器来完成。

从 IP 地址到 MAC 地址的解析是自动进行的,用户对主机中 ARP 的解析过程是不知道的。

3. ARP 报文格式

ARP 报文总长度为 28 字节,MAC 地址长度为 6 字节,IP 地址长度为 4 字节。ARP 报文格式如图 5-2-2 所示。

<table>
<tr><td colspan="3">硬件类型(2)</td><td colspan="3">协议类型(2)</td></tr>
<tr><td colspan="2">物理地址长度(1)</td><td colspan="2">协议地址长度(1)</td><td colspan="2">操作码(2)</td></tr>
<tr><td colspan="6">发送方 MAC 地址(6)</td></tr>
<tr><td colspan="6">发送方 IP 地址(4)</td></tr>
<tr><td colspan="6">接收方 MAC 地址(6)</td></tr>
<tr><td colspan="6">接收方 IP 地址(4)</td></tr>
<tr><td colspan="6">填充(18)</td></tr>
</table>

图 5-2-2 ARP 报文格式

- ◆ 硬件类型:2 字节,发送方想知道的硬件接口类型,值 1 为以太网;
- ◆ 协议类型:2 字节,要映射的协议地址类型。“0x0800”为 IP 协议;
- ◆ 物理地址长度:1 字节,MAC 地址的长度,值 6 为 MAC 地址 48 位;
- ◆ 协议地址长度:1 字节,协议地址的长度,值 4 为 IPv4 地址 32 位;
- ◆ 操作码:2 字节,报文的类型,取值范围为 1～4,1 为 ARP 请求报文,2 为 ARP 响应报文,3 为 RARP 请求报文,4 为 RARP 响应报文;
- ◆ 发送方 MAC 地址:6 字节,发送方的 MAC 地址;
- ◆ 发送方 IP 地址:4 字节,发送方的 IP 地址;
- ◆ 接收方 MAC 地址:6 字节,接收方的 MAC 地址;
- ◆ 接收方 IP 地址:4 字节,接收方的 IP 地址;
- ◆ 填充:18 字节,填充 ARP 报文,使其达到 46 字节,以达到数据帧中数据部分的最短长度。

4. ARP 报文种类

ARP 报文分为请求报文和响应报文。

① ARP 请求报文:请求报文中操作码字段的值为 request(1),接收方 MAC 地址字段的值为 Target 00:00:00_00:00:00(00:00:00:00:00:00)(广播地址)。

② ARP 响应报文:响应报文中操作码字段的值为 reply(2),接收方 MAC 地址字段的值为接收方主机的 MAC 地址。

三、实验环境及实验拓扑

(1) 硬件:安装 Windows 操作系统的联网 PC;

(2) 软件:Wireshark。

四、实验内容

1. 分析 ARP 协议报文格式

打开 Wireshark 协议分析软件,设置捕获过滤条件为“arp”,单击“start”按钮开始捕获数据,持续片刻后,单击红色停止按钮,捕获的数据如图 5-2-3 所示。

ARP 报文总长度为 28 字节,各字段如下:

(1) Hardware type,硬件类型,值为 1,表示以太网;

(2) Protocol type,协议类型,值为 0x0800,表示 IP 协议;

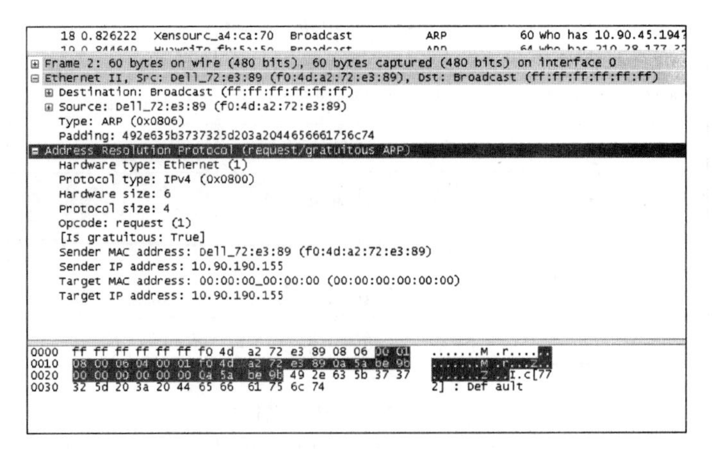

图 5-2-3 ARP 报文格式分析

(3) Hardware size,硬件地址长度,值为 6,表示 MAC 地址 6 字节;

(4) Protocol size,协议地址长度,值为 4,表示 IP 地址 4 字节;

(5) Opcode,操作码,值为 1,表示 ARP 请求报文;

(6) Sender MAC address,发送方 MAC 地址,值为 f0:4d:a2:72:e3:89;

(7) Sender IP address,发送方 IP 地址,值为 10.90.190.155;

(8) Target MAC address,接收方 MAC 地址,值为 00:00:00:00:00:00;

(9) Target IP address,接收方 IP 地址,值为 10.90.190.155。

通过分析可以看出,ARP 协议头一共占 28 字节,结构固定,没有可选字段。

2. ARP 请求报文分析

主机发送 ARP 请求报文用来获取指定 IP 地址对应的 MAC 地址,报文如图 5-2-4 所示。

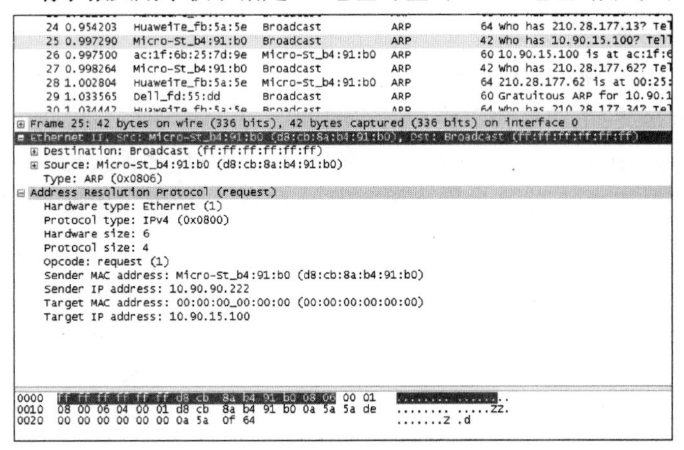

图 5-2-4 ARP 请求报文

如图 5-2-4 所示,ARP 请求报文以广播方式发送,该请求封装在 Ethernet V2 格式的数据帧中。在 ARP 协议头中,Opcode 为 1,发送方 MAC 地址和 IP 地址为发送者自身地址,接收方 MAC 地址为全 0,接收方 IP 地址为想要获取的目标的 IP 地址。

3. ARP 响应报文分析

对应 IP 地址的主机收到 ARP 请求报文后,以单播方式发送含有自己 MAC 地址的 ARP 响应报文,报文如图 5-2-5 所示。

```
26 0.997500  ac:1f:6b:25:7d:9e  Micro-St_b4:91:b0  ARP  60 10.90.15.100 is at a
27 0.998264  Micro-St_b4:91:b0  Broadcast          ARP  42 Who has 210.28.177.6
28 1.002804  HuaweiTe_fb:5a:5e  Micro-St_b4:91:b0  ARP  64 210.28.177.62 is at
29 1.033565  Dell_fd:55:dd      Broadcast          ARP  60 Gratuitous ARP for 1
⊞ Frame 26: 60 bytes on wire (480 bits), 60 bytes captured (480 bits) on interface 0
⊟ Ethernet II, Src: ac:1f:6b:25:7d:9e (ac:1f:6b:25:7d:9e), Dst: Micro-St_b4:91:b0 (d8:cb:8a:
  ⊞ Destination: Micro-St_b4:91:b0 (d8:cb:8a:b4:91:b0)
  ⊞ Source: ac:1f:6b:25:7d:9e (ac:1f:6b:25:7d:9e)
    Type: ARP (0x0806)
    Padding: 000000000000000000000000000000000000
⊟ Address Resolution Protocol (reply)
    Hardware type: Ethernet (1)
    Protocol type: IPv4 (0x0800)
    Hardware size: 6
    Protocol size: 4
    Opcode: reply (2)
    Sender MAC address: ac:1f:6b:25:7d:9e (ac:1f:6b:25:7d:9e)
    Sender IP address: 10.90.15.100
    Target MAC address: Micro-St_b4:91:b0 (d8:cb:8a:b4:91:b0)
    Target IP address: 10.90.90.222

0000  d8 cb 8a b4 91 b0 ac 1f  6b 25 7d 9e 08 06 00 01  ........ k%}.....
0010  08 00 06 04 00 02 ac 1f  6b 25 7d 9e 0a 5a 0f 64  ........ k%}..Z.d
0020  d8 cb 8a b4 91 b0 0a 5a  5a de 00 00 00 00 00 00  .......Z Z.......
0030  00 00 00 00 00 00 00 00  00 00 00 00              ........ ....
```

图 5-2-5　ARP 响应报文

如图 5-2-5 所示，ARP 响应报文的 Opcode 值为 2，发送者为拥有 10.90.15.100 这一 IP 地址的主机，响应报文以单播的方式发送给对方。

4. 免费 ARP 报文分析

当主机网络接口启动完成，接入网络的时候，通过发送免费 ARP 报文来确定是否有其他主机设置了相同的 IP 地址。正常情况下，主机虽然发出了一个免费的 ARP 报文，但是并不期望收到一个回答，如果收到一个回答，则表明某个主机设置了相同的 IP 地址，系统则会弹出 IP 地址冲突的对话框。免费 ARP 报文如图 5-2-6 所示。

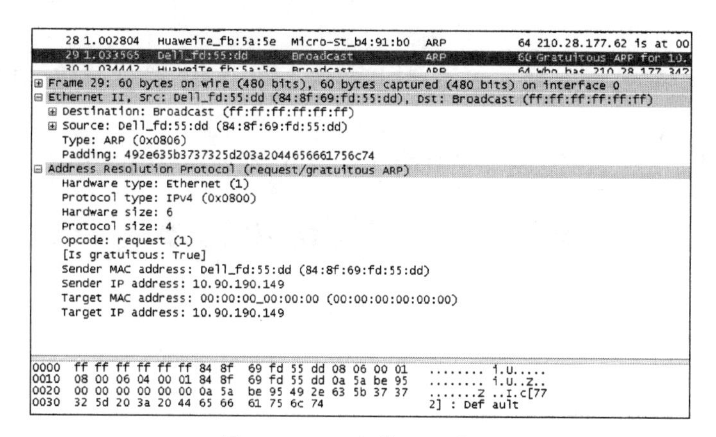

图 5-2-6　免费 ARP 报文

如图 5-2-6 所示，免费 ARP 报文以广播方式发送，Opcode 为 1，和 ARP 请求报文不同的是，发送方 IP 地址和接收方 IP 地址相同，都为发送方的 IP 地址。

5. 主机 ARP 缓存机制与缓存维护

每台主机都维护一个 ARP 缓存表，即 IP 地址到 MAC 地址的映射表。在 Windows 平台下，可以在命令行中用 arp-a 命令查看本机的 ARP 缓存表，如图 5-2-7 所示。

如图 5-2-7 所示，此时主机缓存了 10.90.0.9 这台主机的 MAC 地址，再次和该主机通信时可以发现，当前主机不会发出 ARP 请求报文。如果执行 arp-d 命令清空缓存，再次通信的时候，就会发出一个针对此 IP 地址的 ARP 请求报文。

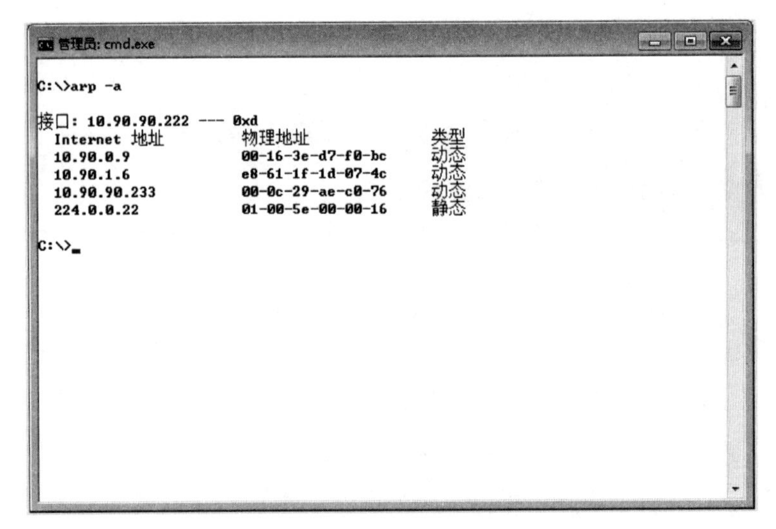

图 5-2-7 ARP 缓存表

五、实验注意事项

Windows 操作系统中提供了 ARP 命令来显示、创建、删除 ARP 缓存表。可以首先利用 arp 命令查看本机 ARP 缓存表，然后清除缓存表，再利用 ping 命令来捕获 ARP 请求报文和响应报文，再次查看 ARP 缓存表的情况。

六、拓展训练

(1) 理解主机 ARP 缓存的生成方式、更新机制和作用，尝试解决 ARP 地址欺骗的问题；

(2) 理解 ARP 相关数据包对交换机端口与 MAC 地址映射表的影响。

实验 5.3 ICMP 协议分析

一、实验目的

(1) 理解 ICMP 协议的报文格式；

(2) 掌握 ICMP 协议的工作原理。

二、背景知识

1. ICMP 协议简述

ICMP 协议(Internet Control Message Protocol，网际控制报文协议)是 TCP/IP 协议簇中的一个子协议，虽然 ICMP 报文是封装在 IP 报文中进行传输的，但是 ICMP 协议和 IP 协议一样，都属于网络层协议。ICMP 协议主要用于在主机和路由器之间传递差错情况和异常情况。ping、tracert 等命令就是通过 ICMP 报文实现的。

2. ICMP 报文格式

ICMP 报文的前四个字节是统一的格式，共有三个字段，即类型、代码和检验和，8 位类型和8位代码字段一起决定了ICMP报文的类型。ICMP协议格式如图5-3-1所示。

- 类型：1字节，不同类型的ICMP报文，类型值不同；
- 代码：1字节，不同类型的ICMP报文具有其相应的代码；
- 检验和：2字节。

图5-3-1 ICMP报文格式

3. ICMP报文种类

ICMP报文分为ICMP差错报告报文和ICMP询问报文两类。ICMP差错报告报文用于在IP主机、路由器之间传递网络通不通、主机是否可达、路由是否可用等网络本身的消息。ICMP询问报文主要用来测试主机的连通性，用于无盘系统启动时获取网络子网掩码以及查询时间等。常用的ICMP报文类型如表5-3-1所示。

表5-3-1 常用的ICMP报文类型

ICMP报文种类	类型值	ICMP报文的类型
ICMP差错报告报文	3	终点不可达
	11	时间超过
	12	参数问题
	5	路由重定向
ICMP询问报文	8或0	回送请求或回答
	17或18	地址掩码请求或回答
	13或14	时间戳请求或回答

所有的ICMP差错报告报文中的数据字段都具有同样的格式。将收到的需要进行差错报告的IP数据报的首部和数据字段的前八个字节提取出来，作为ICMP报文的数据字段，再加上响应的ICMP差错报告报文的前八个字节，就构成了ICMP差错报告报文。提取收到的数据报的数据字段的前八个字节是为了得到运输层的端口号（对于TCP和UDP）以及运输层报文的发送序号（对于TCP）。

三、实验环境及实验拓扑

(1) 硬件：安装Windows操作系统的联网PC；

(2) 软件：Wireshark。

四、实验内容

1. ICMP差错报告报文分析

最常见的差错报告报文有时间超过和终点不可达两类。实验中主要分析这两种ICMP

差错报告报文。

网络中路由器在接收到数据包时，首先将 TTL 值减 1，若减 1 后 TTL 值不为 0，则查找路由表，然后转发数据；若减 1 后 TTL 值为 0，则丢弃该数据包，并发送一个 ICMP 时间超过报文给发送该数据包的源主机。主流操作系统发送数据包时，初始 TTL 值足够大，正常情况下，不会发生数据包在到达目标主机之前 TTL 值为 0 的情况。如果发生，一般是网络中存在路由环路的情形。

为了抓取到 ICMP 时间超过报文，我们需要事先对路由器进行路由配置，以本次实验为例，对网络中的两个路由器进行配置，使到目标地址 218.2.2.2 的路由形成环路，然后打开 Wireshark 抓包软件，设置抓包过滤条件为“icmp”，点击“start”按钮开始抓包。再打开 Windows 命令行，执行 ping 218.2.2.2，Wireshark 抓取到的 ICMP 时间超过报文如图5-3-2所示。

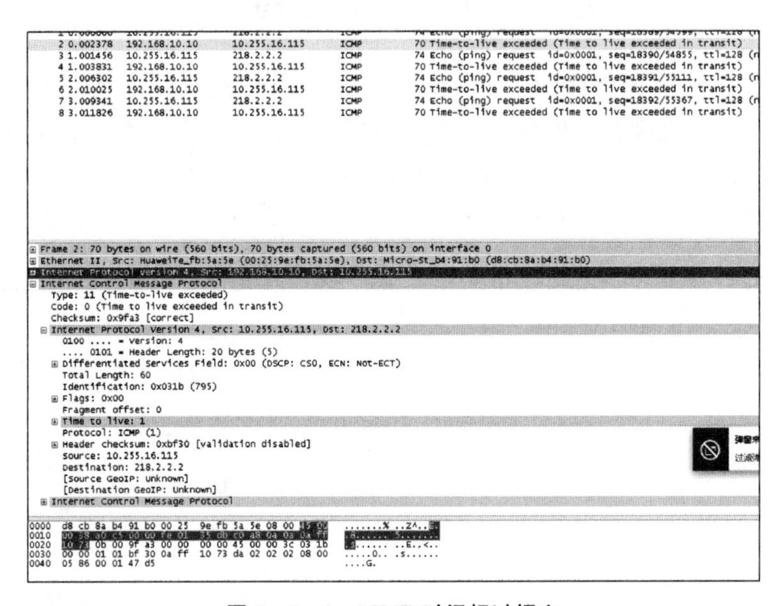

图 5-3-2 ICMP 时间超过报文

报文各字段如图 5-3-2 所示。ICMP 虽然作为一个网络层协议，但它的数据仍然通过 IP 数据包来进行封装发送。从图中可以看到，这是一个标准的超时报文，报文类型为 11，代码为 0，ICMP 协议的数据字段为发送超时的 IP 数据包的包头加 8 字节的数据。通过对数据字段的分析可以看出，是 IP 地址为 10.255.16.115 的主机发送给 218.2.2.2 这台主机的数据发生了超时。

终点不可达报文一般发生在 UDP 通信中。首先打开抓包软件 Wireshark，设置过滤条件为“icmp”，开始抓包，然后打开主机命令行窗口，执行 nc-u 192.168.10.10，抓获到的终点不可达报文如图 5-3-3 所示。

如图 5-3-3 所示，终点不可达报文类型为 3，代码为 3，表示此报文是终点不可达中的端口不可达。ICMP 报文数据部分为发生错误的数据包的 20 字节的 IP 数据包的包头加 8 字节的数据。从数据部分分析，是源 IP 地址 10.255.16.115、源端口为 51835，发送给 192.168.10.10、目的端口为 69 的一个 UDP 数据包发生了错误。

终点不可达报文除了上述的端口不可达，还有主机不可达、网络不可达等，区别在于这些报文的代码值不同。

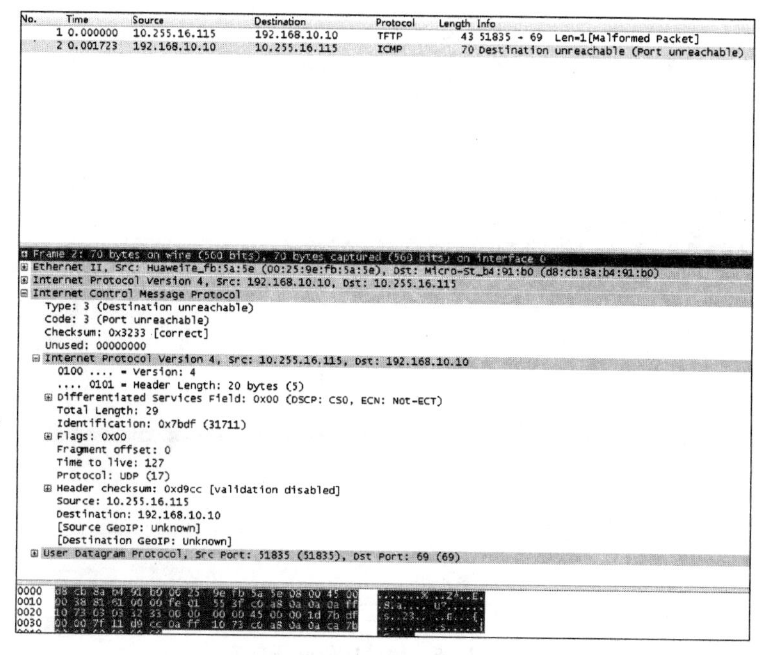

图 5-3-3　终点不可达报文

2. ICMP 询问报文分析

ICMP 询问报文有三类，分别是地址掩码请求与回答、时间戳请求和回答以及回送请求和回答报文。

地址掩码请求报文如图 5-3-4 所示，地址掩码回答报文如图 5-3-5 所示。

说明：一般只有路由器才会响应地址掩码请求报文，此外，系统没有自带的命令用来生成地址掩码请求报文，需自己编写小程序或利用 scapy 网络协议测试工具来生成。scapy 测试命令如下：

packet=*IP*(*dst*="192.168.10.10",*src*="10.255.16.43")/*ICMP*(*type*=17)

send(*packet*)

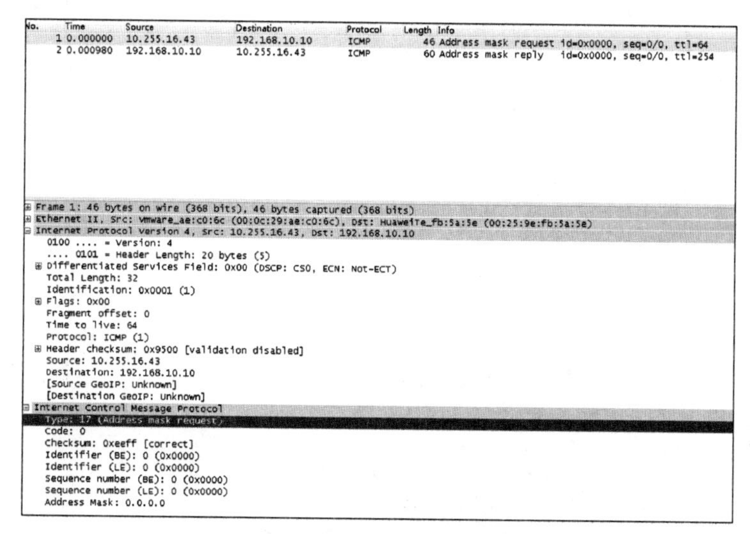

图 5-3-4　地址掩码请求报文

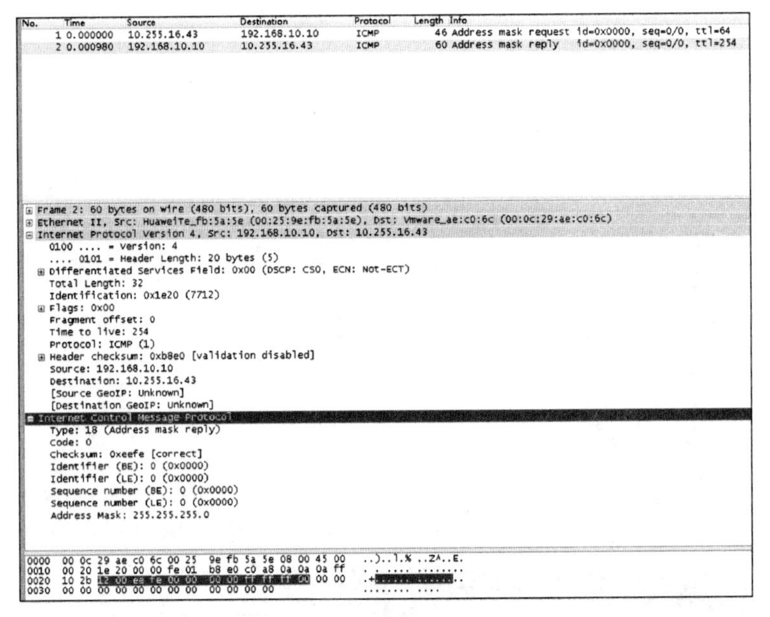

图 5-3-5　地址掩码回答报文

从图 5-3-4 和图 5-3-5 可以看出，地址掩码请求报文和地址掩码回答报文格式一致，区别在于请求报文的类型为 17，回答报文的类型为 18。报文除了固定的类型、代码和校验和三个字段外，多了标识、序列号和地址掩码三个字段。

时间戳请求报文如图 5-3-6 所示，时间戳回答报文如图 5-3-7 所示。时间戳请求报文类型为 13，代码为 0；时间戳回答报文类型为 14，代码为 0。报文除了固定的类型、代码和校验和字段外，多了标识、序列号、原始时间、接收时间和传输时间几个字段。生成时间戳请求报文的代码如下：

packet=*IP*(*dst*="10.255.16.75",*src*="10.255.16.43")/*ICMP*(*type*=13)

send(*packet*)

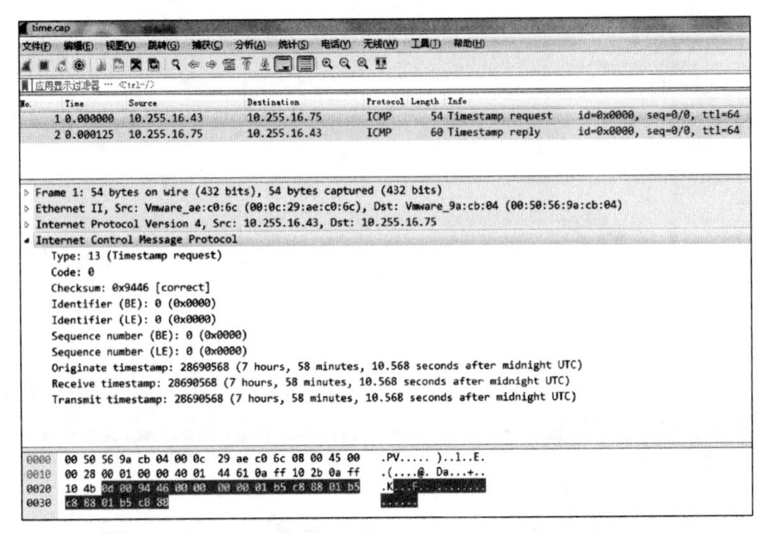

图 5-3-6　时间戳请求报文

```
No.  Time      Source        Destination   Protocol Length Info
   1 0.000000  10.255.16.43  10.255.16.75  ICMP     54 Timestamp request   id=0x0000, seq=0/0, ttl=64
   2 0.000125  10.255.16.75  10.255.16.43  ICMP     60 Timestamp reply     id=0x0000, seq=0/0, ttl=64

⊞ Frame 2: 60 bytes on wire (480 bits), 60 bytes captured (480 bits)
⊞ Ethernet II, Src: Vmware_9a:cb:04 (00:50:56:9a:cb:04), Dst: Vmware_ae:c0:6c (00:0c:29:ae:c0:6c)
⊟ Internet Protocol Version 4, Src: 10.255.16.75, Dst: 10.255.16.43
    0100 .... = Version: 4
    .... 0101 = Header Length: 20 bytes (5)
  ⊞ Differentiated Services Field: 0x00 (DSCP: CS0, ECN: Not-ECT)
    Total Length: 40
    Identification: 0x190a (6410)
  ⊞ Flags: 0x00
    Fragment offset: 0
    Time to live: 64
    Protocol: ICMP (1)
  ⊞ Header checksum: 0x2b58 [validation disabled]
    Source: 10.255.16.75
    Destination: 10.255.16.43
    [Source GeoIP: Unknown]
    [Destination GeoIP: Unknown]
⊟ Internet Control Message Protocol
    Type: 14 (Timestamp reply)
    Code: 0
    Checksum: 0x2b86 [correct]
    Identifier (BE): 0 (0x0000)
    Identifier (LE): 0 (0x0000)
    Sequence number (BE): 0 (0x0000)
    Sequence number (LE): 0 (0x0000)
    Originate timestamp: 28690568 (7 hours, 58 minutes, 10.568 seconds after midnight UTC)
    Receive timestamp: 29359198 (8 hours, 9 minutes, 19.198 seconds after midnight UTC)
    Transmit timestamp: 29359198 (8 hours, 9 minutes, 19.198 seconds after midnight UTC)

0000  00 0c 29 ae c0 6c 00 50  56 9a cb 04 08 00 45 00   ..)..l.P V.....E.
0010  00 28 19 0a 00 00 40 01  2b 58 0a ff 10 4b 0a ff   .(....@. +X...K..
0020  10 2b 0e 00 2b 86 00 00  00 00 01 b5 c8 88 01 bf   .+..+... ........
0030  fc 5e 01 bf fc 5e 00 00  00 00 00 00               .^...^.. ....
```

图 5-3-7 时间戳回答报文

ICMP 使用最为广泛的询问报文为回送请求与回答报文。打开抓包软件 Wireshark，设置过滤条件为“icmp”，开始抓包，然后打开主机命令行窗口，执行 ping 10.255.16.126，抓取到的回送请求报文如图 5-3-8 所示，回送回答报文如图 5-3-9 所示。

ICMP 回送请求报文和回送回答报文格式相同，报文除了固定的类型、代码和校验和字段外，多了标识、序列号和数据字段。区别在于回送请求报文的类型为 8，回送回答报文的类型为 0。

网络管理员经常使用 ping 命令测试到目标主机的联通性，该命令是 ICMP 回送请求与回答报文的典型应用，如图 5-3-10 所示。

```
No.  Time       Source         Destination    Protocol Length Info
   1 0.000000   10.90.2.23     10.90.26.100   ICMP     98 Echo (ping) request  id=0x4c77, seq=1/256, ttl=64 (no response found!)
   2 42.798752  10.255.16.115  10.255.16.126  ICMP     74 Echo (ping) request  id=0x0001, seq=18395/56135, ttl=128 (reply in 3)
   3 42.799838  10.255.16.126  10.255.16.115  ICMP     74 Echo (ping) reply    id=0x0001, seq=18395/56135, ttl=255 (request in 2)
   4 43.797266  10.255.16.115  10.255.16.126  ICMP     74 Echo (ping) request  id=0x0001, seq=18396/56391, ttl=128 (reply in 5)
   5 43.798326  10.255.16.126  10.255.16.115  ICMP     74 Echo (ping) reply    id=0x0001, seq=18396/56391, ttl=255 (request in 4)
   6 44.801282  10.255.16.115  10.255.16.126  ICMP     74 Echo (ping) request  id=0x0001, seq=18397/56647, ttl=128 (no response fo
   7 44.802332  10.255.16.126  10.255.16.115  ICMP     74 Echo (ping) reply    id=0x0001, seq=18397/56647, ttl=255 (request in 6)
   8 45.805241  10.255.16.115  10.255.16.126  ICMP     74 Echo (ping) request  id=0x0001, seq=18398/56903, ttl=128 (reply in 9)
   9 45.806273  10.255.16.126  10.255.16.115  ICMP     74 Echo (ping) reply    id=0x0001, seq=18398/56903, ttl=255 (request in 8)

⊞ Frame 2: 74 bytes on wire (592 bits), 74 bytes captured (592 bits) on interface 0
⊞ Ethernet II, Src: Micro-St_b4:91:b0 (d8:cb:8a:b4:91:b0), Dst: HuaweiTe_fb:5a:5e (00:25:9e:fb:5a:5e)
⊟ Internet Protocol Version 4, Src: 10.255.16.115, Dst: 10.255.16.126
    0100 .... = Version: 4
    .... 0101 = Header Length: 20 bytes (5)
  ⊞ Differentiated Services Field: 0x00 (DSCP: CS0, ECN: Not-ECT)
    Total Length: 60
    Identification: 0x3f8b (16267)
  ⊞ Flags: 0x00
    Fragment offset: 0
    Time to live: 128
    Protocol: ICMP (1)
  ⊞ Header checksum: 0x0000 [validation disabled]
    Source: 10.255.16.115
    Destination: 10.255.16.126
    [Source GeoIP: Unknown]
    [Destination GeoIP: Unknown]
⊟ Internet Control Message Protocol
    Type: 8 (Echo (ping) request)
    Code: 0
    Checksum: 0x0580 [correct]
    Identifier (BE): 1 (0x0001)
    Identifier (LE): 256 (0x0100)
    Sequence number (BE): 18395 (0x47db)
    Sequence number (LE): 56135 (0xdb47)
    [Response frame: 3]
  ⊞ Data (32 bytes)

0000  00 25 9e fb 5a 5e d8 cb  8a b4 91 b0 08 00 45 00   .%..Z^.. ......E.
0010  00 3c 3f 8b 00 00 80 01  00 00 0a ff 10 73 0a ff   .<?..... .....s..
0020  10 7e 08 00 05 80 00 01  47 db 61 62 63 64 65 66   .~...... G.abcdef
0030  67 68 69 6a 6b 6c 6d 6e  6f 70 71 72 73 74 75 76   ghijklmn opqrstuv
0040  77 61 62 63 64 65 66 67  68 69                     wabcdefg hi
```

图 5-3-8 ICMP 回送请求报文

```
No.  Time        Source         Destination    Protocol  Length Info
  1 0.000000    10.90.2.23     10.90.26.100   ICMP      98 Echo (ping) request  id=0x4c77, seq=1/256, ttl=64 (no response found!)
  2 42.798752   10.255.16.115  10.255.16.126  ICMP      74 Echo (ping) request  id=0x0001, seq=18395/56135, ttl=128 (reply in 3)
  3 42.799858   10.255.16.126  10.255.16.115  ICMP      74 Echo (ping) reply    id=0x0001, seq=18395/56135, ttl=255 (request in 2)
  4 43.797266   10.255.16.115  10.255.16.126  ICMP      74 Echo (ping) request  id=0x0001, seq=18396/56391, ttl=128 (reply in 5)
  5 43.798326   10.255.16.126  10.255.16.115  ICMP      74 Echo (ping) reply    id=0x0001, seq=18396/56391, ttl=255 (request in 4)
  6 44.801282   10.255.16.115  10.255.16.126  ICMP      74 Echo (ping) request  id=0x0001, seq=18397/56647, ttl=128 (no response fo
  7 44.802332   10.255.16.126  10.255.16.115  ICMP      74 Echo (ping) reply    id=0x0001, seq=18397/56647, ttl=255 (request in 6)
  8 45.805241   10.255.16.115  10.255.16.126  ICMP      74 Echo (ping) request  id=0x0001, seq=18398/56903, ttl=128 (reply in 9)
  9 45.806273   10.255.16.126  10.255.16.115  ICMP      74 Echo (ping) reply    id=0x0001, seq=18398/56903, ttl=255 (request in 8)

⊞ Frame 3: 74 bytes on wire (592 bits), 74 bytes captured (592 bits) on interface 0
⊞ Ethernet II, Src: HuaweiTe_fb:5a:5e (00:25:9e:fb:5a:5e), Dst: Micro-St_b4:91:b0 (d8:cb:8a:b4:91:b0)
⊟ Internet Protocol Version 4, Src: 10.255.16.126, Dst: 10.255.16.115
    0100 .... = Version: 4
    .... 0101 = Header Length: 20 bytes (5)
  ⊞ Differentiated Services Field: 0x00 (DSCP: CS0, ECN: Not-ECT)
    Total Length: 60
    Identification: 0x3f8b (16267)
  ⊞ Flags: 0x00
    Fragment offset: 0
    Time to live: 255
    Protocol: ICMP (1)
  ⊞ Header checksum: 0x4547 [validation disabled]
    Source: 10.255.16.126
    Destination: 10.255.16.115
    [Source GeoIP: Unknown]
    [Destination GeoIP: Unknown]
⊟ Internet Control Message Protocol
    Type: 0 (Echo (ping) reply)
    Code: 0
    Checksum: 0x0d80 [correct]
    Identifier (BE): 1 (0x0001)
    Identifier (LE): 256 (0x0100)
    Sequence number (BE): 18395 (0x47db)
    Sequence number (LE): 56135 (0xdb47)
    [Request frame: 2]
    [Response time: 1.086 ms]
  ⊞ Data (32 bytes)

0000  d8 cb 8a b4 91 b0 00 25  9e fb 5a 5e 08 00 45 00   .......% ..Z^..E.
0010  00 3c 3f 8b 00 00 ff 01  45 47 0a ff 10 7e 0a ff   .<?..... EG...~..
0020  10 73 00 00 0d 80 00 01  47 db 61 62 63 64 65 66   .s...... G.abcdef
0030  67 68 69 6a 6b 6c 6d 6e  6f 70 71 72 73 74 75 76   ghijklmn opqrstuv
0040  77 61 62 63 64 65 66 67  68 69                     wabcdefg hi
```

图 5-3-9　ICMP 回送回答报文

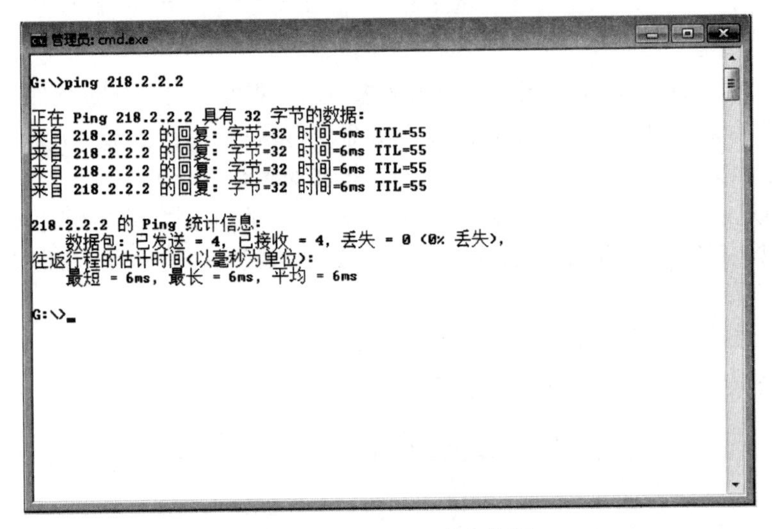

图 5-3-10　ping 命令使用

如图 5-3-10 所示，执行 ping 218.2.2.2 后，ping 程序发送 ICMP 回送请求数据包给目标主机 218.2.2.2，目标主机收到数据包后，返回 ICMP 回送回答数据包。

3. tracert 工作原理分析

为了知道发往目标主机的数据包经过了哪些路由器，可以用 tracert 命令进行路由追踪，如图 5-3-11 所示。

从图 5-3-11 可以看出，源主机发出的数据包经过了中间七个路由器到达目标主机 218.2.2.2。tracert 先发送 TTL 值为 1 的 ICMP 回送请求报文，距离源主机最近的路由器收到该报文后将 TTL 减 1，然后判断 TTL 值是否为 0。如果为 0，则返回一个 ICMP 时间超过报文给源主机，源主机提取时间超过报文的源 IP 地址，从而得知数据包经过的第一个路由器；随后在每次发送报文之前先将 TTL 值递增 1，直到目标响应或 TTL 达到最大值，从而确定数据传输经过的所有路由器。相关报文如图 5-3-12 所示。

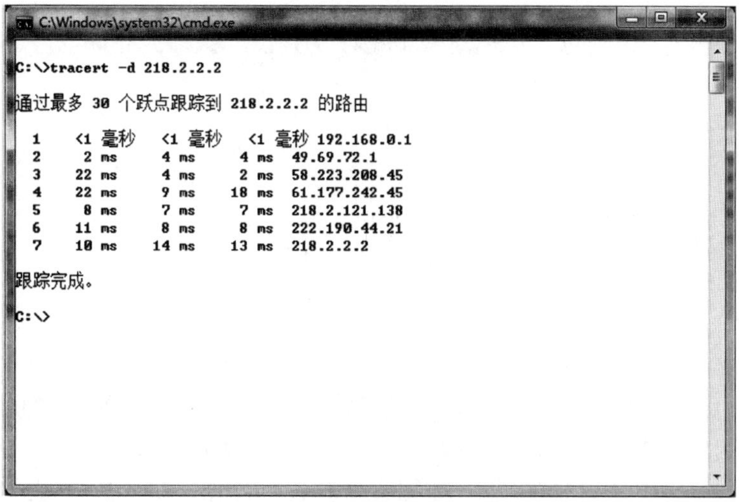

```
C:\Windows\system32\cmd.exe

C:\>tracert -d 218.2.2.2

通过最多 30 个跃点跟踪到 218.2.2.2 的路由

  1     <1 毫秒    <1 毫秒    <1 毫秒 192.168.0.1
  2      2 ms      4 ms      4 ms  49.69.72.1
  3     22 ms      4 ms      2 ms  58.223.208.45
  4     22 ms      9 ms     18 ms  61.177.242.45
  5      8 ms      7 ms      7 ms  218.2.121.138
  6     11 ms      8 ms      8 ms  222.190.44.21
  7     10 ms     14 ms     13 ms  218.2.2.2

跟踪完成。

C:\>
```

图 5-3-11 tracert 命令使用

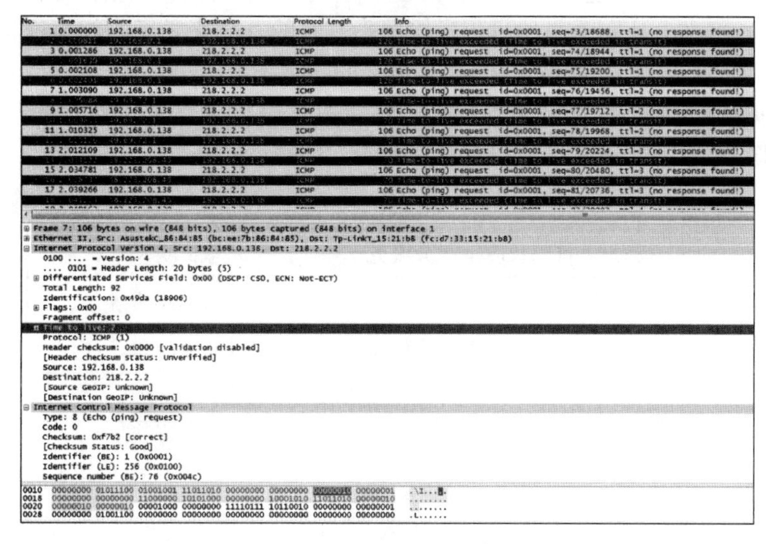

图 5-3-12 tracert 路由追踪报文

五、实验注意事项

(1) 在抓取 ICMP 时间超过报文的时候，如果没有对应的网络环境，也可以编写小程序或者用 scapy 协议分析软件来构造 TTL 初始值较小的数据包，使数据包在达到目标主机之前 TTL 值为 0，达到相同的效果；更简单的办法是使用 ping 命令的－i 参数来指定一个较小的初始 TTL 值；

(2) 一般只有路由器等网络设备才会反馈给访问者端口不可达报文。

六、拓展训练

(1) 根据 ICMP 回送请求报文计算网络延迟；

(2) 利用 ICMP 报文测试网络最大传输单元。

实验 5.4　IP 分片协议分析

一、实验目的

(1) 理解 IP 数据报的分片原由；

(2) 掌握 IP 数据报的分片原理。

二、背景知识

1. IP 协议简述

IP 协议(Internet Protocol,网际协议)是 TCP/IP 协议簇中最为核心的协议之一,属于网络层协议。网络层中的 ICMP 协议和 IGMP 协议都是以 IP 数据报格式进行传输,传输层中的 TCP 协议和 UDP 协议也是以 IP 数据报格式进行传输。由于数据链路层中规定了最大传输单元(Maximum Transmission Unit,MTU),限制了数据帧的最大长度,因此网络层中传输的 IP 数据报的大小超过 MTU 时就会产生 IP 分片情况,目的站还需对分片的数据进行重组处理。报文分片和重组的过程运输层是透明的。分片之后的数据报根据需要也可以进行再次分片。IP 分片是网络上传输 IP 报文的一种技术手段。

2. IP 数据报格式

IP 数据报的格式如图 5-4-1 所示。

位　0　4　8　16　19　24　31

<table>
<tr><td>版本</td><td>首部长度</td><td>区分服务</td><td colspan="3">总长度</td></tr>
<tr><td colspan="3">标识</td><td>标志</td><td colspan="2">片偏移</td></tr>
<tr><td colspan="2">生存时间</td><td>协议</td><td colspan="3">首部检验和</td></tr>
<tr><td colspan="6">源地址</td></tr>
<tr><td colspan="6">目的地址</td></tr>
<tr><td colspan="5">可选字段</td><td>填充</td></tr>
<tr><td colspan="6">数据部分</td></tr>
</table>

图 5-4-1　IP 报文格式

◆ 版本:4 位,IP 协议版本号。目前广泛使用的 IP 协议版本号为 4(即 IPv4);

◆ 首部长度:4 位,IP 数据报的首部长度,此字段单位为 4 字节;

◆ 区分服务:8 位,用来获得更好的服务;

◆ 总长度:16 位,IP 数据报首部和数据部分之和,单位为字节;

◆ 标识:16 位。IP 软件在存储器中存有一个计数器,每产生一个数据报,计数器就加 1,并将此值赋给标识字段;

◆ 标志:3 位,目前只有低两位有意义,分别是 MF(More Fragment)和 DF(Don't Fragment)。

MF:标志字段中的最低位,MF=1 表示后面"还有分片"的数据报。MF=0 表示这是若干数据报片中的最后一个。

DF：标志字段的中间位，只有当DF=0时数据报才允许分片；

- 片偏移：13位，分片后的数据报在原IP数据报中的相对位置，单位为8个字节；
- 生存时间：8位，常用TTL(Time To Live)表示，原来表示数据报在网络中的寿命，现将其功能改为"跳数限制"，即IP数据报最多可经过的路由器数；
- 协议：8位，此数据报携带的数据是使用何种协议，即上层协议类型，目的主机网络层根据此字段值将数据部分上交给对应的协议处理，如1为ICMP协议；
- 首部检验和：16位，只检验数据报的首部，不包括数据部分；
- 源地址：32位，发送方的IP地址；
- 目的地址：32位，接收方的IP地址；
- 可选字段：用来支持排错、测量及安全等措施，其长度可变，从1个字节到40个字节不等，最后用全0的填充字段补齐成为4字节的整数倍。

3. IP分片和重组

IP数据报的分片和重组涉及IP数据报首部中的标识、标志和片偏移三个字段。

- 标识：一个数据报分片后的每个分片的标识和原数据报的标识相同；
- 标志：接收方根据MF判断当前分片是否为最后一个分片；
- 片偏移：接收方根据此字段计算出当前分片在整个数据报中的位置。

三、实验环境及实验拓扑

(1) 硬件：安装Windows操作系统的联网PC；

(2) 软件：Wireshark。

四、实验内容

启动Wireshark协议分析软件，设置过滤规则为"icmp"，打开主机命令行窗口，执行如图5-4-2所示命令，发送超过以太网最大传输单元的数据。

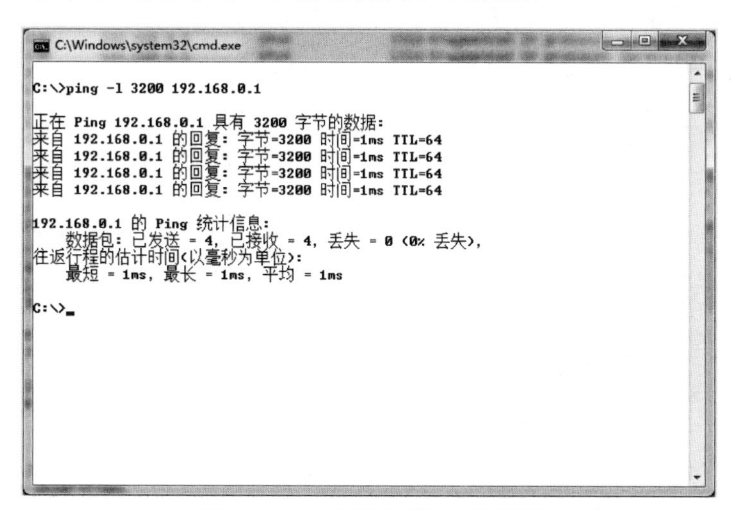

图5-4-2 发送需要分片的数据

在协议分析软件中可以看到，发出的数据被分成了三个数据包，分别如图5-4-3、图5-4-4和图5-4-5所示。

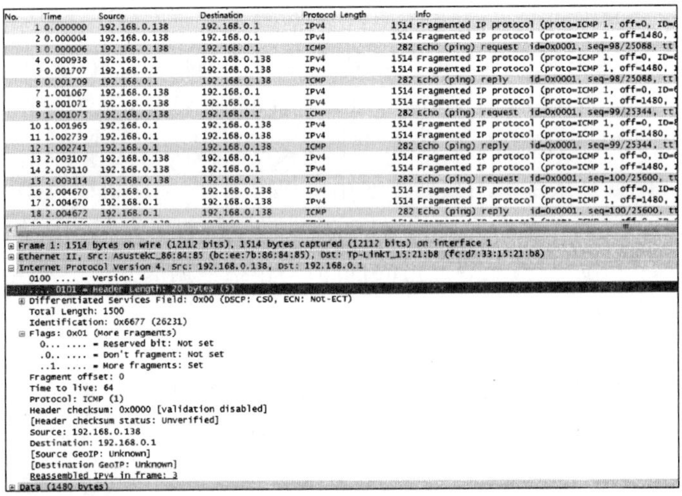

```
No.  Time      Source         Destination    Protocol Length Info
 1 0.000000  192.168.0.138  192.168.0.1    IPv4   1514 Fragmented IP protocol (proto=ICMP 1, off=0, ID=
 2 0.000004  192.168.0.138  192.168.0.1    IPv4   1514 Fragmented IP protocol (proto=ICMP 1, off=1480,
 3 0.000006  192.168.0.138  192.168.0.1    ICMP    282 Echo (ping) request  id=0x0001, seq=98/25088, tt
 4 0.000938  192.168.0.1    192.168.0.138  IPv4   1514 Fragmented IP protocol (proto=ICMP 1, off=0, ID=
 5 0.001707  192.168.0.1    192.168.0.138  IPv4   1514 Fragmented IP protocol (proto=ICMP 1, off=1480,
 6 0.001709  192.168.0.1    192.168.0.138  ICMP    282 Echo (ping) reply    id=0x0001, seq=98/25088, tt
 7 1.001067  192.168.0.138  192.168.0.1    IPv4   1514 Fragmented IP protocol (proto=ICMP 1, off=0, ID=
 8 1.001071  192.168.0.138  192.168.0.1    IPv4   1514 Fragmented IP protocol (proto=ICMP 1, off=1480,
 9 1.001075  192.168.0.138  192.168.0.1    ICMP    282 Echo (ping) request  id=0x0001, seq=99/25344, tt
10 1.001965  192.168.0.1    192.168.0.138  IPv4   1514 Fragmented IP protocol (proto=ICMP 1, off=0, ID=
11 1.002739  192.168.0.1    192.168.0.138  IPv4   1514 Fragmented IP protocol (proto=ICMP 1, off=1480,
12 1.002741  192.168.0.1    192.168.0.138  ICMP    282 Echo (ping) reply    id=0x0001, seq=99/25344, tt
13 2.003107  192.168.0.138  192.168.0.1    IPv4   1514 Fragmented IP protocol (proto=ICMP 1, off=0, ID=
14 2.003110  192.168.0.138  192.168.0.1    IPv4   1514 Fragmented IP protocol (proto=ICMP 1, off=1480,
15 2.003114  192.168.0.138  192.168.0.1    ICMP    282 Echo (ping) request  id=0x0001, seq=100/25600, t
16 2.004670  192.168.0.1    192.168.0.138  IPv4   1514 Fragmented IP protocol (proto=ICMP 1, off=0, ID=
17 2.004670  192.168.0.1    192.168.0.138  IPv4   1514 Fragmented IP protocol (proto=ICMP 1, off=1480,
18 2.004672  192.168.0.1    192.168.0.138  ICMP    282 Echo (ping) reply    id=0x0001, seq=100/25600, t

⊞ Frame 1: 1514 bytes on wire (12112 bits), 1514 bytes captured (12112 bits) on interface 1
⊞ Ethernet II, Src: AsustekC_86:84:85 (bc:ee:7b:86:84:85), Dst: Tp-LinkT_15:21:b8 (fc:d7:33:15:21:b8)
⊟ Internet Protocol Version 4, Src: 192.168.0.138, Dst: 192.168.0.1
    0100 .... = Version: 4
    .... 0101 = Header Length: 20 bytes (5)
  ⊞ Differentiated Services Field: 0x00 (DSCP: CS0, ECN: Not-ECT)
    Total Length: 1500
    Identification: 0x6677 (26231)
  ⊟ Flags: 0x01 (More Fragments)
      0... .... = Reserved bit: Not set
      .0.. .... = Don't fragment: Not set
      ..1. .... = More fragments: Set
    Fragment offset: 0
    Time to live: 64
    Protocol: ICMP (1)
    Header checksum: 0x0000 [validation disabled]
    [Header checksum status: Unverified]
    Source: 192.168.0.138
    Destination: 192.168.0.1
    [Source GeoIP: Unknown]
    [Destination GeoIP: Unknown]
    Reassembled IPv4 in frame: 3
⊞ Data (1480 bytes)
```

图 5-4-3　分片 1

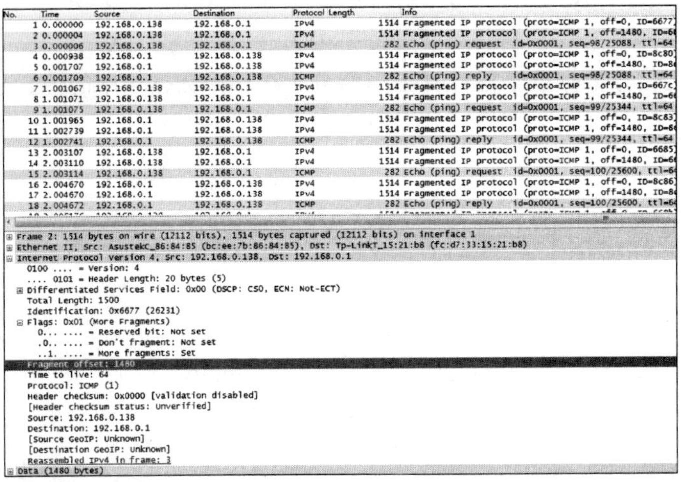

```
No.  Time      Source         Destination    Protocol Length Info
 1 0.000000  192.168.0.138  192.168.0.1    IPv4   1514 Fragmented IP protocol (proto=ICMP 1, off=0, ID=6677)
 2 0.000004  192.168.0.138  192.168.0.1    IPv4   1514 Fragmented IP protocol (proto=ICMP 1, off=1480, ID=6
 3 0.000006  192.168.0.138  192.168.0.1    ICMP    282 Echo (ping) request  id=0x0001, seq=98/25088, ttl=64
 4 0.000938  192.168.0.1    192.168.0.138  IPv4   1514 Fragmented IP protocol (proto=ICMP 1, off=0, ID=8c80)
 5 0.001707  192.168.0.1    192.168.0.138  IPv4   1514 Fragmented IP protocol (proto=ICMP 1, off=1480, ID=8
 6 0.001709  192.168.0.1    192.168.0.138  ICMP    282 Echo (ping) reply    id=0x0001, seq=98/25088, ttl=64
 7 1.001067  192.168.0.138  192.168.0.1    IPv4   1514 Fragmented IP protocol (proto=ICMP 1, off=0, ID=667c)
 8 1.001071  192.168.0.138  192.168.0.1    IPv4   1514 Fragmented IP protocol (proto=ICMP 1, off=1480, ID=6
 9 1.001075  192.168.0.138  192.168.0.1    ICMP    282 Echo (ping) request  id=0x0001, seq=99/25344, ttl=64
10 1.001965  192.168.0.1    192.168.0.138  IPv4   1514 Fragmented IP protocol (proto=ICMP 1, off=0, ID=8c83)
11 1.002739  192.168.0.1    192.168.0.138  IPv4   1514 Fragmented IP protocol (proto=ICMP 1, off=1480, ID=8
12 1.002741  192.168.0.1    192.168.0.138  ICMP    282 Echo (ping) reply    id=0x0001, seq=99/25344, ttl=64
13 2.003107  192.168.0.138  192.168.0.1    IPv4   1514 Fragmented IP protocol (proto=ICMP 1, off=0, ID=6685)
14 2.003110  192.168.0.138  192.168.0.1    IPv4   1514 Fragmented IP protocol (proto=ICMP 1, off=1480, ID=6
15 2.003114  192.168.0.138  192.168.0.1    ICMP    282 Echo (ping) request  id=0x0001, seq=100/25600, ttl=6
16 2.004670  192.168.0.1    192.168.0.138  IPv4   1514 Fragmented IP protocol (proto=ICMP 1, off=0, ID=8c86)
17 2.004670  192.168.0.1    192.168.0.138  IPv4   1514 Fragmented IP protocol (proto=ICMP 1, off=1480, ID=8
18 2.004672  192.168.0.1    192.168.0.138  ICMP    282 Echo (ping) reply    id=0x0001, seq=100/25600, ttl=6

⊞ Frame 2: 1514 bytes on wire (12112 bits), 1514 bytes captured (12112 bits) on interface 1
⊞ Ethernet II, Src: AsustekC_86:84:85 (bc:ee:7b:86:84:85), Dst: Tp-LinkT_15:21:b8 (fc:d7:33:15:21:b8)
⊟ Internet Protocol Version 4, Src: 192.168.0.138, Dst: 192.168.0.1
    0100 .... = Version: 4
    .... 0101 = Header Length: 20 bytes (5)
  ⊞ Differentiated Services Field: 0x00 (DSCP: CS0, ECN: Not-ECT)
    Total Length: 1500
    Identification: 0x6677 (26231)
  ⊟ Flags: 0x01 (More Fragments)
      0... .... = Reserved bit: Not set
      .0.. .... = Don't fragment: Not set
      ..1. .... = More fragments: Set
    Fragment offset: 1480
    Time to live: 64
    Protocol: ICMP (1)
    Header checksum: 0x0000 [validation disabled]
    [Header checksum status: Unverified]
    Source: 192.168.0.138
    Destination: 192.168.0.1
    [Source GeoIP: Unknown]
    [Destination GeoIP: Unknown]
    Reassembled IPv4 in frame: 3
⊞ Data (1480 bytes)
```

图 5-4-4　分片 2

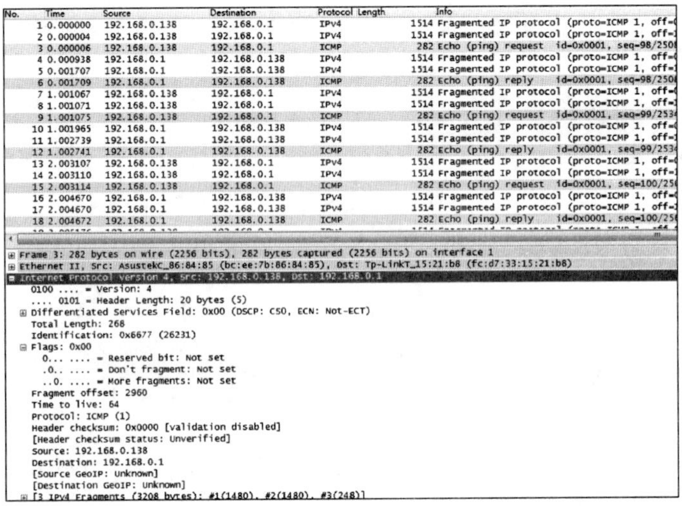

```
No.  Time      Source         Destination    Protocol Length Info
 1 0.000000  192.168.0.138  192.168.0.1    IPv4   1514 Fragmented IP protocol (proto=ICMP 1, off=
 2 0.000004  192.168.0.138  192.168.0.1    IPv4   1514 Fragmented IP protocol (proto=ICMP 1, off=
 3 0.000006  192.168.0.138  192.168.0.1    ICMP    282 Echo (ping) request  id=0x0001, seq=98/250
 4 0.000938  192.168.0.1    192.168.0.138  IPv4   1514 Fragmented IP protocol (proto=ICMP 1, off=
 5 0.001707  192.168.0.1    192.168.0.138  IPv4   1514 Fragmented IP protocol (proto=ICMP 1, off=
 6 0.001709  192.168.0.1    192.168.0.138  ICMP    282 Echo (ping) reply    id=0x0001, seq=98/250
 7 1.001067  192.168.0.138  192.168.0.1    IPv4   1514 Fragmented IP protocol (proto=ICMP 1, off=
 8 1.001071  192.168.0.138  192.168.0.1    IPv4   1514 Fragmented IP protocol (proto=ICMP 1, off=
 9 1.001075  192.168.0.138  192.168.0.1    ICMP    282 Echo (ping) request  id=0x0001, seq=99/253
10 1.001965  192.168.0.1    192.168.0.138  IPv4   1514 Fragmented IP protocol (proto=ICMP 1, off=
11 1.002739  192.168.0.1    192.168.0.138  IPv4   1514 Fragmented IP protocol (proto=ICMP 1, off=
12 1.002741  192.168.0.1    192.168.0.138  ICMP    282 Echo (ping) reply    id=0x0001, seq=99/253
13 2.003107  192.168.0.138  192.168.0.1    IPv4   1514 Fragmented IP protocol (proto=ICMP 1, off=
14 2.003110  192.168.0.138  192.168.0.1    IPv4   1514 Fragmented IP protocol (proto=ICMP 1, off=
15 2.003114  192.168.0.138  192.168.0.1    ICMP    282 Echo (ping) request  id=0x0001, seq=100/25
16 2.004670  192.168.0.1    192.168.0.138  IPv4   1514 Fragmented IP protocol (proto=ICMP 1, off=
17 2.004670  192.168.0.1    192.168.0.138  IPv4   1514 Fragmented IP protocol (proto=ICMP 1, off=
18 2.004672  192.168.0.1    192.168.0.138  ICMP    282 Echo (ping) reply    id=0x0001, seq=100/25

⊞ Frame 3: 282 bytes on wire (2256 bits), 282 bytes captured (2256 bits) on interface 1
⊞ Ethernet II, Src: AsustekC_86:84:85 (bc:ee:7b:86:84:85), Dst: Tp-LinkT_15:21:b8 (fc:d7:33:15:21:b8)
⊟ Internet Protocol Version 4, Src: 192.168.0.138, Dst: 192.168.0.1
    0100 .... = Version: 4
    .... 0101 = Header Length: 20 bytes (5)
  ⊞ Differentiated Services Field: 0x00 (DSCP: CS0, ECN: Not-ECT)
    Total Length: 268
    Identification: 0x6677 (26231)
  ⊟ Flags: 0x00
      0... .... = Reserved bit: Not set
      .0.. .... = Don't fragment: Not set
      ..0. .... = More fragments: Not set
    Fragment offset: 2960
    Time to live: 64
    Protocol: ICMP (1)
    Header checksum: 0x0000 [validation disabled]
    [Header checksum status: Unverified]
    Source: 192.168.0.138
    Destination: 192.168.0.1
    [Source GeoIP: Unknown]
    [Destination GeoIP: Unknown]
  ⊞ [3 IPv4 Fragments (3208 bytes): #1(1480), #2(1480), #3(248)]
```

图 5-4-5　分片 3

从图 5-4-3、图 5-4-4 和图 5-4-5 中可以看出，三个分片包的标识值都为 26231。第一个分片 MF 标记为 1，表示后面还有数据，片偏移为 0 表示该分片中的数据部分在原始数据中的位置，数据长度为 1480 字节（总长度 1500 减去首部长度 20）；第二个分片 MF 标记为 1，数据长度为 1480，片偏移为 1480，指明了该分片中的数据在原始数据中的偏移位置为 1480；第三个分片 MF 为 0，表示此分片是最后一个分片，表明分片结束，片偏移为 2960，该数值等于前面两个分片的数据长度之和。同时看到，协议分析软件因为捕获到了完整的数据，分析出完整的数据包含了三个 IP 数据报，解析出该数据包为一个 ICMP 报文。

五、实验注意事项

利用 IP 数据报首部中的标志和片偏移两个字段来重组数据报时，注意分片在数据报中的位置是片偏移值的八倍。

六、拓展训练

（1）分析默认分片最大为 1480 字节的原因；

（2）尝试构造自定义分片大小的数据包。

实验 5.5　TCP 连接建立与释放协议分析

一、实验目的

（1）掌握 TCP 协议建立连接和释放连接的过程；

（2）理解 TCP 协议的工作原理。

二、背景知识

1. TCP 协议简述

TCP 协议（Transmission Control Protocol，传输控制协议）是 TCP/IP 协议簇中的核心协议之一，是一种面向连接的、可靠的、基于字节流的运输层协议，可在不可靠的互联网上实现端到端的可靠传输。TCP 协议工作过程分为三个步骤：建立连接、传输数据和释放连接。在 TCP/IP 体系中，HTTP、FTP、SMTP 等协议都采用 TCP 方式进行传输。TCP 协议可实现可靠传输、流量控制和拥塞控制等功能，体现在 TCP 报文段首部中各字段的作用，因此弄清 TCP 报文段首部格式和其中各字段的作用，才能更加明白 TCP 的工作原理。

2. TCP 报文段格式

TCP 报文段分为首部和数据两部分。首部的前 20 个字节是固定部分，后面有 $4N$ 字节是根据需要而增加的选项部分，其中 N 是整数。TCP 报文段首部格式如图 5-5-1 所示。

- 源端口：2 字节，发送方的端口号；
- 目的端口：2 字节，接收方的端口号；
- 序号：4 字节，本报文段中数据部分的第一个数据字节的序号；
- 确认号：4 字节，期望收到对方下一个报文段中数据的第一个数据字节的序号，表示该序号之前的数据已安全接收；

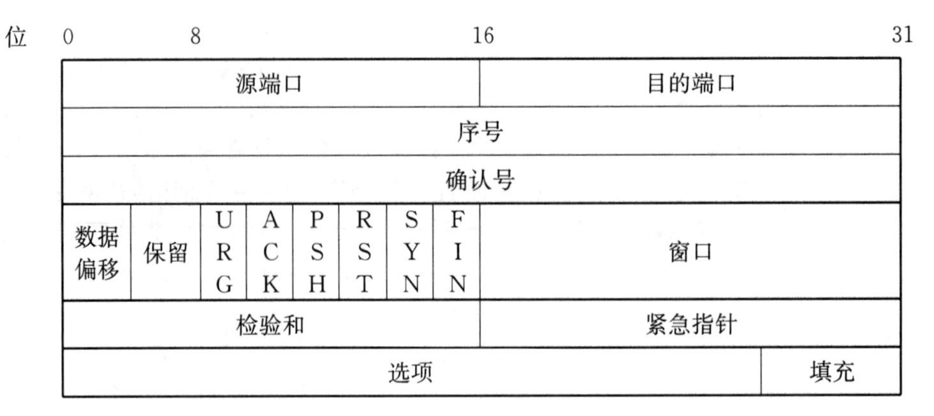

图 5-5-1 TCP 报文段格式

- ◆ 数据偏移:4 位,TCP 报文段的数据起始处距离报文段的起始处距离,即报文段首部的长度,单位是 4 字节;
- ◆ 保留:6 位;
- ◆ 标志:6 位,共有六个标志位,每个标志占 1 位。
- ➢ URG:紧急位,当 URG=1 时,紧急指针字段有效,该报文要尽快传送;
- ➢ ACK:确认位,当 ACK=1 时,确认号字段有效。当 ACK=0 时,确认号字段无效;
- ➢ PSH:推送位,当 PSH=1 时,发送方立即创建一个报文段发送出去,或者接收方立即将报文段传送至应用层;
- ➢ RST:复位位,当 RST=1 时,TCP 连接中出现了严重差错,必须释放连接,然后再重新建立连接;
- ➢ SYN:同步位,当 SYN=1,ACK=0 时,这是一个连接请求报文段。若对方同意建立连接,则在响应报文段中置 SYN=1 和 ACK=1;
- ➢ FIN:终止位,当 FIN=1 时,发送方的数据已发送完毕,并要求释放连接。
- ◆ 窗口:2 字节,该报文段发送方的接收窗口大小,单位为字节;
- ◆ 检验和:2 字节,对报文的首部和数据部分进行校验;
- ◆ 紧急指针:2 字节,本报文段中紧急数据的最后一个字节的序号,和紧急位配合使用;
- ◆ 选项:长度可变,最长可达 40 字节,若该字段长度不够四字节,用填充部分补齐;
- ◆ 填充:用 0 填充,以使 TCP 报文段首部总长度是四字节整数倍。

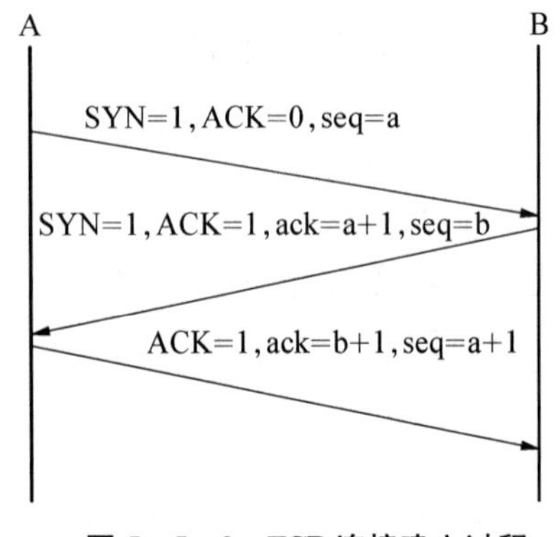

图 5-5-2 TCP 连接建立过程

3. TCP 连接的建立

TCP 协议采用"三报文握手"建立连接,连接的建立由通信的一方发起。如图 5-5-2 所示,主机 A 和主机 B 的连接建立请求通信过程如下:

(1) 主机 A 首先向主机 B 发出连接建立请求报文段,其 TCP 报文段中 SYN=1,ACK=0,seq=a;

(2) 主机 B 收到主机 A 的连接建立请求报文段后,若同意建立连接,则向主机 A 发送确认报文段,其中 SYN=1,ACK=1,ack=a+1,seq=b;

(3) 主机 A 收到主机 B 的确认报文段后,向主机 B 发送确认报文段,其中 ACK=1,ack=b+1,seq=a+1。

经过以上三步后，TCP连接建立成功，主机A和主机B就可以利用TCP连接进行数据传输了。

4. TCP连接的释放

TCP协议采用“四报文握手”释放连接。当数据传输结束后，通信的任何一方都可以发起释放连接的请求。如图5-5-3所示，主机A和主机B的连接释放通信过程如下：

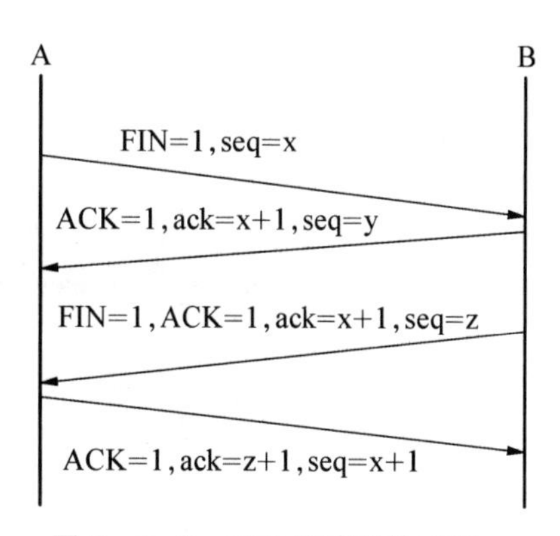

图5-5-3 TCP连接释放过程

(1) 主机A首先向主机B发出连接释放请求报文段，其中FIN=1，seq=x；

(2) 主机B收到主机A的连接释放请求报文段后，向主机A发送确认报文段，其中ACK=1，ack=x+1，seq=y。此时主机A到主机B的连接已经释放，连接处于半关闭状态，主机B不再接收来自主机A的数据，但是主机B仍然可以向主机A发送数据；

(3) 当主机B不再向主机A发送数据时，主机B向主机A发送连接释放请求报文段，其中FIN=1，ACK=1，ack=x+1，seq=z；

(4) 主机A收到主机B的连接释放请求报文段后，向主机B发送确认报文段，其中ACK=1，ack=z+1，seq=x+1。

三、实验环境及实验拓扑

(1) 硬件：安装Windows操作系统的联网PC；

(2) 软件：Wireshark、浏览器。

四、实验内容

1. TCP协议连接建立分析

下面通过抓包分析TCP连接的建立过程。首先打开Wireshark，设置过滤条件为host www.baidu.com，开始抓包；然后打开浏览器访问https://www.baidu.com。抓取到的前三个数据包，即为TCP连接建立的所谓“三报文握手”的数据包。如图5-5-4所示。

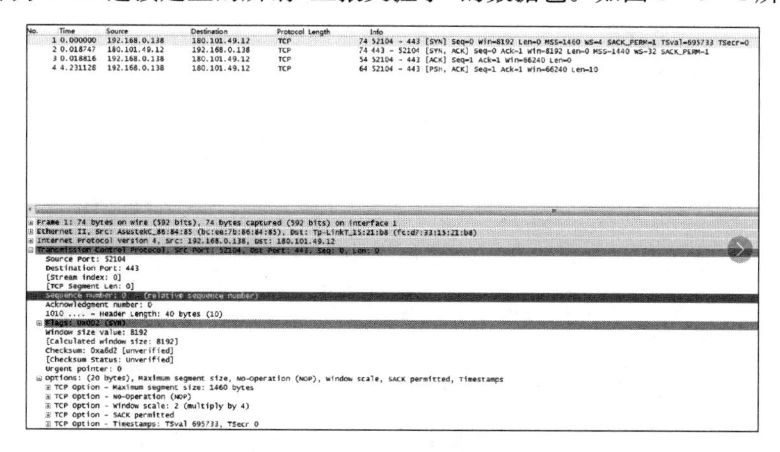

图5-5-4 TCP连接的建立

第一个数据包为 TCP 连接建立请求的同步包，其中 SYN=1，ACK=0，详情如图 5-5-5 所示。

```
No.  Time      Source         Destination    Protocol Length  Info
  1 0.000000  192.168.0.138  180.101.49.12  TCP        74 52104 → 443 [SYN] Seq=0 Win=81
  2 0.018747  180.101.49.12  192.168.0.138  TCP        74 443 → 52104 [SYN, ACK] Seq=0 A
  3 0.018816  192.168.0.138  180.101.49.12  TCP        54 52104 → 443 [ACK] Seq=1 Ack=1
  4 4.231128  192.168.0.138  180.101.49.12  TCP        64 52104 → 443 [PSH, ACK] Seq=1 A

⊞ Frame 1: 74 bytes on wire (592 bits), 74 bytes captured (592 bits) on interface 1
⊞ Ethernet II, Src: AsustekC_86:84:85 (bc:ee:7b:86:84:85), Dst: Tp-LinkT_15:21:b8 (fc:d7:33:15:21:b8)
⊞ Internet Protocol Version 4, Src: 192.168.0.138, Dst: 180.101.49.12
⊟ Transmission Control Protocol, Src Port: 52104, Dst Port: 443, Seq: 0, Len: 0
    Source Port: 52104
    Destination Port: 443
    [Stream index: 0]
    [TCP Segment Len: 0]
    Sequence number: 0    (relative sequence number)
    Acknowledgment number: 0
    1010 .... = Header Length: 40 bytes (10)
  ⊟ Flags: 0x002 (SYN)
      000. .... .... = Reserved: Not set
      ...0 .... .... = Nonce: Not set
      .... 0... .... = Congestion Window Reduced (CWR): Not set
      .... .0.. .... = ECN-Echo: Not set
      .... ..0. .... = Urgent: Not set
      .... ...0 .... = Acknowledgment: Not set
      .... .... 0... = Push: Not set
      .... .... .0.. = Reset: Not set
    ⊞ .... .... ..1. = Syn: Set
      .... .... ...0 = Fin: Not set
      [TCP Flags: ··········S·]
    Window size value: 8192
    [Calculated window size: 8192]
    Checksum: 0xa6d2 [unverified]
    [Checksum Status: Unverified]
    Urgent pointer: 0
  ⊟ Options: (20 bytes), Maximum segment size, No-Operation (NOP), Window scale, SACK permitted, Timestamps
    ⊞ TCP Option - Maximum segment size: 1460 bytes
```

图 5-5-5　TCP 连接建立中的 SYN 包分析

如图 5-5-5 所示，源主机 192.168.0.138 向目标主机 180.101.49.12 发出 SYN 标记为 1 的同步包，初始序号为 0，确认号为 0。此处需要说明的是，实际数据包的初始序号是不为 0 的，协议分析软件为了分析方便，把它显示为 0。此外，TCP 报文段的首部还带了 20 字节的选项，分别是最大窗口值、NOP、窗口扩大选项、SACK 和时间戳。

目标主机收到同步包后，回复源主机一个 SYN+ACK 包，详情如图 5-5-6 所示。

```
No.  Time      Source         Destination    Protocol Length  Info
  1 0.000000  192.168.0.138  180.101.49.12  TCP        74 52104 → 443 [SYN] Seq=0 W
  2 0.018747  180.101.49.12  192.168.0.138  TCP        74 443 → 52104 [SYN, ACK] Se
  3 0.018816  192.168.0.138  180.101.49.12  TCP        54 52104 → 443 [ACK] Seq=1 A
  4 4.231128  192.168.0.138  180.101.49.12  TCP        64 52104 → 443 [PSH, ACK] Se

⊞ Frame 2: 74 bytes on wire (592 bits), 74 bytes captured (592 bits) on interface 1
⊞ Ethernet II, Src: Tp-LinkT_15:21:b8 (fc:d7:33:15:21:b8), Dst: AsustekC_86:84:85 (bc:ee:7b:86:84:85)
⊞ Internet Protocol Version 4, Src: 180.101.49.12, Dst: 192.168.0.138
⊟ Transmission Control Protocol, Src Port: 443, Dst Port: 52104, Seq: 0, Ack: 1, Len: 0
    Source Port: 443
    Destination Port: 52104
    [Stream index: 0]
    [TCP Segment Len: 0]
    Sequence number: 0    (relative sequence number)
    Acknowledgment number: 1    (relative ack number)
    1010 .... = Header Length: 40 bytes (10)
  ⊟ Flags: 0x012 (SYN, ACK)
      000. .... .... = Reserved: Not set
      ...0 .... .... = Nonce: Not set
      .... 0... .... = Congestion Window Reduced (CWR): Not set
      .... .0.. .... = ECN-Echo: Not set
      .... ..0. .... = Urgent: Not set
      .... ...1 .... = Acknowledgment: Set
      .... .... 0... = Push: Not set
      .... .... .0.. = Reset: Not set
    ⊞ .... .... ..1. = Syn: Set
      .... .... ...0 = Fin: Not set
      [TCP Flags: ·······A··S·]
    Window size value: 8192
    [Calculated window size: 8192]
    Checksum: 0x59cf [unverified]
    [Checksum Status: Unverified]
    Urgent pointer: 0
  ⊟ Options: (20 bytes), Maximum segment size, No-Operation (NOP), Window scale, SACK permitted, No-Op
    ⊞ TCP Option - Maximum segment size: 1440 bytes
    ⊞ TCP Option - No-Operation (NOP)
```

图 5-5-6　TCP 连接建立中的 SYN+ACK 包分析

从图5-5-6可以看出，目标主机返回的数据包中SYN=1，ACK=1，序号为0，确认号为1，是对源主机发给目标主机的序号为0的数据的确认，实际使用中为源主机发给目标主机的上个数据包的序号+1。

源主机收到该数据包后，做最后确认，数据包详情如图5-5-7所示。

No.	Time	Source	Destination	Protocol	Length	Info
1	0.000000	192.168.0.138	180.101.49.12	TCP	74	52104 → 443 [SYN] Seq=0 Win=8192 Len=0 MSS=14
2	0.018747	180.101.49.12	192.168.0.138	TCP	74	443 → 52104 [SYN, ACK] Seq=0 Ack=1 Win=8192 L
3	0.018816	192.168.0.138	180.101.49.12	TCP	54	52104 → 443 [ACK] Seq=1 Ack=1 Win=66240 Len=0
4	4.231128	192.168.0.138	180.101.49.12	TCP	64	52104 → 443 [PSH, ACK] Seq=1 Ack=1 Win=66240

```
Frame 3: 54 bytes on wire (432 bits), 54 bytes captured (432 bits) on interface 1
Ethernet II, Src: AsustekC_86:84:85 (bc:ee:7b:86:84:85), Dst: Tp-LinkT_15:21:b8 (fc:d7:33:15:21:b8)
Internet Protocol Version 4, Src: 192.168.0.138, Dst: 180.101.49.12
Transmission Control Protocol, Src Port: 52104, Dst Port: 443, Seq: 1, Ack: 1, Len: 0
    Source Port: 52104
    Destination Port: 443
    [Stream index: 0]
    [TCP Segment Len: 0]
    Sequence number: 1    (relative sequence number)
    Acknowledgment number: 1    (relative ack number)
    0101 .... = Header Length: 20 bytes (5)
  Flags: 0x010 (ACK)
      000. .... .... = Reserved: Not set
      ...0 .... .... = Nonce: Not set
      .... 0... .... = Congestion Window Reduced (CWR): Not set
      .... .0.. .... = ECN-Echo: Not set
      .... ..0. .... = Urgent: Not set
      .... ...1 .... = Acknowledgment: Set
      .... .... 0... = Push: Not set
      .... .... .0.. = Reset: Not set
      .... .... ..0. = Syn: Not set
      .... .... ...0 = Fin: Not set
      [TCP Flags: ·······A····]
    Window size value: 16560
    [Calculated window size: 66240]
    [Window size scaling factor: 4]
    Checksum: 0xa6be [unverified]
    [Checksum Status: Unverified]
```

图5-5-7　TCP连接建立中的ACK包分析

如图5-5-7所示，确认包中ACK=1，序号为1，确认号为1。

2. TCP协议连接释放分析

TCP协议采用"四报文握手"释放连接过程如图5-5-8所示。

No.	Time	Source	Destination	Protocol	Length	Info
15	2.089456	180.101.49.12	192.168.0.138	TCP	60	80 → 55433 [ACK] Seq=1 Ack=5 Win=29056 Len=0
16	2.287772	192.168.0.138	180.101.49.12	TCP	55	55433 → 80 [PSH, ACK] Seq=5 Ack=1 Win=66240 Len=1 [TC
17	2.294713	180.101.49.12	192.168.0.138	TCP	60	80 → 55433 [ACK] Seq=1 Ack=6 Win=29056 Len=0
18	2.590792	192.168.0.138	180.101.49.12	TCP	55	55433 → 80 [PSH, ACK] Seq=6 Ack=1 Win=66240 Len=1 [TC
19	2.598155	180.101.49.12	192.168.0.138	TCP	60	80 → 55433 [ACK] Seq=1 Ack=7 Win=29056 Len=0
20	2.817147	192.168.0.138	180.101.49.12	TCP	55	55433 → 80 [PSH, ACK] Seq=7 Ack=1 Win=66240 Len=1 [TC
21	2.823867	180.101.49.12	192.168.0.138	TCP	60	80 → 55433 [ACK] Seq=1 Ack=8 Win=29056 Len=0
22	2.912058	192.168.0.138	180.101.49.12	TCP	55	55433 → 80 [PSH, ACK] Seq=8 Ack=1 Win=66240 Len=1 [TC
23	2.918778	180.101.49.12	192.168.0.138	TCP	60	80 → 55433 [ACK] Seq=1 Ack=9 Win=29056 Len=0
24	2.992340	192.168.0.138	180.101.49.12	TCP	55	55433 → 80 [PSH, ACK] Seq=9 Ack=1 Win=66240 Len=1 [TC
25	2.999539	180.101.49.12	192.168.0.138	TCP	60	80 → 55433 [ACK] Seq=1 Ack=10 Win=29056 Len=0
26	3.172566	192.168.0.138	180.101.49.12	TCP	56	GET A.HTM [TCP segment of a reassembled PDU]
27	3.179469	180.101.49.12	192.168.0.138	TCP	60	80 → 55433 [ACK] Seq=1 Ack=12 Win=29056 Len=0
28	3.180258	180.101.49.12	192.168.0.138	HTTP	82	HTTP/1.1 400 Bad Request
29	3.180258	180.101.49.12	192.168.0.138	TCP	60	80 → 55433 [FIN, ACK] Seq=29 Ack=12 Win=29056 Len=0
30	3.180328	192.168.0.138	180.101.49.12	TCP	54	55433 → 80 [ACK] Seq=12 Ack=30 Win=66212 Len=0
31	3.183946	192.168.0.138	180.101.49.12	TCP	54	55433 → 80 [FIN, ACK] Seq=12 Ack=30 Win=66212 Len=0
32	3.191663	180.101.49.12	192.168.0.138	TCP	60	80 → 55433 [ACK] Seq=30 Ack=13 Win=29056 Len=0

```
Frame 29: 60 bytes on wire (480 bits), 60 bytes captured (480 bits) on interface 1
Ethernet II, Src: Tp-LinkT_15:21:b8 (fc:d7:33:15:21:b8), Dst: AsustekC_86:84:85 (bc:ee:7b:86:84:85)
Internet Protocol Version 4, Src: 180.101.49.12, Dst: 192.168.0.138
Transmission Control Protocol, Src Port: 80, Dst Port: 55433, Seq: 29, Ack: 12, Len: 0
```

图5-5-8　TCP连接的释放

从图5-5-8中可以看出，本次连接的释放由主机180.101.49.12首先发起，该主机首先发送一个带有FIN标记的数据包给主机192.168.0.138，数据包序号为29，确认号为12。该数据包在发出连接请求的同时，设置了ACK标记，这样该数据包同时起到了对前面收到的数据包进行确认的作用。详情如图5-5-9所示。

主机192.168.0.138收到连接释放请求后，回复确认包，确认号为30，该数值等于前面连接释放请求包的序号加1。数据包详情如图5-5-10所示。

至此，从180.101.49.12到192.168.0.138的数据通道完成单向关闭，此时主机192.168.0.138仍然可以发送数据给主机180.101.49.12。

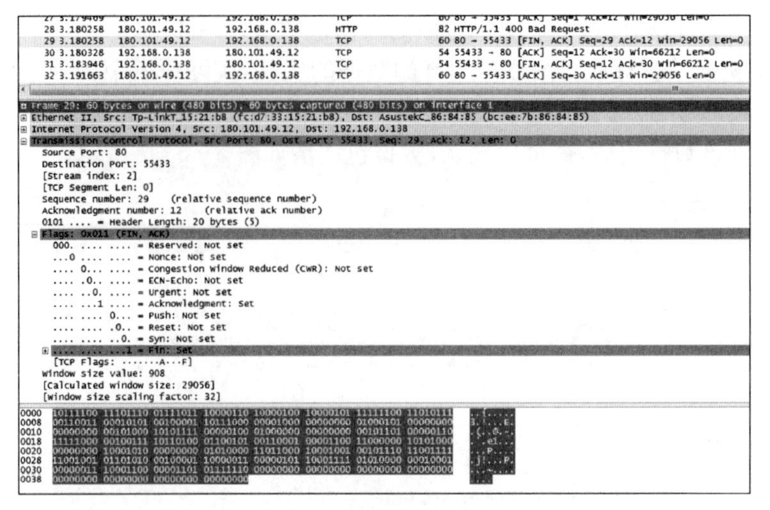

图 5-5-9　TCP 连接释放请求包

```
 28 3.180258  180.101.49.12   192.168.0.138   HTTP   82 HTTP/1.1 400 Bad Request
 29 3.180258  180.101.49.12   192.168.0.138   TCP    60 80 → 55433 [FIN, ACK] Seq=29 Ack=12 Win=29056 Len=0
 30 3.180328  192.168.0.138   180.101.49.12   TCP    54 55433 → 80 [ACK] Seq=12 Ack=30 Win=66212 Len=0
 31 3.183946  192.168.0.138   180.101.49.12   TCP    54 55433 → 80 [FIN, ACK] Seq=12 Ack=30 Win=66212 Len=0
 32 3.191663  180.101.49.12   192.168.0.138   TCP    60 80 → 55433 [ACK] Seq=30 Ack=13 Win=29056 Len=0

Frame 30: 54 bytes on wire (432 bits), 54 bytes captured (432 bits) on interface 1
Ethernet II, Src: AsustekC_86:84:85 (bc:ee:7b:86:84:85), Dst: Tp-LinkT_15:21:b8 (fc:d7:33:15:21:b8)
Internet Protocol Version 4, Src: 192.168.0.138, Dst: 180.101.49.12
Transmission Control Protocol, Src Port: 55433, Dst Port: 80, Seq: 12, Ack: 30, Len: 0
  Source Port: 55433
  Destination Port: 80
  [Stream index: 2]
  [TCP Segment Len: 0]
  Sequence number: 12    (relative sequence number)
  Acknowledgment number: 30    (relative ack number)
  0101 .... = Header Length: 20 bytes (5)
  Flags: 0x010 (ACK)
    000. .... .... = Reserved: Not set
    ...0 .... .... = Nonce: Not set
    .... 0... .... = Congestion Window Reduced (CWR): Not set
    .... .0.. .... = ECN-Echo: Not set
    .... ..0. .... = Urgent: Not set
    .... ...1 .... = Acknowledgment: Set
    .... .... 0... = Push: Not set
    .... .... .0.. = Reset: Not set
    .... .... ..0. = Syn: Not set
    .... .... ...0 = Fin: Not set
    [TCP Flags: ·······A····]
  Window size value: 16553
  [Calculated window size: 66212]
  [Window size scaling factor: 4]

0000  11111100 11010111 00110011 00010101 00100001 10111000 10111100 11101110   ..3.!...
0008  01111011 10000110 10000100 10000101 00001000 00000000 01000101 00000000   {.....E.
0010  00000000 00101000 01110001 11001001 01000000 00000000 01000000 00000110   .(q.@.@.
0018  00000000 00000000 11000000 10101000 00000000 10001010 10110100 01100101   .......e
0020  00110001 00001100 11011000 10001001 00000000 01010000 00100001 10000011   1....P!.
0028  00000101 10001111 00101110 11001111 11001001 01101011 01010000 00010000   .....kP.
0030  01000000 10101001 10100110 10111110 00000000 00000000                     @.....
```

图 5-5-10　TCP 连接释放确认包

如图 5-5-10 所示，编号为 31 的数据包为主机 192.168.0.138 发出连接释放请求，编号为 32 的数据包为主机 180.101.49.12 对连接释放的确认。至此，双方的 TCP 连接完成释放。

五、实验注意事项

(1) MSS(Maximum Segment Size)选项信息只存在于 TCP 连接建立产生的 SYN 报文段的首部中。

(2) 当主机 A 在向主机 B 提出释放连接请求，并收到主机 B 的释放连接的确认后，还是需要再等待一段时间之后才完全处于关闭状态。

六、拓展训练

(1) 结合 FTP 操作，捕获 FTP 客户端和 FTP 服务器端的通信数据，体会客户机/服务器通信模式；

(2) 下载网页中的文件，捕获数据包，观察跟踪信息，查看 TCP 的拥塞控制措施。

实验 5.6　DNS 协议分析

一、实验目的

（1）了解 DNS 协议的报文格式；

（2）理解 DNS 协议的工作原理。

二、背景知识

1. DNS 协议简述

DNS(Domain Name System，域名系统)是 TCP/IP 协议簇中的一个应用层协议，它是互联网的一种分布式网络目录服务，通过分布式数据库实现域名和 IP 地址的互相映射。互联网采用层次树状结构的命名方法，任何一个连接在互联网上的主机或路由器，都有一个唯一的层次结构的名字，即域名。当用户访问互联网上的主机时，很难记住多个常用主机的 IP 地址，只需记其域名即可，域名服务器可以实现域名与 IP 地址的转换，得到目的主机的 IP 地址。

2. 域名解析过程

假设域名为 m.abc.com 的主机打算发送 QQ 消息给域名为 n.xyz.com 的主机，那么必须知道此主机的 IP 地址才可以通信，所以需要 DNS 解析域名 n.xyz.com 所对应的 IP 地址，解析过程如图 5-6-1 所示。

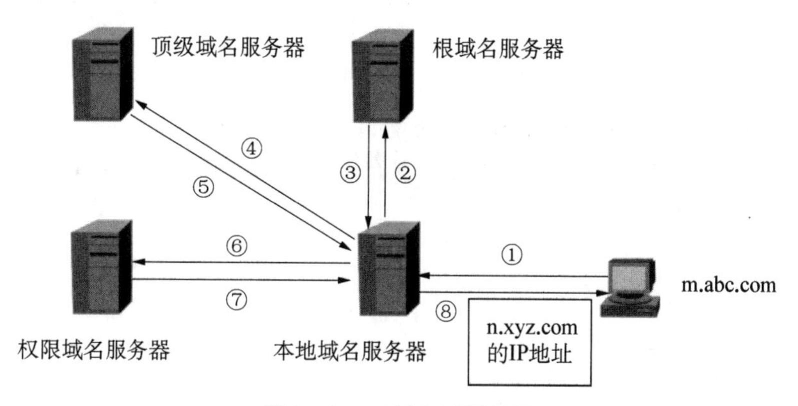

图 5-6-1　域名解析过程

（1）主机 m.abc.com 一般采用递归查询方式向本地域名服务器发出查询请求；

（2）本地域名服务器收到查询请求后，首先检查自己的高速缓存中是否有此域名和 IP 地址的映射记录，若有，返回给主机；若没有，通常采用迭代查询，向一个根域名服务器发出查询请求；

（3）根域名服务器告知本地域名服务器，它应查询的顶级域名服务器的 IP 地址；

（4）本地域名服务器向顶级域名服务器发出查询请求；

（5）顶级域名服务器告知本地域名服务器，它应查询的权限域名服务器的 IP 地址；

（6）本地域名服务器向权限域名服务器发出查询请求；

（7）权限域名服务器告知本地域名服务器查询结果；

(8) 本地域名服务器将查询结果告知主机 m.abc.com。

每个域名服务器中维护着的高速缓存,里面存放着最近查询过的域名与 IP 地址的映射记录。当客户请求域名解析时,首先检查高速缓存中是否有此信息。这样是为了提高 DNS 的查询效率,并减少网络中 DNS 查询报文的数量。

3. DNS 报文格式

DNS 报文格式如图 5-6-2 所示,各字段含义如下:

会话标记	标志
问题数	回答资源记录数
授权资源记录数	附加资源记录数
查询问题区域	
回答区域	
授权区域	
附加区域	

图 5-6-2 DNS 报文格式

◆ 会话标记:2 字节,DNS 报文的 ID 标识;

◆ 标志:2 字节,各标志位如图 5-6-3 所示;

QR	opcode	AA	TC	RD	RA	(zero)	rcode
1	4	1	1	1	1	3	4

图 5-6-3 标志字段格式

➢ QR:1 位,查询/响应标志,0 为查询报文,1 为响应报文;

➢ opcode:4 位,0 为标准查询,1 为反向查询,2 为服务器状态请求;

➢ AA:1 位,授权回答;

➢ TC:1 位,可截断的;

➢ RD:1 位,期望递归的;

➢ RA:1 位,可用递归;

➢ zero:3 位,为 0;

➢ rcode:4 位,返回码,0 为没有差错,2 为服务器错误,3 为名字差错;

◆ 问题数:2 字节,查询问题的记录数量;

◆ 回答资源记录数:2 字节,回答区域的数量;

◆ 授权资源记录数:2 字节,授权区域的数量;

◆ 附加资源记录数:2 字节,附加区域的数量;

◆ 查询问题区域:该区域格式如图 5-6-4 所示。

➢ 查询名:要查询的域名,长度不定。

查询名,长度不固定	
查询类型	查询类

图 5-6-4 查询问题区域格式

查询名由一组标识符序列组成,每个标识符以首字节数的计数值来说明该标识符的长度,名字以 0 结束。例如,对于域名 www.baidu.com 表示为 0x03www0x05baidu0x03com0x0，其中十六进制数表示长度，最后以 0x0 结束；

➢ 查询类型：2 字节，查询类型取值范围如表 5-6-1 所示，其中使用最多的查询类型为 1，即查询域名对应的 IP 地址；

表 5-6-1　查询类型取值范围表

类型	助记符	说明
1	A	由域名获得 IPv4 地址
2	NS	查询域名服务器
5	CNAME	查询规范名称
6	SOA	开始授权
11	WKS	熟知服务
12	PTR	把 IP 地址转换成域名
13	HINFO	主机信息
15	MX	邮件交换
28	AAAA	由域名获得 IPv6 地址
252	AXFR	传送整个区的请求
255	ANY	对所有记录的请求

➢ 查询类：2 字节，值通常为 1，表示 Internet 数据；

◆ 回答区域：该区域格式如图 5-6-5 所示。

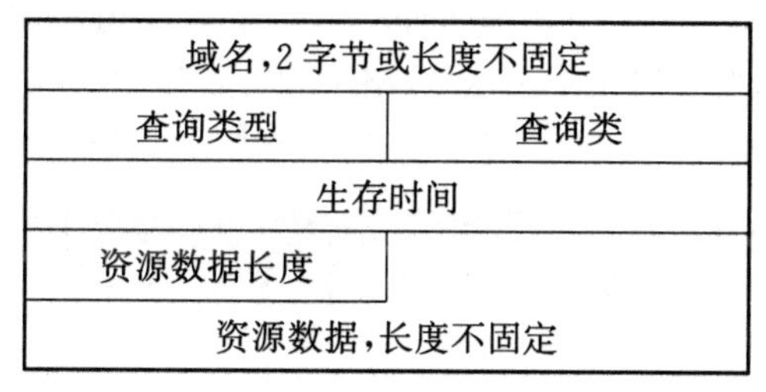

图 5-6-5　回答区域格式

➢ 域名：长度不定，该字段格式和查询问题区域中查询名字段格式相同，不同点是，当报文中域名重复出现的时候，该字段使用两个字节的偏移指针来表示；

➢ 查询类型：2 字节，如表 5-6-1 所示；

➢ 查询类：2 字节，值通常为 1，表示 Internet 数据；

➢ 生存时间：4 字节，单位为秒，客户程序保留该资源记录的秒数；

➢ 资源数据长度：2 字节，表示资源数据的长度，单位为字节；

➢ 资源数据：可变长字段，表示根据查询段的请求，DNS 服务器返回的相关资源记录的数据，可以是一个 IP 地址或者别名等。

◆ 授权区域和附加区域格式与回答区域格式相同，此处略过。

三、实验环境及拓扑结构

(1) 硬件：安装 Windows 操作系统的联网 PC；

(2) 软件：Wireshark。

四、实验内容

1. DNS 查询报文分析

启动 Wireshark,设置过滤条件为 udp port 53,打开主机命令行界面,执行 nslookup,对域名 www.yctu.edu.cn 进行查询,如图 5-6-6 所示。

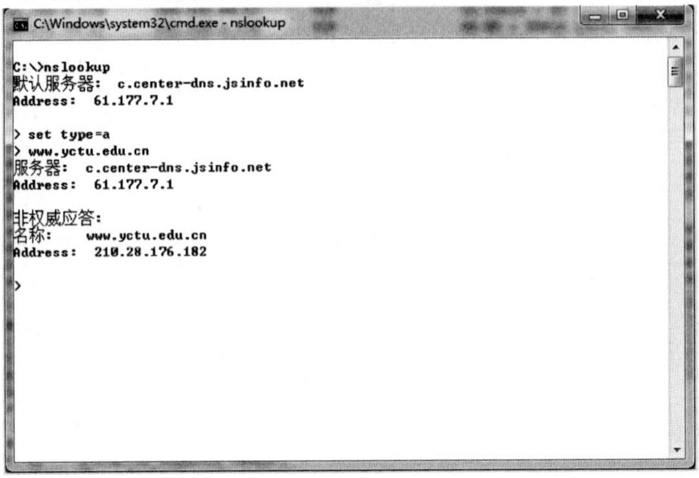

```
C:\Windows\system32\cmd.exe - nslookup

C:\>nslookup
默认服务器:  c.center-dns.jsinfo.net
Address:  61.177.7.1

> set type=a
> www.yctu.edu.cn
服务器:  c.center-dns.jsinfo.net
Address:  61.177.7.1

非权威应答:
名称:    www.yctu.edu.cn
Address:  210.28.176.182

>
```

图 5-6-6 nslookup 查询域名

Wireshark 捕获的查询数据包如图 5-6-7 所示。从图中可以看出,该查询会话标识(ID)为 3,标记第 1 位为 0,表示是一个查询报文,问题数量为 1;查询区域查询名为 www.yctu.edu.cn,实际的数据用[label: value]格式表示为 00000011 www 00000100 yctu 00000011 edu 00000010 cn00000000 的格式,00000011 对应的值为 3,表示后面有三个字符。

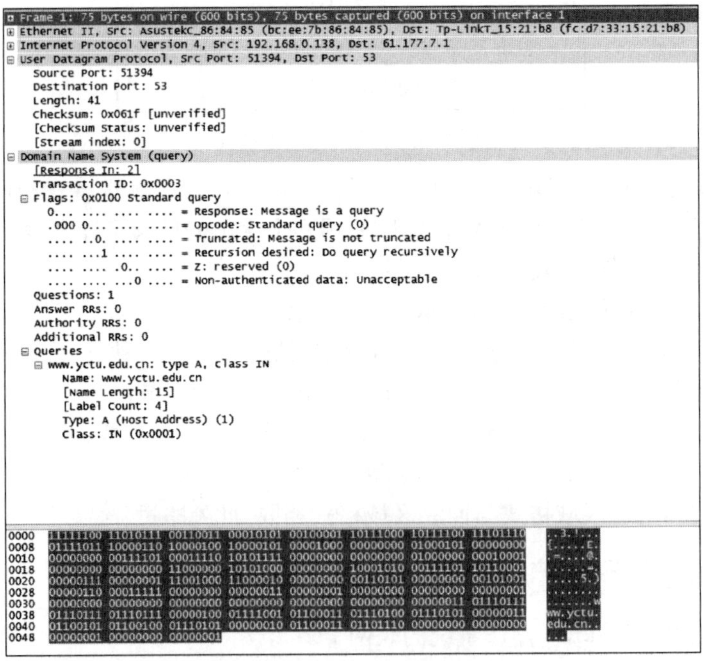

```
Frame 1: 75 bytes on wire (600 bits), 75 bytes captured (600 bits) on interface 1
Ethernet II, Src: AsustekC_86:84:85 (bc:ee:7b:86:84:85), Dst: Tp-LinkT_15:21:b8 (fc:d7:33:15:21:b8)
Internet Protocol Version 4, Src: 192.168.0.138, Dst: 61.177.7.1
User Datagram Protocol, Src Port: 51394, Dst Port: 53
  Source Port: 51394
  Destination Port: 53
  Length: 41
  Checksum: 0x061f [unverified]
  [Checksum Status: Unverified]
  [Stream index: 0]
Domain Name System (query)
  [Response In: 2]
  Transaction ID: 0x0003
  Flags: 0x0100 Standard query
    0... .... .... .... = Response: Message is a query
    .000 0... .... .... = Opcode: Standard query (0)
    .... ..0. .... .... = Truncated: Message is not truncated
    .... ...1 .... .... = Recursion desired: Do query recursively
    .... .... .0.. .... = Z: reserved (0)
    .... .... ...0 .... = Non-authenticated data: Unacceptable
  Questions: 1
  Answer RRs: 0
  Authority RRs: 0
  Additional RRs: 0
  Queries
    www.yctu.edu.cn: type A, class IN
      Name: www.yctu.edu.cn
      [Name Length: 15]
      [Label Count: 4]
      Type: A (Host Address) (1)
      Class: IN (0x0001)
```

图 5-6-7 DNS 查询报文

2. DNS 响应报文分析

上述 DNS 查询报文的响应报文，如图 5-6-8 所示。

```
No.   Time        Source          Destination     Protocol Length  Info
    1 0.000000    192.168.0.138   61.177.7.1      DNS         75 Standard query 0x0003 A www
    2 0.018779    61.177.7.1      192.168.0.138   DNS         91 Standard query response 0x0

   [Checksum Status: Unverified]
   [Stream index: 0]
⊟ Domain Name System (response)
   [Request In: 1]
   [Time: 0.018779000 seconds]
   Transaction ID: 0x0003
 ⊟ Flags: 0x8180 Standard query response, No error
     1... .... .... .... = Response: Message is a response
     .000 0... .... .... = Opcode: Standard query (0)
     .... .0.. .... .... = Authoritative: Server is not an authority for domain
     .... ..0. .... .... = Truncated: Message is not truncated
     .... ...1 .... .... = Recursion desired: Do query recursively
     .... .... 1... .... = Recursion available: Server can do recursive queries
     .... .... .0.. .... = Z: reserved (0)
     .... .... ..0. .... = Answer authenticated: Answer/authority portion was not authenticated by the
     .... .... ...0 .... = Non-authenticated data: Unacceptable
     .... .... .... 0000 = Reply code: No error (0)
   Questions: 1
   Answer RRs: 1
   Authority RRs: 0
   Additional RRs: 0
 ⊟ Queries
   ⊟ www.yctu.edu.cn: type A, class IN
       Name: www.yctu.edu.cn
       [Name Length: 15]
       [Label Count: 4]
       Type: A (Host Address) (1)
       Class: IN (0x0001)
 ⊟ Answers
   ⊟ www.yctu.edu.cn: type A, class IN, addr 210.28.176.182
       Name: www.yctu.edu.cn
       Type: A (Host Address) (1)
       Class: IN (0x0001)
       Time to live: 22
       Data length: 4
       Address: 210.28.176.182
```

图 5-6-8　DNS 响应报文

从图 5-6-8 可以看出，响应报文的会话标识和查询报文的标识保持一致，标志位为 1 表示这是响应报文。响应报文包含了对应的查询数据，问题数为 1，回答数为 1。回答区域名称为 www.yctu.edu.cn，TTL 值为 22，数据长度为 4，正好是查询结果 210.28.176.182 这个 32 位 IP 地址的长度。

要获取其他类型的查询与响应报文，在 nslookup 中可以通过 set type 指令来设置，若要查询 mx 记录，则输入 set type=mx。数据包分析略过。

五、实验注意事项

实验中使用 nslookup 查询某条 DNS 记录时，并未指明 DNS 服务器，实际上 nslookup 是允许主机向指定的 DNS 服务器查询某条 DNS 记录的。

六、拓展训练

(1) 对其他各种类型的 DNS 查询与响应报文进行分析；

(2) 分析 DNS 迭代查询和递归查询的区别和适用场景；

(3) 理解 DNS 缓存的作用。

实验 5.7　HTTP 协议分析

一、实验目的

(1) 理解 HTTP 协议的报文格式；

（2）掌握 HTTP 协议的工作原理。

二、背景知识

1. HTTP 协议简述

HTTP 协议（HyperText Transfer Protocol，超文本传送协议）是 TCP/IP 协议簇中的一个应用层协议，定义浏览器如何向 Web 服务器请求网页文档，以及 Web 服务器如何将文档传送给浏览器。HTTP 协议使用 TCP 协议作为底层传输协议，工作于客户端—服务端架构上。浏览器首先与 Web 服务器建立 TCP 连接，TCP 连接建立成功后，浏览器作为 HTTP 客户端通过 URL 向 HTTP 服务器端即 Web 服务器发出浏览网页的请求，HTTP 服务器端收到请求后，将网页文档发送给 HTTP 客户端作为响应，最后释放 TCP 连接。HTTP 协议详细规定了浏览器和万维网服务器之间互相通信的规则，它是万维网交换信息的基础，它允许将 HTML（HyperText Markup Language，超文本标记语言）文档从 Web 服务器传送到 Web 浏览器，并在浏览器中以网页的形式显示出来。

2. HTTP 报文格式

HTTP 报文分为两类：客户发给服务器的请求报文和服务器发给客户的响应报文。由于 HTTP 是面向文本的，因此在报文中的每个字段都是 ASCII 码串，所以各个字段的长度都是不确定的。

（1）HTTP 请求报文

HTTP 请求报文由请求行、请求头部和请求数据组成，格式如图 5－7－1 所示。

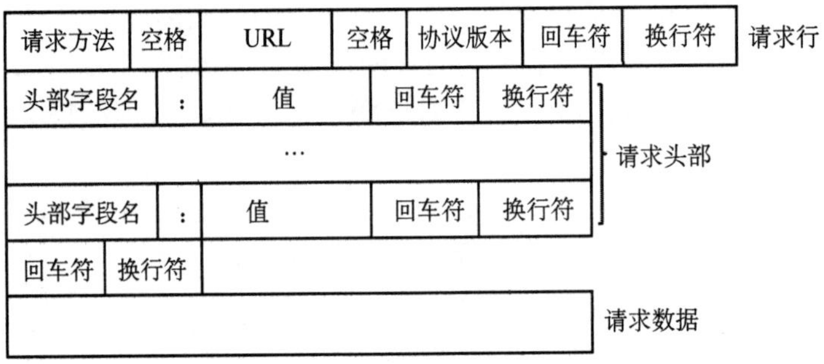

请求方法	空格	URL	空格	协议版本	回车符	换行符	请求行
头部字段名	:	值	回车符	换行符			请求头部
…							
头部字段名	:	值	回车符	换行符			
回车符	换行符						
							请求数据

图 5－7－1　HTTP 请求报文格式

请求行由请求方法、请求资源的 URL 和 HTTP 协议版本构成。方法实际上就是一些命令，常用的方法如表 5－7－1 所示，最常用的方法有“GET”和“POST”。

表 5－7－1　HTTP 请求报文的常用方法

方法	意义	方法	意义
GET	请求读取由 URL 标志的信息	PUT	在指明的 URL 下存储一个文档
POST	给服务器添加信息	DELETE	删除指明的 URL 标志的资源
OPTION	请求一些选项信息	TRACE	用来进行环回测试的请求报文
HEAD	请求读取由 URL 标志的信息的首部	CONNECT	用于代理服务器

（2）HTTP 响应报文

每一个 HTTP 请求报文发出后，都能收到一个 HTTP 响应报文。响应报文是由状态行、响应头部和响应正文组成,如图 5-7-2 所示。

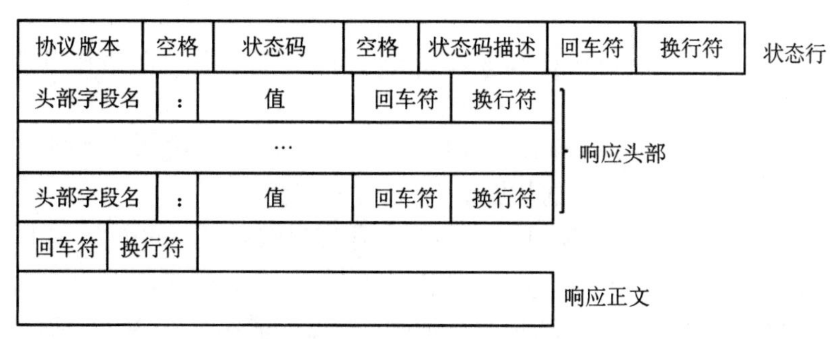

图 5-7-2　HTTP 响应报文格式

状态行由 HTTP 协议版本、状态码和状态码描述构成。状态码是三位数字的,分为 5 大类共 33 种。常用状态码及描述如下:

◆ 1xx:提示信息,如请求收到了或是正在进行处理。

◆ 2xx:请求成功,如协议一切正常。

◆ 3xx:重定向,如为完成客户请求必须采取的进一步操作。

◆ 4xx:客户端请求错误,如请求中有错误的语法或不能完成。

◆ 5xx:服务器出现错误,如无法提供请求的资源。

三、实验环境及实验拓扑

(1) 硬件:安装 Windows 操作系统的联网 PC;

(2) 软件:Wireshark、浏览器。

四、实验内容

打开 Wireshark,设置捕获条件为"host www.yctu.edu.cn",打开浏览器访问 www.yctu.edu.cn,然后点击 Wireshark 停止按钮,完成 HTTP 请求报文与响应报文的抓取。

1. HTTP 请求报文分析

浏览器向 www.yctu.edu.cn 这个网站所在的服务器发出的第一个 HTTP 请求包,如图 5-7-3所示。

从图 5-7-3 可以看出,该请求报文的数据如下:

```
 6 0.001266  192.168.0.138    210.28.176.182   TCP    74 55635 → 80 [SYN] Seq=0 Win=8192 Len=0 MSS=1460 WS=4 SAC
 7 0.060364  210.28.176.182   192.168.0.138    TCP    74 80 → 55634 [SYN, ACK] Seq=0 Ack=1 Win=28960 Len=0 MSS=1
 8 0.060460  192.168.0.138    210.28.176.182   TCP    66 55634 → 80 [ACK] Seq=1 Ack=1 Win=65664 Len=0 TSval=8965
 9 0.060493  210.28.176.182   192.168.0.138    TCP    74 80 → 55631 [SYN, ACK] Seq=0 Ack=1 Win=28960 Len=0 MSS=1
10 0.060494  210.28.176.182   192.168.0.138    TCP    74 80 → 55635 [SYN, ACK] Seq=0 Ack=1 Win=28960 Len=0 MSS=1
11 0.060562  192.168.0.138    210.28.176.182   TCP    66 55631 → 80 [ACK] Seq=1 Ack=1 Win=65664 Len=0 TSval=8965
12 0.060577  192.168.0.138    210.28.176.182   TCP    66 55635 → 80 [ACK] Seq=1 Ack=1 Win=65664 Len=0 TSval=8965
13 0.060725  192.168.0.138    210.28.176.182   HTTP  359 GET / HTTP/1.1
14 0.061555  210.28.176.182   192.168.0.138    TCP    74 80 → 55630 [SYN, ACK] Seq=0 Ack=1 Win=28960 Len=0 MSS=1
15 0.061557  210.28.176.182   192.168.0.138    TCP    74 80 → 55633 [SYN, ACK] Seq=0 Ack=1 Win=28960 Len=0 MSS=1
16 0.061557  210.28.176.182   192.168.0.138    TCP    74 80 → 55632 [SYN, ACK] Seq=0 Ack=1 Win=28960 Len=0 MSS=1
17 0.061603  192.168.0.138    210.28.176.182   TCP    66 55630 → 80 [ACK] Seq=1 Ack=1 Win=65664 Len=0 TSval=8965
18 0.061654  192.168.0.138    210.28.176.182   TCP    66 55633 → 80 [ACK] Seq=1 Ack=1 Win=65664 Len=0 TSval=8965
19 0.061672  192.168.0.138    210.28.176.182   TCP    66 55632 → 80 [ACK] Seq=1 Ack=1 Win=65664 Len=0 TSval=8965
20 0.111159  210.28.176.182   192.168.0.138    TCP    66 80 → 55634 [ACK] Seq=1 Ack=294 Win=30080 Len=0 TSval=21
21 0.114416  210.28.176.182   192.168.0.138    TCP  1434 80 → 55634 [ACK] Seq=1 Ack=294 Win=30080 Len=1368 TSval
22 0.114489  192.168.0.138    210.28.176.182   TCP    66 55634 → 80 [ACK] Seq=294 Ack=1369 Win=65664 Len=0 TSval

Frame 13: 359 bytes on wire (2872 bits), 359 bytes captured (2872 bits) on interface 1
Ethernet II, Src: AsustekC_86:84:85 (bc:ee:7b:86:84:85), Dst: Tp-LinkT_15:21:b8 (fc:d7:33:15:21:b8)
Internet Protocol Version 4, Src: 192.168.0.138, Dst: 210.28.176.182
Transmission Control Protocol, Src Port: 55634, Dst Port: 80, Seq: 1, Ack: 1, Len: 293
Hypertext Transfer Protocol
  GET / HTTP/1.1\r\n
  Accept: text/html, application/xhtml+xml, */*\r\n
  Accept-Encoding: gzip, deflate\r\n
  Accept-Language: zh-CN\r\n
  Host: www.yctu.edu.cn\r\n
  Connection: Keep-Alive\r\n
  User-Agent: Mozilla/5.0 (Windows NT 6.1; WOW64; Trident/7.0; rv:11.0) like Gecko Core/1.70.3741.400 QQBrowser/10.5.3863.400\r\n
  \r\n
  [Full request URI: http://www.yctu.edu.cn/]
  [HTTP request 1/1]
  [Response in frame: 34]
```

图 5-7-3　HTTP 请求报文

(1) GET / HTTP/1.1，说明该请求是一个 GET 请求，请求的是该域名下的主页文档，使用的是 HTTP 1.1 版本；

(2) Accept：text/html，application/xhtml+xml，*/*，用于告诉服务器客户端愿意接受哪些内容；

(3) Accept-Encoding：gzip，deflate，用于告诉服务器客户端支持的内容压缩方法。采用压缩传输，能大大减少网络传输的数据量，提高访问速度；

(4) Accept-Language：zh-CN，用于告诉服务器客户端可接受的语言，这里 zh-CN 代表中文，其他最常见的编码为 UTF-8；

(5) Host：www.yctu.edu.cn，这是 HTTP 1.1 新增的请求头，用来告诉服务器要访问哪个域名下的网站，该请求头又叫主机头；

(6) Connection：Keep-Alive，保持连接请求。因为 HTTP 是无连接协议，在 HTTP 1.0 版本中，客户端每一个请求都要和服务器经历 TCP“三报文握手”的建立连接、发送请求、接收数据和释放连接的过程。问题是浏览器在访问一个网站的时候，往往需要发出多个请求，这样一个请求一个连接的方式效率很低，所以 HTTP 1.1 版本中新增了这个请求头，设置了 Keep-Alive，客户端可以和服务器通过一个 TCP 连接发送多个请求，大大提高了访问效率；

(7) User-Agent：Mozilla/5.0 (Windows NT 6.1; WOW64; Trident/7.0; rv:11.0) like Gecko Core/1.70.3741.400 QQBrowser/10.5.3863.400，此字段用来告诉服务器客户端的浏览器类型和版本等信息。

采用 GET 请求方法，没有请求正文，只有采用 POST 请求方法时，有请求正文，用来向服务器传输额外的数据。当采用 POST 请求方法时，请求头还需要包含 Content-Length 和 Content-Type 两个请求头。Content-Length 表示请求消息正文的长度，Content-Type 表示后面的文档类型。

此外，还有如下一些常用请求头：

(1) Cookie：浏览器通过此请求头向服务器表明身份；

(2) Referer：用来表明是从哪个页面链接到当前页面的。

2. HTTP 响应报文分析

浏览器从服务器收到的第一个 HTTP 响应报文，如图 5-7-4 所示。

```
32 0.117719  192.168.0.138   210.28.176.182  TCP    66 [TCP Window Update] 55634 → 80 [
33 0.124834  192.168.0.138   210.28.176.182  HTTP   477 GET /_css/_system/system.css HTT
34 0.126137  210.28.176.182  192.168.0.138   HTTP   1392 HTTP/1.1 200 OK  (text/html)
35 0.126218  192.168.0.138   210.28.176.182  TCP    66 55634 → 80 [ACK] Seq=294 Ack=122
36 0.126264  192.168.0.138   210.28.176.182  TCP    66 55634 → 80 [FIN, ACK] Seq=294 Ac
37 0.174700  210.28.176.182  192.168.0.138   TCP    66 80 → 55631 [ACK] Seq=1 Ack=412 W
38 0.175485  210.28.176.182  192.168.0.138   HTTP   193 HTTP/1.1 304 Not Modified
39 0.175549  192.168.0.138   210.28.176.182  TCP    66 55631 → 80 [ACK] Seq=412 Ack=128
40 0.175621  192.168.0.138   210.28.176.182  TCP    66 55631 → 80 [FIN, ACK] Seq=412 Ac

⊞ Frame 34: 1392 bytes on wire (11136 bits), 1392 bytes captured (11136 bits) on interface 1
⊞ Ethernet II, Src: Tp-LinkT_15:21:b8 (fc:d7:33:15:21:b8), Dst: AsustekC_86:84:85 (bc:ee:7b:86:84:85)
⊞ Internet Protocol Version 4, Src: 210.28.176.182, Dst: 192.168.0.138
⊞ Transmission Control Protocol, Src Port: 80, Dst Port: 55634, Seq: 10945, Ack: 294, Len: 1326
⊞ [9 Reassembled TCP Segments (12270 bytes): #21(1368), #23(1368), #24(1368), #26(1368), #27(1368), #28(1368)
⊟ Hypertext Transfer Protocol
  ⊞ HTTP/1.1 200 OK\r\n
    Date: Mon, 11 May 2020 09:18:42 GMT\r\n
    Server: Apache\r\n
    X-Frame-Options: SAMEORIGIN \r\n
    Frame-Options: SAMEORIGIN\r\n
    Accept-Ranges: bytes\r\n
    Vary: Accept-Encoding\r\n
    Content-Encoding: gzip\r\n
  ⊞ Content-Length: 12005\r\n
    Connection: close\r\n
    Content-Type: text/html\r\n
    \r\n
    [HTTP response 1/1]
    [Time since request: 0.065412000 seconds]
    [Request in frame: 13]
    Content-encoded entity body (gzip): 12005 bytes -> 63714 bytes
    File Data: 63714 bytes
⊞ Line-based text data: text/html
```

图 5-7-4 HTTP 响应报文

从图 5-7-4 可以看出,该响应报文的数据如下:

(1) HTTP/1.1 200 ok:HTTP 状态码;

(2) Date: Mon, 11 May 2020 09:18:42 GMT,服务器时间;

(3) Server: Apache,服务器类型,通过此字段,可以判断 Web 服务器软件类型和版本;

(4) Content-Encoding: gzip,压缩方式;

(5) Content-Length: 12005,内容长度;

(6) 最后的则为实际的网页内容。

五、实验注意事项

(1) 抓取 HTTP 报文的时候,因为浏览器会以多线程的方式同时和 Web 服务器建立多个连接,为了分析方便,可以利用 Wireshark 的“Follow TCP Stream”功能过滤出单一的连接信息;

(2) 不少网站通过 HTTP 方式访问的时候,会自动跳转到通过 HTTPS 方式访问,为了避免抓取不到需要的数据,需要选择仅提供 HTTP 方式访问的站点。

六、拓展训练

(1) 对比分析 GET 和 POST 两种 HTTP 报文传输数据到 Web 服务器上的方式;

(2) 从 HTTP 响应报文中提取还原图片信息;

(3) 对 HTTPS 报文进行分析。

实验 5.8 DHCP 协议分析

一、实验目的

(1) 理解 DHCP 报文的格式;

(2) 掌握 DHCP 协议的工作原理。

二、背景知识

1. DHCP 协议简述

DHCP 协议(Dynamic Host Configuration Protocol,动态主机配置协议)是 TCP/IP 协议簇中的一个应用层协议,是一种动态的向 Internet 终端提供配置参数的协议。在终端提出申请之后,DHCP 可以向终端提供 IP 地址、网关、DNS 服务器地址等参数。DHCP 是 Bootstrap 协议的一种扩展,基于 UDP 协议,客户端的端口号是 68,服务器的端口号是 67。

2. DHCP 协议的工作原理

DHCP 协议使用客户端/服务器模式,请求配置信息的一端称为 DHCP 客户机,而提供配置信息的一端称为 DHCP 服务器。DHCP 请求一般发生在客户机系统启动时,或者客户机网络接口启用时,或者需要续订或更新配置信息时,DHCP 协议的工作流程如图 5-8-1 所示。

(1) DHCP Discover 阶段:DHCP 客户机发送目的地址为 255.255.255.255 的 DHCPDISCOVER 报文寻找 DHCP 服务器;

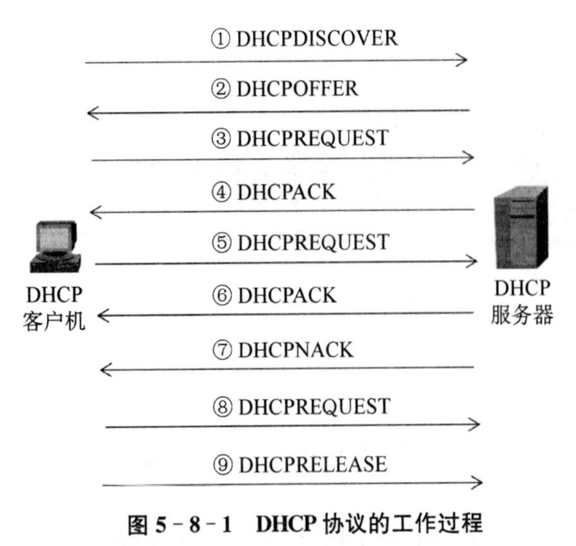

图 5-8-1 DHCP 协议的工作过程

(2) DHCP Offer 阶段：每个收到 DHCPDISCOVER 报文的 DHCP 服务器都会做出响应，向 DHCP 客户机发送一个包含出租的 IP 地址等配置信息的 DHCPOFFER 报文；

(3) DHCP Request 阶段：DHCP 客户机从多个 DHCP 服务器中选择一个，并向其发送 DHCPREQUEST 报文；

(4) DHCP ACK 阶段：被选择的 DHCP 服务器向 DHCP 客户机发送 DHCPACK 报文。DHCP 客户机根据服务器提供的租用期设置计时器 T_1 和 T_2；

(5) 当时间达到 T_1 时，DHCP 客户机向 DHCP 服务器发送 DHCPREQUEST 报文，请求更新租用期；

(6) 若 DHCP 服务器同意，则发回 DHCPACK 报文，DHCP 客户机获得新的租用期后重新设置 T_1 和 T_2；

(7) 若 DHCP 服务器不同意，则发回 DHCPNACK 报文，此时 DHCP 客户机必须立刻停止使用之前的 IP 地址，按照上述步骤重新申请 IP 地址；

(8) 若 DHCP 服务器不响应(5)中的 DHCPREQUEST 报文，那么当达到 T_2 时，DHCP 客户机必须重新发送 DHCPREQUEST 报文，继续步骤(6)及之后的步骤；

(9) 当 DHCP 客户机不使用 IP 地址时，可以随时终止 DHCP 服务器的租用期，向其发送 DHCPRELEASE 报文即可。

3. DHCP 协议的报文类型

DHCP 协议一共有如下几种报文类型：

- ◆ DHCPDISCOVER：客户机广播发现可用的 DHCP 服务器；
- ◆ DHCPOFFER：服务器响应客户机的 DHCPDISCOVER 报文，并向客户机提供 IP 地址、子网掩码、默认路由器 IP 地址和域名服务器 IP 地址等配置参数；
- ◆ DHCPREQUEST：客户机向服务器申请地址及其他配置参数；客户机重新启动后确认原来的地址及其他配置参数的正确性；客户机向服务器申请延长地址及其他配置参数的使用期限；
- ◆ DHCPACK：服务器向客户机发送所需分配的地址及其他配置参数；
- ◆ DHCPNACK：服务器通知客户机，其申请的地址无效，或者已经超期；
- ◆ DHCPDECLINE：客户机通知服务器，其分配的地址已经被其他设备所使用；
- ◆ DHCPRELEASE：客户机放弃其所使用的地址；
- ◆ DHCPINFORM：客户机向服务器申请本地的配置参数（当客户机的地址已经被分配时使用）。

4. DHCP 协议报文格式

DHCP 报文格式如图 5-8-2 所示，DHCP 报文各字段定义如下：

Op(1)	Htype(1)	Hlen(1)	Hops(1)
Xid(4)			
Secs(2)		Flags(2)	
Client IP address(4)			
Your IP address(4)			
Server IP address(4)			
Gateway IP address(4)			
Client hardware address(6)			
Server Name(64)			
File(128)			
Options(可变)			

图 5-8-2 DHCP 报文格式

- Op:1 字节,操作码,1 为客户机发送给 DHCP 服务器的报文,2 为 DHCP 服务器发送给客户机的报文;
- Htype:1 字节,客户机硬件类别,1 为以太网;
- Hlen:1 字节,客户机硬件地址长度,6 为以太网地址长度;
- Hops:1 字节,跳数,DHCP 报文经过的路由器数量;
- Xid:4 字节,标识号,标识一次客户机发起的地址请求过程;
- Secs:2 字节,秒数,客户机开始请求一个新地址后所经过的时间;
- Flags:2 字节,标识,DHCP 服务器响应报文是采用单播还是广播发送,0 为单播发送方式,1 为广播发送方式;
- Client IP address:4 字节,客户机 IP 地址;
- Your IP address:4 字节,服务器分配给客户机的 IP 地址;
- Server IP address:4 字节,客户机获取 IP 地址等信息的服务器 IP 地址;
- Gateway IP address:4 字节,中继代理地址,客户机发送的 DHCP 请求报文经过的第一个 DHCP 中继代理的 IP 地址;
- Client hardware address:6 字节,客户机硬件地址;
- Server Name:64 字节,客户机获取 IP 地址等信息的服务器名字;
- File:128 字节,服务器为客户端指定的启动配置的名称;
- Options:选项,不同类型的报文其长度不同,一般包含报文的类型、有效租期、DNS、服务器 IP 地址等配置信息。

三、实验环境及实验拓扑

(1) 硬件:安装 Windows 操作系统的联网 PC;

(2) 软件:Wireshark。

四、实验内容

1. DHCPDISCOVER 报文分析

为了方便抓到 DHCP 相关的数据包,需要网络中存在 DHCP 服务器。首先设置虚拟机网卡模式为桥接模式,然后在宿主主机上运行 Wireshark,设置过滤条件为 udp port 68,开始抓包,最后启动虚拟机,等待虚拟机启动完成,获取到 IP 后,结束抓包。抓取到的 DHCPDISCOVER 数据包如图 5-8-3 所示。

如图 5-8-3 所示,DHCP 协议通过 UDP 进行封装,客户端采用的端口号是 68,服务器端的端口号是 67。客户端发出的报文,操作码为 1,客户机硬件类别为 1,客户机硬件地址长度为 6,跳数为 0,标识号为 0x95f523f0,客户机硬件地址为 00:0c:29:f3:c0:0b,地址长度不足 16 字节,以 0 补足 16 字节。该报文目的地址为 255.255.255.255,源地址为 0.0.0.0,以广播方式发送。

```
No.  Time       Source          Destination      Protocol Length  Info
  1 0.000000   192.168.2.103   255.255.255.255  DHCP      342 DHCP Inform   - Transaction ID 0xdbd3de37
  2 0.001610   192.168.0.100   255.255.255.255  DHCP      342 DHCP Inform   - Transaction ID 0xa41b9165
  3 1.695750   0.0.0.0         255.255.255.255  DHCP      342 DHCP Discover - Transaction ID 0x95f523f0
  4 2.288926   192.168.0.1     192.168.0.104    DHCP      590 DHCP Offer    - Transaction ID 0x95f523f0
  5 2.289809   0.0.0.0         255.255.255.255  DHCP      368 DHCP Request  - Transaction ID 0x95f523f0
  6 2.290594   192.168.0.1     192.168.0.104    DHCP      590 DHCP ACK      - Transaction ID 0x95f523f0
  7 7.662278   192.168.0.104   255.255.255.255  DHCP      342 DHCP Inform   - Transaction ID 0x10cbaa1
  8 7.663165   192.168.0.1     192.168.0.104    DHCP      590 DHCP ACK      - Transaction ID 0x10cbaa1

⊞ Frame 3: 342 bytes on wire (2736 bits), 342 bytes captured (2736 bits) on interface 0
⊞ Ethernet II, Src: Vmware_f3:c0:0b (00:0c:29:f3:c0:0b), Dst: Broadcast (ff:ff:ff:ff:ff:ff)
⊞ Internet Protocol Version 4, Src: 0.0.0.0, Dst: 255.255.255.255
⊟ User Datagram Protocol, Src Port: 68, Dst Port: 67
    Source Port: 68
    Destination Port: 67
    Length: 308
    Checksum: 0x2026 [unverified]
    [Checksum Status: Unverified]
    [Stream index: 2]
⊟ Bootstrap Protocol (Discover)
    Message type: Boot Request (1)
    Hardware type: Ethernet (0x01)
    Hardware address length: 6
    Hops: 0
    Transaction ID: 0x95f523f0
    Seconds elapsed: 0
  ⊞ Bootp flags: 0x0000 (Unicast)
    Client IP address: 0.0.0.0
    Your (client) IP address: 0.0.0.0
    Next server IP address: 0.0.0.0
    Relay agent IP address: 0.0.0.0
    Client MAC address: Vmware_f3:c0:0b (00:0c:29:f3:c0:0b)
    Client hardware address padding: 00000000000000000000
    Server host name not given
    Boot file name not given
    Magic cookie: DHCP
  ⊞ Option: (53) DHCP Message Type (Discover)
```

图 5-8-3　DHCPDISCOVER 报文

该 DHCPDISCOVER 报文带有 6 个选项。第一个选项表明该报文的消息类型,第二个选项表明客户机的硬件地址,第三个选项表明客户机的主机名,第四个选项表明客户机硬件厂商,第五个选项表明客户机想要从服务器获取到的参数列表,第六个选项表明选项结束。选项部分的数据采用选项编号(1 字节),选项长度(1 字节),选项数据(可变长度)的格式进行组织,相关细节如图 5-8-4 所示。

```
Your (client) IP address: 0.0.0.0
Next server IP address: 0.0.0.0
Relay agent IP address: 0.0.0.0
Client MAC address: Vmware_f3:c0:0b (00:0c:29:f3:c0:0b)
Client hardware address padding: 00000000000000000000
Server host name not given
Boot file name not given
Magic cookie: DHCP
⊟ Option: (53) DHCP Message Type (Discover)
    Length: 1
    DHCP: Discover (1)
⊟ Option: (61) Client identifier
    Length: 7
    Hardware type: Ethernet (0x01)
    Client MAC address: Vmware_f3:c0:0b (00:0c:29:f3:c0:0b)
⊟ Option: (12) Host Name
    Length: 15
    Host Name: C4DHYAFL42XQ7M3
⊟ Option: (60) Vendor class identifier
    Length: 8
    Vendor class identifier: MSFT 5.0
⊟ Option: (55) Parameter Request List
    Length: 12
    Parameter Request List Item: (1) Subnet Mask
    Parameter Request List Item: (15) Domain Name
    Parameter Request List Item: (3) Router
    Parameter Request List Item: (6) Domain Name Server
    Parameter Request List Item: (44) NetBIOS over TCP/IP Name Server
    Parameter Request List Item: (46) NetBIOS over TCP/IP Node Type
    Parameter Request List Item: (47) NetBIOS over TCP/IP Scope
    Parameter Request List Item: (31) Perform Router Discover
    Parameter Request List Item: (33) Static Route
    Parameter Request List Item: (121) Classless Static Route
    Parameter Request List Item: (249) Private/Classless Static Route (Microsoft)
    Parameter Request List Item: (43) Vendor-Specific Information
⊟ Option: (255) End
    Option End: 255
  Padding: 000000000000
```

图 5-8-4　DHCPDISCOVER 报文选项

2. DHCPOFFER 报文分析

服务器收到客户机的 DHCPDISCOVER 报文后,向客户机返回 DHCPOFFER 报文,并给出一个可用的 IP 地址,报文详情如图 5-8-5 所示。

```
1 0.000000   192.168.2.105    255.255.255.255   DHCP   342 DHCP Inform    - Transaction
2 0.001610   192.168.0.100    255.255.255.255   DHCP   342 DHCP Inform    - Transaction
3 1.695750   0.0.0.0          255.255.255.255   DHCP   342 DHCP Discover  - Transaction
4 2.288926   192.168.0.1      192.168.0.104     DHCP   590 DHCP Offer     - Transaction
5 2.289809   0.0.0.0          255.255.255.255   DHCP   368 DHCP Request   - Transaction
6 2.290594   192.168.0.1      192.168.0.104     DHCP   590 DHCP ACK       - Transaction
7 7.662278   192.168.0.104    255.255.255.255   DHCP   342 DHCP Inform    - Transaction
8 7.663165   192.168.0.1      192.168.0.104     DHCP   590 DHCP ACK       - Transaction

  [Stream index: 3]
⊟ Bootstrap Protocol (Offer)
    Message type: Boot Reply (2)
    Hardware type: Ethernet (0x01)
    Hardware address length: 6
    Hops: 0
    Transaction ID: 0x95f523f0
    Seconds elapsed: 0
  ⊞ Bootp flags: 0x0000 (Unicast)
    Client IP address: 0.0.0.0
    Your (client) IP address: 192.168.0.104
    Next server IP address: 0.0.0.0
    Relay agent IP address: 0.0.0.0
    Client MAC address: Vmware_f3:c0:0b (00:0c:29:f3:c0:0b)
    Client hardware address padding: 00000000000000000000
    Server host name not given
    Boot file name not given
    Magic cookie: DHCP
  ⊟ Option: (53) DHCP Message Type (Offer)
      Length: 1
      DHCP: Offer (2)
  ⊟ Option: (54) DHCP Server Identifier
      Length: 4
      DHCP Server Identifier: 192.168.0.1
  ⊟ Option: (51) IP Address Lease Time
      Length: 4
      IP Address Lease Time: (7200s) 2 hours
  ⊟ Option: (6) Domain Name Server
      Length: 8
```

图 5-8-5　DHCPOFFER 报文

从图 5-8-5 可以看出，DHCPOFFER 报文采用单播方式发出，操作码为 2，客户机硬件类别为 1，客户机硬件地址长度为 6，跳数为 0，标识号为 0x95f523f0，与 DHCPDISCOVER 报文中的值保持一致，表明是此报文对前面请求报文的回复。拟分配给客户机的 IP 地址为 192.168.0.104。服务器通过选项记录表明分配给客户机的域名服务器、子网掩码、网关和地址可租用时间等信息。报文选项详情如图 5-8-6 所示。

```
  Hops: 0
  Transaction ID: 0x95f523f0
  Seconds elapsed: 0
⊞ Bootp flags: 0x0000 (Unicast)
  Client IP address: 0.0.0.0
  Your (client) IP address: 192.168.0.104
  Next server IP address: 0.0.0.0
  Relay agent IP address: 0.0.0.0
  Client MAC address: Vmware_f3:c0:0b (00:0c:29:f3:c0:0b)
  Client hardware address padding: 00000000000000000000
  Server host name not given
  Boot file name not given
  Magic cookie: DHCP
⊟ Option: (53) DHCP Message Type (Offer)
    Length: 1
    DHCP: Offer (2)
⊟ Option: (54) DHCP Server Identifier
    Length: 4
    DHCP Server Identifier: 192.168.0.1
⊟ Option: (51) IP Address Lease Time
    Length: 4
    IP Address Lease Time: (7200s) 2 hours
⊟ Option: (6) Domain Name Server
    Length: 8
    Domain Name Server: 218.2.2.2
    Domain Name Server: 218.4.4.4
⊟ Option: (1) Subnet Mask
    Length: 4
    Subnet Mask: 255.255.255.0
⊟ Option: (3) Router
    Length: 4
    Router: 192.168.0.1
⊟ Option: (15) Domain Name
    Length: 9
    Domain Name: DHCP HOST
⊟ Option: (255) End
    Option End: 255
  Padding: 000000000000000000000000000000000000000000000000000...
```

图 5-8-6　DHCPOFFER 报文选项

3. DHCPREQUEST 报文分析

客户机收到 DHCPOFFER 报文后，回复服务器 DHCPREQUEST 报文，DHCPREQUEST 报文内容和 DHCPOFFER 报文基本相同，区别在于编号为 53 的选项值由 2 变成了 3，如图 5-8-7所示。

```
⊞ Frame 3: 368 bytes on wire (2944 bits), 368 bytes captured (2944 bits) on interface 0
⊞ Ethernet II, Src: Vmware_f3:c0:0b (00:0c:29:f3:c0:0b), Dst: Broadcast (ff:ff:ff:ff:ff:ff)
⊞ Internet Protocol Version 4, Src: 0.0.0.0, Dst: 255.255.255.255
⊟ User Datagram Protocol, Src Port: 68, Dst Port: 67
    Source Port: 68
    Destination Port: 67
    Length: 334
    Checksum: 0x0403 [unverified]
    [Checksum Status: Unverified]
    [Stream index: 2]
⊟ Bootstrap Protocol (Request)
    Message type: Boot Request (1)
    Hardware type: Ethernet (0x01)
    Hardware address length: 6
    Hops: 0
    Transaction ID: 0x95f523f0
    Seconds elapsed: 0
  ⊞ Bootp flags: 0x0000 (Unicast)
    Client IP address: 0.0.0.0
    Your (client) IP address: 0.0.0.0
    Next server IP address: 0.0.0.0
    Relay agent IP address: 0.0.0.0
    Client MAC address: Vmware_f3:c0:0b (00:0c:29:f3:c0:0b)
    Client hardware address padding: 00000000000000000000
    Server host name not given
    Boot file name not given
    Magic cookie: DHCP
  ⊟ Option: (53) DHCP Message Type (Request)
      Length: 1
      DHCP: Request (3)
  ⊟ Option: (61) Client identifier
      Length: 7
      Hardware type: Ethernet (0x01)
      Client MAC address: Vmware_f3:c0:0b (00:0c:29:f3:c0:0b)
  ⊟ Option: (50) Requested IP Address
      Length: 4
      Requested IP Address: 192.168.0.104
  ⊟ Option: (54) DHCP Server Identifier
```

图 5-8-7　DHCPREQUEST 报文选项

4. DHCPACK 报文分析

当收到 DHCPREQUEST 报文后，服务器将客户机的硬件地址同分配的 IP 地址绑定，相关信息记录到数据库，回复客户机 DHCPACK 报文，做最终确认。

DHCPACK 报文与 DHCPOFFER 报文内容基本相同，区别在于编号为 53 的选项值由 2 变成了 5。

五、实验注意事项

如果不方便搭建 DHCP 服务器，可以设置虚拟机网卡为 NAT 模式，利用虚拟机软件自带的 DHCP 功能，此时，抓包程序选择网卡的时候需要选择 VNET8。

六、拓展训练

(1) 构建网络环境，对 DHCP 中继报文进行分析；

(2) 编写小程序，实现 DHCP 的功能。

【微信扫码】
相关资源

第 6 章

网络编程

背景介绍

Socket 是一种独立于协议的网络编程接口,应用程序可以通过它发送或接收数据,可对其进行像对文件一样的打开、读写和关闭等操作,C、C++、Java、Python 都可以实现 Socket 编程。了解 Socket 编程,对于深入理解 TCP/IP 协议簇以及网络通信机制有重要的作用。考虑到基于 C、C++、Java 的 Socket 编程教材已比较丰富,C、C++、Java 语言编程相对较难,本书选择使用 Python 实现 Socket 编程。主要介绍 Python 的 Socket 模块,以及实现基于 SOCK_STREAM、SOCK_DGRAM 和 SOCK_RAW 通信的基本思想与设计思路。

实验 6.1　利用 TCP 套接字实现文件上传

一、实验目的

(1) 掌握 Python 开发环境的安装、配置与使用;

(2) 理解套接字编程思想,了解 Python 的套接字模块功能;

(3) 掌握基于 TCP 协议的简单套接字程序编写方法。

二、背景知识

1. Python 开发环境的安装、配置与使用

进入 Python 官网 http://www.python.org,在"Downloads"下拉菜单中选择相应的操作系统,选择 Windows。Python 官网下载网页如图 6-1-1 所示。

这里有多个 Python 版本,每个 Python 版本又分为 32 位和 64 位版本,选择与自己的计算机系统相匹配的版本,这里本教材选择 Python 3.6.8 的 64 位版本,即"Windows x86-64 executable installer"。Python 3.6.8 下载版本如图 6-1-2 所示。

安装刚才已经下载的安装包,安装过程如图 6-1-3 所示,使用默认配置,选择"Install Now",勾选下面的"Add Python 3.6 to PATH",然后按提示点击"Next",直到完成。

Python Releases for Windows
Stable Releases
Pre-releases

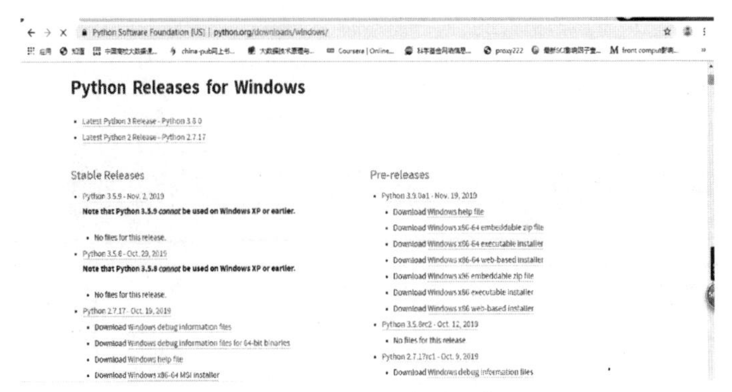

图 6-1-1 Python 官网下载网页

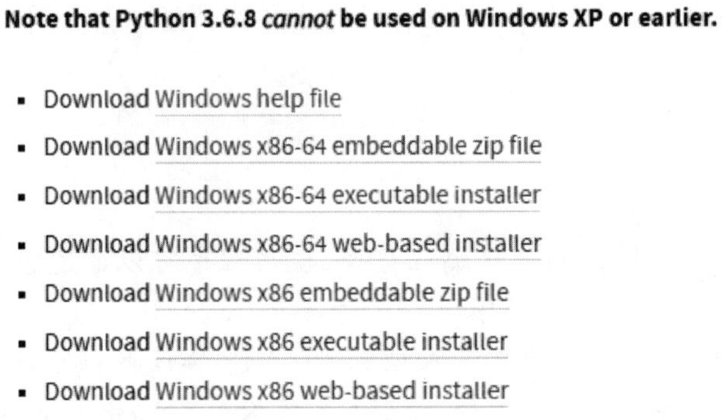

Note that Python 3.6.8 cannot be used on Windows XP or earlier.
Download Windows help file
Download Windows x86-64 embeddable zip file
Download Windows x86-64 executable installer
Download Windows x86-64 web-based installer
Download Windows x86 embeddable zip file
Download Windows x86 executable installer
Download Windows x86 web-based installer

图 6-1-2 Python 3.6.8 下载版本

Python 3.6.8 (64-bit) Setup
Install Python 3.6.8 (64-bit)
Select Install Now to install Python with default settings, or choose
Customize to enable or disable features.
Install Now
C:\Users\admin\AppData\Local\Programs\Python\Python36
Includes IDLE, pip and documentation
Creates shortcuts and file associations
Customize installation
Choose location and features
python
for
windows
Install launcher for all users (recommended)
Add Python 3.6 to PATH
Cancel

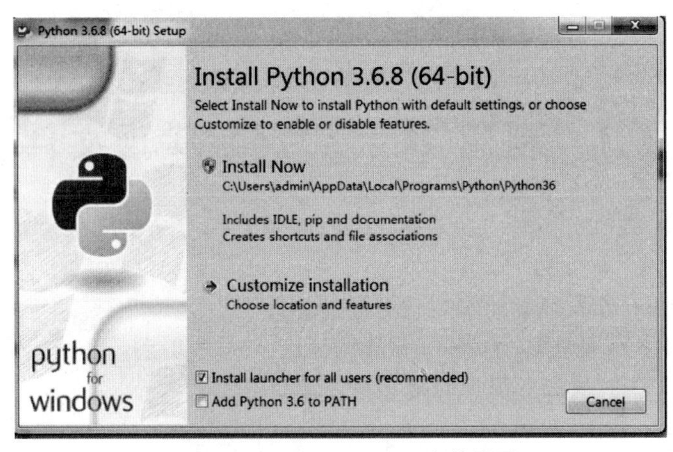

图 6-1-3 Python 3.6.8 安装界面

安装完成后，在“开始”运行处运行命令 cmd，进入 DOS 模式，输入“python”，即可进入 Python 的交互式环境。Python 交互环境如图 6-1-4 所示。

PyCharm 是目前比较流行的一种 Python IDE(Integrated Development Environment，集成开发环境)，包括代码编辑器、编译器、调试器和图形用户界面工具，集成了代码编写功能、分析功能、编译功能、调试功能。集成开发环境可以帮助程序员更好地实现编程的整体任务，提高编程效率。PyCharm 官方网站(http://www.jetbrains.com/pycharm)提供了 professional 和 community 两种版本，建议下载免费的社区版安装使用，如图 6-1-5 所示。

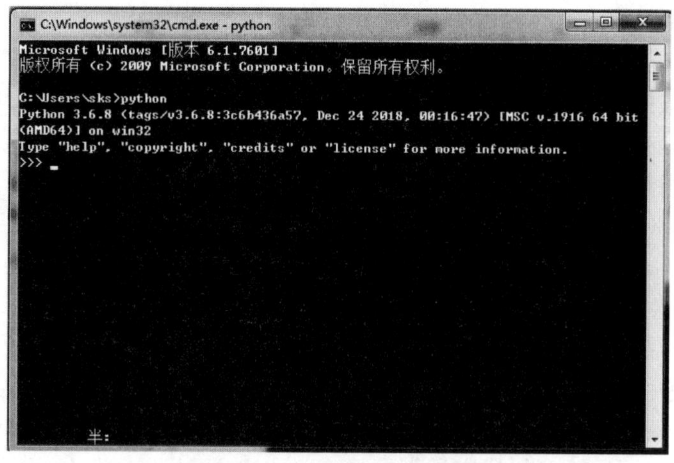

图 6-1-4　Python 交互环境

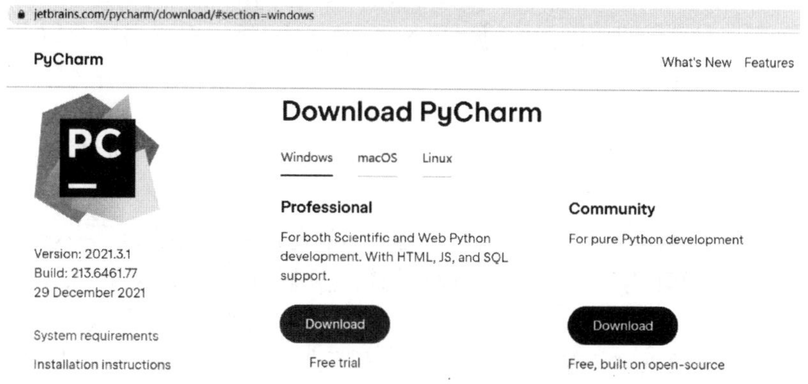

图 6-1-5　PyCharm 官网下载地址

本书使用的 PyCharm 版本为 pycharm-community-2020.3.3，可根据自己电脑的操作系统选择相应版本下载并安装。下载完成后，双击安装文件，选择合适的安装路径。按照操作系统的位数选择 Pycharm 应用程序位数，选择允许修改环境变量，选择 Pycharm 应用程序关联文件为“.py”，如图 6-1-6 所示。开始菜单文件夹保持默认，即“JetBrains”，然后重启系统，完成安装。

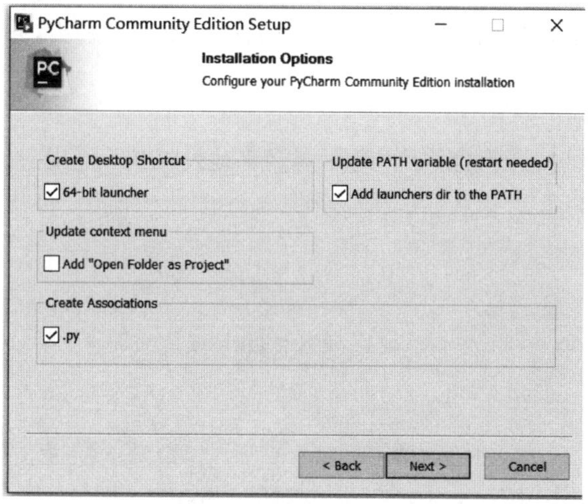

图 6-1-6　修改安装配置项

2. 套接字基础

套接字(socket)的原意是"插座",在计算机通信领域,套接字被翻译为"套接字",它是计算机之间进行通信的一种约定或一种方式。通过这种约定,一台计算机可以接收其他计算机的数据,也可以向其他计算机发送数据。

套接字有一段很长的历史,最初于1971年被用于ARPANET,随后成了1983年发布的BSD (Berkeley Software Distribution,伯克利软件套件) 操作系统的API(Application Programming Interface,应用程序接口),并且被命名为Berkeley socket。互联网在20世纪90年代随万维网兴起,网络编程也引起关注。Web服务和浏览器并不是唯一使用新的连接网络和套接字的应用程序。各种类型、不同规模的客户端/服务器应用广泛地应用至今。尽管Socket API使用的底层协议已经进化了很多年,也出现了许多新的协议,但是底层的API仍然保持不变。目前有很多种套接字,如DARPA(Defense Advanced Research Projects Agency,美国国防高级研究计划局)Internet地址(Internet套接字)、本地节点的路径名(Unix套接字)、CCITT(International Telephone and Telegraph Consultative Committee,国际电信咨询机构) X.25地址(X.25套接字)等。但本书只介绍Internet套接字,它是最具代表性的、最常用的套接字。

3. 套接字类型

套接字支持多种通信协议,目前网络系统常用的协议有以下两种:INET(IPv4)和INET6(IPv6)。

套接字类型是指创建套接字的应用程序要使用的通信服务的类型。一般的网络系统提供了三种不同类型的套接字,以供用户在设计网络应用程序时根据不同的要求来选择。

① 流式套接字(SOCK-STREAM):提供面向连接、可靠的数据传输服务,数据按字节流、按顺序收发,保证数据在传输过程中无丢失、无冗余。TCP协议支持该套接字。

② 数据报套接字(SOCK-DGRAM):提供面向无连接的服务、数据收发无序,不能保证数据的准确到达。UDP协议支持该套接字。

③ 原始套接字(SOCK-RAW):允许对低于传输层的协议或物理网络直接访问。常用于检测新的协议。

4. 套接字地址结构

大多数套接字函数都需要一个指向套接字地址结构的指针作为参数。每个协议簇都定义了自己的套接字地址结构。这些结构的名字均以sockaddr_开头,并以对应每个协议簇的唯一后缀结尾。

(1) IPv4套接字地址结构

IPv4套接字地址结构通常也称为"网际套接字地址结构",它以sockaddr_in命名,定义在< netinet/in.h >文件中。

```
struct in_addr
{
    in_addr_ts_addr;        /* 32 比特 IPv4 地址,网络地址序 * /
};
stuct sockaddr_in
{
    uint8_t         sin_len;          /* 结构体长度 * /
```

```
    sa_familytsin_family; /* 值为 AF_INET * /
    in_port_tsin_port; /* 16 比特 TCP 或 UDP 端口号,网络地址序 * /
    struct in_addrsin_addr; /32 比特 IPv4 地址,网络地址序 * /
    charsin_zero[8] /* 未使用 * /
};
```

表 6-1-1 posix 规范要求的数据类型

数据类型	说　明	数据类型	说　明
int8_t	带符号的 8 位整数	uint32_t	无符号的 32 位整数
uint8_t	无符号的 8 位整数	sa_family_t	套接字地址结构的协议簇
int16_t	带符号的 16 位整数	socklen_t	套接字地址结构的长度
uint16_t	无符号的 16 位整数	in_addr_t	32 比特 IPV4 地址
int32_t	带符号的 32 位整数	in_port_t	16 比特 TCP/UDP 端口

（2）通用的套接字地址结构

当作为一个参数传递进任何套接字函数时，套接字地址结构总是以引用形式，也就是以指向该结构的指针来传递。为了便于以这样的指针作为参数之一的任何套接字函数处理来自所支持的任何协议簇的套接字地址结构，定义了一个通用的套接字地址结构。通用套接字地址结构的用途是对指向特定协议的套接字地址结构的指针执行类型强制转换。

```
struct sockaddr
{
    uint8_t         sa_len;
    sa_family_t     sa_family;      /* 地址簇,值为: AF_XXX * /
    char            sa_data[14];    /* 特定协议地址 * /
};
```

（3）IPv6 套接字地址结构

```
struct in6_addr
{
    uint8_t      s6_addr[16];      /* 128 比特 IPv6 地址,网络地址序 * /
};

stuct sockaddr_in6
{
    uint8_t      sin6_len;         /* 结构体长度 * /
    sa_family_t  sin6_family;      /* 值为:AF_INET6 * /
    in_port_t    sin6_port;        /* 传输层端口号,网络地址序 * /
    uint32_t     sin6_flowinfo;    /* 低序 20 位是流标签,高序 12 位保留 * /
    struct in6_addr    sin6_addr;     /* IPv6 地址,网络地址序 * /
    uint32_t  sin6_scope_id;   /* 标识对于具备范围的地址而言有意义的范围 * /
};
```

(4) 字节排序函数

字节序，指字节在内存中存储的顺序。小端字节序(Little endinan)，数值低位存储在内存的低地址，数值高位存储在内存的高地址；大端字节序(Big endian)，数值高位存储在内存的低地址，数值低位存储在内存的高地址，如图 6-1-7 所示。

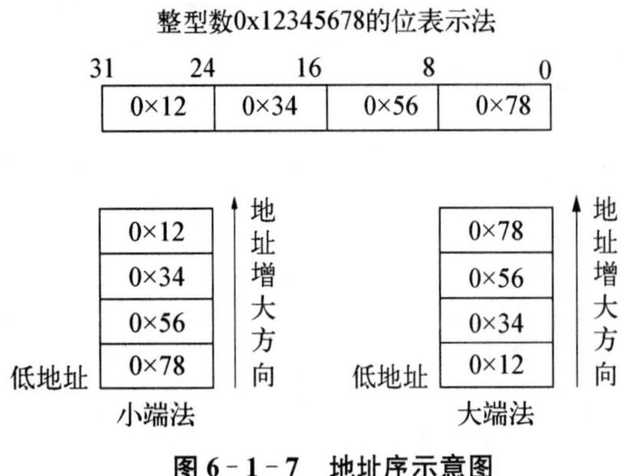

图 6-1-7 地址序示意图

网络字节序，是 TCP/IP 中规定好的一种数据表示格式，它与具体的 CPU 类型、操作系统等无关，从而可以保证数据在不同主机之间传输时能够被正确解释。网络字节顺序采用大端字节序排序方式。

Python 的 Socket 模块中提供了四个地址序转换函数，分别是：

① socket.ntohl(x)；把 32 位的正整型数字从网络字节序转换成主机字节序，在网络字节序和主机字节序相同的机器上这是个空操作，否则将是一个 4 字节的交换操作。

② socket.ntohs(x)；把 16 位的正整型数字从网络字节序转换成主机字节序，在网络字节序和主机字节序相同的机器上这是个空操作，否则将是一个 2 字节的交换操作。

③ socket.htonl(x)；把 32 位的正整型数字从主机字节序转换成网络字节序，在网络字节序和主机字节序相同的机器上这是个空操作，否则将是一个 4 字节的交换操作。

④ socket.htons(x)；把 16 位的正整型数字从主机字节序转换成网络字节序，在网络字节序和主机字节序相同的机器上这是个空操作，否则将是一个 2 字节的交换操作。

5. Socket 基本函数

(1) socket 函数用法

```
import socket
socket.socket(socket_family,socket_type,protocal=0)
```

参数一：地址簇，如表 6-1-2 所示。

表 6-1-2 地址簇参数描述

参 数	描 述
socket.AF_INET	IPv4(默认)
socket.AF_INET6	IPv6
socket.AF_UNIX	只能够用于单一的 Unix 系统进程间通信

参数二：类型，如表 6-1-3 所示。

表 6-1-3 类型参数描述

参 数	描 述
socket.SOCK_STREAM	流式套接字，for TCP (默认)
socket.SOCK_DGRAM	数据报式套接字，for UDP

续表

参　数	描　述
socket.SOCK_RAW	原始套接字，普通的套接字无法处理ICMP、IGMP等网络报文，而SOCK_RAW可以；其次，SOCK_RAW也可以处理特殊的IPv4报文；此外，利用原始套接字，可以通过IP_HDRINCL套接字选项由用户构造IP头
socket.SOCK_RAM	是一种可靠的UDP形式，即保证交付数据报但不保证顺序。SOCK_RAM用来提供对原始协议的低级访问，在需要执行某些特殊操作时使用，如发送ICMP报文。SOCK_RAM通常仅限于高级用户或管理员运行的程序使用
socket.SOCK_SEQPACKET	可靠的连续数据包服务

（2）Socket类方法，如表6-1-4所示，列出本书实例中应用到的Socket类方法。关于完整的Socket类方法说明，请参考Python官方文档https://docs.python.org/3.6/library/socket.html说明。

表6-1-4　Socket类方法描述

方　法	描　述
socket(socket_family, socket_type, protocal=0)	构建socket对象
socket.bind(address)	将套接字绑定到地址。address地址的格式取决于地址族。在AF_INET下，以元组(host, port)的形式表示地址
socket.listen(backlog)	开始监听传入连接。backlog指定在拒绝连接之前，可以挂起的最大连接数量
socket.setblocking(bool)	是否阻塞(默认True)，如果设置False，那么accept和recv时一旦无数据，则报错
socket.accept()	接受连接并返回(conn, address)，其中conn是新的套接字对象，可以用来接收和发送数据。address是连接客户端的地址
socket.connect(address)	连接到address处的套接字。一般address的格式为元组(hostname, port)，如果连接出错，返回socket.error错误
socket.close()	关闭套接字连接
socket.recv(bufsize[, flag])	接受套接字的数据。数据以字符串形式返回，bufsize指定最多可以接收的数量。flag提供有关消息的其他信息，通常可以忽略
socket.recvfrom(bufsize[.flag])	与recv()类似，但返回值是(data, address)。其中data是包含接收数据的字符串，address是发送数据的套接字地址
socket.send(string[, flag])	将string中的数据发送到连接的套接字。返回值是要发送的字节数量，该数量可能小于string的字节大小。即可能未将指定内容全部发送
socket.sendto(string[, flag], address)	将数据发送到套接字，address是形式为(ipaddr, port)的元组，指定远程地址。返回值是发送的字节数。该函数主要用于UDP协议

续表

方 法	描 述
socket.settimeout(timeout)	设置套接字操作的超时时间,timeout 是一个浮点数,单位是秒。值为 None 表示没有超时期
socket.getsockname()	返回套接字自己的地址。通常是一个元组(ipaddr,port)
socket.fileno()	套接字的文件描述符
socket.setblocking(flag)	如果 flag 为 0,则将套接字设置为非阻塞模式,否则将套接字设置为阻塞模式(默认值)。非阻塞模式下,如果调用 recv()没有发现任何数据,或 send()调用无法立即发送数据,那么将引起 socket.error 异常
socket.makefile()	创建一个与该套接字相关的文件
socket.getprotobyname (proto_name)	返回字符串 proto_name 给出的协议编号
socket.gethostname()	返回当前主机名称
socket.gethostbyname(hostname)	返回主机名的 IPv4 地址格式
socket.gethostbyaddr(hostname)	返回主机地址,返回一个 3 元素元组,包括主机名称、可选主机名称列表和可选 IP 地址列表
socket.getservbyname (serv,proto)	根据给出的服务名称和协议名称返回所使用的端口号
socket.inet_aton(ip_addr)	将字符串类型的 IP 地址转换为 bytes 字节流类型
socket.inet_ntoa(packet)	将 bytes 字节流类型的 IP 地址转换为字符串类型
socket.ntohl(number)	将网络顺序的数值 number 转换为主机顺序的 4B 整数类型
socket.ntohs(number)	将网络顺序的数值 number 转换为主机顺序的 2B 整数类型
socket.htonl(number)	将主机顺序的数值 number 转换为网络顺序的 4B 整数类型
socket.htons(number)	将主机顺序的数值 number 转换为网络顺序的 2B 整数类型

6. TCP 套接字编程

使用 SOCK_STREAM 可以创建 TCP 套接字,实现基于 TCP/IP 协议簇的面向连接的通信,它分为服务器和客户端两部分,其主要实现过程如图 6-1-8 所示。

TCP 套接字编程中,服务器端实现的步骤如下:

- 使用 socket()函数创建套接字;
- 将创建的套接字绑定到指定的地址结构;
- listen()函数设置套接字为监听模式,使服务器进入被动打开的状态;
- 接受客户端的连接请求,建立连接;
- 接收、应答客户端的数据请求;
- 处理客户端数据;
- 终止连接。

TCP 套接字编程中，客户端实现的步骤如下：

- 使用 socket()函数创建套接字；
- 调用 connect()函数建立一个与 TCP 服务器的连接；
- 发送数据请求，接收服务器的数据应答；
- 处理服务器发回的数据；
- 终止连接。

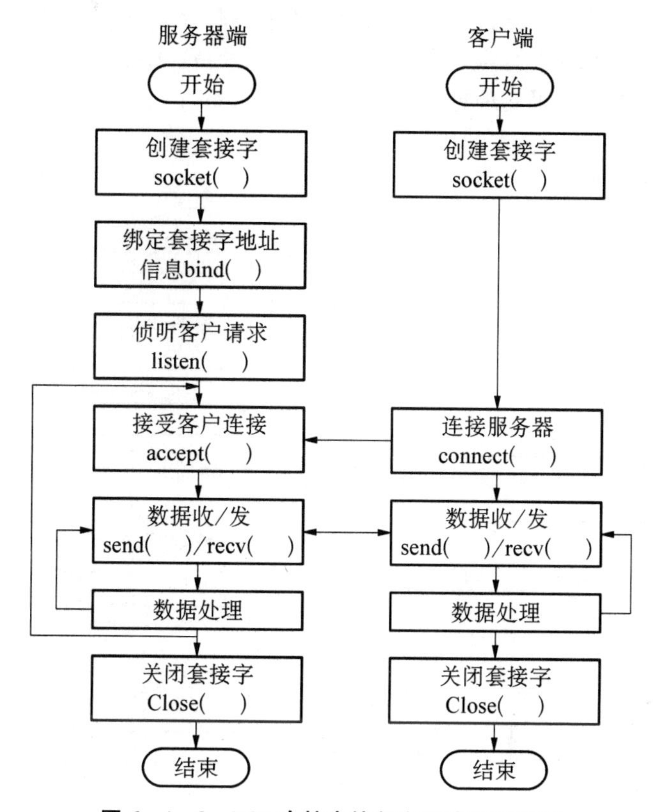

图 6-1-8　TCP 套接字编程实现流程示意图

7. Python 的 socket 模块

Python 的 socket 模块提供了使用 Berkeley sockets API 的接口，可以访问底层操作系统 Socket 接口的全部方法。Python 提供了和 C 语言一致且方便的 API。它可以在所有现代 Unix 系统、Windows、MacOS 和可能附加的平台上使用。

Socket 编程中要实现服务器端同时服务多个客户端，需要用到多进程或多线程技术，Python 中的 socketserver 模块内置服务器端多任务处理机制，可用多进程或多线程实现服务器端多任务的同时执行，简化网络服务器的开发。

Python 还提供了很多高层网络协议，例如 HTTP、SMTP 的模块。读者可以参考 Python 标准库中的 Internet Protocols and Support 部分。

三、实验环境及实验拓扑

Windows 7 操作系统，Python3.6.8，pycharm-community-2020.3.3。

四、实验内容

利用 SOCK_STREAM 方式通信的服务器和客户端程序，实现文件下载功能。其中，客户端请求下载服务器中的文件；若服务器中存在所请求的文件，则发送文件给客户端，否则提示文件不存在。

为了使程序结构更清晰，将服务器端的数据收/发与数据处理功能封装在函数 sendfile 中，该函数的参数为 socket.accept()函数返回的传输套接字。sendfile 函数的实现流程如图 6-1-9 所示，服务器端的代码实现见 FileDownload_Server.py。客户端的实现流程如图 6-1-10 所示，客户端的代码实现见 FileDownload_Client.py。

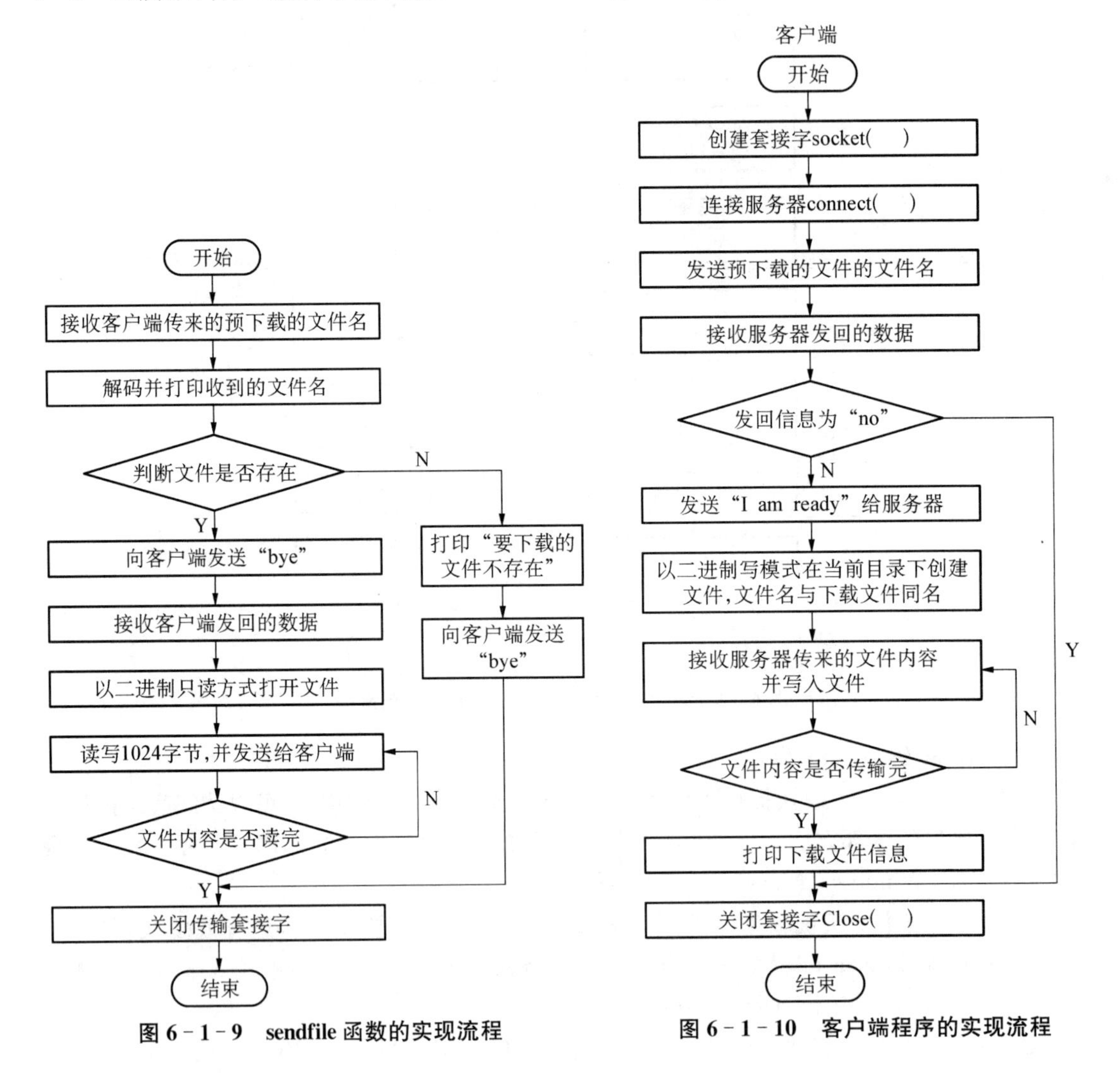

图 6-1-9 sendfile 函数的实现流程　　**图 6-1-10 客户端程序的实现流程**

服务器端代码如下：

```
#FileDownload_Server.py
#! /usr/bin/env python3.6
# coding: utf-8
```

```
import socket  #导入 socket 模块,以使用套接字编程相关函数
import os  #导入 os 模块,以使用 os.path.exists()函数
def sendfile(conn):
    str1 = conn.recv(1024)                #参数 1024,表示一次最多接收 1024B 数据
    filename = str1.decode('utf-8')  #以 utf-8 编码格式解码字符串
    print('The client requests my file:',filename)
    if os.path.exists(filename):  # 判断文件名为 filename 的文件是否存在
        print('I have %s, begin to download!' % filename)
        conn.send(b'yes')  #以二进制形式发送字符串"bye"
        conn.recv(1024)
        size = 1024
        with open(filename,'rb') as f:  #只读方式打开文件名为 filename 的二进制文件
            while True:
                data = f.read(size) #顺序读取文件中 size 字节数据,存放于字符串 data
                conn.send(data)  #将字符串 data 中的数据发送给客户端
                if len(data)< size: #如果读取数据少于 size 字节,则结束文件读取
                    break
        print('%s is downloaded successfully!' % filename)
    else:
        print('Sorry, I have no %s!' % filename)
        conn.send(b'no')  #以二进制形式发送字符串"no"
    conn.close()  #关闭传输套接字
#创建基于 IPv4 的 TCP 套接字,socket.AF_INET 表示基于 IPv4 协议簇,
#socket.SOCK_STREAM 表示字节流,protocal 取默认值 0,即 TCP 协议
s = socket.socket(socket.AF_INET, socket.SOCK_STREAM)
#将 socket 对象绑定到服务器地址,地址一般为一个(IP 地址,端口号)对
# IP 地址为运行该程序的服务器 IP 地址,本应用设定端口号为 8088
s.bind(('192.168.31.156',8088))
#参数为 1 表示在拒绝连接之前最多可以挂起 1 个连接
s.listen(1)
print('Wait for connecting...')
while True:
#接受用户连接请求,返回元组(conn,addr),conn 为传输套接字
#addr 为建立该连接的客户端地址
    (conn,addr) = s.accept()
    sendfile(conn)
s.close() #关闭侦听套接字
```

客户端代码如下。

```
#FileDownload_Client.py
#! /usr/bin/env python3.6
# coding: utf-8
import socket
```

```
s = socket.socket(socket.AF_INET, socket.SOCK_STREAM)
#连接服务器,本例中服务器 IP 地址为 192.168.31.156,端口号为 8088
s.connect(('192.168.31.156',8088))
#从键盘输入预下载的文件路径与名称
filename = input('file path and name:')
print('I want to get the file %s!' % filename)
s.send(filename.encode('utf-8')) #发送以 utf-8 编码格式解码的文件名
str1 = s.recv(1024)  #接收服务器发回的数据,存于字符串 str1 中
str2 = str1.decode('utf-8') #以 utf-8 编码格式解码字符串 str1 数据,存于 str2
if str2 == 'no':
    print('To get the file %s is failed!' % filename)
else:
    s.send(b'I am ready!') #以二进制形式发送字符串"I am ready!"
#通过指定分隔符'\'对字符串进行切片,结果存于字符串列表 temp 中
temp = filename.split('\\')
#下载后的文件命名为:my_服务器中的文件名格式,文件名存于 myname 中
myname = 'my_' + temp[len(temp) - 1]
    size = 1024
    with open(myname,'wb') as f:  #只写方式打开文件名为 myname 的二进制文件
        while True:
            data = s.recv(size) #接收服务器发来的数据,存于字符串 data 中
            f.write(data) #将字符串 data 内容写入文件
            if len(data)< size: #如果接收到的数据少于 size 字节,则结束写文件
                break
    print('The downloaded file is %s.' % myname)
s.close() #关闭侦听套接字
```

五、实验注意事项

由于运行程序需要有管理员权限,为了避免程序运行不成功,可以按照以下步骤执行。

步骤 1:在资源管理器中打开目录"C:\Windows\System32",找到"cmd.exe"文件,单击右键,选择"以管理员身份运行",打开 MS-DOS 命令行窗口,如图 6-1-11 所示。

图 6-1-11 以管理员身份运行,打开 MS-DOS 命令行窗口

步骤2:在命令行中切换到Python36安装目录,如本例中的“C:\Users\sks\AppData\Local\Programs\Python\Python36”,如图6-1-12所示。

步骤3:运行服务器端程序,运行格式为“Python 文件绝对路径”,如图6-1-12所示。

步骤4:重复步骤1-2,新打开一个命令行窗口,并切换到Python36安装目录,运行客户端程序,运行格式为“Python 文件绝对路径”,如图6-1-13所示。

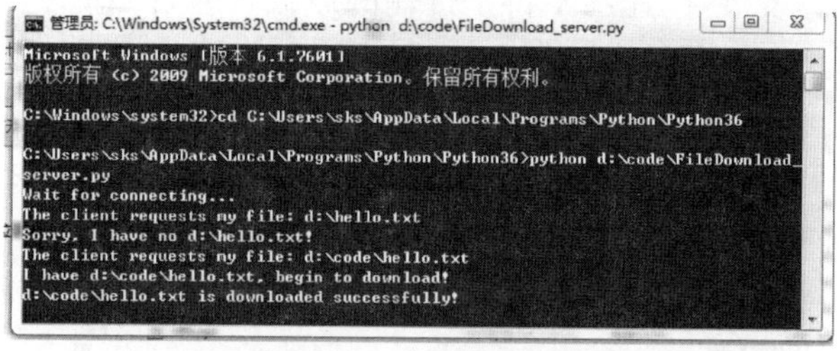

```
管理员: C:\Windows\System32\cmd.exe - python d:\code\FileDownload_server.py
Microsoft Windows [版本 6.1.7601]
版权所有 (c) 2009 Microsoft Corporation。保留所有权利。

C:\Windows\system32>cd C:\Users\sks\AppData\Local\Programs\Python\Python36

C:\Users\sks\AppData\Local\Programs\Python\Python36>python d:\code\FileDownload_
server.py
Wait for connecting...
The client requests my file: d:\hello.txt
Sorry, I have no d:\hello.txt!
The client requests my file: d:\code\hello.txt
I have d:\code\hello.txt, begin to download!
d:\code\hello.txt is downloaded successfully!
```

图6-1-12 切换到python36安装目录并运行服务器端程序

```
管理员: C:\Windows\System32\cmd.exe
Microsoft Windows [版本 6.1.7601]
版权所有 (c) 2009 Microsoft Corporation。保留所有权利。

C:\Windows\system32>cd C:\Users\sks\AppData\Local\Programs\Python\Python36

C:\Users\sks\AppData\Local\Programs\Python\Python36>python d:\code\FileDownload_
Client.py
file path and name:d:\hello.txt
I want to get the file d:\hello.txt!
To get the file d:\hello.txt is failed!

C:\Users\sks\AppData\Local\Programs\Python\Python36>python d:\code\FileDownload_
Client.py
file path and name:d:\code\hello.txt
I want to get the file d:\code\hello.txt!
The downloaded file is my_hello.txt.

C:\Users\sks\AppData\Local\Programs\Python\Python36>
```

图6-1-13 客户端程序运行

六、拓展训练

基于循环模式的主机TCP端口扫描程序。

实验6.2 客户端内存使用情况获取

一、实验目的

(1) 掌握使用UDP套接字编程的基本思想与使用场景;

(2) 掌握UDP套接字函数的基本使用。

二、背景知识

1. UDP套接字编程

关于UDP协议的最早规范是RFC768,早在1980年已发布,尽管时间已经过去很长,但是UDP协议仍然继续在主流应用中发挥着作用。这是UDP和TCP两种协议的权衡之处,根据环境和特点,选择合适的协议。

UDP经常用于传输小批量的数据,是分发信息的一个理想协议。例如,在医院门诊屏幕上显示候诊情况、在火车站屏幕上显示车次信息等。UDP 也用在路由信息协议 RIP 中修改路由表。在这些应用场合下,如果有一个消息丢失,在几秒之后另一个新的消息就会替换它。UDP 也广泛用在多媒体应用中,例如,即时通讯软件的视频聊天和语音聊天应用,这类应用首先要保证通信的效率,尽量减小延迟,数据的正确性是次要的,即使丢失很小的一部分数据,视频和音频也可以正常解析,最多出现噪点或杂音,不会对通信质量有实质的影响。

随着网络技术飞速发展,网速已不再是传输的瓶颈。网络环境变好,网络传输的延迟、稳定性也随之改善,UDP 的丢包率降低。UDP 协议以其简单、传输快的优势,在越来越多场景中,如网页浏览、流媒体、实时游戏、物联网,取代 TCP。

使用 UDP 协议有三个优点 :(1) 能够对握手过程进行精简,减少网络通信往返次数;(2) 能够对 TLS 加解密过程进行优化;(3) 收发快速,无阻塞。

采用 UDP 有三个关键点:(1) 网络带宽需求较小,而实时性要求高;(2) 大部分应用无需维持连接;(3) 需要低功耗。

使用 SOCK_DGRAM 可以创建 UDP 套接字,实现基于 TCP/IP 协议簇的面向无连接的通信,它分为服务器和客户端两部分,其主要实现过程如图 6-2-1 所示。

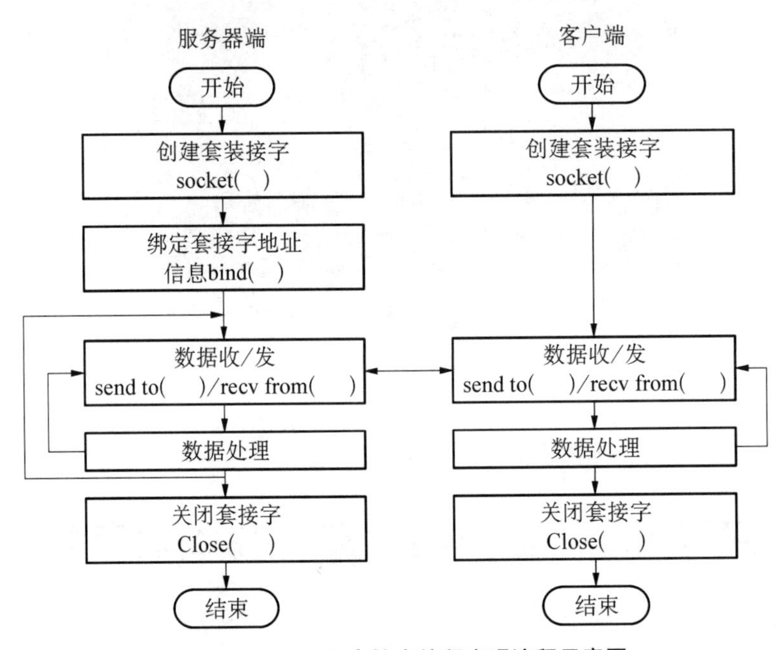

图 6-2-1 UDP 套接字编程实现流程示意图

UDP 套接字编程中,服务器端实现的步骤如下:

◆ 使用 socket()函数创建套接字;
◆ 将创建的套接字绑定到指定的地址结构;
◆ 等待接收客户端的数据请求;
◆ 处理客户端请求;
◆ 向客户端发送应答数据;
◆ 关闭套接字。

UDP 套接字编程中,客户端实现的步骤如下:

◆ 使用 socket()函数创建套接字;

- ◆ 发送数据请求给服务器；
- ◆ 等待接收服务器的数据应答；
- ◆ 关闭套接字。

2. Python 的 psutil 模块

Psutil 是一个跨平台库，可以获取系统的运行进程和系统利用的资源，如 CPU、内存、磁盘、网络等信息。它主要应用于系统监控，分析和限制系统资源及进程管理。它实现了同等工具提供的功能，如 ps、top、lsof、netstat、ifconfig、who、df、kill、free、nice、ionice、iostat、iotop、uptime、pidof、tty、taskset、pmap 等。支持 32 位与 64 位的 Linux、Windows、OS X、Freeb sd、Sun solaris 操作系统。

Windows 系统中安装 psutil 包，首先切换到 Python36\Scripts 目录下，运行命令 pip3.exe install psutil，下载并安装 psutil，下载安装过程中保持网络通畅，以免下载失败。安装过程如图 6 - 2 - 2 所示。

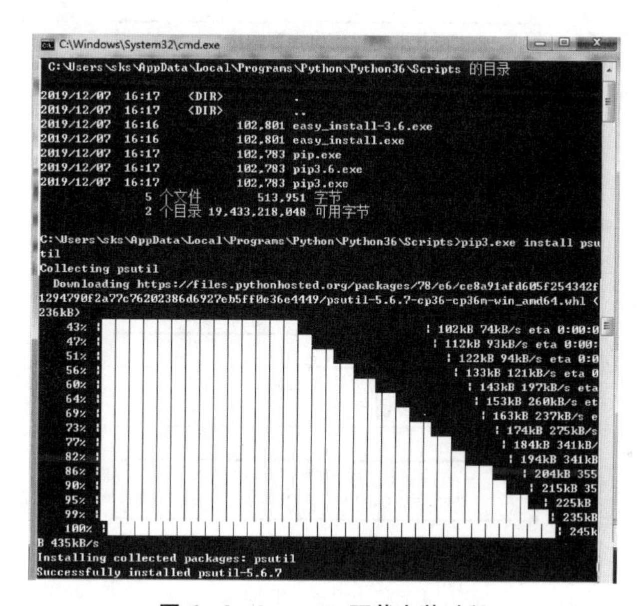

图 6 - 2 - 2 psutil 下载安装过程

获取 CPU 的使用率使用 psutil.cpu_percent(interval = None,percpu = False)方法，该函数返回一个浮点数，表示当前系统范围的 CPU 利用率百分比。如果 interval=0.1，表示 0.1s CPU 的平均使用率。如果 interval=0 或 None 时，比较自上次调用或模块导入后经过的系统 CPU 时间，立即返回。所有第一次返回的数据是个无意义的数据。当 percpu 是 True 返回表示利用率的浮点数列表，以每个逻辑 CPU 的百分比表示。

内存信息的获取主要使用 virtual_memory 方法，该方法返回一个 svmem 元组。Windows 系统中 svmem 元组包含(total, available, percent, used, free)元素。total 标识总物理内存，available 标识在没有系统进入 SWAP 下立即提供的内存，percent 标识使用内存占比，used 标识使用的物理内存，free 标识没有使用的物理内存。

三、实验环境及实验拓扑

Windows 7 操作系统，Python3.6.8，pycharm-community-2020.3.3。

四、实验内容

利用 SOCK_DGRAM 方式实现服务器和客户端程序，其中客户端向服务器请求信息，服务器向客户端返回 CPU 利用率和内存使用情况，作为客户端向服务器提交计算任务量大小的依据。

为了使程序结构更清晰，将服务器收集 CPU 利用率和内存使用情况的功能封装在函数 do_memory()中，do_memory()函数的实现流程如图 6-2-3 所示，完整流程图如图 6-2-4所示。服务器端的代码实现见 VirtualMem_server.py，客户端的代码实现见 VirtualMem_client.py。

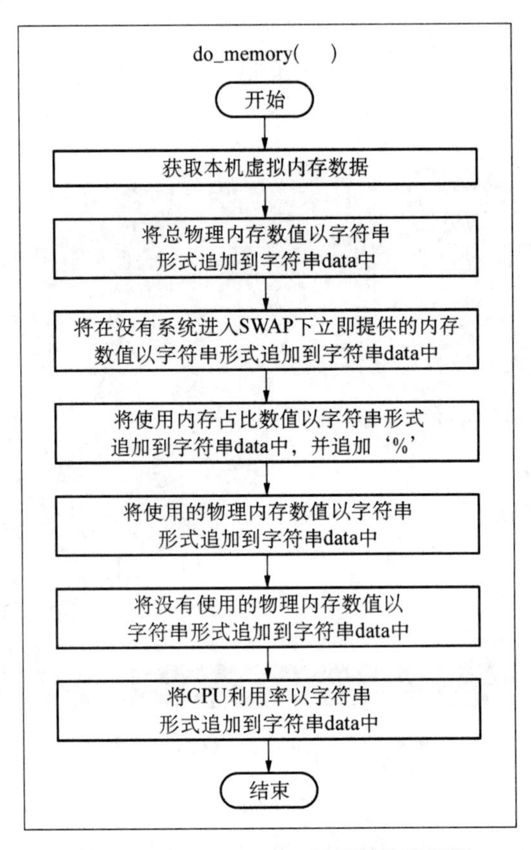

图 6-2-3 do_memory()函数的流程图

服务器端代码如下：

```
#VirtualMem_server.py
# coding: utf-8
import socket
import psutil
def do_memory():
memory_status = psutil.virtual_memory() #获取本机虚拟内存数据
# 将总物理内存数值以字符串形式追加到字符串 data 中
    data = 'total = ' + str(memory_status.total)
```

```
#将在没有系统进入 SWAP 下立即提供的内存数值以字符串形式追加到字符串 data 中
data = data + ',available = ' + str(memory_status.available)
#将使用内存占比数值以字符串形式追加到字符串 data 中,并追加 '%'
data = data + ',percent = ' + str(memory_status.percent) + '%'
#将使用的物理内存数值以字符串形式追加到字符串 data 中
data = data + ',used = ' + str(memory_status.used)
#将没有使用的物理内存数值以字符串形式追加到字符串 data 中
data = data + ',free = ' + str(memory_status.free)
#获取 CPU 利用率,返回值为浮点数,存于变量 cpu1 中
cpu1 = psutil.cpu_percent()
#将变量 cpu1 内容转换为字符串,存于变量 cpu2 中
cpu2 = "%.0f" % cpu1
#将 CPU 利用率以字符串形式追加到字符串 data 中
data = data + ',cpu = ' + cpu2 + '%'
#返回字符串 data
return data
#创建基于 IPv4 的 UDP 套接字,socket.AF_INET 表示基于 IPv4 协议簇,
#socket.SOCK_DGRAM 表示数据报套接字,protocal 取默认值 0,即 UDP 协议
s = socket.socket(socket.AF_INET, socket.SOCK_DGRAM)
#将 socket 对象绑定到服务器地址,地址一般为一个(IP 地址,端口号)对
# IP 地址为运行该程序的服务器 IP 地址,本应用设定端口号为 8091
s.bind(('192.168.31.156',8091))
print('Bind UDP on 8091...')
while True:
#从 socket 接收数据,返回值是一个(数据,地址)对
#info 为 socket 接收的数据,addr 为发数据的客户端套接字地址信息
    (info,addr) = s.recvfrom(1024)
data = do_memory( ) #调用 do_memory( )函数
# 向地址信息为 addr 的客户端,发送以 utf-8 编码格式解码 data 字符串
s.sendto(data.encode('utf-8'),addr)
#打印客户端地址信息
print('The client is ',addr)
#打印发送给客户端的数据
    print('Sended memory data is:',data)
```

客户端代码如下：

```
#VirtualMem_client.py
# coding: utf-8
import socket
s = socket.socket(socket.AF_INET, socket.SOCK_DGRAM)
#设置服务器地址信息,本例中服务器 IP 地址为 192.168.31.156,服务器端口号为 8091
s_addr = ('192.168.31.156',8091)
#客户端套接字绑定客户端地址
```

```
#本例中客户端 IP 地址为 192.168.31.156,客户端端口号为 8888
s.bind(('192.168.31.156',8888))
#向地址为 s_addr 的服务器发送,二进制字节流 'memory info'
s.sendto(b'memory info',s_addr)
#从 socket 接收数据,返回值是一个(数据,地址)对
#data_b 为 socket 接收的数据,addr 为发数据的客户端套接字地址信息
(data_b,addr) = s.recvfrom(1024)
#以 utf-8 编码格式解码 data_b 字符串,结果存于 data_s
data_s = data_b.decode('utf-8')
if addr == s_addr: #判断发来 data_b 的地址是否为服务器地址
print('Memory status is flowing...')
#以“,”作为分隔符,分割 data_s 字符串,并将结果存于列表 data_list 中
    data_list = data_s.split(',')
    for xx in data_list:   #打印列表 data_list 内容
        print(xx)
s.close() #关闭套接字
```

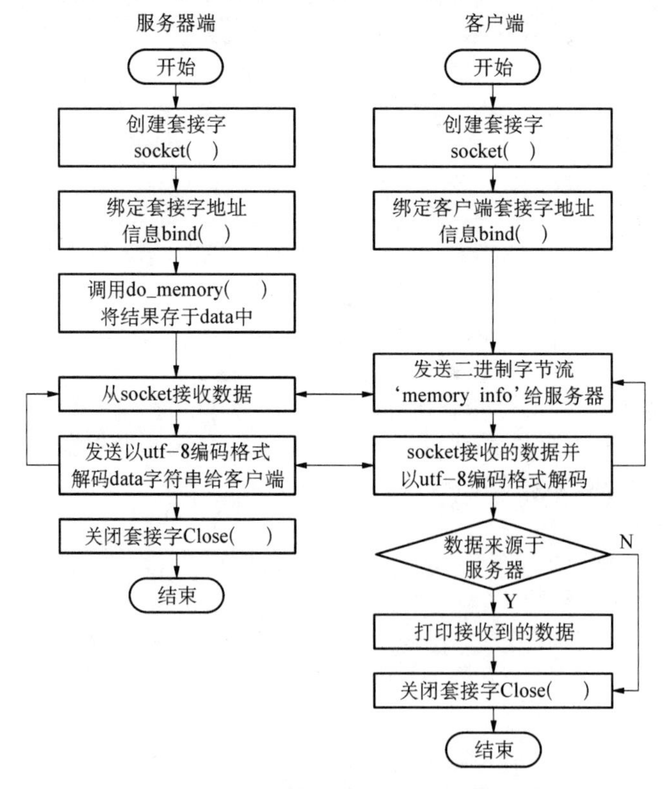

图 6-2-4 服务器端与客户端完整流程图

在 Pycharm 中编写好程序,点击“Run”-> Run“VirtualMem_server”按钮,VirtualMem_server.py 编写与运行环境如图 6-2-5 所示,VirtualMem_client.py 以同样环境编写运行。服务器端程序 VirtualMem_server.py 运行结果如图 6-2-6 所示。客户端程序 VirtualMem_client.py 运行结果如图 6-2-7 所示。

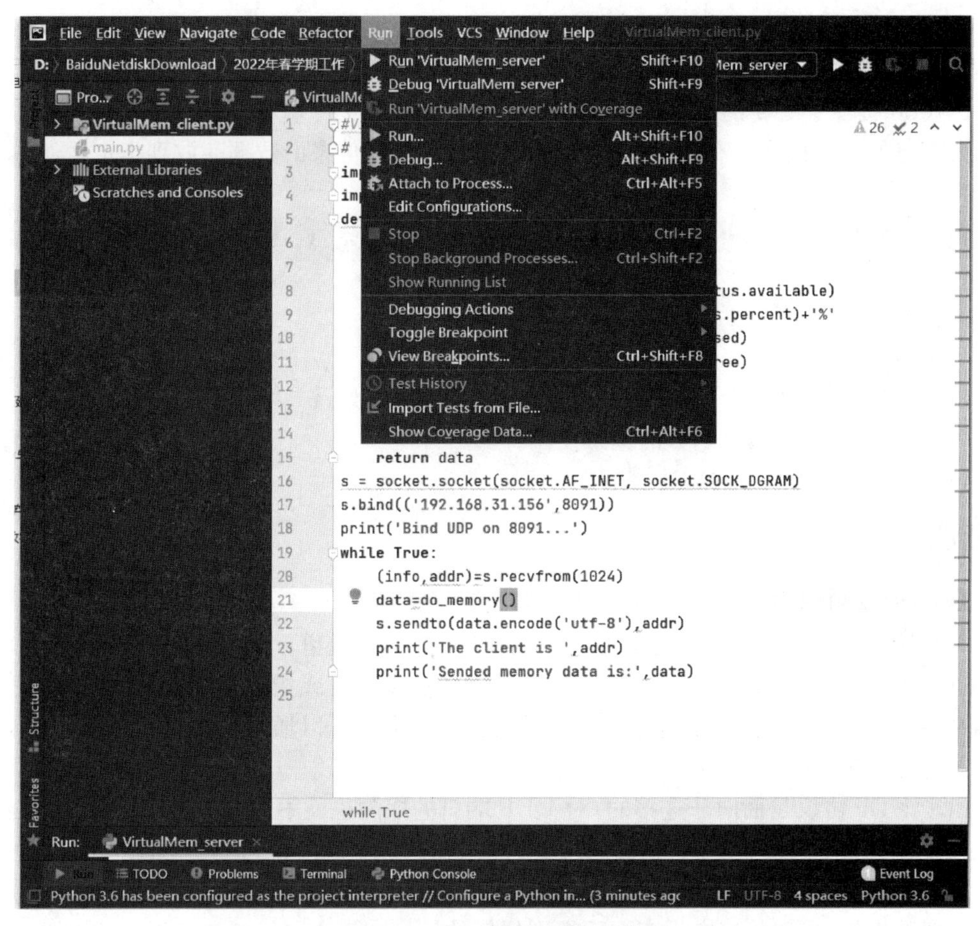

图6-2-5 编写与运行环境

图6-2-6 服务器端运行结果

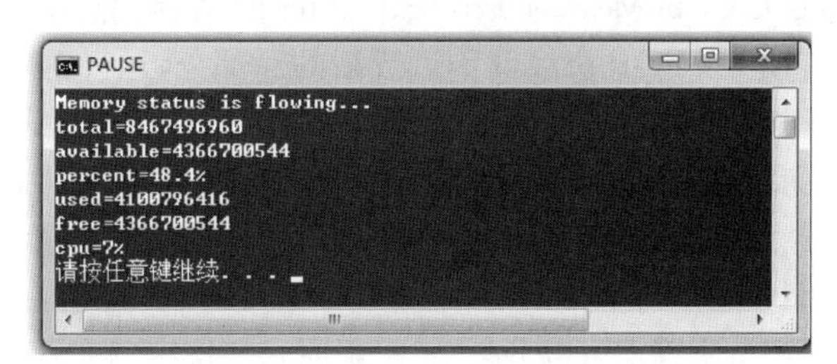

图6-2-7 客户端运行结果

五、实验注意事项

为了获取系统的运行进程和系统利用的资源，运行客户端程序的计算机需要下载并安装 psutil 模块。

六、拓展训练

Python 提供了必要的函数和方法进行默认情况下的文件基本操作，也提供了 file 对象进行大部分的文件操作。利用文件操作函数，将服务器端传来的数据存放到指定文件中。

实验 6.3　利用原始套接字实现 UDP 端口扫描

一、实验目的

(1) 掌握使用 UDP 套接字编程的基本思想与使用场景；
(2) 掌握 UDP 套接字函数的基本使用；
(3) 掌握多线程编程的方法。

二、背景知识

1. UDP 端口扫描

一个端口就是一个潜在的通信通道，也就是一个入侵通道。对目标计算机进行端口扫描，能得到许多有用的信息。端口扫描是指逐个对一段端口或指定的端口进行扫描。通过扫描结果可以知道一台计算机上提供了哪些服务，然后就可以通过所提供的这些服务的已知漏洞进行攻击。

由于 UDP 协议是面向非连接的，对 UDP 端口的探测也就不可能像 TCP 端口的探测那样依赖于连接建立过程。UDP 扫描原理是当一个 UDP 端口接收到一个 UDP 数据报时，如果它是关闭的，就会给源端发回一个 ICMP 端口不可达数据报；如果它是开放的，那么就会忽略这个数据报，也就是将它丢弃而不返回任何的信息。该方法优点是可以完成对 UDP 端口的探测，缺点是需要系统管理员的权限。

UDP 扫描结果的可靠性不高。因为当发出一个 UDP 数据报而没有收到任何的应答时，有可能因为这个 UDP 端口是开放的，也有可能是因为这个数据报在传输过程中丢失了。另外，扫描的速度很慢，原因是在 RFC1812 中对 ICMP 错误报文的生成速度做出了限制。

2. ICMP 协议

ICMP 协议(Internet Control Message Protocol，Internet 控制消息协议)是一个重要的错误处理和信息处理协议，它是 TCP/IP 协议簇不可或缺的一部分，运行在网络层。ICMP 设计的最初目的主要是用于 IP 层的差错报告，由路由器或信宿以一对一的模式向信源报告传输错误的原因。随着网络的发展，检测和控制功能逐渐被引入到 ICMP 协议中，使得 ICMP 协议不仅用于传输差错报告，而且大量用于传输控制报文，ICMP 协议详细描述请参见本书实验 5.3。

3. 原始套接字编程

协议栈的原始套接字从实现上可以分为“链路层原始套接字”和“网络层原始套接字”两大类。“网络层原始套接字”基于 IP 数据包的编程，可以直接用于接收和发送 IP 层的报文数据，也可以发送 IP 数据包时允许自行构造 IP 报文头(取决是否设置 IP_HDRINCL 选项)。“链路层原始套接字”可以直接用于接收和发送链路层的 MAC 帧，在发送时需要由调用者自行构造和封装 MAC 首部。需要注意的是，必须在管理员权限下才能使用原始套接字。

原始套接字提供了普通 TCP 和 UDP Socket 不能提供的三个能力：

(1) 进程使用原始套接字可以读写 ICMP、IGMP 等分组。这个能力还使得使用 ICMP 或 IGMP 构造的应用程序能够完全作为用户进程处理，而不必往内核中添加额外代码。

(2) 大多数内核只处理 IPv4 数据报中一个名为协议的 8 位字段的值为 1(ICMP)、2(IGMP)、6(TCP)、17(UDP)四种情况。该字段还有许多其他值，进程使用原始套接字便可以读写那些内核不处理的 IPv4 数据报。因此，可以使用原始套接字定义用户自己的协议格式。

(3) 通过使用原始套接字，进程可以使用 IP_HDRINCL 套接字选项自行构造 IP 头部。这个能力可用于构造特定类型的 TCP 或 UDP 分组等。

4. 多线程

(1) 进程与线程

计算机程序只是存储在磁盘上的可执行二进制(或其他类型)文件。只有把它们加载到内存中并被操作系统调用，才拥有其生命期。进程是一个执行中的程序，每个进程都拥有自己的地址空间、内存、数据栈以及其他用于跟踪执行的辅助数据。操作系统管理其所有进程的执行，并为这些进程合理地分配时间。进程也可以通过分派新的进程来执行其他任务，每个新进程也都拥有自己的内存和数据栈等，采用 IPC(Inter-Process Communication，进程间通信)的方式共享信息。

线程与进程类似，不过它们是在同一个进程下执行，并共享相同的上下文。线程包括开始、执行顺序和结束三部分。它有一个指令指针，用于记录当前运行的上下文。当其他线程运行时，它可以被抢占(中断)和临时挂起(也称为睡眠)——这种做法叫作让步(yielding)。

一个进程中的各个线程与主线程共享同一片数据空间，因此相比于独立的进程而言，线程间的信息共享和通信更加容易。线程一般是以并发方式执行的，正是由于这种并行和数据共享机制，使得多任务间的协作成为可能。当然，在单核 CPU 系统中，因为真正的并发是不可能的，所以线程的执行实际上是这样规划的：每个线程运行一小会儿，然后让步给其他线程，该进程再次排队等待更多的 CPU 时间。在整个进程的执行过程中，每个线程执行它自己特定的任务，在必要时和其他线程进行结果通信。

(2) Python 中的多线程模块

Python 提供了多个模块来支持多线程编程，包括 thread、threading 和 Queue 模块等。程序可以使用 thread 和 threading 模块来创建与管理线程。thread 模块提供了基本的线程和锁定支持；而 threading 模块提供了更高级别、功能更全面的线程管理。使用 Queue 模块，用户可以创建一个队列数据结构，用于在多线程之间进行共享。推荐使用更高级别的 threading 模块，而不使用 thread 模块有很多原因。threading 模块更加先进，有更好的线程支持，并且 thread 模块中的一些属性会和 threading 模块有冲突。另一个原因是低级别的 thread 模块拥有的同步原语很少，而 threading 模块则有很多。

threading 模块支持守护线程，其工作方式是：守护线程一般是一个等待客户端请求服务的服务器。如果没有客户端请求，守护线程就是空闲的。如果把一个线程设置为守护线程，就表示这个线程是不重要的，进程退出时不需要等待这个线程执行完成。

threading 模块除了包含 thread 模块中的所有方法外，还提供的其他方法如表 6-3-1 所示。

表 6-3-1 threading 模块部分方法描述

方 法	功能描述
threading.currentThread()	返回当前的线程变量

续表

方　法	功能描述
threading.enumerate()	返回一个包含正在运行的线程的 list。正在运行指线程启动后、结束前，不包括启动前和终止后的线程
threading.activeCount()	返回正在运行的线程数量，与 len(threading.enumerate())有相同的结果

除了使用方法外，线程模块同样提供了 Thread 类来处理线程，Thread 类提供的方法如表 6-3-2 所示。

表 6-3-2　Thread 类模块部分方法描述

方　法	功能描述
run()	用以表示线程活动的方法
start()	启动线程活动
join([time])	等待至线程中止。这阻塞调用线程直至线程的 join() 方法被调用中止——正常退出或者抛出未处理的异常——或者是可选的超时发生
isAlive()	返回线程是否活动的
getName()	返回线程名
setName()	设置线程名

(3) 使用 threading 模块创建线程

通过 threading.Thread 创建一个线程对象，函数原型如下：

class threading. Thread (group = None, target = None, name = None, args = ( ), kwargs={}, *, daemon=None)

target 为线程调用的对象，即目标函数；name 为线程起一个名字(线程的名字)；args 为目标函数传递实参，元组类型；kwargs 为目标函数传递关键字参数，字典类型。

启动线程需要调用线程的 start()方法。

Python 没有提供线程退出的方法，线程在函数内语句执行完毕或者线程函数中抛出未处理的异常，线程退出。Python 的线程没有优先级、线程组的概念，也不能被销毁、停止、挂起，也没有恢复、中断。

(4) 线程优先级队列(Queue)

Python 的 Queue 模块中提供了同步的、线程安全的队列类，包括 FIFO(First Input First Output，先入先出)队列 Queue，LIFO(Last Input First Output，后入先出)队列 LifoQueue 和优先级队列 PriorityQueue。这些队列都实现了锁原语，能够在多线程中直接使用，可以使用队列来实现线程间的同步。

表 6-3-3　Queue 模块主要方法描述

方　法	描　述
Queue.qsize()	返回队列的大小
Queue.empty()	如果队列为空，返回 True，反之 False
Queue.full()	如果队列满了，返回 True，反之 False
Queue.get([block[, timeout]])	获取队列，timeout 等待时间

续表

方　法	描　述
Queue.get_nowait()	相当 Queue.get(False)
Queue.put(item)	写入队列，timeout 等待时间
Queue.put_nowait(item)	相当 Queue.put(item, False)
Queue.task_done()	在完成一项工作之后，Queue.task_done()函数向任务已经完成的队列发送一个信号
Queue.join()	实际上意味着等到队列为空，再执行别的操作

三、实验环境及实验拓扑

Windows 7 操作系统，Python3.6.8，pycharm-community-2020.3.3。

四、实验内容

利用 SOCK_RAW 方式实现指定主机的 UDP 端口扫描，并显示扫描结果。

为了使程序结构更清晰，将实现 UDP 端口扫描的功能封装在函数 checker_udp('localhost',port)中，第一个参数为扫描的主机的主机名或者 IP 地址，第二参数为扫描的端口，checker_udp 函数流程图如图 6-3-1 所示。checker_udp 函数在主函数的循环体中被

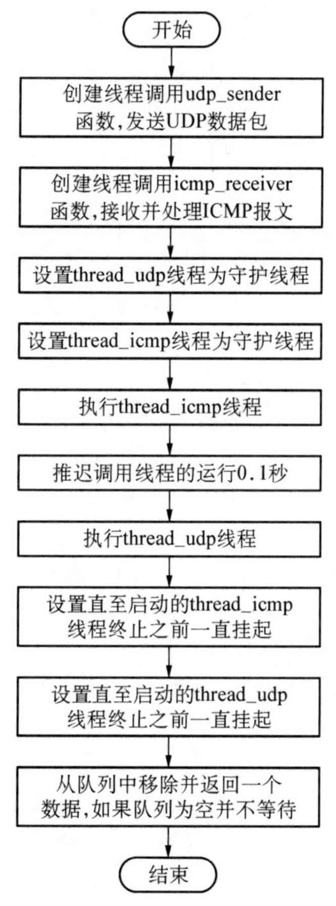

图 6-3-1　checker_udp 函数流程图

调用。checker_udp 函数中创建两个新线程，一个用于发送 UDP 包，一个用于接收并处理 ICMP 包，为了实现方便，分别将相应功能封装在 udp_sender(ip,port)函数与 icmp_receiver(ip,port)函数中，icmp_receiver(ip,port)函数流程图如图 6-3-2 所示，udp_sender(ip,port)函数流程图如图 6-3-3 所示。代码实现见 UdpScan.py。

```
#UdpScan.py
import socket #导入 socket 模块,以使用套接字编程相关函数
import threading  #导入 threading 模块,以使用多线程编程相关函数
import time  #导入 time 模块,使用 sleep( )函数
import struct  #导入 struct 模块,使用 unpack( )函数
import queue #导入 queue 模块,使用 put( )、get( )函数
que= queue.Queue() #创建一个 FIFO 队列,队列尺寸为无限大.
def udp_sender(ip,port):
    try:
        ADDR = (ip,port) #元组 ADDR 的值为接收端(IP 地址,端口号)
        sock_udp = socket.socket(socket.AF_INET,socket.SOCK_DGRAM)
#创建基于 SOCK_DGRAM 套接字,用于实现 UDP 通信
        sock_udp.sendto("abcd...",ADDR)  #向套接字地址 ADDR 发送字符串"abcd..."
        sock_udp.close() #关闭套接字
    except:
        pass
#Python pass 是空语句,是为了保持程序结构的完整性
#pass 不做任何事情,一般用作占位语句
def icmp_receiver(ip,port):
icmp = socket.getprotobyname("icmp")
#返回字符串"icmp"给出的协议编号,用作 socket.socket 函数的第三个参数
    try:
        sock_icmp = socket.socket(socket.AF_INET, socket.SOCK_RAW, icmp)
#创建基于 ICMP 的原始套接字
    except socket.error(errno, msg):
#此异常在一个系统函数返回系统相关的错误时将被引发
        if errno == 1:#如果 errno == 1
            # Operation not permitted
            msg = msg + (
                " - Note that ICMP messages can only be sent from processes"
                " running as root."#设置 msg 内容
            )
            raise socket.error(msg)  #通过 raise 显示地引发 socket.error(msg)异常
        raise
    sock_icmp.settimeout(3)
#设置套接字操作的超时期为 3 秒,socket 尝试重连到 3 秒时,就会停止一切操作
    try:
        recPacket,addr = sock_icmp.recvfrom(64)
```

```
    #接收数据,接收缓冲区为 64 字节,返回值是(data,address).其中 data 是包含接收数据的字符
串,address 是发送数据的套接字地址
        except:
            que.put(True)  #如果接收数据出现异常,将布尔值 True 放入队列
            return
        icmpHeader = recPacket[20:28]
    #取接收到的 IP 数据包中下标为 20～27 的子列表,该部分为 ICMP 数据包的头部
        icmpPort = int(recPacket.encode('hex')[100:104],16)
    #将接收到的数据列表以十六进制编码,取其中下标为 100～103 的子列表,并转换为 16bit 整数
        head_type, code, checksum, packetID, sequence = struct.unpack(
                "bbHHh", icmpHeader
    #返回一个由解包数据(icmpHeader)得到的一个元组,解包格式为"bbHHh"
    #元组字段包括:head_type, code, checksum, packetID, sequence
        )
        sock_icmp.close() #关闭套接字
        if code == 3 and icmpPort == port and addr[0] == ip:
            que.put(False)  #将布尔值 False 放入队列
        return
    def checker_udp(ip,port):
        #创建新线程 thread_udp,执行 udp_sender 函数,函数的参数为(ip,port)元组
    thread_udp = threading.Thread(target = udp_sender,args = (ip,port))
    #创建新线程 thread_icmp,执行 icmp_receiver 函数,函数的参数为(ip,port)元组
        thread_icmp = threading.Thread(target = icmp_receiver,args = (ip,port))
        thread_udp.daemon = True #设置该线程为守护线程
        thread_icmp.daemon = True  #设置该线程为守护线程
        thread_icmp.start()  #开始执行 hread_icmp 线程
        time.sleep(0.1) #推迟调用线程的运行 0.1 秒
        thread_udp.start() #开始执行 thread_udp 线程
        thread_icmp.join() #直至启动的 thread_icmp 线程终止之前一直挂起
        thread_udp.join() #直至启动的 thread_udp 线程终止之前一直挂起
        return que.get(False) #从队列中移除并返回一个数据,如果队列为空并不等待

    if __name__ == '__main__':
            import sys
            for port in range(1,9000): #扫描端口 1～9000
    #调用 checker_udp( )函数,扫描本机 port 端口
                    lis = checker_udp('localhost',port)
    if lis == True:
                        print('port %d is opened!', %port) #输出该端口打开
                    else:
                        print('port %d is closed!', %port)
```

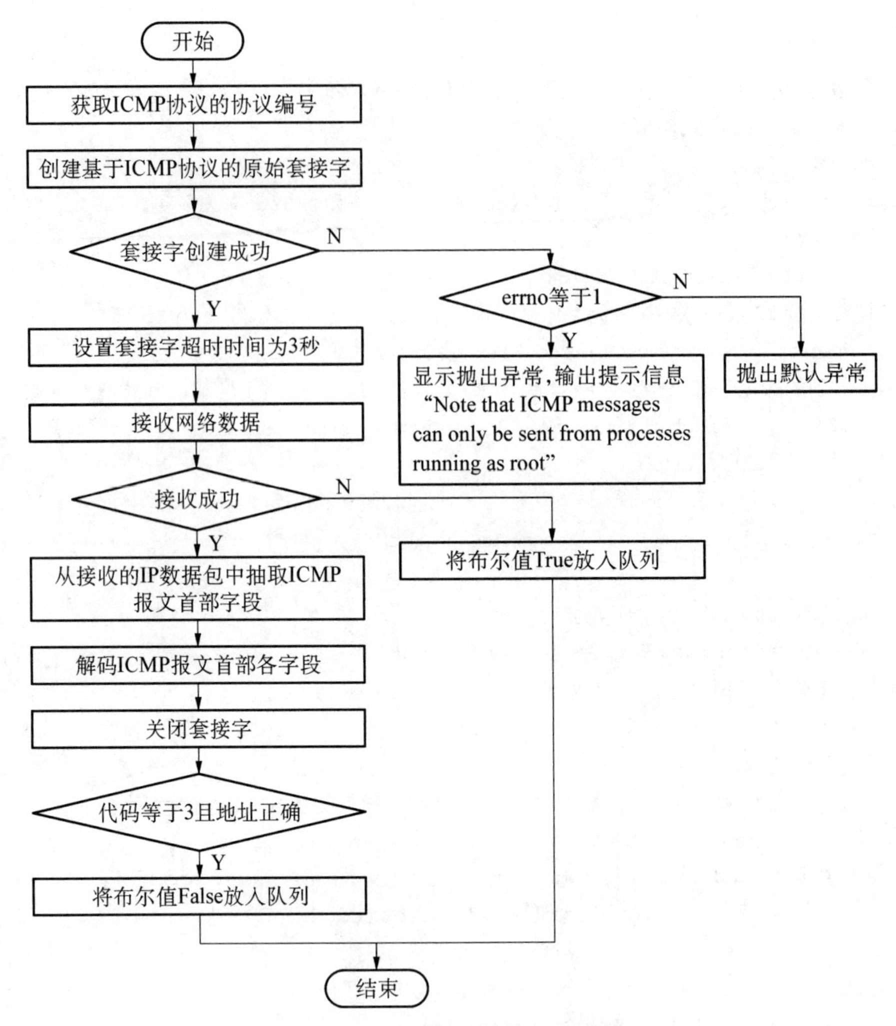

图 6-3-2 icmp_receiver 函数流程图

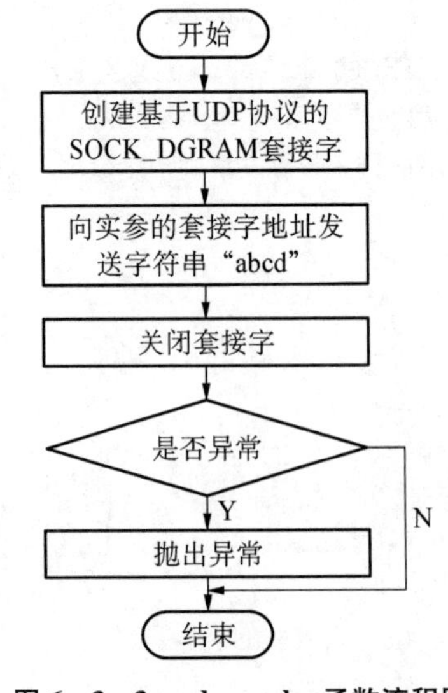

图 6-3-3 udp_sender 函数流程图

五、实验注意事项

由于运行程序需要有管理员权限，为了避免程序运行不成功，可以按照以下步骤执行。

步骤1：在资源管理器中打开目录“C:\Windows\System32”，找到“cmd.exe”文件，单击右键，选择“以管理员身份运行”，打开MS-DOS命令行窗口，如图6-3-4所示。

图6-3-4　以管理员身份运行，打开MS-DOS命令行窗口

步骤2：在命令行中切换到python36安装目录，如本例中的“C:\Users\sks\AppData\Local\Programs\Python\Python36”。

步骤3：运行程序UdpScan.py，运行格式为“python 文件绝对路径”，如图6-3-5所示。

```
管理员: C:\Windows\System32\cmd.exe - python  D:\code\UdpScan.py
版权所有 (c) 2009 Microsoft Corporation。保留所有权利。

C:\Windows\system32>cd C:\Users\sks\AppData\Local\Programs\Python\Python36

C:\Users\sks\AppData\Local\Programs\Python\Python36>python D:\code\UdpScan.py
port 1 is opened!
port 2 is opened!
port 3 is opened!
port 4 is opened!
port 5 is opened!
port 6 is opened!
port 7 is opened!
port 8 is opened!
port 9 is opened!
port 10 is opened!
```

图6-3-5　运行UdpScan.py

六、拓展训练

基于多进程的UDP端口扫描以及基于多线程的TCP端口扫描。

【微信扫码】
相关资源

第 7 章

网络模拟

背景介绍

网络模拟器使用数学公式来创建网络理论和完成虚拟仿真的网络模型，它能对高度复杂的网络内部交互作用进行系统研究和实验，能设计不同的网络解决方案，观察这些方案对系统结构和行为的影响，能反映网络变量间的相互关系，发现影响整个系统的主要变量。计算机网络是一种复杂的随机系统。因此，网络模拟成为学习、理解和研究网络的一种非常有效的手段。读者可以利用现有的模型、算法和协议构建网络模型，研究网络的运行机理，加深对网络原理的理解。也可设计新的模型、算法和协议，用于提升网络的性能，激发读者的创造力。目前用于计算机网络模拟的工具很多，不同工具的对比如下：

(1) NS－2：Network Simulator，version 2，是一种面向对象的网络模拟器，最初由 UC Berkeley 开发而成。本质上是一个离散事件模拟器，自身有一个虚拟时钟，所有的模拟都是由离散事件驱动。实现了多种网络协议的模拟，如 TCP、UDP、FTP、Telnet、Web、CBR、VBR；实现了 DropTail、RED、CBQ 等几种路由队列管理机制以及 Dijkstra、动态路由、静态路由、多播路由等路由方法。此外，NS－2 还支持多播协议 SRM 以及部分 MAC 层协议。NS－2 是用 C＋＋和 Otcl 语言编写而成的，免费开源，可扩展，可以把自己开发的新协议模块集成到 NS－2 中。NS－2 使用 C＋＋语言进行功能扩展，使用 Otcl 脚本语言配置模拟场景，模拟结果可以通过网络动画器 NAM(Network Animator Mam)来演示。

(2) OPNET：最早由麻省理工学院 LIDS 实验室受美国军方委托开发，可以模拟 LAN、WAN、ISDN 及卫星通信网等各种网络，可以模拟现有的绝大部分网络和协议，如 ATM、Frame Relay、FDDI、Ethernet、Token Ring TCP/UDP/IP、HTTP 等。目前作为商业软件，价格昂贵、开放性比较差、学习难度很大，需要通过一段时间的专门培训才能掌握，协议研发滞后。

(3) OMNet＋＋：是基于离散事件的一个免费的、开源的、可扩展的多协议网络模拟软件。是基于组件的、模块化的、开放的网络平台，具有强大完善的图形界面接口。还支持分布式并行模拟，可以利用多种机制来进行几个并联的分布式模拟器之间的通信模拟，比如 MPI 和定制的通道，而且很容易扩展。OMNEST 是商业版本，OMNet＋＋只在学术和非营利性活动免费。

(4) GloMoSim：是美国加州大学洛杉矶分校用并行语言 Parsec 开发的开放源代码的无线网络模拟软件，但主要适用于 ad-hoc 网。适用于无线网络的可扩展模拟系统模型，对应于 OSI 模型，在层与层之间提供了标准的 API 接口函数，这样就可以在不同层或开发人员之间建立快速的综合集成。引入了网格的概念。QualNet 是其商业版，拥有较快的速度，较好的可扩展性和保真度，通过快速建模和深入分析工具，易于优化现有的网络性能。从有线 LAN 和 WAN 到蜂窝、卫星、WLAN 和移动 ad hoc 网络，其具有支持广泛的联网应用模拟功能。

(5) NS-3：NS-3 不是 NS-2 的扩展，而是一个全新的网络模拟器。其广泛汲取了现有优秀开源网络模拟器如 NS-2、GTNetS、Yans 等的成功技术和经验，是专门用于教育和研究用途的离散事件模拟器。NS-3 是由 C++编写的，并不支持 NS-2 的 API。NS-2 中的一些模块已经移植到 NS-3 中。具有节省资源、综合性能较高等特点。

本书介绍 NS-3 模拟器环境的搭建、基本模拟流程、网络模拟的可视化、混合网络的架构等内容。

实验 7.1　NS-3 的安装

一、实验目的

(1) 了解 NS-3 的基本构成；
(2) 掌握 NS-3 的模拟流程；
(3) 掌握 NS-3 的模拟环境搭建。

二、背景知识

1. NS-3 概述

(1) 概况

NS-3 源于 2006 年的一个开源项目，并于 2008 年 6 月发布了第一个版本，目前最新版本是 ns3.30。NS-3 是一款离散事件驱动的网络模拟器，主要应用于研究和教育领域，旨在满足学术和教学的需求。主要适用于 Linux 和 Mac OS 系统，也可以在 Windows 下安装 Cygwin 来进行 NS-3 安装。在 NS-3 中，网络拓扑中的结点和信道被抽象成各种 C++类，通过这种抽象可以在 NS-3 中模拟出各种类型的网络拓扑，如点到点协议、以太网络、无线网络等。

(2) NS-3 与 NS-2

NS-2 是由 UC Berkeley 开发的一种面向对象、基于离散事件驱动的网络模拟器，采用 C++和 OTcl 代码编写，模拟结果通过 NAM 进行可视化，并可通过 AWK 进行数据的分析和处理，也可以通过 gnuplot 进行数据展示。NS-3 并不是 NS-2 的扩展，不提供 NS-2 的向后兼容扩展，也不支持 NS2-API，是一个全新的模拟器。但 NS-2 中的部分功能已成功移植到 NS-3 中。NS-3 全部采用 C++语言编写，并且带有可选择性的 Python 语言绑定。用户可以选择 C++或者 Python 语言编写脚本代码，使用起来更加灵活。NS-3 由一个活跃的团队在进行不断的更新，自 2008 年 7 月首个版本发布以来，NS-3 每年保持 2～3 个版本的发布速度，被广泛应用在第五代移动通信(5G)、物联网、软件定义网络、数据中心等计算机网络的前沿研究领域，而 NS－2 近十年更新较少。

(3) NS－3 特点

◆ 主要用于互联网协议，但不局限于互联网，可对非互联网系统进行建模；
◆ 模块化设计，模块之间可相互组合，还可以与外部软件库组合（如动画演示和数据分析等）；
◆ 全部模块使用 C＋＋开发，支持 Python 语言；
◆ 更低的基础抽象级别，允许它更好地与实际系统组合，实现与物理系统的直接通信。

2. NS－3 源码及架构

(1) NS－3 的源代码

NS－3 的源代码位于 src 目录下，各目录或文件功能如下：

◆ bindings/：绑定 Python 语言的工具目录。
◆ doc/：系统的帮助文档。
◆ examples/：相应模块的示例代码。
◆ helper/：模块对应的 helper 类源代码文件。
◆ model/：模块代码的.cc 源文件和.h 头文件。
◆ test/：模块设计者编写的模块测试代码。
◆ Wscript：定义了目录结构与模型之间的关系。

(2) 常用模块

NS－3 安装好，会包含以下模块（以目录形式呈现）。

◆ Core：NS－3 内核模块，实现了 NS－3 的基本机制，包括智能指针、属性、回调、随机变量、日志、追踪、事件调度等。
◆ Network：网络数据分组模块，一般模拟都会使用。
◆ Internet：实现了 TCP/IP 相关的协议族，如 IP、ARP、UDP、TCP 等。
◆ Applications：几种常见的应用层协议。
◆ Mobility：移动模型模块，为节点添加移动属性。
◆ Status：统计框架模块，方便对模拟数据的收集、分析和统计。
◆ Tools：统计工具，如作图工具 gnuplot 等。
◆ Netanim：动画演示工具。
◆ Visualizer：可视化界面工具。

3. 获取 NS－3 资源的途径

读者可以通过以下网站获取 NS－3 的相关资料。

◆ https://www.nsnam.org，NS－3 的主站。
◆ https://www.nsnam.org/releases/，NS－3 的各种版本下载。
◆ https://www.nsnam.org/docs/release/3.30/tutorial/html/index.html，NS－3 说明文档。
◆ https://www.nsnam.org/wiki/Installation，NS－3 安装说明。
◆ https://www.nsnam.org/docs/release/3.30/models/html/index.html，NS－3 模型库。

三、实验环境及实验拓扑

(1) 操作系统:Ubuntun 19.10;

(2) NS-3: ns-3.30。

四、实验内容

1. 系统环境

Linux操作系统使用Ubuntu 19.10版,用户名为yctu,计算机名为yctu-cs。Ubuntu Linux可以独立安装,也可以在虚拟机中安装。

2. 下载NS-3

(1) 建立目录

在用户目录yctu下建立ns3目录。

yctu@yctu-cs:~$ mkdir ns3

yctu@yctu-cs:~$cd ns3

(2) 下载软件

yctu@yctu-cs:~$sudo wget https://www.nsnam.org/releases/ns-allinone-3.30.1.tar.bz2

也可以直接通过网站下载NS-3,默认目录为Download,通过如下命令将文件拷贝到ns3目录下。

yctu@yctu-cs:~/ns3$ sudo cp ../Downloads/ns-allinone-3.30.1.tar.bz2.

建议下载ns-allinone压缩包,这样安装简便,无须考虑包之间的依赖关系,也不需要独立安装若干个包。

(3) 解压软件包

yctu@yctu-cs:~/ns3$ tar xjf ns-allinone-3.30.1.tar.bz2

3. 编译NS-3软件包

(1) 使用build.py编译

进入解压后的目录:

yctu@yctu-cs:~/ns3$ cd ns-allinone-3.30.1/

yctu@yctu-cs:~/ns3/ns-allinone-3.30.1$ ./build.py --enable-example --enable-tests

这个过程需要较长时间,最终结果如图7-1-1所示。窗口最终显示编译所花的时间以及编译成功的模块。

图7-1-1 编译NS-3

(2) 使用waf编译

waf是使用Python编写的新一代编译管理系统。相比于make编译工具,使用更加简单。make使用难度较大,尤其是配置文件的编写。

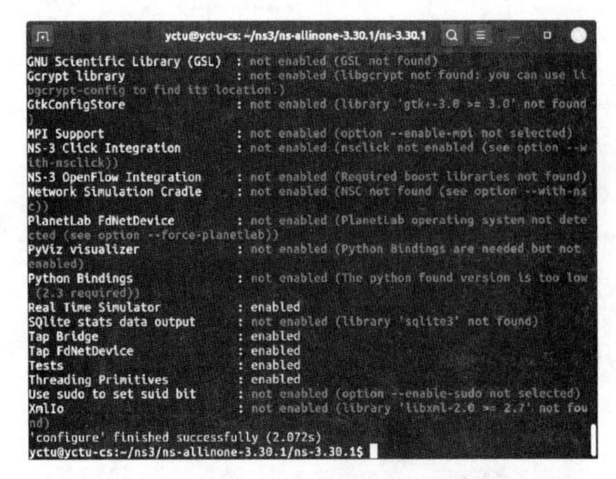

图 7-1-2 waf 优化编译结果

① 优化方式编译

yctu@yctu-cs:~/ns3/ns-allinone-3.30.1 $ cd ns-3.30.1/

yctu@yctu-cs:~/ns3/ns-allinone-3.30.1 $ sudo ./waf clean

yctu@yctu-cs:~/ns3/ns-allinone-3.30.1/ns-3.30.1 $ sudo ./waf -d optimized --enable-example --enable-tests configure

最终结果如图 7-1-2 所示。可忽略图中的一些错误信息,这与一些软件包的版本以及依赖关系有关。

② 调试方式编译

yctu@yctu-cs:~/ns3/ns-allinone-3.30.1 $ sudo ./waf clean

yctu@yctu-cs:~/ns3/ns-allinone-3.30.1/ns-3.30.1 $ sudo ./waf -d debug --enable-example --enable-tests configure

③ 设置编译目录

通过参数-o,更改编译的目标目录,默认编译目录为 build/。可以通过如下命令,更改编译的目标目录为 build/debug/

./waf -d debug -o build/debug --enable-examples --enable-testsconfigure

④ 查看命令选项

在 waf 中还有许多其他的配置和编译选项可用。可以通过以下命令查看更多的选项。

./waf --help

4. 对编译的正确性进行测试

在编译完成之后,通过下面的命令对 NS-3 软件包进行正确性测试。

./test.py -c core

这些测试可以被 waf 执行,最后可以看到如下的结果:

136 of 139 tests passed (136 passed, 3 skipped, 0 failed, 0crashed, 0 valgrind errors)

在测试的过程中,可以看到类似于如下的信息:

```
Waf: Entering directory' /home /… … /ns-allinone-3.15 /ns-3.15 /build'
Waf: Leaving directory' /home /… … /ns-allinone-3.15 /ns-3.15 /build'
'build' finished successfully (1.799s)
PASS: TestSuite ns3-wifi-interference
PASS: TestSuite ipv4-address-helper
PASS: TestSuite devices-wifi
PASS: TestSuite propagation-loss-model
...
136 of 139 tests passed (136 passed, 3 skipped, 0 failed, 0crashed, 0 valgrind errors)
```

用户通常可以运行此命令来检查 NS-3 软件包是否正确编译了。

5. 运行第一个程序

在NS-3环境下运行常见的Hello Simulator程序，该程序就相当于学习一门语言时的Hello World程序。

```
sudo ./waf --run hello-simulator
```

waf执行了此程序，并输出如下信息：

```
Hello Simulator
```

说明测试成功。整个系统安装完毕，可以进行后继实验。

如果没有看到输出“Hello Simulator”，则用调试模式重新编译。

五、实验注意事项

（1）部分命令需特权用户方可执行，使用sudo临时转换，也可用su权限转换后，执行相关命令。

（2）初学者建议下载allinone包进行安装，否则需考虑数据包之间的依赖关系。

（3）详细了解waf命令的编译模式和选项，否则可能会影响程序的正确运行。

六、拓展训练

（1）在其他Linux环境、Windows环境下练习安装NS-3。

（2）了解NS-3的依赖环境，理解包之间的依赖关系。

实验7.2　NS-3模拟流程

一、实验目的

（1）了解NS-3的常用网络模块；

（2）掌握NS-3的基本模型；

（3）掌握NS-3的模拟过程。

二、背景知识

1. 基本术语

（1）节点

NS-3中的基本计算设备被抽象为节点。节点是一个可以添加各种功能的计算机，为使之工作，需要添加网卡、协议栈、应用程序等。

在NS-3中节点用Node类来描述，下面两行代码会创建两个节点对象，它们在模拟中代表计算机等类似网络设备。

```
NodeContainer nodes;
nodes.Create(2);
```

（2）应用

在NS-3中并没有传统意义上的操作系统的概念，但是有应用程序的概念。在NS-3中，需要被模拟的用户程序被抽象为应用，在C++中用Application类描述。

bulk-send-application

on-off-application
udp-client/server
udp-echo-client/server
(3) 信道

通常把网络中数据流过的媒介称作为信道。在 NS-3 中,节点需要连接到信道上来进行数据交换,在 C++中用 Channel 类来描述,一个信道实例可以模拟一条简单的线缆,也可以是一个复杂的巨型以太网交换机,甚至是一个无线网络中充满障碍物的三维空间。

CsmaChannel
PointToPointChannel
Wi-FiChannel
(4) 网络设备

把计算机连接到网络上,必须用网线连接到网卡上。现在计算机出厂的时候都已经配置了网卡,所以用户一般看不到这些模块。网卡只是外围设备,设备还需要驱动软件来控制。如果缺少软件驱动它还是不能工作。在 NS-3 中,网络设备这一抽象概念相当于硬件设备和软件驱动的总和。网络设备安装在节点上,然后节点通过信道和其他节点通信。这个网络和信道是相对应的,就像无线网卡不能连接网线,只能在无线环境中使用一样。C++中用 NetDevice 类来描述网络设备。

CsmaNetDevice
PointToPointNetDevice
Wi-FiNetDevice

搭建网络模拟场景和搭建真实网络类似。首先要有网络节点(Node),节点需要有网络设备(NetDevice),网络设备需要通过传输媒体(Channel)连接。

2. NS-3 常用网络模块

NS-3 常用网络模块如表 7-2-1 所示。

表 7-2-1 NS-3 中的常用网络模块

模 块	用 途
point-to-point	点对点网络
CSMA	实现基于 IEEE802.3 的以太网络,包括 MAC 层和物理层
Wi-Fi	实现基于 IEEE802.11a/b/g 的无线网络,也可以是无基础设施的 ad hoc 网络
Mesh	实现基于 IEEE802.11s 的无线 mesh 网络
Wimax	实现基于 IEEE802.16 标准的无线城域网络
LTE	第三代合作伙伴计划(3GPP,3rd generation partnership project)主导的通用移动通信系统(UMTS,universal mobile telecommunications system)技术的长期演进
UAN	NS-3 的水声通信网络(UAN,underwater acoustic network)模块,能模拟水下网络场景
Click	NS-3 中集成的可编程模块化的软件路由(the click modular router)

续表

模　块	用　途
Openflow	在 NS－3 中模拟 OpenFlow 交换机
MPI	并行分布式离散事件模拟，NS－3 实现了标准的信息传递接口(MPI, Message Passing Interface)
Emu	NS－3 可以集成到实验床和虚拟机环境下

3. NS－3 的基本模型

搭建 NS－3 网络模拟场景和搭建实际网络类似。首先需要有网络节点，类似于生活中的一台物理计算机或网络设备。节点通过网络接口实现与外界的通信，不同的网络接口对应不同的网络类型。网络接口通过传输媒介连接起来，NS－3 中传输媒体使用信道来描述，对信道可以设置延迟等属性参数。信道和网络接口是对应的，CSMA 表示以太网，WiFi 表示无线局域网。NS－3 的基本模型如图 7－2－1 所示，这是一个含有两个节点，每个节点有三个网络设备的示意图。网络节点实现物理连接，但要实现通信，还需要软件支持，也就是协议。应用层产生数据，利用类 socket 编程(和真实的 BSD socket 很像)实现数据分组的向下传递。数据分组通过协议栈——TCP/IP 向下传递给网络设备，该网络设备包括 MAC 层、物理层协议，这样数据分组就像在真实网络中流动一样，由数据帧转换成二进制流，最终变成信号通过媒体信道传输到目的节点。

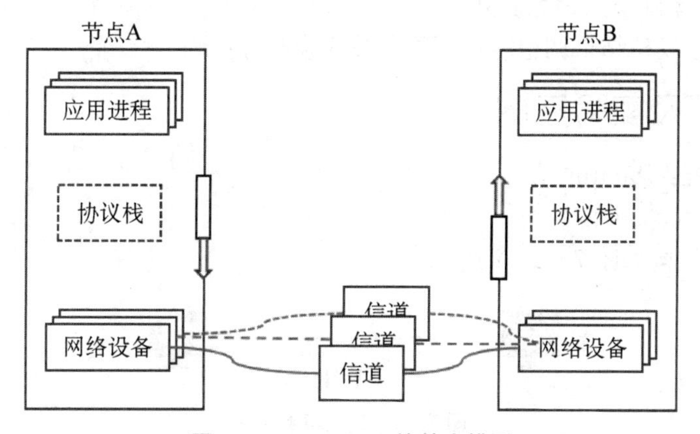

图 7－2－1　NS－3 的基本模型

目的节点收到数据分组后从下层往上逐层转交，由媒体信号转换成二进制流，由二进制转换成数据帧，再由数据帧转换成 IP 数据分组，然后经由传输层的端口号转交给相应的进程。至此，在 NS－3 中完成了一次和真实网络极其相近的完整数据传输过程。

4. NS－3 的模拟过程

(1) 选择或开发相应模块：如果系统中已有模拟需要的模块，只需选择相应的模块即可。在选择时根据实际情况考虑：是有线局域网络(CSMA)还是无线局域网络(WiFi)；节点是否需要移动(mobility)；使用何种应用程序(application)；是否需要能量(energy)管理；使用何种路由协议(internet、aodv 等)；是否需要动画演示等。如果要搭建的网络是比较新的网络，如延迟容忍网络(DTN)等，需要开发设计协议，如路由协议、移动模型、能量管理模型等。

(2) 编写网络模拟脚本:有了相应的模块,就可以搭建网络模拟环境。NS-3 模拟脚本支持两种语言:C++和 Python。但是两种语言的 API 接口是一样的,部分 API 可能还没有提供 Python 接口。编写 NS-3 模拟脚本的大体过程如下。

① 生成节点:NS-3 中节点相当一台裸机,需要安装网络所需要的软硬件,如网卡、应用程序、协议栈等,才能使设备正常工作。

② 安装网络设备:不同的网络类型有不同的网络设备,从而提供不同的信道、物理层和 MAC 层,如 CSMA、WiFi、WiMAX 和 point-to-point 等。

③ 安装协议栈:NS-3 网络中一般是 TCP/IP 协议栈,依据网络选择具体协议栈,如传输层是 UDP 还是 TCP,选择何种路由协议(如 OLSR、AODV 和 Global 等)并为其配置相应的 IP 地址,NS-3 既支持 IPv4 也支持 IPv6。

④ 安装应用层协议:依据选择的传输层协议选择相应的应用层协议,但有时需要自己编写应用层产生网络数据流量的代码。

⑤ 其他配置:如节点是否移动,是否需要能量管理等。

⑥ 启动模拟:整个网络场景配置完毕,启动模拟。

(3) 模拟结果分析。

模拟结果一般有两种:一种是网络场景,另一种是网络数据。网络场景如节点拓扑结构、移动模型等,一般通过可视化界面(PyViz 或 NetAnim)可直观观测到;网络数据可以通过专门的软件(tracing、WireShark 等)进行收集、统计和分析,从而确定数据分组的迟延、网络流量、分组丢失率和节点消息队列等。

(4) 依据网络模拟结果调整网络配置参数或修改源代码。

三、实验环境及实验拓扑

(1) 操作系统:Ubuntun 19.10;

(2) NS-3: ns-3.30。

本实验拓扑结构如图 7-2-2 所示。

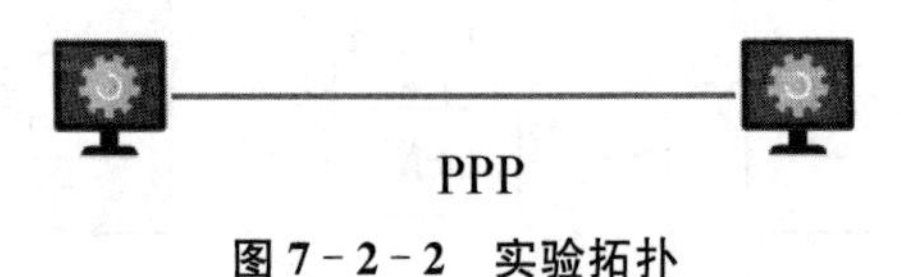

图 7-2-2 实验拓扑

四、实验内容

1. 实验要求

建立两个节点,使用点到点通信方式,client 节点向 server 节点发送数据,server 回显数据。

2. 编写脚本

```
#include "ns3/core-module.h"
#include "ns3/simulator-module.h"
#include "ns3/node-module.h"
#include "ns3/helper-module.h"
main (int argc, char *argv[])
```

```
{
    CommandLine cmd;
    cmd.Parse (argc, argv);
    Time::SetResolution (Time::NS);
//使两个日志组件生效,它们被内建在 Echo Client 和 Echo Server 应用中.
//当模拟数据包发送和接受时,对应的应用就会输出相应的日志消息.
LogComponentEnable ("UdpEchoClientApplication", LOG_LEVEL_INFO);
    LogComponentEnable ("UdpEchoServerApplication", LOG_LEVEL_INFO);

//创建节点,建立两个节点.
    NodeContainer nodes;
    nodes.Create (2);

//为节点创建 P2P 类型的链路,并配置链路属性.在这个脚本中仅需使用 PointToPoint-
//Helper 来配置和连接 ns-3 的 PointToPointNetDevice 和 PointToPointChannel 对象.
//定义传输速率和传输延迟.
    PointToPointHelper pointToPoint;
    pointToPoint.SetDeviceAttribute ("DataRate", StringValue ("10Mbps"));
    pointToPoint.SetChannelAttribute ("Delay", StringValue ("5ms"));

//生成网卡,并将其装于生成的节点中.
    NetDeviceContainer devices;
    devices = pointToPoint.Install (nodes);

//安装协议栈.
    InternetStackHelper stack;
    stack.Install (nodes);

//为网卡配置 IP.192.168.1.0 开始,以子网掩码 255.255.255.0 进步地址
  分配,默认是从 1 开始并单调的增长.
    Ipv4AddressHelper address;
    address.SetBase ("192.168.1.0", "255.255.255.0");

//生成网络接口,将地址真正分配给接口.
    Ipv4InterfaceContainer interfaces = address.Assign (devices);

//配置应用.通过端口 9999 侦听客户数据包,将服务器应用放在第 2 个节点.
    UdpEchoServerHelper echoServer (9999);
ApplicationContainer serverApps = echoServer.Install (nodes.Get (1));
//确定服务程序开始和结束的时间.
    serverApps.Start (Seconds (1.0));
    serverApps.Stop (Seconds (10.0));
//定义客户端应用.设置数据包数量、间隔时间和数据包大小.
```

```
    UdpEchoClientHelper echoClient (interfaces.GetAddress (1),9999);
    echoClient.SetAttribute ("MaxPackets", UintegerValue (3));
    echoClient.SetAttribute ("Interval", TimeValue (Seconds (2.0)));
    echoClient.SetAttribute ("PacketSize", UintegerValue (1024));
    //将客户端应用放在第1个节点,并设置开始和结束时间.
    ApplicationContainer clientApps = echoClient.Install (nodes.Get (0));
    clientApps.Start (Seconds (2.0));
    clientApps.Stop (Seconds (10.0));

    //开始模拟.结束后销毁.
    Simulator::Run ();
    Simulator::Destroy ();
    return 0;
}
```

3. 编译程序

yctu@yctu-cs:~/ns3/ns-allinone-3.30.1/ns-3.30.1 $ sudo ./waf --run scratch/test1

终端出现如下结果:

```
Waf: Entering directory '/home/yctu/ns3/ns-allinone-3.30.1/ns-3.30.1/build'
[2621/2669] Compiling scratch/test1t.cc
[2629/2669] Linking build/scratch/test
Waf: Leaving directory '/home/yctu/ns3/ns-allinone-3.30.1/ns-3.30.1/build'
Build commands will be stored in build/compile_commands.json
'build' finished successfully (3.128s)
At time 2s client sent 1024 bytes to 192.168.1.2 port 9999
At time 2.00584s server received 1024 bytes from 192.168.1.1 port 49153
At time 2.00584s server sent 1024 bytes to 192.168.1.1 port 49153
At time 2.01169s client received 1024 bytes from 192.168.1.2 port 9999
At time 3s client sent 1024 bytes to 192.168.1.2 port 9999
At time 3.00584s server received 1024 bytes from 192.168.1.1 port 49153
At time 3.00584s server sent 1024 bytes to 192.168.1.1 port 49153
At time 3.01169s client received 1024 bytes from 192.168.1.2 port 9999
At time 4s client sent 1024 bytes to 192.168.1.2 port 9999
At time 4.00584s server received 1024 bytes from 192.168.1.1 port 49153
At time 4.00584s server sent 1024 bytes to 192.168.1.1 port 49153
At time 4.01169s client received 1024 bytes from 192.168.1.2 port 9999
```

上面是三个数据包的传递信息,客户端通过 49153 端口发送 1024 个字节给服务器的 9999 端口。

五、实验注意事项

(1) 一般将实验的源码放于 scratch 文件夹下,符合系统的默认规则。

(2) 注意发送结点和接收结点的时间顺序以及时间的解析度。

六、拓展训练

（1）修改上述程序的相关参数，数据包个数、侦听端口、数据包长度等信息，观察输出信息的不同。

（2）修改模拟时间的解析度，以更细小的精度控制模拟的过程。

实验 7.3 NS－3 模拟结果跟踪与可视化

一、实验目的

（1）掌握 NS－3 模拟结果的跟踪方法；

（2）掌握 NS－3 模拟结果的可视化展示。

二、背景知识

1. NS－3 提供两种跟踪机制

NS－3 提供了 ASCII 码级别的跟踪（tracing）和 pcap 级别的跟踪。通过调用助手类的相关函数，就可以得到 ASCII 或 pcap 格式的 trace 记录。

（1）NetDevice 助手类

可以使用如表 7－3－1 所示的函数配置 trace 变量。

表 7－3－1　NetDevie 助手类 trace 变量配置函数

trace 配置函数	功　能	文件格式
EnableAscii()	为指定节点配置 trace	ASCII
EnableAsciiAll()	为助手类创建的所有节点配置 trace	
EnablePcap()	为指定节点配置 trace	pcap
EnablePcapAll()	为助手类创建的所有节点配置 pacap	

这些助手类内部封装的 trace 变量大部分是链路层和物理层的分组发送、接收和丢失事件。

（2）InternetStackHelper

如表 7－3－2 所示是 TCP/IP 网络层的跟踪配置函数。

表 7－3－2　InternetStackHelper 助手类 trace 配置函数

trace 配置函数	功　能	文件格式
EnableAsciiIpv4()	为指定的 IPv4 节点配置 trace	ASCII
EnableAsciiIpv4all()	为助手类创建的所有 IPv4 节点配置 trace	
EnableAsciiIpv6()	为指定的 IPv6 节点配置 trace	
EnableAsciiIpv6all()	为助手类创建的所有 IPv6 节点配置 trace	

续表

trace 配置函数	功 能	文件格式
PcapHelperForIpv4()	为指定的 IPv4 节点配置 trace	pcap
PcapHelperForIpv4all()	为助手类创建的所有 IPv4 节点配置 trace	
PcapHelperForIpv6()	为指定的 IPv6 节点配置 trace	
PcapHelperForIpv6all()	为助手类创建的所有 IPv6 节点配置 trace	

为生成跟踪文件，需要添加相应代码。以生成 ASCII 文件为例，需要在 Simulator::Run()语句之前添加如下代码：

pointToPoint.EnableAsciiAll("test1-netdev");

Stack.EnableAsciiIpv4All("test1-ip");

这样就会生成六个文件。

test1-ip-n0-i0.tr //结点 0，接口 0，针对 PPP

test1-ip-n0-i1.tr //结点 0，接口 1，针对环回测试接口

test1-ip-n1-i0.tr //结点 1，接口 0，针对 PPP

test1-ip-n1-i1.tr //结点 1，接口 1，针对环回测试接口

test1-netdev-0-0.tr //结点 0，网络设备 0，针对 PPP

test1-netdev-1-0.tr //结点 1，网络设备 0，针对 PPP

(3) ASCII 跟踪文件格式

类似于 NS-2，NS-3 的 trace 事件也有"+""-""d"和"r"事件。文件中每行对应一个事件，每行由 7 列数据构成，以如下示例的第一行为例，介绍如下：

```
+ 2 /NodeList/0/DeviceList/0/$ns3::PointToPointNetDevice/TxQueue/Enqueue ns3::PppHeader (Point-to-Point Protocol: IP (0x0021)) ns3::Ipv4Header (tos 0x0 DSCP Default ECN Not-ECT ttl 64 id 0 protocol 17 offset (bytes) 0 flags [none] length: 1052 192.168.1.1 > 192.168.1.2) ns3::UdpHeader (length: 1032 49153 > 9999) Payload (size=1024)
- 2 /NodeList/0/DeviceList/0/$ns3::PointToPointNetDevice/TxQueue/Dequeue ns3::PppHeader (Point-to-Point Protocol: IP (0x0021)) ns3::Ipv4Header (tos 0x0 DSCP Default ECN Not-ECT ttl 64 id 0 protocol 17 offset (bytes) 0 flags [none] length: 1052 192.168.1.1 > 192.168.1.2) ns3::UdpHeader (length: 1032 49153 > 9999) Payload (size=1024)
r 2.00584 /NodeList/1/DeviceList/0/$ns3::PointToPointNetDevice/MacRx ns3::PppHeader (Point-to-Point Protocol: IP (0x0021)) ns3::Ipv4Header (tos 0x0 DSCP Default ECN Not-ECT ttl 64 id 0 protocol 17 offset (bytes) 0 flags [none] length: 1052 192.168.1.1 > 192.168.1.2) ns3::UdpHeader (length: 1032 49153 > 9999) Payload (size=1024)
```

① 第一列表示事件类型。

+：设备队列中的入队操作；

-：设备队列中的出队操作；

d：数据包被丢弃，通常是因为队列已满；

r：数据包被网络设备接收。

② 第二列表示模拟时间，以 s 为单位。

表示2秒时发生的事件。

③ 第三列表示事件发起端。

/NodeList/0/DeviceList/0/$ns3::PointToPointNetDevice/TxQueue/Enqueue

这是一个tracing命名空间，与文件系统命名空间类似，命名空间的根为NodeList。NodeList是NS-3核心代码管理的一个容器，这个容器包含有一个脚本中创建的所有节点。字符串/NodeList/0是指NodeList中的第0个节点。每个节点中都有一个已经安装好的设备列表。这个列表是在命名空间的下一个出现的。可以看到trace事件来自节点中安装的第0个设备DeviceList/0。$ns3::PointToPointNetDevice说明第0个节点的设备列表的第0个位置的设备类型。入队操作在最后部分的TxQueue/Enqueue中体现。

④ 第四列数据表示链路层协议类型

ns3::PppHeader (Point-to-Point Protocol: IP (0x0021))

表明数据包封装成点到点协议。

⑤ 第五列表示IP包相关信息。

ns3::Ipv4Header (tos 0x0 DSCP Default ECN Not-ECT ttl 64 id 0 protocol 17 offset (bytes) 0 flags [none] length: 1052 192.168.1.1 > 192.168.1.2)

这是一个IPv4数据包头的主要内容。

⑥ 第六列表示传输层报头信息

ns3::UdpHeader (length: 1032 49153 > 9999)

这是一个UDP报头的信息。

⑦ 第七列显示数据包载荷

Payload (size=1024)

表明数据包大小为1024 bytes。

(4) PCAP Tracing

NS-3也支持创建.pcap格式的trace文件，缩写成pcap。实质上是定义一个.pcap文件格式的API，供可以读取该格式的程序调用，如Wireshark、tcpdump等。

要生成pcap格式的跟踪文件，需要在Simulator::Run()语句之前添加类似如下代码：

```
pointToPoint.EnalbePcapAll("test1");
```

在指定文件名时，无须加上扩展名，程序会自动加上.pcap扩展名。编译运行脚本后会得到如下的日志文件：

test1-0-0.pcap

代表第0个节点的第0个设备。

test1-1-0.pcap

代表第1个节点的第0个设备。

可以用tcpdump来读pcap文件。

```
$ tcpdump-nn-tt-rfirst-0-0.pcap
$ tcpdump-nn-tt-rfirst-1-0.pcap
```

也可用Wireshark读pcap文件。

2. NS-3模拟数据的可视化

(1) NetAnim

这是一个独立的、基于Qt5的离线动画演示工具。在NS-3模拟过程中生成XML格式的 trace 文件。模拟结束后，利用 NetAnim 读取 XML 文件，显示网络拓扑和节点间数据分组流等过程。

（2）PyViz

PyViz 是一个用 Python 开发的在线 NS－3 可视化工具，不需要使用 trace 文件。通过该软件可以动态显示数据的传输过程，控制模拟的速度，显示节点详细信息，截屏和切换命令行等。

三、实验环境及实验拓扑

（1）操作系统：Ubuntun 19.10；

（2）NS－3：ns－3.30；

（3）NetAnim，PyViz。

实验拓扑如图 7－3－1 所示。

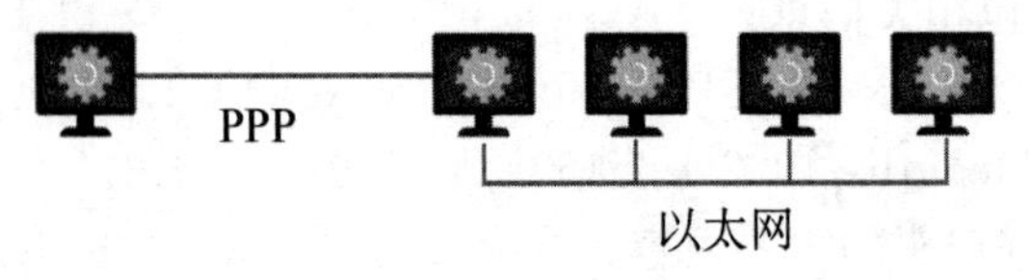

图 7－3－1　实验拓扑

四、实验内容

1. 安装和使用 NetAnim

如果安装 NS－3 allinone 版本，则该工具已经安装，否则执行以下步骤。

（1）安装必要的插件：mercurial 和 QT5

apt-get install mercurial

apt-get install qt4-default（或 qt5-default）

（2）安装 NetAnim

下载 netanim

hg clone http://code.nsnam.org/netanim

cd netanim＋版本号

make clean

qmake NetAnim.pro

make

（3）使用

cd netanim＋版本号

./NetAnim

然后找到相应的 xml 文件打开即可。

2. 安装和使用 PyViz

（1）sudo apt-get update

不执行此命令，可能会出现以下部分包无法定位的情况。

（2）sudo apt-get install python-dev python-pygraphviz python-kiwi python-pygoocanvas python-gnome2 gir1.2-goocanvas-2.0 python-rsvg

注意：

python-gnome2-desktop-dev，在新版 Ubuntu 不支持；

python-gnome2 需安装一些依赖包，根据提示安装即可；

若出现 apt-get install E：无法定位软件包，修改/etc/apt/sources.list 文件，在末尾增加 deb http://archive.ubuntu.com/ubuntu/ trusty main universe restricted multiverse。

（3）安装交互式 Python，以便在后面的可视化界面中使用控制按钮。

sudo apt-get install ipython

（4）再重新编译：

./build.py--enable-examples

（5）在创建节点之前，添加如下语句

CommandLine cmd;

cmd.Parse (argc,argv)

（6）编译运行

sudo ./waf--run scratch/myfirst--vis

3. 改写脚本

改写系统例程 second.cc，并以文件名 test2.cc 保存。

```
#include "ns3 /core-module.h"
#include "ns3 /network-module.h"
#include "ns3 /csma-module.h"
#include "ns3 /internet-module.h"
#include "ns3 /point-to-point-module.h"
#include "ns3 /applications-module.h"
#include "ns3 /ipv4-global-routing-helper.h"
//进行动画模拟必须增加下面的文件头.
#include "ns3 //netanim-module.h"
using namespace ns3;
NS_LOG_COMPONENT_DEFINE("test2");
int
main (int argc, char * argv[])
{
     //定义是否开启日志组件的 bool 变量.
     bool verbose = true;
     //nCsma 存放定义的以太网节点数.
     uint32_t nCsma = 3;
     CommandLine cmd;
     cmd.AddValue ("nCsma", "Number of \"extra\" CSMA nodes /devices", nCsma);
     cmd.AddValue ("verbose", "Tell echo applications to log if true", verbose);
cmd.Parse(argc, argv);
//如果 verbose 为真,则开启日记组件.
     if (verbose)
```

```
    {
        LogComponentEnable ("UdpEchoClientApplication", LOG_LEVEL_INFO);
        LogComponentEnable ("UdpEchoServerApplication", LOG_LEVEL_INFO);
    }
  nCsma = nCsma == 0 ? 1 : nCsma;

/* 1. 定义网络拓扑部分,如图 7-3-1 所示 * /
//(1) 创建两个 p2p 结点.
  NodeContainer p2pNodes;
  p2pNodes.Create (2);
//(2) 创建 csma 网络结点.
  NodeContainer csmaNodes;
  csmaNodes.Add (p2pNodes.Get (1)); //将 n1 也加入 csma 网络中.
  csmaNodes.Create (nCsma);
//(3) 设置 p2p 传输速率和信道延迟.
  PointToPointHelper pointToPoint;
  pointToPoint.SetDeviceAttribute ("DataRate", StringValue ("5Mbps"));
  pointToPoint.SetChannelAttribute ("Delay", StringValue ("2ms"));
//(4) 安装网卡设备到 p2p 结点.
  NetDeviceContainer p2pDevices;
  p2pDevices = pointToPoint.Install (p2pNodes);
//(5) 设置 csma 传输速率和信道延迟.
  CsmaHelper csma;
  csma.SetChannelAttribute ("DataRate", StringValue ("100Mbps"));
  csma.SetChannelAttribute ("Delay", TimeValue (NanoSeconds (6560)));
//(6) 安装网卡到 csma 结点 (共计 nCsma + 1 个).
  NetDeviceContainer csmaDevices;
  csmaDevices = csma.Install (csmaNodes);
//(7) 安装网络协议栈.
  InternetStackHelper stack;
  stack.Install (p2pNodes.Get (0)); //在 p2p 链路中的 n0 结点上安装.
  stack.Install (csmaNodes); //在 n1、n2、n3、n4 结点上安装.
//(8) 分配 IP 地址.
  Ipv4AddressHelper address;
   //安排 p2p 网段的地址.
  address.SetBase ("10.1.1.0", "255.255.255.0");
  Ipv4InterfaceContainer p2pInterfaces;
  p2pInterfaces = address.Assign (p2pDevices);
   //安排 csma 网段的地址.
  address.SetBase ("10.1.2.0", "255.255.255.0");
  Ipv4InterfaceContainer csmaInterfaces;
  csmaInterfaces = address.Assign (csmaDevices);
/* 2. 应用程序部分 * /
```

```
//(1) 设置 UDP 服务端网络端口号为 9.
    UdpEchoServerHelper echoServer (9);
//(2) 将服务安装在 csma 网段的最后一个结点上.
    ApplicationContainer severApps = echoServer.Install (csmaNodes.Get (nCsma));
    severApps.Start (Seconds (1.0));
    severApps.Stop (Seconds (10.0));
//(3) 设定客户端对应远程服务器的 IP 地址和端口号.
    UdpEchoClientHelper echoClient (csmaInterfaces.GetAddress (nCsma), 9);
    echoClient.SetAttribute ("MaxPackets", UintegerValue (1));
    echoClient.SetAttribute ("Interval", TimeValue (Seconds (1.0)));
    echoClient.SetAttribute ("PacketSize", UintegerValue (1024));
//(4) 将客户端服务安装在 p2p 网段的第一个结点上.
    ApplicationContainer clientApps = echoClient.Install (p2pNodes.Get (0));
    clientApps.Start (Seconds (2.0));
    clientApps.Stop (Seconds (10.0));

/* 3.调用全局路由建立网络路由 * /
    //根据结点产生的链路通告为每个节点建立路由表.
    Ipv4GlobalRoutingHelper::PopulateRoutingTables ();

/* 4. 产生跟踪数据包 * /
    pointToPoint.EnablePcapAll ("second");
    csma.EnablePcap ("second", csmaDevices.Get (1), true);

/* 5. 产生动画演示文件 * /
AnimationInterface anim("test2.xml");

/* 6. 运行和销毁模拟器 * /
    Simulator::Run ();
    Simulator::Destroy ();
return 0;
```

4. 编译程序

yctu@yctu-cs:~/ns3/ns-allinone-3.30.1/ns-3.30.1 $ sudo ./waf --run scratch/test2

5. 进行可视化展示

(1) 运行 NetAnim

cd netanim-3.108

./NetAnim

运行结果如图 7-3-2 所示。

(2) 打开 xml 文件

打开 test2.xml 文件，出现如图 7-3-3 所示的界面。

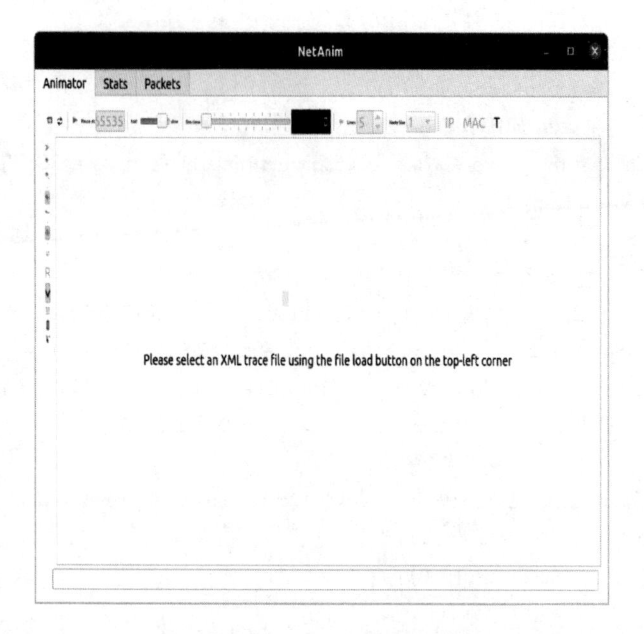

图 7-3-2 NetAnim 运行界面

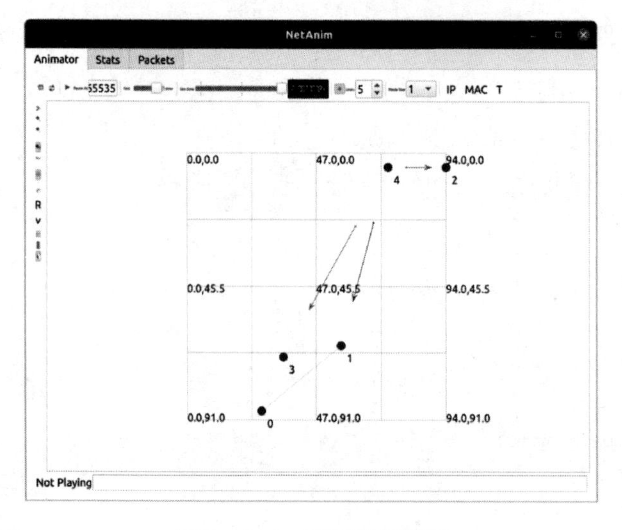

图 7-3-3 程序模拟界面

6. 与 NetAnim 相关的设置

(1) 自定义节点位置

anim.SetConstantPosition(nodes.Get(0), 0.0, 0.0);

anim.SetConstantPosition(nodes.Get(1), 50.0, 50.0);

(2) 生成多个 xml 文件

AnimationInterface anim ("animation.xml", 5000);

该行代码保证产生的 xml 文件只记录 5000 个 packets,如果大于 5000 个,则分成多个 xml 文件。

(3) 记录每一个 packet 的元数据

```
anim.EnablePacketMetadata (true);
```

记录了元数据之后，可以获得每个 packet 相关的信息，方便 NetAnim 提供更好的统计和过滤，例如，TCP 序列号、源 IP、目的地 IP 等。

(4) 改变节点标签

```
anim.UpdateNodeDescription (2, "AP");
```

使用该方法，会把节点 2 标签改为“AP”。

(5) 调整节点大小

```
anim.UpdateNodeSize (4, 1.5, 1.5);
```

使用该方法，可以调整节点在模拟场景中的大小，使模拟画面更加协调。上述语句将节点 4 放大 1.5 倍。

(6) 设置节点颜色

```
AnimationInterface::SetNodeColor (csmaNodes, 0, 0, 255);
```

(7) 设置模拟场景范围

```
AnimationInterface::SetBoundary (0, 0, 35, 35);
```

五、实验注意事项

(1) PyViz 在安装过程中会出现寻找依赖包的情况，在安装之前要弄清楚包之间的依赖关系，以便正确安装和使用该工具。

(2) 尽可能使用 NS－3 的 allinone 包中的 NetAnim 工具，否则在安装过程中可能会出现问题，这与诸多因素有关，如 linux 版本、NS－3 版本、NetAnim 版本等。

六、拓展训练

(1) 使用 PyViz 对模拟过程进行动画展示。

(2) 更改数据包数量和拓扑(高速局域网数据通过低速主干网传输)，利用生成的 ASCII 跟踪文件，分析网络的基本性能，包括丢包率、网络延迟、网络抖动等。

(3) 利用 Wireshark 和脚本生成的 pcap 文件，分析网络数据包传输情况。

实验 7.4 混合网络结构

一、实验目的

(1) 掌握混合网络结构的组网方法；

(2) 掌握网关节点的配置方法；

(3) 掌握无线网络的配置方法。

二、相关知识

1. NS－3 移动模型

(1) 移动模型概述

NS－3 中的移动节点都是基于坐标设计的，在模拟中将移动模型集成到可移动的节点中，可使用 GetObject()函数从移动模型的节点中提取移动模型，NS－3 的移动模型都继承于 ns3::MobilityModel 类，通过该类派生出不同的移动模型供不同用户使用。移动节点初始位置的分布是由类 PositionAllocator 负责，在模拟运行之前由该类指定节点的初始位置。

MobileHelper 是为移动节点开发的助手类，通过该类有助于用户方便地使用 NS-3 提供的移动服务，该类把移动模型和位置分配整合到一起，从而方便为 Node 节点安装移动模型。

(2) NS-3 中的节点运动模型

◆ ConstantPosition：固定位置模型
◆ ConstantVelocity：固定移动速度
◆ RandomWayPoint：随机路径
◆ RandomWalk2D：随机游走
◆ RandomDirection2D：随机方向
◆ Waypoint：普通路径
◆ ConstantAcceleration：固定加速度
◆ SteadyStateRandomWayPoint：稳态随机路径
◆ GaussMarkov：高斯马尔可夫随机过程
◆ Hierarchical：分层

2. 网关节点

在混合类型的网络中，不同网络的边界节点充当网关节点。在网关节点中需设置不同的网络设备，设置不同的网络协议，还涉及路由协议的设置。

三、实验环境及实验拓扑

(1) 操作系统：Ubuntun 19.10；
(2) NS-3：ns-3.30。

本实验涉及三种类型网络：无线移动网络、点到点网络和以太网网络。实验拓扑如图 7-4-1所示。

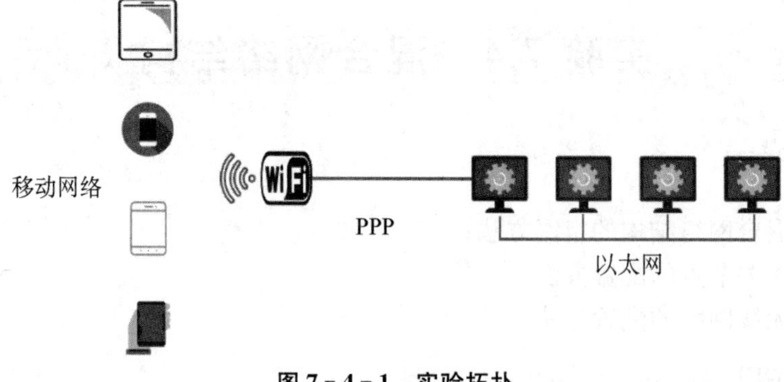

图 7-4-1 实验拓扑

四、实验内容

理解不同网络配置方法以及不同网络间通信。本实验涉及三种网络：无线移动网络、点到点网络以及以太网。

1. 编写脚本

对 NS-3 的 third.cc 进行修改,并保存为 test3.cc。

```
#include "ns3/core-module.h"
#include "ns3/point-to-point-module.h"
#include "ns3/network-module.h"
#include "ns3/applications-module.h"
#include "ns3/mobility-module.h"
#include "ns3/csma-module.h"
#include "ns3/internet-module.h"
#include "ns3/yans-wifi-helper.h"
#include "ns3/ssid.h"

using namespace ns3;
NS_LOG_COMPONENT_DEFINE ("test3");
int main (int argc, char *argv[])
{
//通过定义的变量决定是否开启 Logging 组件,默认 true.
bool verbose = true;
uint32_t nCsma = 3;
uint32_t nWifi = 3;
bool tracing = true;

//通过以下设置,可以在执行程序时,通过命令行改变默认的参数,包括节点数.
CommandLine cmd;
cmd.AddValue ("nCsma", "Number of \"extra\" CSMA nodes/devices", nCsma);
cmd.AddValue ("nWifi", "Number of wifi STA devices", nWifi);
cmd.AddValue ("verbose", "Tell echo applications to log if true", verbose);
cmd.AddValue ("tracing", "Enable pcap tracing", tracing);
cmd.Parse (argc,argv);

//限制无线节点数不超过 18 是为了防止模拟过程中网格越界.
if (nWifi > 18)
  {
    std::cout << "nWifi should be 18 or less; otherwise grid layout exceeds the bounding box"
<< std::endl;
    return 1;
  }
if (verbose)
  {
    LogComponentEnable ("UdpEchoClientApplication", LOG_LEVEL_INFO);
    LogComponentEnable ("UdpEchoServerApplication", LOG_LEVEL_INFO);
  }
```

```
/* 1. 网络拓扑创建 * /
//(1)创建 P2P 链路的 2 个节点
NodeContainer p2pNodes;
p2pNodes.Create (2);
//设置传送速率和信道延迟
PointToPointHelper pointToPoint;
pointToPoint.SetDeviceAttribute ("DataRate", StringValue ("5Mbps"));
pointToPoint.SetChannelAttribute ("Delay", StringValue ("2ms"));
//安装 P2P 网卡设备到 P2P 网络节点
NetDeviceContainer p2pDevices;
p2pDevices = pointToPoint.Install (p2pNodes);

//(2)创建以太网拓扑
NodeContainer csmaNodes;
//将第二个 P2P 节点作为以太网节点
csmaNodes.Add (p2pNodes.Get (1));
//创建 3 个以太网节点
csmaNodes.Create (nCsma);
//创建和连接 CSMA 设备及信道
CsmaHelper csma;
csma.SetChannelAttribute ("DataRate", StringValue ("100Mbps"));
csma.SetChannelAttribute ("Delay", TimeValue (NanoSeconds (6560)));
//安装网卡设备到以太网节点
NetDeviceContainer csmaDevices;
csmaDevices = csma.Install (csmaNodes);

//(3)创建 WiFi 网络拓扑
NodeContainer wifiStaNodes;
wifiStaNodes.Create (nWifi);
//将 WiFi 网络的第一个节点作为 AP
NodeContainer wifiApNode = p2pNodes.Get (0);
//初始化物理信道,将 PHY 层和信道模型都设置为默认值
YansWifiChannelHelper channel = YansWifiChannelHelper::Default ();
YansWifiPhyHelper phy = YansWifiPhyHelper::Default ();
//创建信道对象并把它关联到物理层对象管理器,以保证所有由 YansWifiPhyHelper 创建的物理层
对象共享相同的底层信道.
phy.SetChannel (channel.Create ());
//使用 AARF 速率控制算法.
WifiHelper wifi;
wifi.SetRemoteStationManager ("ns3::AarfWifiManager");
//Mac 层设置
WifiMacHelper mac;
Ssid ssid = Ssid ("ns-3-ssid"); //配置 SSID
```

```
mac.SetType ("ns3::StaWifiMac", //配置 MAC 的类型
             "Ssid", SsidValue (ssid),
             "ActiveProbing", BooleanValue (false)); //MAC 不发送探测请求.
//安装网卡设备到 WiFi 的网络节点,并配置参数
NetDeviceContainer staDevices;
staDevices = wifi.Install (phy, mac, wifiStaNodes);
//安装网卡设备到 WiFi 信道的 AP 节点,并配置参数
mac.SetType ("ns3::ApWifiMac",
             "Ssid", SsidValue (ssid));
NetDeviceContainer apDevices;
apDevices = wifi.Install (phy, mac, wifiApNode);

//(4)添加移动模型.STA 节点可以移动,AP 节点固定.
MobilityHelper mobility;
mobility.SetPositionAllocator ("ns3::GridPositionAllocator",
                   "MinX", DoubleValue (0.0), //网格布局起始处在 x 轴上的坐标
                   "MinY", DoubleValue (0.0), //网格布局起始处在 y 轴上的坐标
                   "DeltaX", DoubleValue (5.0), //x 轴上节点间的距离
                   "DeltaY", DoubleValue (10.0), //y 轴上节点间的距离
                   "GridWidth", UintegerValue (3), //一行最多有几个节点
                   "LayoutType", StringValue ("RowFirst")); //布局类型,默认行优先
//RandomWalk2dMobilityModel,节点以随机游走的方式移动,在 STA 节点上安装移动模型.
mobility.SetMobilityModel ("ns3::RandomWalk2dMobilityModel",
                           "Bounds", RectangleValue (Rectangle (-50, 50, -50, 50)));
mobility.Install (wifiStaNodes);
//设置 AP:固定在一个位置上
mobility.SetMobilityModel ("ns3::ConstantPositionMobilityModel");
mobility.Install (wifiApNode);

//(5)安装网络协议
InternetStackHelper stack;
stack.Install (csmaNodes);
stack.Install (wifiApNode);
stack.Install (wifiStaNodes);

//(6)配置网络地址
Ipv4AddressHelper address;
//安排 P2P 网段的地址
address.SetBase ("10.1.1.0", "255.255.255.0");
Ipv4InterfaceContainer p2pInterfaces;
p2pInterfaces = address.Assign (p2pDevices);
//安排 csma 网段的地址
address.SetBase ("10.1.2.0", "255.255.255.0");
```

```
Ipv4InterfaceContainer csmaInterfaces;
csmaInterfaces = address.Assign (csmaDevices);
//配置 wifi 网段的地址
address.SetBase ("10.1.3.0", "255.255.255.0");
address.Assign (staDevices);
address.Assign (apDevices);

/* 2. 应用程序设置 * /
  UdpEchoServerHelper echoServer (9);
//将 Server 服务安装在 CSMA 网段的最后一个节点上
  ApplicationContainer serverApps = echoServer.Install (csmaNodes.Get (nCsma));
  serverApps.Start (Seconds (1.0));
  serverApps.Stop (Seconds (10.0));
  UdpEchoClientHelper echoClient (csmaInterfaces.GetAddress (nCsma), 9);
  echoClient.SetAttribute ("MaxPackets", UintegerValue (1));
  echoClient.SetAttribute ("Interval", TimeValue (Seconds (1.0)));
  echoClient.SetAttribute ("PacketSize", UintegerValue (1024));
//将 Client 应用安装在 WiFi 网段的倒数第二个节点上
  ApplicationContainer clientApps =
  echoClient.Install (wifiStaNodes.Get (nWifi - 1));
  clientApps.Start (Seconds (2.0));
  clientApps.Stop (Seconds (10.0));

/* 3. 使用全局路由建立网络路由 * /
  Ipv4GlobalRoutingHelper::PopulateRoutingTables ();
  Simulator::Stop (Seconds (10.0));

/* 4. 开启 pcap 跟踪 * /
  if (tracing == true)
  {
    pointToPoint.EnablePcapAll ("test3");
    phy.EnablePcap ("test3", apDevices.Get (0));
    csma.EnablePcap ("test3", csmaDevices.Get (0), true);
  }

Simulator::Run ();
Simulator::Destroy ();
return 0;
}
```

2. 编译程序

./ waf --run scratch/ test3

程序运行结果如图 7 - 4 - 2 所示。

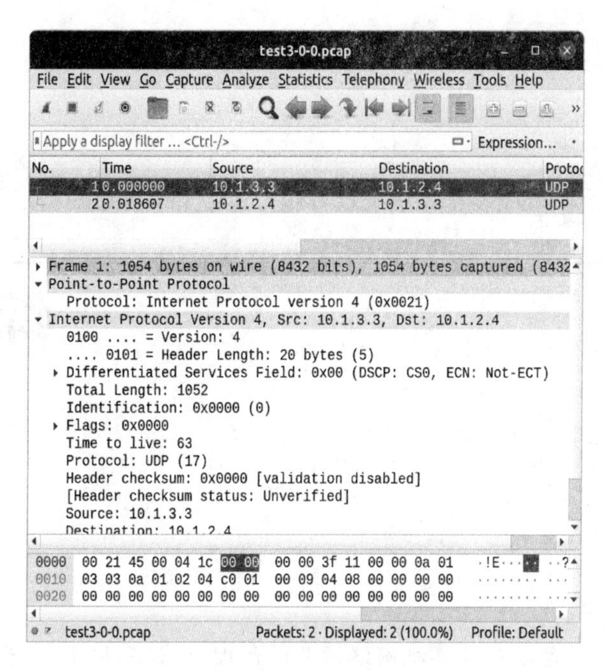

图 7-4-2　程序运行结果

3. 运行结果分析

程序运行后，在当前文件夹下生成四个文件如图 7-4-3 所示。

使用 Wireshark 打开第一个文件，能够看到第一个节点的第一个设备的数据传输信息，如图 7-4-4 所示。

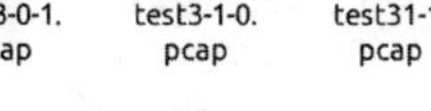

图 7-4-3　生成四个文件

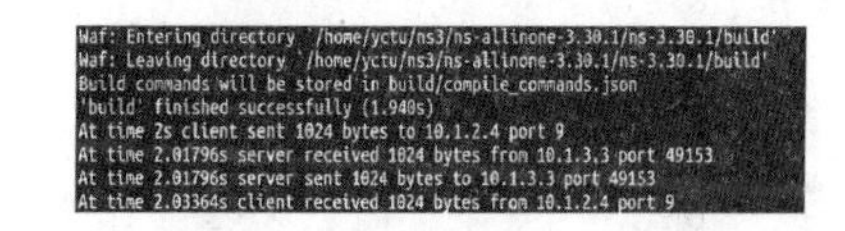

图 7-4-4　第一个节点的第一个设备数据包详情

五、实验注意事项

(1) 注意网络边界节点的配置，该节点具有支持多协议功能，以便实现不同网络的连接。

(2) 正确理解移动模型的参数配置，以构建合适的无线移动网络。

六、拓展训练

(1) 改变网络移动模型，观察网络通信方式的变化。

(2) 降低 PPP 链路的速率值，增加发包数量，分析网络的基本性能，包括丢包率、网络延迟、网络抖动等。

(3) 改变路由协议，观察网络通信的变化。

【微信扫码】
相关资源

第 8 章

综合案例

背景介绍

前面七章从不同的角度对计算机网络涉及的原理、协议和技术进行了验证，也给读者如何研究新的网络技术提供了思路和工具。本章拟通过虚拟机技术，在单机环境下，设计计算机网络的单机实验解决方案。

物理拓扑结构如图 8-0-1 所示。

虚拟机环境下的逻辑拓扑结构如图8-0-2所示。

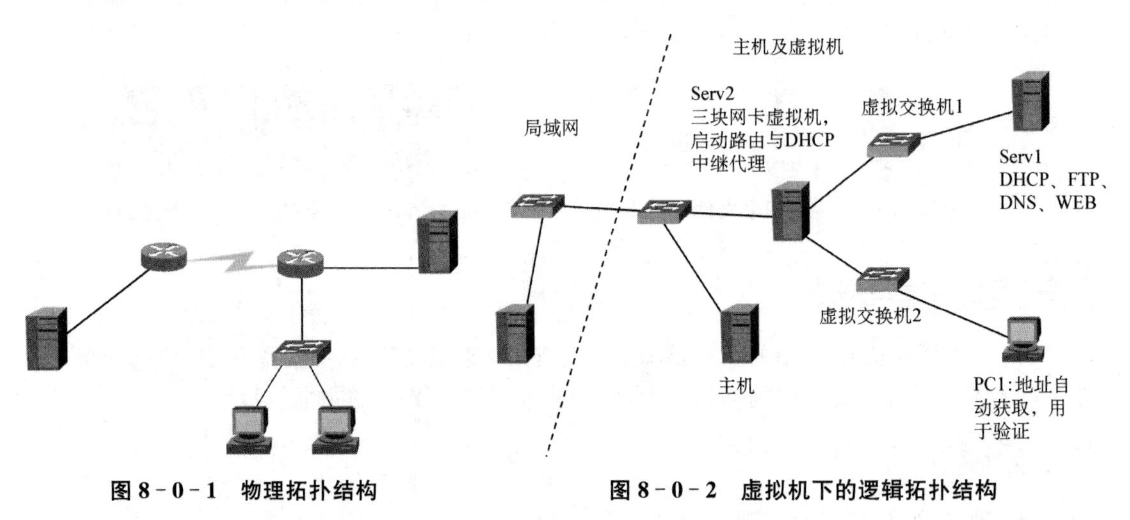

图 8-0-1　物理拓扑结构　　**图 8-0-2　虚拟机下的逻辑拓扑结构**

实验 8.1　实验环境说明

如图 8-2 所示，虚线左边为局域网上的一台物理计算机，虚线右边为另一台物理主机及虚拟机。

在右边物理主机中安装三台虚拟机。Serv1 为常用服务的虚拟机，地址为 192.168.100.2，掩码为 255.255.255.0。Serv2 为另一台服务器，为其再安装二块网卡，分别命名为 Serv1 和

PC1，将原有网卡命名为 Internet。将 PC1 对应网卡的地址设置为 192.168.200.1，子网掩码为 255.255.255.0，Serv1 对应的网卡地址设置为 192.168.100.1，子网掩码设置为 255.255.255.0，Internet 地址为 192.168.255.1，掩码为 255.255.255.0。PC1 地址为 192.168.200.2，掩码 255.255.255.0，网关 192.168.200.1。增加三个 LAN，将 Serv1 和 Serv2 的 Serv1 网卡划归为 LAN1，将 PC1 和 Serv2 的 PC1 网卡划归为 LAN2，将 Serv2 的 Internet 网卡划归为 LAN3。

实验 8.2　实验要求

一、基本实验

1. FTP 配置

在 C 盘上建立文件夹 STU，建立用户 st1 和 st2，建立隔离用户的 FTP 服务器，并提供匿名下载功能。

2. 配置 DNS

建立域 cs.com，在该域下为 Serv1 建立主机记录 ser，并为该记录建立两个别名：www，lib。为 PC1 建立主机记录 client。

3. Web 服务配置

使用别名 www，lib 分别建立两个站点并进行验证。

4. DHCP 服务配置

设置跨子网的 DHCP，范围为 192.168.200.10～30，掩码为 255.255.255.0，网关为 192.168.200.1，DNS 为 192.168.100.2。

5. 路由与 DHCP 中继的配置

启动 Serv2 上的“路由与远程访问功能”，将 Serv2 配置成 LAN 路由器。启用 DHCP 中继代理功能，实现跨网络 DHCP。

二、提升实验

(1) 使用主机路由功能。

在 Serv1 上添加静态路由，使 Serv1 能够访问 PC1 所在网络。

将 PC1 的地址配置方式设置为自动获取，验证获得地址。

(2) 在 PC1 上安装 Wireshark 并抓取 WEB、DHCP、ICMP、TCP、IP 数据包。

(3) 使用 Python 在 PC1 上编写程序，读取 Serv1 上打开的端口。

(4) 在 PC1 上安装 NS－3，编写程序实现 NS－3 中的结点与局域网中物理计算机之间的通信。

【微信扫码】
相关资源

参考文献

[1] 郭雅，李泗兰.计算机网络实验指导书[M].北京：电子工业出版社，2018.

[2] 朱立才，鲍蓉等. 路由与交换技术实验教程(第 2 版)[M].江苏：南京大学出版社，2016.

[3] 李华锋，陈红.Wireshark 网络分析从入门到精通[M].北京：人民邮电出版社，2018.

[4] 沈鑫剡，俞海英等.路由和交换技术实验及实训——基于华为 eNSP[M].北京：清华大学出版社，2020.

[5] 陈盈，赵小明.计算机网络实验教程[M].北京：清华大学出版社，2017.

[6] 钟文基，黎明明，苗志锋.华为设备工程实践[M].北京：中国水利水电出版社，2017.

[7] 王达.华为路由器学习指南.第二版[M].北京：人民邮电出版社，2020.

[8] 戴有炜.Windows Server 2012 R2 系统配置指南[M].北京：清华大学出版社，2017.

[9] 杨云.Windows Server 2012 网络操作系统企业应用案例详解[M].北京：清华大学出版社，2019.

[10] 黄君羡.Windows Server 2012 网络服务器配置与管理[M].北京：电子工业出版社，2017.

[11] 谢希仁. 计算机网络(第 7 版). 电子工业出版社，2017.

[12] 袁连海，陆利刚. 计算机网络实验教程. 清华大学出版社，2018.

[13] 李环. 计算机网络综合实践. 北京师范大学出版社，2018.

[14] 赵宏，包广斌，马栋林.Python 网络编程(Linux)[M].北京：清华大学出版社，2018.

[15] 宋敬彬.Linux 网络编程[M].北京：清华大学出版社，2014.

[16] 何敏煌.Python 程序设计入门到实战[M].北京：清华大学出版社，2017.

[17] Python Software Foundation. Inc. 18. 1. socket—Low-level networking interface [EB/OL]. [2020 - 5 - 12]. [2020 - 5 - 11]. https://docs.python.org/3.6/Library/socket.html.

[18] 上海赢科投资有限公司.Inc. Python 教程[EB/OL].[2020 - 5 - 12].https://www.w3school.com.cn/python/index.asp.

[19] 周迪之.开源网络模拟器 ns - 3 架构与实践[M].北京：机械工业出版社，2019.

[20] 柯志亨，程荣祥，邓德隽.NS2 仿真实验——多媒体和无线网络通信[M].北京：电子工业出版社，2009.

[21] NS - 3 主题[EB/OL].[2020 - 05 - 21]https://so.csdn.net/so/search/s.do? q=NS - 3&t=doc&u=.

[22] ns - 3 Tutorial[EB/OL].(2019 - 08 - 21)[2020 - 05.20].http://www.nsnam.org/Documentation/.